国家自然科学基金面上项目（41476037，41276051）
国家自然科学基金重大计划重点项目（91228207）　　资助
国家重点基础研究发展计划项目（2013CB956102）

西北太平洋及其边缘海
沉积物中的放射虫

陈木宏　张　强　张兰兰　刘　玲　著

科学出版社

北　京

内 容 简 介

本书是西北太平洋沉积物中放射虫的最新研究成果，主要对上新世以来西北太平洋高纬度海区放射虫种类进行详细的特征描述与系统分类，记述了放射虫泡沫虫目和罩笼虫目的 42 科 152 属 397 种/亚种，大部分属于新记录种，建立 21 个新种，对属级以上分类单元也做了简要描述，全部种类均附有标本照相，共有图版 85 个，图版的编排顺序基本上与分类系统描述中的先后次序一致，以便读者参考使用。书中还分析了现代环境中白令海、鄂霍次克海、日本海、东海、南海和菲律宾海的放射虫生物地理特征，结合北太平洋环流系统及西边界流的发育特征，探讨海洋动力环境对不同纬度带边缘海生态环境的影响，阐述各边缘海之间的相似性与差异性特征及其相互关联；建立了白令海上新世以来的生物地层与年代框架，讨论了该海区的古海洋环境演变过程与特征事件及其对全球气候变化的响应。

本书可供海洋地质学和海洋生物学等相关领域工作者以及高等院校师生参考。

图书在版编目（CIP）数据

西北太平洋及其边缘海沉积物中的放射虫/陈木宏等著. —北京：科学出版社，2017.5

ISBN 978-7-03-052641-0

I. ①西… Ⅱ. ①陈… Ⅲ. ①北太平洋–古动物–放射虫目–研究 Ⅳ. ①Q915.811

中国版本图书馆 CIP 数据核字（2017）第 090818 号

责任编辑：孟美岑 胡晓春/责任校对：郭瑞芝
责任印制：肖 兴/封面设计：北京图阅盛世

科 学 出 版 社 出版
北京东黄城根北街 16 号
邮政编码：100717
http://www.sciencep.com

中国科学院印刷厂 印刷

科学出版社发行 各地新华书店经销

*

2017 年 5 月第 一 版 开本：787×1092 1/16
2017 年 5 月第一次印刷 印张：18 插页：44
字数：415 000

定价：198.00 元
（如有印装质量问题，我社负责调换）

前 言

　　放射虫是海洋微体古生物的主要类群之一，遍布世界各大洋及边缘海，从赤道至极区均有其踪迹，遗壳甚至可保存在碳酸盐补偿深度以下的深海沉积物中成为化石记录，是研究古海洋环境演变和海洋沉积地层年代的重要信息载体。

　　笔者曾于 20 世纪 90 年代与谭智源先生合作先后出版了《南海中、北部沉积物中的放射虫》和《中国近海的放射虫》两本专著，研究范围基本涵盖了西太平洋中-低纬度的放射虫种类，共记述 3 目 53 科 238 属的 600 余种，建立了一批新种，并报道了大量新记录，进行了系统分类讨论，为系统了解太平洋及其边缘海的放射虫组成奠定了基础，提供了参考依据，有效地促进了放射虫的古海洋学应用研究，在我国近年来开展的大洋基础调查的放射虫分析中发挥了铺路作用。随着我国综合国力的迅速提升，海洋科学正在走出国门面向世界，尤其考虑到我国的极地考察与全球视野的需要，对高纬度海区放射虫分类学的基础性研究十分必要，而这方面也正是国际上相关科学领域中的一个薄弱环节或欠缺部分。由于放射虫壳体的形态结构较为复杂多样，人为鉴定与分类存在诸多困难，又尚无其他技术手段可有效解决，迄今为止人们对包括极区-亚极区在内的高纬度海域放射虫分类与生物地理特征讨论仍较少涉及，造成缺乏系统性资料以及研究空白较多的现状。面对这些问题，笔者在若干年前就已萌发要对此进行探索的想法，尝试为之付出努力并做出贡献。

　　浮游性的放射虫类群一般生活于不同纬度或气候条件性质特定的水团中，也可随海流或大洋环流而迁移，它们的种类组成有一定的生物地理特征，尤其是高纬度种与低纬度种存在着明显的习性差异，而在中纬度海区的种类组成却是高-低纬度种类的混合，或由大洋环流的活动与关联所决定。因此，进一步详细了解北太平洋高纬度海区的放射虫分类特征，对系统掌握太平洋以至世界大洋的放射虫系统组成起到关键作用。本书的放射虫分类描述主要针对北太平洋中纬度最高的白令海海区沉积物中的标本种类，仅个别种类为鄂霍次克海或日本海的标本。

　　本书内容主要是较完整地记录以白令海为代表的高纬度西北太平洋沉积物中放射虫的种类组成与群落面貌，进行分类描述和系统讨论，包含放射虫泡沫虫目和罩笼虫目的42 科 152 属 397 种/亚种，大部分属于新记录种，建立 21 个新种，对属级以上分类单元也做了简要描述。由于以往研究程度较低的原因，仍有 102 个未定种，未能解决全部遗留问题，还有大量新种尚待建立，有待于今后进一步完善。书中对所有种类（含未定种）均做了详细的种征描述与标本测量，附有包括全部 397 个种类在内的照相图版 85 个，图版中的种类相片编排顺序基本与分类系统描述的先后次序一致（仅最后的图版 85 例外），以便读者参考使用，也有利于后人的深入探讨与完善。书中还分析了西北太平洋各边缘海的生物地理特征及其关联因素，讨论了白令海上新世以来放射虫生物地层划分与年代框架以及放射虫组合所揭示的古海洋环境演变过程。

笔者于 2009 年参加了国际大洋钻探计划 IODP 323 航次在白令海的调查工作并获得大量该海区的岩心样品，该航次共在 7 个井位的 25 个钻孔取到 5741 m 长的海底岩心样品，其中的部分样品是本项研究的主要材料，另外还得到石学法研究员、李铁刚研究员和王汝建教授的特别支持，为本项研究提供了部分相关海域的表层沉积样品。借此，衷心感谢国际大洋钻探计划组织和上述同行朋友提供样品以及中国大洋钻探委员会的帮助，衷心感谢国家自然科学基金委员会对此项研究的持续资助（批准号 41476037、41276051 和 91228207）和国家重点基础研究发展计划项目（批准号 2013CB956102）的资助。

陈木宏

2016 年 6 月于广州

目　　录

第一章 导　论

北太平洋具有独特的环流系统及边缘海特征，在西、北侧由地质构造活动产生了具典型区域特征的边缘海系列，从低纬度到高纬度发育有南海、东海、日本海、鄂霍次克海、白令海以及大洋中的菲律宾海盆，这些海域虽然处于不同的气候带且各自被岛链或岛弧所隔离，但它们的物理海洋学特征与生态环境通过各个海峡通道不同程度地受到西太平洋边界流与整个北太平洋环流系统的影响，也必然存在着某些关联。因此，揭示不同纬度带边缘海及开阔大洋中的放射虫动物群组成面貌，阐明各个不同海域的生物地理特征，比较它们之间的区域性差异和共性，并从一些特征种类的区域共存性中寻找高-低纬区的表层水团和不同深度水团的关联，探讨大洋环流活动与水团交换对边缘海放射虫化石分布的影响，并在此基础上通过分析近代环境与生物生存的关系，进一步探讨气候变化与环流变动对放射虫大范围分布的控制，将为深入研究和对比不同海区放射虫的古环境意义、生物地层及其合理解释提供重要的科学依据。

深入开展上述工作，放射虫的种类鉴定与系统分类是必不可少的先行保障。然而，对于世界大洋中个体数量庞大且随处可见的放射虫大家庭，以往的研究程度仍然较低，对其"家底"的了解远远不够。如长期对白令海和日本海有较多研究的日本学者（Noritoshi Suzuki 和 Takuya Itaki，曾于 2010 年来访交流）认为白令海的现代放射虫种类大概是 120种，日本海末次冰期以来（含现代）的放射虫种类共 157 种（Itaki，2009），而我们在几年前的国际大洋钻探 323 航次样品放射虫鉴定统计工作中却已初步发现近 400 个放射虫种类，其中超过 1/4 是未定种（多数可定新种），还有约 1/4 的种类在现代中、低纬度的暖水区（我国南海）或温水区（我国东海）被记录。因此，较为完整地揭示高纬度海区放射虫种类的组成面貌及其相互关联，出版一本较完整的放射虫种类系统分类与描述及其图版和说明的研究专著，可为各类大洋调查与钻探等工作提供非常有利用价值的工具书，为了解生物地理特征与规律增添新的基础科学资料。

第一节　放射虫的现代分布与海洋环境

已有研究结果表明，无论是在现代还是过去历史时期，各个边缘海的放射虫组成尽管有着明显的生物地理特征，但同时也有一些共有分子，说明不同海区之间存在着相互关联的可能性，然而由于原有各种研究条件的局限性，西北太平洋浮游微体古生物分布的系统性问题仍未能得到很好的分析和验证（陈木宏，2009b）。至今为止已发现、认知和利用的放射虫特征种尚属极少数，广阔大海中隐藏的许多有用微体古生物特征种类信息有待我们去进一步寻找和开发。如白令海的放射虫 *Spongodiscus* sp.（Ling，1973）在40 多年前曾被发现于约 30 万年前的地层中，并一直被作为高纬度海区的地层年龄标志种（但仍属未定种），而与其具有相似形态特征的 *Spongodiscus biconcavus* Haeckel 在现代与沉积物中分布的主要海区是低纬度的热带海区或稍高纬度的黑潮分布区（Popofsky, 1912；Benson, 1966；Okazaki *et al.*, 2008），我们的初步分析认为这两个种之间有着密切的历史关联，可能是因为全球气候变化引起太平洋环流改变，造成其地理分布存在着历史性迁移过程。研究现状中出现相关遗留问题的主要原因是：人们在分析各海区的放射虫组成特征时，尚未从北太平洋系统环流的全局角度出发，考虑在较为完整的海洋动力背景下观测海流和水团的交换方式与条件。由于放射虫营浮游生活并具特有的水团属性，在不同海区可表现为范围较广的水深深度分布特征，现代各海区海底沉积物中的放射虫遗壳的组成面貌可以为寻找水团和海流的分布与交换提供直接或间接的有力证据，并为深入理解和认识各不同海区的历史关联提供参考依据。

有关北太平洋的放射虫研究，在 19 世纪仅限于一些现代种类的调查（Haeckel, 1887），直到 20 世纪 50 年代，小范围的类群水深生态分析才得到初步开展（Reshetnyak, 1955）。而各个区域的大量放射虫生态、沉积、地层与古环境应用研究是在 20 世纪 60 年代以后才陆续展开的，已取得一大批的相关研究结果，为放射虫以至整个海洋微体古生物的学科发展奠定了重要基础。

迄今为止，放射虫的生态调查主要在北太平洋的中央热带区域与边缘海中进行，采用各种浮游生物网技术进行表层水及不同海水深度的分层拖网，在不同的时间段获得各个调查海区的放射虫生态信息资料。

在低纬度的南海，表层沉积物中的放射虫组合与水团关系的初步分析表明，西太平洋黑潮的南海分支进入南海东北部，携带的相应放射虫类群在分布区沉积保存，而且一些主要生活于高纬度冷水区的种类也出现于南海沉积物中（Chen and Tan, 1997），表明在南海与西太平洋的主要通道——巴士海峡不仅有着表层、次表层水的交换，中深层水团也同样存在交流，具有较大水深分布范围的浮游放射虫类群为此提供了难得的证据。一些冷水种随深水团进入南海后，还可在一些上升流区出现于较浅的浮游生物拖网中（Zhang Lanlan *et al.*, 2009）。因此，调查和阐明现代放射虫的生态与沉积环境及其与不同水层深度和活动状态的海流与水团关系，可为正确利用沉积岩心中的放射虫组合特征进一步探索古环境变化与古海流和水团活动的历史规律提供实验依据。利用 97 种放射虫在南海中、北部海区海底不同水深表层沉积物中的总体分布特征分析，已经划分出自海表到近 4000 m 水深的 7 个放射虫沉积深度界线及其可能代表的生态深度界线（Chen and Tan, 1997）。由于不同边缘海所在的纬度差异较大，加上各自海槛深度不同造成与大洋水团交换的状况不同，各个海区的生物地理与水团组成的不同综合因素决定了放射虫水深指示种在不同海区的差异特征，进一步分析它们之间的关联将有助于系统认识放射虫全球性生态与沉积的规律及其形成机制，并为深入揭示大洋古环流与边缘海古环境演变提供重要的证据与思路。我国东海总体较浅且面向大洋，与南海有着季节性的水体交换，放射虫组成与南海北部较为相似（陈木宏、谭智源，1996；谭智源、陈木宏，1999）。

日本海位于中纬度地区，Itaki（2003）曾在日本海采用浮游拖网与表层沉积物样品对比方法，研究放射虫的水深分布特征，结果显示放射虫在水体中的深度分布与海底沉积的相应水深基本一致，说明沉积物中的放射虫组成能够很好地反映其主要种类生活水团的深度特征。在日本海的 0-2000 m 水深已鉴别出 4 个放射虫生态的水深带，分别以具有一些特殊的种类为标志（Itaki, 2003）。一些深水放射虫指示种已被很好地运用于揭示近 3 万年来日本海的中层水团和底层水团的演变历史，根据不同深度种类的组合能够重建过去水团的垂直分布与深海环流的变化过程（Itaki et al., 2004）。

一些大洋钻探项目已经为利用放射虫揭示边缘海与开阔大洋的水团交换提供了很好的证据。ODP Leg 127 在日本海进行了钻探研究，发现自晚中新世以来北太平洋及亚热带的放射虫生物地层指示种在日本海部分缺失，而且日本海与太平洋的放射虫组合存在明显差异，认为是日本海水团被部分与太平洋隔离的原因，浮游性的放射虫可以反映不同性质水团的存在。然而，Site 797 和 Site 794 井位的岩心沉积物自 1.8 Ma 以来出现了亚热带动物群化石，这是古对马暖流入侵日本海的结果，说明在冰期中的暖间期古对马暖流曾明显地影响到日本海（Alexandrovich, 1992）。Leg 128 Site 798 和 Site 799 井位的样品分析还显示，由于受海洋环流影响在中中新世的日本海存在着北太平洋的暖水放射虫组合，但在中中新世之后该暖水组合却被另一独特的动物群所代替，而现代的动物群面貌是在进入更新世以后才开始逐渐建立起来的。由于种类分异度较低和北太平洋地层指示种的缺失，无法建立起晚中新世以来的日本海放射虫化石带，但在 Site 799B 的地层底部发现有一个放射虫组合可与日本本州西部的中中新世 *Cyrtocapsella tetrapera* 化石带做对比（Ling, 1992）。

高纬度与低纬度边缘海的放射虫水团深度分布呈现出一些相似的特征。1998 年夏季和 1999 年春季，Nimmergut 和 Abelmann（2002）在鄂霍次克海的 24 个站位开展了从表层到 1000 m 水深（共分 5 层）的活体放射虫拖网以及水文温度、盐度、深度的同步调查，发现放射虫在水体中的总体丰度含量随季节而变化，最大丰度出现于夏季，硅质类放射虫以罩笼虫为主，泡沫虫类在两个季节中均含量很少，特征的优势种明显存在，认为区域性与季节性的分布差异与食物供给有关，尽管如此，不同水层放射虫的种类及其组合在两个季节中基本保持一致，表明其与不同深度的水团性质有着密切的关系。进一步的分析表明，海底表层沉积物中放射虫主要由夏季的生源所组成，营养盐的分布控制了区域性丰度变化，*Dictyophimus hirundo* 和 *Cycladophora davisiana* 在中层水（200-1000 m 水深）中占据统治地位，一个限于 Kurile 盆地西部的组合似乎与北太平洋和日本海的水团有关（Abelmann and Nimmergut, 2005）。鄂霍次克海的沉积物捕获器跨年（1998 年 8 月至 2000 年 5 月）实验表明，放射虫通量在夏-秋季节海冰融化时最高，而在冬季有海冰覆盖时最低，同时放射虫生产力也与陆源物质输入通量有较好的对应关系（Okazaki et al., 2003a）。在日本海与鄂霍次克海的交汇区附近还发现了来自北方的亲潮冷水团和出自日本海的津清较暖水团对放射虫种类组成的共同影响（Itaki et al., 2008a）。

白令海是北太平洋的最高纬度边缘海，由于周期性的海冰融化作用，东北陆坡附近的海底表层样中的放射虫分布与高生产力的白令海绿带（BSGB）环境紧密关联，一些种类同样显示具有特殊水深的生态习性，*Stylochlamydium venustum* 和 *Spongotrochus glacialis* 在该海区生活于冰溶形成的低温低盐表层水中（Wang et al., 2006）。我国学者在 20 世纪末就已开始对白令海进行科学考察，程振波等（2000）在 11 个表层沉积物样品中共鉴定出放射虫 45 种，认为 *Spongotrochus glacialis* 是该海区的特色种和优势种。王汝建和陈荣华（2004）根据 12 个白令海表层样品讨论了硅质生物分布与海洋环境因素的关系。这些工作为我们进一步开展白令海放射虫研究奠定了基础。现代白令海中存在着气旋式与反气旋式旋涡，所产生的上升流与下降流影响了水体的物理化学结构变化、营养盐分布及其生态环境（Mizobata *et al.*, 2002）。

更高纬度的北极海区同样一定程度受到北太平洋水团影响。有人认为北冰洋中楚科奇海的 150 m 以浅表层水中放射虫组合与格陵兰海冰缘的组合更加相似，且不含典型的太平洋分子（Itaki, 2003）。这一结论显然有待进一步探讨、验证和商榷，因为楚科奇海的表层海水明显受到北太平洋的影响，北太平洋表层水经过阿留申群岛之间的海峡、白令海陆架和白令海峡进入楚科奇海的水团交换效应已被许多海洋学调查所证实。近年来，利用多指标参数分析已较好地揭示了晚更新世以来楚科奇海的古环境变化记录（Wang *et al.*, 2013）。更加系统地揭示边缘海与大洋的放射虫组合关系，无疑将具有全球性意义。

第二节　放射虫的生物地层与环境演变

尽管在世界大洋的中、低纬度海区已经建立了较为系统的新生代放射虫生物地层学及其年龄框架（Sanfilippo and Nigrini, 1998；Nigrini and Sanfilippo, 2001），但对高纬度海区的研究程度相对较低，其放射虫生物地层资料仍不完善，仅有一些区域性的研究结果，难以形成统一的、可供对比的化石带及其地层年龄。而且，由于各边缘海的半封闭及其海槛等条件的限制，生态条件的改变在地质历史中往往造成一些放射虫地层在边缘海中的缺失，如南海南部的上新统（张丽丽等，2007；Zhang Lili *et al.*, 2009）和日本海的中中新统—上新统（Alexandrovich, 1992）均存在缺失或不连续的放射虫地层现象，使之难以与大洋的标准放射虫地层进行对比。对南海的更新世（王汝建、Abelmann，1999）和晚中新世—第四纪（Chen *et al.*, 2003），以及日本海的中中新世—上新世放射虫生物地层（Alexandrovich, 1992）均仅做了初步探讨，而白令海的放射虫生物地层建立几乎是在 IODP 323 航次之后才开始（Chen *et al.*, 2014；Zhang *et al.*, 2014a）。

虽然 20 世纪 70 年代初国际深海钻探计划 DSDP Leg 19 航次在白令海实施，但缺乏详细的古海洋学研究。Ling（1973）初步分析了 DSDP Leg 19 航次白令海晚中新世至第四纪的放射虫，但并未划定或建立放射虫生物地层与化石带，前些年该海区放射虫地层研究工作主要局限于较短的柱状样品，也显然未能给予详细分析和讨论。IODP 323 航次是国际上第二次到该海区进行钻探，利用了当今世界上多学科先进技术手段，开展了包括海洋地质、物理、化学和微生物等学科在内的综合大洋钻探研究。海上工作的初步结果显示，白令海的沉积速率很高，一般为 20-30 cm/ka，最高的超过 50 cm/ka，为高分辨率研究古海洋环境演变过程提供了良好条件。由于白令海的高纬度特殊环境，有孔虫等钙质类微体古生物很少生存，海底沉积物中保存的微体化石以硅藻和放射虫等为主，因此放射虫化石成为研究该海区沉积地层年代与古环境变化的重要依据。

在北太平洋的其他高纬度海区，人们还探讨了一些亚北极地区的放射虫化石带问题。Hays（1970）利用北太平洋北部的重力活塞岩心样品分析讨论了晚上新世—第四纪的 4 个放射虫化石带。Shilov（1995）根据 ODP Leg 145, Sites 881~887 的研究结果也提出了新的上新世与中新世放射虫化石带。Morley 和 Nigrini（1995）鉴别出从更新世到中新世期间的几个放射虫变化事件。放射虫 Cycladophora davisiana 广泛分布于世界各大洋及大部分的边缘海中，因此有人认为表层海水温度不是其分布的主要控制因素，其他原因则不清楚（Morley and Hays, 1983）。但该种出现于晚上新世（2.7 Ma）以来地层中，其含量变化已成为高纬度海区划分地层的重要工具（Morley and Hays, 1979）。在白令海 B4-2 与 B2-9 柱状样中 Cycladophora davisiana 的高分辨率百分含量变化甚至与格陵兰冰芯 GISP2 氧同位素记录和 SPECMAP 氧同位素记录有着很好的对应关系，并据此被有效地用于建立该柱样氧同位素 5 期以来的地层年龄框架（Wang and Chen, 2005）。

迄今为止，有关高纬度北太平洋海区新生代放射虫生物地层的主要成果是 Motoyama（1996）和 Kamikuri 等（2007）的资料，他们对 DSDP 19 航次、ODP 145 航次以及 ODP 186 航次的样品进行了综合分析，详细研究了太平洋亚北极海区的新生代放射虫生物地层，结合古地磁等年代测定结果与厘定，提出许多放射虫初现面与末现面的事件及其年龄标定，从而奠定了高纬度放射虫生物地层学发展的基础。但由于受到研究样品位置等因素的限制，这些放射虫地层资料在白令海的应用仍存在许多问题，主要是白令海属边缘海，其放射虫动物群的组合特征与开阔大洋有一定差异，有些化石带标志种在白令海的 IODP 323 航次中被初步证实为缺失或由于个体稀少难以被发现。因此，开展白令海的详细放射虫生物地层学研究将对建立该海区以至完善高纬度海区的微体古生物地层学具有重要的科学意义和应用价值。

放射虫是海洋性硅质微体浮游动物，分布于世界各大洋及海区，主要生活在深海半深海的水体中，具有较高的种类分异度。因此，它们也是海洋环境的示踪者，保存于海底沉积物中成为古环境变化的记录。Morley 和 Hays（1983）的早期工作说明：高纬度海区放射虫仅生活在 200 m 以浅水体主要是受到海冰条件的限制，因而放射虫的个体丰度随着海水温度和盐度的降低而减少。所以，定量分析放射虫的化石记录，将可重建（追踪）白令海表层海水条件和垂直水团结构的变化历史（Morley and Hays, 1983）。例如，比较表层水种类（如 Stylochlamydium venustum）与中层水种类（如 Cycladophora davisiana）将可重建白令海的海冰分布状况与北太平洋中层水形成的程度或范围。

根据取自白令海 7 个重力活塞岩心的 Cycladophra davisiana 相对丰度分布模式，近 100 ka 以来北太平洋中层水的源区情况被揭示为：①在 MIS 5-3 期间源区同时出现在鄂霍次克海和白令海；②末次盛冰期仅在白令海；③末次盛冰期之后则在鄂霍次克海（Tanaka and Takahashi, 2005）。总之，对白令海放射虫特征种类相对丰度的高分辨率分析，无疑将可应用于重建该海区的海表条件（包括海冰覆盖、温度和盐度）、垂直水团结构和北太平洋中层水形成的区域（Fowell and Scholl, 2005）。

此外，与钙质微体类群相比，硅质微体化石是高纬度海区古海洋记录的主要贡献者（Ling, 1973；Sancetta, 1983）。高纬度海区的碳酸盐饱和层接近 500 m 深（Feely et al., 2002），表明高纬度海区的表层水环境不利于钙质微体生物（有孔虫和颗石藻等）的生长发育。由于高纬度海区中的海水硅离子含量较高，包括硅藻和放射虫在内的硅质微体生物较为繁盛，并成为解释古环境变化的主角。在白令海，硅藻类群与放射虫类群相伴可以对指示环境起到相辅相成的作用。例如，白令海硅藻的两个种（*Fragilariopsis cylindrus* 和 *Nitzschia grunowii*）与海冰分布相关，它们在岩心顶部样品的分布与现代海冰分布基本相仿（Sancetta, 1983）。在白令海西北部的岩心中 *F. cylindrus* 与 *N. grunowii* 的百分含量在全新世较低，而在冰期明显较高，较好地表明了过去海冰覆盖的变化范围以及它们对海冰的指示意义（Sancetta, 1983）。而 *Neodenticula seminae* 是一个相对暖水的指示种，指示具有中等盐度、浅夏季温跃层的现今东北太平洋特征（Sancetta, 1982）。放射虫在该海区的详细生态资料较缺乏，但通过参加该航次工作以及在海上对放射虫的初步鉴定，发现白令海的一些特殊放射虫种类在我国南海、东海以及墨西哥湾等低纬度海区也有出现，这些信息将成为研究古海洋环境变化的重要线索和依据。综合分析利用海底沉积物中保存的浮游类微体古生物记录，是揭示古表层水团或环流及其对全球气候变化响应的有效方法。

　　大量取自白令海的柱状岩心样品已被用于古海洋研究（Sancetta, 1983；Takahashi, 2005；Wang and Chen, 2005；Gorbarenko *et al*., 2010），但这些柱状样的长度限制使已有的研究时间尺度主要限于晚第四纪。而且，DSDP Leg 19 航次对白令海的研究结果也缺乏更长时间尺度的详细古海洋学分析资料，因该钻探计划的主要目的是研究基底而使大量沉积物被冲洗掉，这使我们对其古海洋学历史特征仍知之甚少。因此，开展本项研究的必要性在于提供白令海上新世以来的古环境变迁证据，为过去全球变化研究填补重要的区域性信息。

　　在放射虫的古环境替代指标方面，经过大量的比较分析，人们已经发现了一些具有重要古环境应用价值的放射虫特征种类。如：*Cycladophora davisiana* 在北太平洋是中层水团的一个重要标志种，其在地层中的大量出现甚至被当作冷水种指示气候变化的寒冷时期。然而，Okazaki 等（2006）在研究两个位于鄂霍次克海的柱状岩心样时却发现该种在末次盛冰期的含量很低，冰消期逐渐增加，最高丰度出现在早-中全新世，接着略有下降。这一结果反映的是该种在沉积物中丰度随气候变暖而升高，如果表示的是中层水团的发育状况，为什么冰期该海区的中层水不如现代发育或很微弱？

　　尽管 *Cycladophora davisiana* 在世界海洋中被普遍认为是深水种，但实际上它在不同海区的生态分布深度是不尽相同的，如在东北太平洋主要栖息于100-200 m的水层（Kling and Boltovskoy, 1995），在南大洋则是 300-1000 m 水深（Abelmann and Gowing, 1997），在鄂霍次克海为 200-1000 m 水深（Nimmergut and Abelmann, 2002），在北极区的楚科奇海出现于 500-1700 m 水深的海底沉积物中（Itaki *et al*., 2003），这些分布深度均明显浅于其在日本海的分布深度（Itaki, 2003），表明各个海域的水团结构与环流状况存在着区域性的差异特征。然而，仅靠 1-2 个种的指示作用似乎还显得证据不够有力。既然放射虫的生态分布与水团特征密切相关，就应该存在着更多的具体证据有待于我们去探索和发现。通过更加完整而详细的种类鉴定和生态分析，有望获得更多的放射虫种类生态与沉积深度指标和信息。

　　此外，放射虫特征种 *Cycladophora davisiana* 还成为一个生物地层与古海洋学的普遍应用工具（Morley and Hays, 1979；王汝建等，2005；Matul, 2011）。然而，在印度洋亚极带、南大西洋上升流区、北大西洋中纬度区、北太平洋海山区和鄂霍次克海中央区等地的第四纪地层中，较长时间尺度的该种丰度变化与冰期-间冰期旋回总体上有较好的对应关系,但却显示了一些区域上的局限性和不同时间段的差异性(Matul, 2011)，该种的发育还与陆源营养物的输入等条件有关（Okazaki et al., 2003b），说明它可能同时反映了不同海区古水团结构演变历史的区域性特征及其对全球变化的不同区域响应。

第二章　西北太平洋环境概况

西北太平洋从高纬度到低纬度发育的系列边缘海是地球表面独有的地理特征，是由太平洋扩张的地质板块从不同方向与大陆板块碰撞和俯冲所形成的产物，约 50 Ma 之前开始并逐渐演化至今，包括白令海、鄂霍次克海、日本海、东海、南海、菲律宾海等。它们大部分几乎相互连接或近邻，地理范围从北冰洋楚科奇海的南界（66°33'39"N）至赤道，构成类型齐全和各具特色的不同地理区域与环境气候。这些边缘海与开阔的太平洋连成一体，息息相关，组成完整的大洋-边缘海体系。

第一节　边　缘　海

位于太平洋最北端的是白令海，其北部有白令海峡与北冰洋相通，南面以阿留申群岛与北太平洋分界，东、西两侧分别是美国阿拉斯加和俄罗斯西伯利亚（图 2.1），具有特殊的地理位置。

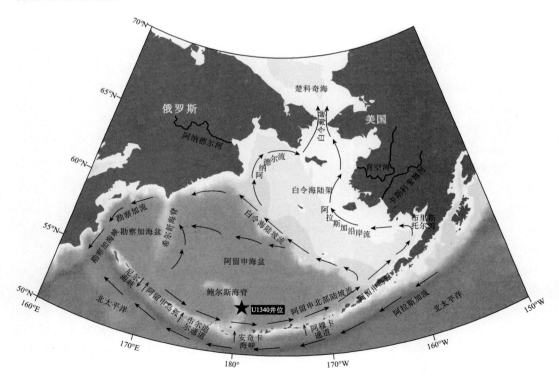

图 2.1　白令海地理位置与环流（据 Chen *et al.*, 2014）

白令海位于亚北极区域，拥有 $2.29×10^6$ km² 的海表面积和 $3.75×10^6$ km³ 的海水体积，是仅次于地中海和南海的世界第三大边缘海（Hood, 1983；Takahashi, 1998）。输入白令海的 3 条主要河流是：发育于阿拉斯加中部的卡斯科奎姆河（Kuskokwim River）和育空河（Yukon River），以及来自西伯利亚西部的阿纳德尔河（Anadyr River），其中育空河最长并对白令海的输入量最大，尤其在 8 月份有冰雪融化带来的大量淡水。白令海有近一半的区域为水深 0-200 m 的陆架浅水海，大陆架主要发育在东部的阿拉斯加附近海域，其范围自南边的布里斯托尔湾（Bristol Bay）到北面的白令海海峡。陆架北部季节性地被海冰所覆盖，仅少量海冰向西南深水区扩展。白令海的大陆坡仅占整个海区面积的 13%，一般有 4°-5° 的坡度。在白令海的深海区发育有两处隆起，即希尔舒海脊（Shirshov Ridge）和鲍尔斯海脊（Bowers Ridge），前者将阿留申海盆分隔为东西两部分。阿留申海盆（Aleutian Basin）是一个巨大的海底平原，一般水深 3800-3900 m，个别凹谷处深达 4151 m（Hood, 1983；Takahashi, 1998）。

现今的白令海海峡仅约 50 m 深，在冰期由于海平面下降而露出海面，因而完全中断白令海与北极的通道，成为连接北美与亚欧的陆桥。然而，此通道关闭的影响是什么呢？显而易见的是必然造成冰期世界水团循环的重要改变。而且，冰期时育空河输入白令海的物质别无选择地最终只能进入北太平洋（Takahashi, 1998）。

白令海的南边有许多海峡和通道与北太平洋连接，自西向东主要有：堪察加海峡（Kamchatka Strait，水深 4420 m）、尼尔海峡（Near Strait，水深 2000 m）、布尔迪尔通道（Buldir Pass，水深 640 m）、安奇卡海峡（Amchitka Strait，水深 1155 m）和阿穆卡通道（Amutka Pass，水深 430 m）（陈木宏，2009a）。

在白令海的阿留申和堪察加盆地里，表层环流沿着大陆坡和阿留申群岛逆时针旋转（Ohtani, 1965），其西边界流就是向南流动的堪察加海流，阿拉斯加流向北移动穿过阿留申群岛之间的通道进入白令海后汇入主表层流，而白令海陆坡流（Bering Slope Current, BSC）沿着大陆架边缘发育成为标志主表层环流的东部边界（Cook et al., 2005）。然而，在 Bowers 盆地，表层水流的方向却是顺时针旋转，在白令海陆架区也至少有 3 个顺时针方向的表层水环流。白令海大陆架的主表层流为北向，完全向北流动穿越 85 km 宽和 50 m 深的白令海海峡（Schumacher and Stabeno, 1998），进入北极成为北极盐跃层上部的主成分，该水体盐度相对较低并富含营养盐（Cooper et al., 1997）。

白令海的水团主要与北太平洋和北极相互影响和交换，阿拉斯加海流沿着阿留申群岛南侧向西扩展，与一部分亚北极流汇合，主要经过安奇卡通道（Amchitka Pass）进入白令海（Ohtani, 1965；Takahashi, 1998）。大量进入白令海的太平洋水团同时也从阿留申群岛之间的其他通道流出，其中最重要的是堪察加海峡（Kamchatka Strait），该海峡最大水深 4420 m，也是冰期北太平洋中层水在白令海形成之后的主要输出口。此外，部分白令海表层水北流进入北极区的楚科奇海（Chukchi Sea），成为唯一经过北极进入大西洋的太平洋水，同时也输送大量生物有机物质和营养盐到北冰洋（Sambrotto et al., 1984）。

白令海海水进入大西洋后，势必影响北大西洋、北冰洋和北太平洋的热平衡（heat balance）和盐平衡（salt balance），以及深水团的形成和水循环。因此，分析白令海微体古生物群（放射虫）沉积记录的古海洋变化速率与历史过程，对深入探讨全球变化具有重要作用。

而且，北太平洋中层水（The North Pacific Intermediate Water，NPIW）代表着形成于亚北极太平洋、鄂霍次克海和白令海的综合水团（Talley，1993；Yasuda，1997）。 在北太平洋 NPIW 之下的深层水则由南大洋供给（Roden，2000）。历史时期的 NPIW 形成变化必然对热平衡及全球水团循环产生重要影响（Talley，1993）。虽然来自白令海的现代 NPIW 贡献甚小或可忽略，但尤其是在冰期时的早期贡献却是非常重要的（Keigwin，1987；Behl and Kennett，1996）。白令海既是北太平洋中层水的发源地之一，又是北太平洋与北极的通道，因此它是研究古气候变化及其海洋环境关联的理想场所。

鄂霍次克海受温带季风气候影响，位于西伯利亚的东南方，东南侧为堪察加半岛、千岛群岛和北海道岛所包围，在千岛群岛之间有深度达 2000 m 的海峡[克鲁森施滕海峡（Krusenstern Strait）与 Boussole Strait]与西北太平洋相通，同时也是源自白令海经堪察加海峡向南流动海流部分进入鄂霍次克海的主要通道（Rogachev，2000），而在其南部则有鞑靼海峡（Tatar Strait，4-20 m 深）和宗谷海峡（Soya-Kaikyo Strait，20-40 m 深）与日本海相连。

日本海属温带季风气候，西临亚洲大陆和朝鲜半岛，东界为日本列岛，有 4 个海峡与其他边缘海和太平洋连通，这些通道的海槛都很浅，水深均小于 130 m。日本海北端有狭窄的鞑靼海峡与鄂霍次克海联通，南端是对马海峡（Tsushima Strait），经过对马海峡的黑潮暖流分支是唯一进入日本海的大洋水，对马海峡的水深约 130 m，而日本海的海底可深达 3700 m。显然，日本海与外界的水体交换条件非常有限，而且在末次盛冰期几乎与外海完全隔绝。

东海属亚热带季风气候，季节性的海陆相互作用十分活跃，是紧靠中国的三大边缘海之一，位于中国大陆中部的东侧，北临黄海，东界为琉球群岛，南经台湾海峡连接南海，总面积约 75 万 km^2，平均水深 350 m。东海拥有宽阔的大陆架，尤其是在长江口外的陆架区宽度达 560 km，南部的陆架相对较窄。东海陆架向东延伸转入陆坡，发育有近南-北走向的冲绳海槽，海槽长 800 多千米，宽约 50-120 km，最深处达 2716 m。东海的水团在内陆架主要受我国的沿岸流影响，在外陆架及其东侧的冲绳海槽区则明显地主要被高温高盐的西太平洋黑潮所控制，黑潮发育与海平面变化均制约了黑潮水团在东海的影响程度和分布区域。

南海是西太平洋最大和最深的边缘海，约有 356 万 km^2，属热带季风气候，与北面的中国大陆在纬向上形成典型的海陆相互作用季风活跃区。南海的其他周边被中南半岛、加里曼丹岛、苏门答腊岛和菲律宾群岛等岛链所包围，各岛之间有一些海峡作为南海与大洋或其他海区的联系通道。南海与太平洋的通道主要在巴士海峡（水深大于 2400 m），有着较好的甚至是中-深层水交换的条件，发育于西太平洋的黑潮暖流有一分支穿过巴士海峡进入南海，并影响着南海东北部海区。南海南部的海峡水深均小于 100 m，在末次盛冰期这些海峡可能均被完全关闭。南海的平均水深约 1200 m，中部深海平原中最深处达 5560 m。南海还广泛发育有珊瑚礁，主要有东沙群岛、西沙群岛、中沙群岛和南沙群岛，拥有优越而独特的海洋生态环境。

此外，菲律宾海盆位于南海和东海以东的西太平洋边缘，被岛弧和海沟包围，是西太平洋最大的边缘海盆，南北跨越 35 个纬度（0°~35°）。北太平洋赤道暖流在此转弯向北流动形成黑潮，是整个北太平洋表层暖水团循环的主要源地。实际上，菲律宾海盆位于大洋之中，其海洋环境与水团特征是北太平洋的一个重要组成部分。

第二节　开阔大洋

　　除了边缘海，辽阔的北太平洋有一定的区域性海洋学特征，黑潮的发育与分布构成了主要的环流体系，并影响了整个北太平洋水团的主要分布格局。黑潮暖流在北太平洋自低纬向高纬输送暖水中扮演着重要的角色（图 2.2），与其发育源区相关的西太平洋暖池自末次冰期以来还发生了明显的时空变化（Chen et al., 2005）。作为西太平洋边界流的黑潮从北赤道流西边出发向北流动，经巴士海峡附近时有一分支进入南海，其主流到达冲绳海槽北部后影响了对马暖流的形成，在夏季暖流分支（对马暖流）进入日本海，黑潮主体直到本州中部（约北纬 35° N）才开始转向东流，其拓展部分延伸最终成为北太平洋流，在夏威夷群岛西侧南下汇入北赤道流暖水重新回到菲律宾海。同时，也有部分黑潮水在北太平洋中部继续向东北到达加拿大海岸时分开，分别形成阿拉斯加流和加利福尼亚流[①]。而在阿拉斯加流区附近向西出发的阿拉斯加海流经过阿留申群岛间的海峡时进入白令海。因此，北太平洋的环流系统就成为一个高、低纬水团与物质交换的连接组织。如：黑潮及分支、亚北极流和阿拉斯加流以相互接替传送的方式将一些源自低纬度

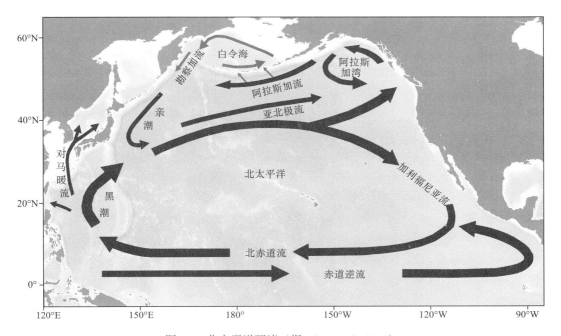

图 2.2　北太平洋环流（据 Chen et al., 2014）

① Kuroshio. 2012. In *Encyclopædia Britannica*. Retrieved from http://www.britannica.com/EBchecked/topic/ 325346/
Kuroshio

的表层浮游暖水种类输送到高纬度海区，甚至是白令海。阿拉斯加流分支进入白令海后形成一个明显的逆时针旋涡[①]。此外，北太平洋西边界流还包括高纬度西北太平洋自北往南流动的堪察加流、亲潮及其涡流等，其上层水的温盐度近十年来变低，主要是受到来自白令海和鄂霍次克海的较冷淡化水输入的影响（Rogachev, 2000）。

北太平洋的环流体系为我们揭开现代放射虫群落在不同海区分布特征的共同性与差异性以及地质历史过程中典型区域放射虫组成对北半球气候变化的响应之谜提供了重要线索和新的思路。

此外，北太平洋的中层水（NPIW）代表着形成于亚北极太平洋、鄂霍次克海和白令海的综合水团（Talley, 1993；Yasuda, 1997；You, 2003）。近 100 ka 以来北太平洋中层水的源区有所变化，在 MIS 5-3 期间源区同时在鄂霍次克海和白令海，末次盛冰期却在白令海，末次盛冰期之后则在鄂霍次克海（Tanaka and Takahashi, 2005）。在北太平洋 NPIW 之下的深层水则由南大洋供给（Roden, 2000）。历史时期的 NPIW 形成变化必然对热平衡及全球水团循环产生重要影响（Talley, 1993）。虽然来自白令海的现代 NPIW 贡献甚小或可忽略，但尤其是在冰期时的早期贡献却是非常重要的（Keigwin, 1987, 1998; Keigwin *et al.*, 1992）。

---

① *Encyclopædia Britannica Online Academic Edition.* Encyclopædia Britannica Inc., 2012. Web. 29 Feb. 2012

第三章　放射虫在西北太平洋各边缘海中的生物地理特征

海底沉积物中保存的浮游性放射虫化石反映了上覆水体的组合特征，生活于不同深度水团的特征种类构成指示了区域性的水团因素与组成类型。以往的放射虫生态学与沉积学研究侧重于局限性的某单一边缘海或小范围区域调查分析，而其地层学或古海洋学应用则强调相同海域或环境的资料对比，明显缺失不同海区或相对较大范围的生态关联分析，不仅无法合理解释沉积剖面中放射虫的古海洋环境意义，甚至对放射虫的地层学应用造成误判。本项研究选择从低纬度到高纬度的南海、东海、日本海、鄂霍次克海、白令海以及西太平洋黑潮流区等典型区域的代表性海底表层样品，分析近代沉积放射虫在不同海域的群落特征与差异变化，结合北太平洋的环流系统、黑潮、边界流和沿岸流分布及其对不同海区水团性质的影响，尝试较为系统地探讨大范围，尤其是不同纬度带的放射虫生态环境、水团因素和区域地理与大洋环流的空间关系，解释不同海区的放射虫群落结构组成的相似性与差异性特征存在的基本原因，对进一步利用放射虫化石开展整个北太平洋地区的地质演化、古环境变迁以及生物地层对比具有重要的科学意义与应用价值。

各个边缘海的地理位置、海峡分布和通道水深决定其与大洋水团的交换状况，而大洋表层环流和深水流却成为水团交换的输送纽带，这些因素控制着具有不同水团习性的浮游放射虫在各海区的总体分布规律。

第一节　现代种群丰度与分异度特征

西北太平洋包括其边缘海在内的区域范围较广、地理特征多样、气候环境多变，为了分析整个海区放射虫分布的主要特征与基本规律，此项研究工作分别选取来自西北太平洋（以边缘海为主）的南海、东海、日本海、鄂霍次克海、白令海、菲律宾海盆以及西太平洋边界流区等不同海区的 47 个代表性海底表层沉积物样品，这些样品的站位基本涵盖了西北太平洋的各个典型区域。实验室的样品处理与鉴定统计均采用定量技术，以便更加清晰地揭示放射虫分布的基本特征，讨论不同地理区域间放射虫群落的差异性与相似性。

一、放射虫丰度特征

海底沉积物中保存的放射虫丰度反映了上覆水体放射虫生态环境的适宜程度和沉积保存的优劣条件，同时还指示了大洋水团与海流交换或迁移的影响范围。西北太平洋放射虫丰度特征的分析结果显示（图 3.1a），研究区域表层沉积物中放射虫的丰度（即个体数量）变化很大，且不同海区之间存在明显的差异。放射虫丰度值在菲律宾海、南海、东海、日本海、鄂霍次克海以及白令海的变化范围分别为5474-295810个/g、893-71456个/g、3684-13375个/g、1196-9248个/g、568-1474个/g、226-13184个/g，此外，在白令海以北的楚科奇海，放射虫丰度仅为0-9个/g。总体上，放射虫的丰度随各海区地理纬度的增加而减少。其中，丰度较高值主要出现在热带-亚热带海域的菲律宾海、东海以及南海，丰度较低值则位于亚北极鄂霍次克海、白令海陆架区以及楚科奇海，日本海不同站位中放射虫的丰度值中等，且变化幅度相对较小（图3.1a）。各个不同海区中放射虫丰度受水深变化的影响显著，总体上高值多位于水深较大的海盆区，低值多位于水体较浅的陆架区（图3.2a）。在约500 m以浅的站位中，放射虫个体丰度值随水深的增加急剧升高；此后随着水深加大，放射虫丰度的增幅逐渐变缓；在约1000 m以深的站位中，放射虫丰度值仅缓慢增加（图3.3a）。此外，还有几个特殊的放射虫丰度高值分布区，分别位于巴士海峡、琉球群岛、对马海峡和宗谷海峡附近的海域，以及白令海北部坡和南部靠近阿留申群岛的海区，这些高值区可能指示了西边界流黑潮的影响区域。

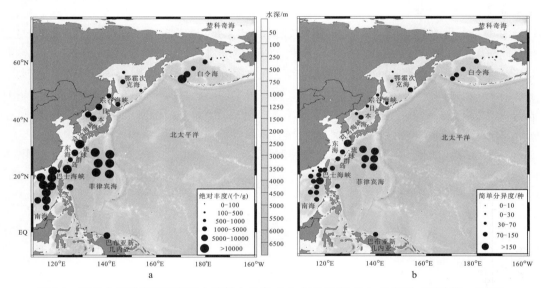

图3.1　西北太平洋海区沉积物中放射虫丰度（a）与分异度（b）分布图（刘玲等，2017）

二、放射虫分异度特征

　　西北太平洋各边缘海表层沉积物样品中的放射虫简单分异度（即种类数量）较高，共鉴定出600余种（含高纬度的冷水组合与低纬度的暖水组合），其中包括未定种100余种。总体上，研究区域放射虫分异度特征与丰度特征较为一致，放射虫丰度值高的站位中，其分异度值也相对较高（图3.1）。其在各海区的变化范围分别为菲律宾海102-213种，南海75-150种，东海90-156种，日本海35-84种，鄂霍次克海23-81种，白令海78-112种，楚科奇海0-9种。其中，高值区主要位于菲律宾海、南海和东海的站位中，且在菲律宾海和南海海盆区的不同研究站位中，放射虫分异度值波动较小；分异度的低值区位于鄂霍次克海、白令海陆架区以及楚科奇海；日本海区分异度值变化幅度相对较

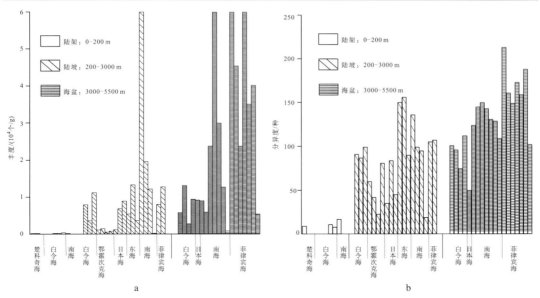

图3.2　放射虫在各海区不同地理单元的丰度（a）和分异度分布特征（b）（刘玲等，2017）

小（图3.1b）。不同海区放射虫分异度值与水深的关系图显示，放射虫种数变化与水深关系密切，自陆架至陆坡再到海盆区，分异度数值随研究站位水深增加近似呈线性增长，且两者具有较好的相关性（R^2=0.7）（图3.2b、图3.3b）。研究区域也存在几个特殊的放射虫高分异度值区，分别位于巴士海峡、琉球群岛、对马海峡和宗谷海峡以及白令海北部陆坡和南部靠近阿留申群岛的海区。

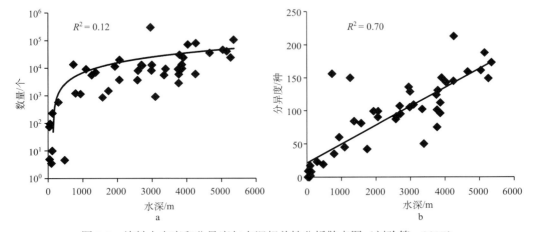

图3.3　放射虫丰度和分异度与水深相关性分析散点图（刘玲等，2017）

第二节　不同海区的特征种与共有种

对整个西北太平洋各边缘海区各个站位沉积物中放射虫种类个体数量的统计结果发

表 3.1　西北太平洋各海区表层沉积物中放射虫的优势属种（刘羿等，2017）

排序	菲律宾海	南海	东海	日本海	鄂霍次克海	白令海	楚科奇海
1	*Stylodictya* sp.	*Tetrapyle quadriloba*	*Monozonium pachystylum*	*Dimelissa thoracites*	*Siphocampe arachnea*	*Siphocampe arachnea*	*Ceratospyris borealis*
2	*Lithocarpium polyacantha*	*Ommatartus tetrathalamus t.*	*Stylodictya* sp.	*Botryopyle setosa*	*Ceratospyris borealis*	*Stylodictya* sp.	*Siphocampe arachnea*
3	*Monozonium pachystylum*	*Giraffospyris angulata*	*Zygocircus acanthophorus*	*Botryocyrtis quinaria*	*Cycladophora davisiana*	*Lithocarpium polyacantha*	*Stylodictya* sp.
4	*Tetrapyle quadriloba*	*Tetrapyle octacantha*	*Tetrapyle quadriloba*	*Arachnocorallium calvata*	*Stylochlamydium venustum*	*Stylochlamydium venustum*	*Actinomma pachyderma*
5	*Lithomelissa thoracites*	*Pterocorys campanula*	*Lithomelissa thoracites*	*Lithomelissa setosa*	*Zygocircus acanthophorus*	*Lithelius spiralis*	*Cenosphaera subbotinae*
6	*Stylodictya validispina*	*Streblacantha circumtexta*	*Arachnocorallium calvata*	*Larcopyle butschlii*	*Stylodictya* sp.	*Botryocyrtis quinaria*	*Dictyophimus hirundo*
7	*Arachnocorallium calvata*	*Euchitonia triangulum*	*Phorticium pylonium*	*Cycladophora davisiana*	*Botryocyrtis quinaria*	*Cycladophora davisiana*	*Streblacantha circumtexta*
8	*Lithelius spiralis*	*Tholospyris* sp.	*Lithelius spiralis*	*Saccospyris antarctica*	*Lithocarpium polyacantha*	*Ceratospyris borealis*	*Stylochlamydium venustum*
9	*Botryocyrtis scutum*	*Euchitonia furcata*	*Tetrapyle octacantha*	*Plectacantha oikiskos*	*Saccospyris antarctica*	*Artostrobus annulatus*	*Xiphatractus* sp. 1
10	*Ommatartus tetrathalamus t.*	*Pterocanium praetextum p.*	*Lithocarpium polyacantha*	*Botryopyle cribosa*	*Botryopyle setosa*	*Botryostrobus aquilonaris*	
11	*Porodiscus ellipticus*	*Lithelius* spp.	*Zygocircus longispinus*	*Botryocampe inflata*	*Spongotrochus glacialis*	*Lithomelissa thoracites*	
12	*Phorticium polycladum*	*Larcopyle butschlii*	*Dictyocoryne truncatum*	*Cycladophora cornuta*	*Lithomelissa thoracites*	*Saccospyris antarctica*	
13	*Streblacantha circumtexta*	*Dictyocoryne profunda*	*Acrosphaera spinosa*	*Stylodictya* sp.	*Lithelius spiralis*	*Phormostichoartus pitomorphus*	
14	*Euchitonia furcata*	*Spongaster tetras tetras*	*Euchitonia furcata*	*Lophophaena buetschlii*	*Phormostichoartus pitomorphus*	*Dictyophimus hirundo*	
15	*Phorticium pylonium*	*Octopyle* sp.	*Didymocyrtis tetrathalamus*	*Ceratospyris borealis*	*Lithomelissa setosa*	*Lithelius minor*	
16	*Tetrapyle circularis*	*Stylodictya* spp.	*Streblacantha circumtexta*	*Lithomelissa setosa chen*	*Rhizoplegma boreale*	*Cycladophora cornuta*	
17	*Acrosphaera spinosa*	*Anthocytidium ophense*	*Spongodiscus resurgens*	*Lithamphora caspiculata*	*Amphibrachium* sp.	*Stylodictya validispina*	
18	*Dictyocoryne truncatum*	*Acanthosphaera circopora*	*Acanthosphaera circopora*	*Ceratocyrtis galeus*	*Eucyrtidium hyperboreum*	*Lithomelissa* sp. 1	
19	*Tetrapyle octacantha*	*Carpocanium* sp.	*Actinomma boreale*	*Stichocorys seriata*	*Lithomelissa* sp. 1	*Streblacantha circumtexta*	
20	*Zygocircus acanthophorus*	*Siphonosphaera polysiphonia*	*Lithelius minor*	*Amphimelissa setosa*	*Spongodiscus biconcavus*	*Lithomelissa setosa*	

现，放射虫属种组成在各边缘海表层沉积物中具有很大差异，但是也发育有一些共同属种，包括：*Cornutella profunda*、*Cromyechinus antarctica*、*Lithelius minor*、*Lithelius nautiloides*、*Lithelius xanthiformis*、*Lithelius* sp.、*Lithomelissa thoracites*、*Lithelius spiralis*、*Phorticium pylonium*、*Pylodiscus echinatus*、*Spongodiscus resurgens* 和 *Thecosphaera grecoi*。这些种类均可在各个海区的沉积物中被找到，可能是适应环境能力较强的广布种。

为了获得各个海区放射虫的群落结构特征，本节选取在各研究海区的不同站位中均有出现，且在各自海区中相对丰度含量排列前 20 名的种类作为各海区的优势属种，它们分别代表相应海区表层沉积物中的放射虫群落组成，其结果详见表 3.1。在各海区的优势属种中，中-低纬度的菲律宾海、南海和东海共同出现的有 *Monozonium pachystylum*、*Tetrapyle quadriloba*、*Tetrapyle octacantha*、*Euchitonia furcata* 和 *Acrosphaera spinosa*；在菲律宾海、东海和日本海共同出现的有 *Arachnocorallium calvata*；仅出现在菲律宾海和南海的有 *Ommatartus tetrathalamus tetrathalamus*；仅在菲律宾海和东海出现的有 *Phorticium pylonium* 和 *Dictyocoryne truncatum*（表 3.1）。在高纬度的楚科奇海、白令海和鄂霍次克海均有出现的放射虫优势属种有 *Ceratospyris borealis*、*Siphocampe arachnea*、*Stylochlamydium venustum*；在白令海、鄂霍次克海和日本海共有的优势属种有 *Botryocyrtis quinaria*、*Ceratospyris borealis*、*Cycladophora davisiana* 和 *Saccospyris antarctica*；仅在白令海、鄂霍次克海出现的优势属种有 *Phormostichoartus pitomorphus* 和 *Lithomelissa* sp. 1；仅在鄂霍次克海和日本海发育的优势属种有 *Botryopyle setosa*（表 3.1）。此外，在高纬度的白令海、鄂霍次克海和中-低纬度的东海与菲律宾海共同发育的优势属种有 *Lithocarpium polyacantha*、*Lithelius spiralis* 和 *Lithomelissa thoracites*（表 3.1）。这些在不同海区中出现的共有优势种（不包括非优势种在内）表明相关海区的生态环境存在较大程度的关联，进一步查清这些优势种分布的环境因素，可为揭示古海洋演变提供新的线索和依据。

第三节　高-低纬度海区的放射虫群差异性与生物地理特征

西北太平洋的区域较广，跨越了从低纬度到高纬度的不同气候带地理环境。由于各个边缘海多数拥有半封闭式周边，其区域环境受邻近大陆或岛陆的影响，因此各海区必然存在着不同的生物地理特征，同时还存在着不同海区之间的相互关联。为了对位于不同地理区域的各个边缘海及开阔大洋现代（或近代）放射虫群落关系进行系统性的定量分析，排除陆架浅水区统计信息的干扰，我们在上述放射虫系统鉴定与定量统计的结果中，选取各海区中一般含量高于 5%（少数属种含量高于 1%）的 59 个优势种和水深 1000 m 以深的 21 个深海站位，进行整个研究海区范围放射虫组合类型的 Q 型因子分析、分布区域的 R 型聚类分析以及与主要环境因子的相关分析，从中获得不同海区之间放射虫群落组成与结构的相关性与差异性。

R 型聚类分析方法主要是利用不同站位样品中放射虫种类组成的相关性或相似性，通过数理统计技术较客观揭示不同海区站位的关联程度，从而根据放射虫组合定量分析各个站位样品的同类区域聚合与划分。分析结果表明，西北太平洋不同纬度带边缘海沉积物中放射虫组合分布与现代海洋性气候带和水团特征密切相关，总体上可以划分为类群 A 和类群 B 两个大的放射虫生物地理区系（图 3.4）。类群 A 主要分布在北太平洋热带-亚热带的西边界流（黑潮）区和边缘海，该类群中各属种含量在黑潮流经或影响区域很高（如在菲律宾海各站位中的平均含量约为 60%），在黑潮主流或其支流影响较小的区域含量显著减少（如鄂霍次克海南部的 Lv55-46-2 站位中含量仅为 11%）（图 3.5）；类群 B 主要分布于寒带-亚寒带边缘海海区，其含量在亚北极的亲潮流经区或影响区域较高（如鄂霍次克海西部的 Lv55-10-2 站位中含量约 65%），而在非亲潮影响区含量很低（如日本海 Lv53-24-2 站位中含量约为 20%）（图 3.5）。此外，根据放射虫优势种的组合结果，类群 A 可进一步划分为 A1、A2、A3、A4 和 A5 五个亚类，类群 B 可划分为 B1、B2 和 B3 三个亚类（图 3.6），分别表现出了放射虫群落与各个海区气候和水团特征的对应关系。

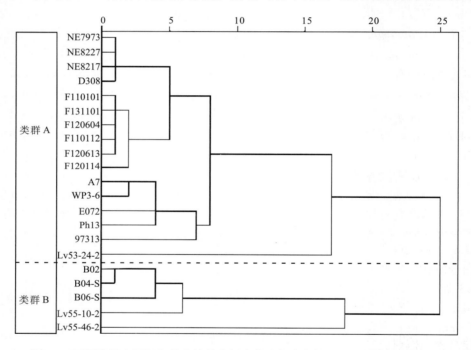

图 3.4　不同海区表层沉积物中放射虫组合的站位聚类树状图（刘玲等，2017）

1. 类群 A

这个类群由 39 个放射虫优势属种组成，主要分布于西北太平洋中-低纬度的菲律宾海、南海、东海、日本海等黑潮影响区域，共包含 A1 至 A5 五个亚类。

A1 亚类（东海类群）：该类群包含 6 个放射虫属种，即 *Liosphaera hexagonia*、*Zygocircus longispinus*、*Didymocyrtis tetrathalamus*、*Porodiscus flustrella*、*Zygocircus acanthophorus* 和 *Acanthosphaera circopora*（图 3.6），这些种类在东海的研究站位中含量最高，在靠近鄂霍次克海的区域大幅度减少，在白令海几乎缺失（图 3.7）。

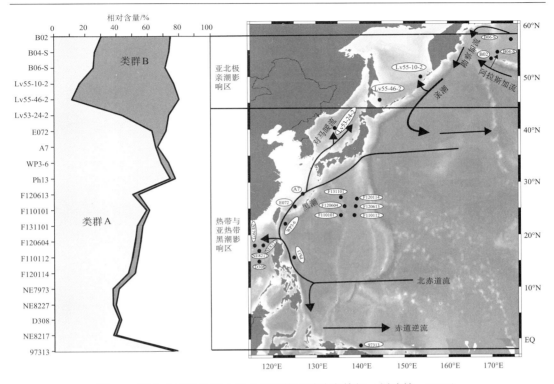

图 3.5　西北太平洋放射虫组合类群的区域分布特征（刘玲等，2017）

　　A2 亚类（菲律宾海类群）：其属种包括 *Stylodictya validispina*、*Siphonosphaera martensi*、*Acrosphaera spinosa*、*Porodiscus ellipticus*、*Cornutella clava* 和 *Botryocampe inflata*（图 3.6），该类群在菲律宾海区的含量最大，而在东海和日本海明显减少，在鄂霍次克海和白令海含量极低。

　　A3 亚类（南海类群）：该类群包含的放射虫属种有 *Pterocorys campanula*、*Heliodiscus asteriscus*、*Amphispyris reticulata*、*Pterocanium trilobum*、*Giraffospyris angulate*、*Tholospyris* sp.、*Ommatartus tetrathalamus t.*、*Pterocorys hertwigii* 和 *Eucyrtidium acuminatum*（图 3.6）。这些属种在南海研究站位中大量分布，且总体含量最高（图 3.7），在菲律宾海分布也较为广泛，含量仅次于南海。

　　A4 亚类（日本海类群）：该类群的属种有 *Streblacantha circumtexta*、*Lithomelissa thoracites*、*Phorticium polycladum*、*Larcopyle butschlii* 和 *Phorticium pylonium*（图 3.6），这些属种在日本海和菲律宾海区中均有广泛分布，但其总体含量在日本海更高（图 3.7）。

　　A5 亚类（黑潮区类群）：这个类群的放射虫属种为 *Tetrapyle octacantha*、*Dictyocoryne truncatum*、*Botryocyrtis scutum*、*Tetrapyle circularis*、*Euchitonia furcata*、*Tetrapyle quadriloba* 和 *Monozonium pachystylum*（图 3.6），这些种类在日本海、东海、南海以及菲律宾海均有广泛分布，且含量较高，而在鄂霍次克海含量很低，在白令海几乎不发育（图 3.7）。

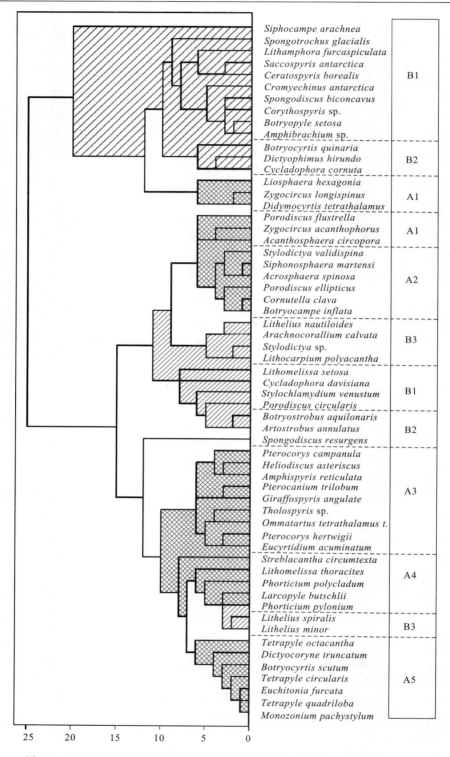

图 3.6　不同海区表层沉积物中放射虫优势种的组合树状图（刘玲等，2017）

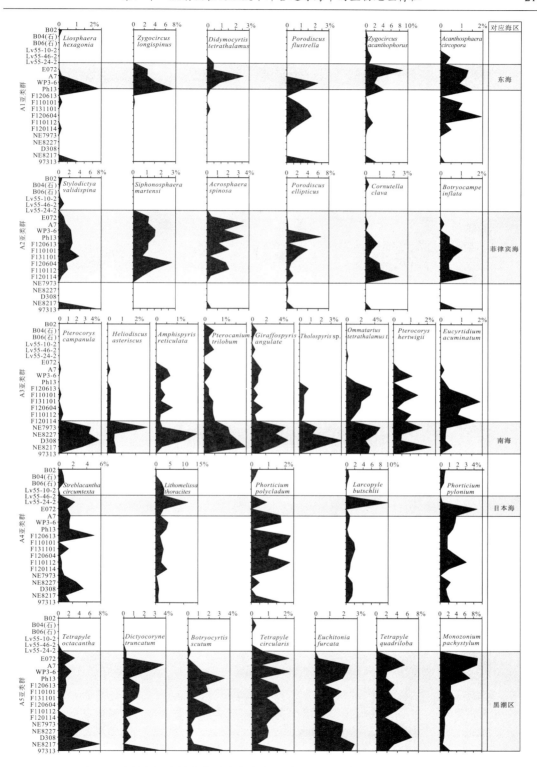

图 3.7　放射虫代表性优势种在各个海区的相对含量特征（刘玲等，2017）

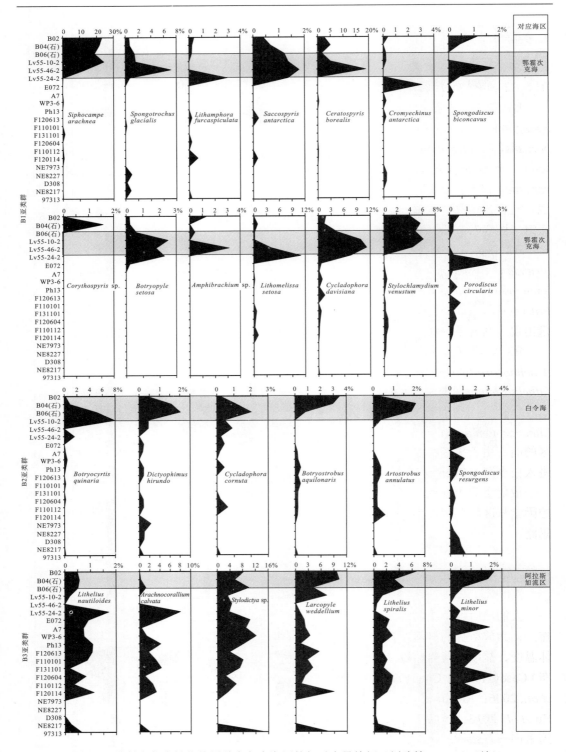

图 3.7 放射虫代表性优势属种在各个海区的相对含量特征（刘玲等，2017）（续）

2. 类群 B

这个类群包含 20 个优势属种，主要分布在高纬度的白令海和鄂霍次克海，共包含 B1、B2 和 B3 三个亚类。

B1 亚类（鄂霍次克海类群）：该类群的放射虫属种组成为 *Siphocampe arachnea*、*Spongotrochus glacialis*、*Lithamphora furcaspiculata*、*Saccospyris antarctica*、*Ceratospyris borealis*，*Cromyechinus antarctica*、*Spongodiscus biconcavus*、*Corythospyris* sp.、*Botryopyle setosa*、*Amphibrachium* sp.、*Lithomelissa setosa*、*Cycladophora davisiana*、*Stylochlamydium venustum* 和 *Porodiscus circularis*（图 3.6），这些种类多数在鄂霍次克海的站位中大量出现，且含量很高。同时，这些属种在白令海海区也有广泛分布，且其含量仅次于鄂霍次克海（图 3.7）。

B2 亚类（白令海类群）：该类群放射虫属种有 *Botryocyrtis quinaria*、*Dictyophimus hirundo*、*Cycladophora cornuta*、*Botryostrobus aquilonaris*、*Artostrobus annulatus* 和 *Spongodiscus resurgens*（图 3.6），这些种类在白令海区广泛分布且含量最高。其中，*Botryocyrtis quinaria*、*Dictyophimus hirundo* 和 *Cycladophora cornuta* 在鄂霍次克海区也大量出现，其含量仅次于白令海（图 3.7）。

B3 亚类（亚北极环流类群）：这一类群的放射虫属种有 *Lithelius nautiloides*、*Arachnocorallium calvata*、*Stylodictya* sp.、*Lithocarpium polyacantha*、*Lithelius spiralis* 和 *Lithelius minor*（图 3.6），这些种类在白令海广泛分布且含量较高，同时在日本海、东海以及菲律宾海也大量出现，而在亚北极区的鄂霍次克海中含量较低（图 3.7）。其中，*Lithocarpium polyacantha*、*Lithelius spiralis* 和 *Lithelius minor* 在白令海的含量比菲律宾海区的高。由于黑潮续流的暖水团在太平洋亚北极环流的作用下，可能最终随阿拉斯加流进入白令海（Chen *et al.*, 2014），因此，B3 类群的分布可能与亚北极环流有关。

放射虫聚类分析的组合差异性结果及环境关联反映了西北太平洋生物地理特征的主控因素与区域范围，为系统认识西北太平洋放射虫的整体分布架构提供了初步的依据与思路。

第四节　西北太平洋放射虫分布与大洋环流及水团关系

人们已对各个不同海区分别开展了大量的区域性放射虫生态与沉积分布调查研究工作，认为放射虫的群落结构、生态分布及其生产力状况受到许多因素的影响与制约，水体温度、盐度、营养盐以及初级生产力等都能影响放射虫在水体与沉积物中的含量与分布（Casey, 1971b；Chen and Tan, 1997；Itaki, 2003；Abelmann and Nimmergut, 2005；Wang *et al.*, 2006；Rogers and De Deckker, 2007；陈木宏等，2008b；Zhang Lanlan *et al.*, 2009；Hu *et al.*, 2015），但是，在大范围的不同地理区域上，对放射虫沉积分布的主要环境控制因素尚未有系统的认识。

一、不同生物地理区沉积放射虫分布的主要环境控制因素

西北太平洋各研究海区中放射虫的系统分析结果表明，表层沉积物中放射虫群落丰度和分异度均随纬度增加而减少，具有明显的纬向性分布特征（图 3.1）。总体上，放射虫个体和种类数量在中-低纬度海区（白令海除外）呈现较高的值，其组合以类群 A 为主，暖水种占明显优势（如菲律宾海暖水种平均含量约为 57%，冷水种含量约为 3%）；而它们在高纬度海区明显降低，且群落主要为类群 B，暖水种减少，冷水种含量显著增加（如鄂霍次克海冷水种平均含量约为 65%，暖水种含量约为 14%）。不同海区地理纬度和海洋性气候的差异会较大程度地影响各研究海区的水团性质，水文资料显示，在水体环境相对稳定的海盆区，表层水体温度和盐度在低纬度海区较高，且均随地理纬度的增加而减小（图 3.8）。

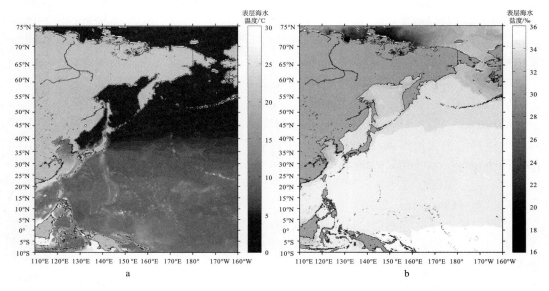

图 3.8　西北太平洋表层海水年平均温度（a）和盐度（b）变化图（刘玲等，2017）

温度和盐度为 1955~2015 年的平均值，数据来自美国国家海洋和大气局（NOAA）

放射虫群落及其生产量与生活的水团因素关系密切（Chen and Tan, 1997；Abelmann and Nimmergut, 2005；Wang *et al*., 2006；Zhang Lanlan *et al*., 2009），而研究海区放射虫丰度和分异度的高值区主要分布在高温高盐的热带-亚热带区，其低值区主要集中在相对低温低盐的北极-亚北极区，这与表层海水温度和盐度的纬向性变化有着较好的对应关系。因此，放射虫群落在西北太平洋的纬向性分布特征可能主要受到了各海区水体温度和盐度差异特征的影响。为了更好地了解整个研究海区水体温度和盐度与放射虫群落特征的关系，我们将放射虫丰度、分异度、暖水种百分含量分别与表层海水平均温度和盐度进行相关性分析。结果显示，放射虫丰度、分异度及暖水种含量与表层水体温度和盐

度之间均有一定的正相关性（与表层水体温度的相关系数 R^2 分别为 0.34、0.34 和 0.58，而与盐度的相关系数 R^2 分别为 0.18、0.45 和 0.62）（图 3.9）。温度和盐度较高的海区，其沉积物中放射虫种类与含量更高，且暖水种占优势；反之，放射虫种类少，含量低，且以冷水种为主。该结果进一步表明了表层水体温度和盐度的纬向性变化可能共同主导了整个西北太平洋海区沉积放射虫的总体分布特征。

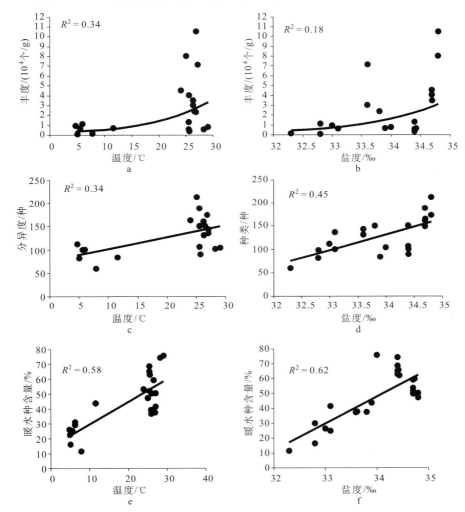

图 3.9 西北太平洋表层沉积物中放射虫丰度、分异度和暖水种含量与表层水体温度、盐度相关性分析散点图（刘玲等，2017）

尽管如此，对于同一个海区，由于地理区域范围相对较小，共同的气候特征使其区域性的表层水体温度和盐度变化并不明显，因此，水体温度和盐度的影响难以解释同一海区小范围区域内不同地理单元沉积放射虫分布的区域性差异。而在本书的各个研究海区中，无论是放射虫的遗壳个体数量还是种类的多样性，均明显表现了从陆架、陆坡到深海盆逐渐增加的特征（图 3.2），因此，水体深度可能是影响各研究海区不同区域沉积物中放射虫群落分布特征的另一个重要因素。进一步的分析发现，放射虫个体与种类数量与水深之间均有一定正相关性，总体上呈现出随水深加大而增加的趋势。尽管两者与水深的相关性程度存在一定差异（前者相关系数为 0.12，后者为 0.7）（图 3.3），但它们的低值主要对应较小的水深，而高值主要出现在水深较大的区域，甚至在水深超过 5000 m 的站位也未呈现明显减少的现象，这表明水深对沉积放射虫数量和种类多样性有着较大的影响与控制作用，同时也较好地说明了放射虫壳体在西北太平洋各海区的沉积溶解作用并不明显。由于放射虫属于海洋性微体浮游动物，水深越大，海洋环境相对越稳定，越有利于放射虫群落的生长繁殖（Rogers and De Deckker, 2007）；同时，放射虫从海水表层至数千米的水深均有分布（Kling, 1979；Abelmann and Gowing, 1997；De Wever *et al.*, 2001），不同水深范围其属种和组合类型也不相同，因而随水深增加沉降到海底的种类越来越多，个体数量也越来越多；再者，从陆架、陆坡再到海盆区，沉积速率总体上降低，同时受陆源物质的稀释程度也减小，因此放射虫壳体也在沉积物中更富集（陈木宏等，2008b）。这些可能都是造成沉积物中放射虫个体与种类数量均随水深增加的重要原因。

此外，营养盐、生产力和特征水团等对各研究海区放射虫的沉积分布也有一定影响。在受亚北极气候影响的白令海北部陆坡（站位）和南部海盆区（站位），尽管水体温度和盐度很低，但该区域放射虫丰度和分异度均呈现明显的高值（图 3.1）。白令海是全球典型的高生产力海区之一，其北部陆坡受气旋活动的影响显著，上升流发育（Mizobata *et al.*, 2006, 2008），因此区域水体中营养盐丰富，并大致沿陆坡的等深线方向形成一个高生产的条带状区域，即"白令绿带"（Springer *et al.*, 1996），其南部水团显著受到北太平洋阿拉斯加流的影响，该海流的注入在促进南部上层水体混合的同时，也将为该海区带入大量源自阿留申火山岛弧的营养物质（如硅酸盐）（Okkonen *et al.*, 2004；Ladd *et al.*, 2005；Stabeno *et al.*, 2005），进而促进南部海盆区营养物质和生产力的增加。放射虫的生长繁殖依赖于吸收营养盐和摄食其他幼小浮游动植物，因此，该高纬度海区放射虫群落的繁盛明显与该区域性的高营养盐和高生产力特性有关。另外，在巴士海峡、琉球群岛、对马海峡和宗谷海峡所在海域的沉积物中，放射虫个体与种类也非常丰富（图 3.1），由于这些区域共同受到了黑潮或其支流暖水团的影响，因而放射虫在这些海区的高值特征可能与北太平洋环流作用下相对高温高盐的暖水团输入有关。

虽然放射虫在海洋沉积物中的分布通常是多种环境因素综合作用的结果，但西北太平洋不同海区沉积放射虫的总体分布特征表明，温度和盐度是其具有纬向性分布规律的主导因素；水体深度可能是同一海区不同区域放射虫沉积分布存在差异特征的另一因素；营养盐、生产力和特征水团等对各海区影响程度的不同可能是造成放射虫区域分布存在特殊现象的重要原因。

二、放射虫组合对北太平洋环流的指示作用

由于浮游性放射虫主要生活在特定水团中并随海流进行迁移，因此，一些主要属种或特征种在各海区之间的共同出现能较好地反映不同海区之间水团的迁移与交换（Okazaki *et al.*, 2003a, 2006；Matul and Abelmann, 2005；Tanaka and Takahashi, 2005）。

尽管西北太平洋各海区表层沉积物中放射虫生物地理特征存在着显著差异，但是各海区的放射虫优势属种组成和分布也呈现出了一定的相似性特征，特有的共同优势种指示不同海区间的水团交换，表明北太平洋环流（西边界流）可能对研究海区的放射虫群落分布特征有着重要的影响作用。

数理统计分析的结果发现，西北太平洋放射虫的沉积分布存在着两大类明显不同的生物地理区系，其 8 个亚类分别与菲律宾海、南海、东海、日本海、鄂霍次克海、白令海、黑潮区和亚北极环流区有较好的对应关系。尽管各生物地理区的放射虫组成与类型不同，但每一个生物地理区放射虫群落的优势属种在其相邻的海区也有大量分布（如南海的放射虫组合中，*Ommatartus tetrathalamus*、*Pterocorys hertwigii* 和 *Eucyrtidium acuminatum* 3 个属种在菲律宾海也有很高的含量）。由于海流是放射虫迁移的主要载体与动力，不同生物地理区共同属种的出现通常是海流作用下水团交换的结果。因此，依据不同生物地理区放射虫主要属种之间的关联以及共有属种的分布特征，划出了用以指示黑潮主流、黑潮-东海分支、黑潮-南海分支、对马暖流以及亲潮（图 3.10）的 5 个放射虫组合。

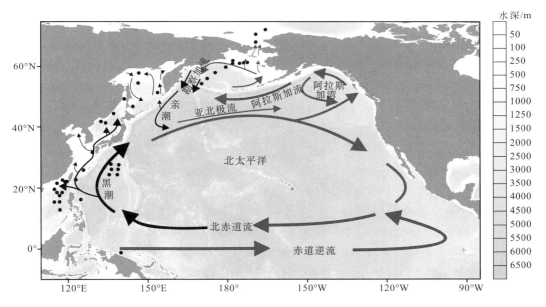

图 3.10　分析站位与北太平洋环流及其分支（改自 Chen *et al.*, 2014）（刘玲等，2017）

组合一（指示黑潮主流）：该放射虫组合为 *Acrosphaera spinosa*、*Botryocampe inflata*、*Cornutella clava*、*Dictyocoryne truncatum*、*Porodiscus ellipticus*、*Siphonosphaera martensi* 和 *Tetrapyle octacantha*。这些属种主要是一些热带暖水种，在赤道太平洋等低纬度海区均有广泛报道（Renz, 1976；Welling *et al.*, 1996；Yamashita *et al.*, 2002）。在研究海区该组合的放射虫属种高含量值主要分布在水深较大的菲律宾海盆区（图 3.7），代表着西太平洋黑潮流经区高温高盐的海洋环境，因此，这些属种可以作为黑潮主流的特征组合。其中，该组合中 *Acrosphaera spinosa*、*Dictyocoryne truncatum* 和 *Tetrapyle octacantha* 对

黑潮水团的指示意义与前人报道的结果较一致（Chang *et al.*, 2003；Gallagher *et al.*, 2015）。

组合二（黑潮-南海分支）：该海流的放射虫组合主要包括 *Pterocanium trilobum*、*Ommatartus tetrathalamus*、*Pterocorys hertwigii* 和 *Eucyrtidium acuminatum*。这一组合的属种以热带暖水种为主，其中，*Pterocanium trilobum* 和 *Pterocorys hertwigii* 在南海北部黑潮影响区有广泛的分布，且前人已报道了这两个属种对黑潮水团的指示作用（Chen and Tan, 1997；Zhang Lanlan *et al.*, 2009）。这些属种在南海北部以及黑潮流经区的菲律宾海中均有较高的含量（图 3.7），因此，该组合在南海北部沉积物中的普遍出现可能较好地响应了黑潮南海分支的入侵及其对南海北部区域环境的影响。该组合反映黑潮与南海水团混合的生态环境。

组合三（黑潮-东海分支）：主要放射虫属种组成为 *Zygocircus longispinus*、*Didymocyrtis tetrathalamus*、*Zygocircus acanthophorus* 和 *Acanthosphaera circopora*。这些属种在东海均有报道（Chang *et al.*, 2003；谭智源、陈木宏, 1999），但除了 *Didymocyrtis tetrathalamus*，其他属种含量特征与前人的结果有一定的差异，这可能与各自的研究区域不同有关[本书研究站位主要位于东海南部，而 Chang 等（2003）研究区域主要位于东海东北部]。这个组合的放射虫在菲律宾海和东海沉积中均有较高的含量（图 3.7），由于东海海洋环境受黑潮东海分支的影响显著（Chang *et al.*, 2003；Li *et al.*, 2006），这些属种在东海的高值分布特征可能较好地反映了该海区受到黑潮暖水团的影响。该组合反映黑潮影响下的东海生态环境。

组合四（对马暖流）：代表该海流的放射虫属种有 *Streblacantha circumtexta*、*Phorticium polycladum* 和 *Phorticium pylonium*。这些属种在日本海南部（Itaki, 2003；Itaki *et al.*, 2010）、东海（Chang *et al.*, 2003）、南海（陈木宏、谭智源, 1996；Chen and Tan, 1997）以及赤道太平洋（Welling *et al.*, 1996；Yamashita *et al.*, 2002）均有广泛分布。在本书的研究站位中，其在菲律宾海、东海和日本海沉积物中均有较高的含量（图 3.7）。总体上，日本海海洋生态环境特别是其中、南部海区受到黑潮分支-对马暖流的影响较大，因此，这些属种在日本海的高含量特征可能与黑潮支系的对马暖流有关。该组合是对马暖流影响下的南日本海生态环境产物。

组合五（亲潮）：放射虫的优势种类主要是 *Siphocampe arachnea*、*Spongotrochus glacialis*、*Saccospyris antarctica*、*Ceratospyris borealis*、*Botryopyle setosa*、*Cycladophora davisiana* 和 *Stylochlamydium venustum*，该组合类型以冷水种为主，在亚北极海区有广泛分布和报道（Okazaki *et al.*, 2004；王汝建等, 2005；Abelmann and Nimmergut, 2005；Wang *et al.*, 2006；Itaki *et al.*, 2008a；Zhang *et al.*, 2014b）。在本书的研究海区中，该组合种类在白令海和鄂霍次克海站位的沉积物中均有较高的含量（图 3.7），且其含量的峰值主要出现在受亲潮冷水团影响的鄂霍次克海东部海区（站位 Lv55-10-2），因此，该组合的分布特征可能主要受亲潮冷水团的控制，属于较典型的西北太平洋高纬度冷水组合。

第四章 白令海放射虫生物地层与年龄框架

迄今为止，在北半球高纬度海区所积累的放射虫生物地层研究成果主要集中在白令海邻近的太平洋亚北极区。Hays（1970）利用活塞取心样品，首次在北太平洋北部建立了上新世以来的放射虫生物化石带；Shilov（1995）根据 ODP Leg 145 航次的放射虫研究结果提出了新的上新世与中新世放射虫化石带，Morley 和 Nigrini（1995）分析讨论了该航次研究井位中 40 个放射虫生物地层事件；Motoyama（1996）在西北太平洋亚北极区开展了放射虫生物地层研究，建立了北太平洋高纬度海区晚中新世至上新世的放射虫生物化石带；Kamikuri 等（2004, 2007）依据前人的资料（Funayama, 1988；Shilov, 1995；Motoyama, 1996），对 ODP Leg 145 和 ODP Leg 186 航次的放射虫数据进行了综合分析，提出了太平洋亚北极区的若干放射虫初现面与末现面的事件并厘定了其地层年龄，这些研究成果的积累成功地奠定了北半球高纬度放射虫生物地层学发展的基础。

然而，开放性海域的太平洋亚北极区与半封闭的白令海由于海洋生态环境的不同，放射虫组合面貌也会存在差异，太平洋亚北极区出现的某些放射虫地层标志种在白令海可能缺失或由于个体太少而难于发现，这在白令海 IODP323 航次的初步报告（Takahashi *et al.*, 2011a）及 U1340 井位的放射虫分析结果中已得到了证实。因此，开展白令海区详细的放射虫生物地层学研究对于建立白令海系统而合理的放射虫生物化石带，完善该海区的生物地层学资料具有重要的价值和意义。

第一节 U1340 井位的深度-年龄关系

研究井位中有孔虫等钙质类微体化石仅在少数层位零星出现且保存较差，致使该井位缺少有效的氧同位素变化曲线及放射性同位素测年数据，因此，该井位放射虫化石带的地质时代主要依据太平洋亚北极区的放射虫生物地层事件及该研究井位中硅藻和古地磁数据等（Takahashi *et al.*, 2011a）确定（详见本章第二节）。为了进一步校正和厘定 U1340井位中放射虫化石带及放射虫事件的绝对年龄，依据该井位中硅藻、硅鞭藻、放射虫等有效的生物地层事件年龄和古地磁数据（表 4.1）建立了相应的深度-年龄曲线（图 4.1），该曲线中各年龄控制点的确定依据如下原则：① 同一地层位置的古地磁数据与生物地层事件年龄比较接近时，采用古地磁的绝对年龄数据；② 古地磁年龄与生物地层事件年龄之间存在较大偏差，且同一深度或邻近位置出现两个或两个以上地层年龄较吻合的生物地层事件时，取用生物地层事件的平均年龄值作为相应的年龄控制点，以此得到该井位8 个不同深度有效的绝对年龄值：0.05 Ma/4.35 m、0.3 Ma/37.6 m、0.781 Ma/117.9 m、0.998 Ma/146.4 m、1.072 Ma/155.9 m、1.83 Ma/201.25 m、2.475 Ma/305.5 m、3.84 Ma/531 m（表 4.1）。

假定相邻年龄控制点之间的沉积速率均保持不变，依据最后两个年龄控制点所确定的沉积速率推算出 U1340 井位底部的年龄值约为 4.3 Ma（图 4.1、图 4.2），地质时代为早上新世（赞克勒期，Zanclean）晚期。研究井位中其他深度的绝对年龄通过在该曲线的两个年龄控制点之间采用线性内插的方法估算得到，由此获得 U1340 井位中其他生物地层事件绝对年龄的近似值如表 4.1 中斜体数字所示。总体上，U1340 井位的放射虫生物地层事件年龄与太平洋亚北极区相对应的放射虫生物地层事件年龄数据存在较好的一致性（表 4.1）。研究井位中采用线性内插法得到的放射虫地层事件 *Amphimelissa setosa* (Clever) 末现面和 *Spongodiscus* sp. (Ling) 末现面的近似年龄值与太平洋亚北极区的相应数据存在着微小偏差，这可能与区域性的海洋环境差异有关。

表 4.1   U1340 井位的古地磁和生物地层事件及其地质年龄

序号	地层事件	生物类别	Takahashi *et al*., 2011a		本书	
			深度/m	年龄/Ma	深度/m	年龄/Ma
a	LO *Lychnocanoma nipponica sakaii*	放射虫	8.9	0.05	4.35	0.05
b	LO *Amphimelissa setosa*	放射虫	8.9	0.08–0.1	5.5	*0.06*
c	LO *Spongodiscus biconcavus*	放射虫	18.7	0.28–0.32	29.92	*0.23*
d	LO *Proboscia curvirostris*	硅藻	37.6	0.3	37.6	0.3
e	LO *Thalassiosira jouseae*	硅藻	37.6	0.3	37.6	0.3
f	LO *Proboscia barboi*	硅藻	37.6	0.3	37.6	0.3
g	LO *Stylacontarium acquilonium*	放射虫	18.7	0.25–0.43	46.44	*0.35*
h	LO *Dictyocha subarctios*	硅鞭藻	118.4	0.6–0.8	118.4	*0.79*
i	B Brunhes	古地磁	117.9	0.781	117.9	0.781
j	T Jaramillo	古地磁	146.4	0.998	146.4	0.998
k	B Jaramillo	古地磁	155.9	1.072	155.9	1.072
l	LO *Eucyrtidium matuyamai*	放射虫	161.2	0.9–1.5	161.92	*1.17*
m	FCO *Proboscia curvirostris*	硅藻	201.2	1.7–2.0	201.25	1.83
n	FO *Eucyrtidium matuyamai*	放射虫	201.3	1.7–1.9		
o	LO *Stephanopyxis horridus*	硅藻	229.9	1.9–2.0	229.9	*2.00*
p	LO *Thecosphaera akitaensis*	放射虫	267.9	2.4–2.7	265.7	*2.23*
q	LO *Ebriopsis antiqua antiqua*	硅鞭毛虫	305.5	2.47–2.48	305.5	2.475
r	FO *Neodenticula koizumii*	硅藻	531.0	3.7–3.9	531.0	3.84
s	LO *Dictyophimus bullatus*	放射虫	531.0	3.8–4.0		

注：斜体数字表示估算值；本书与 Takahashi 等（2011a）中放射虫地层事件深度数据的差异源自分析样品分辨率的不同，本书的样品分辨率较高，因此相应的深度数据以本书为准。FO：初现面；LO：末现面；FCO：首次常现面；B：底界；T：顶界（据张强等，2014）

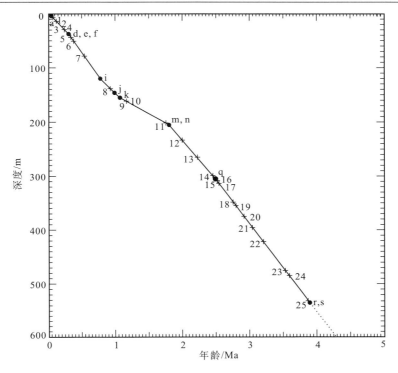

图 4.1 U1340 井位的深度-年龄曲线（据张强等，2014）

"●" 表示年龄控制点，字母与表 4.1 相对应；"+" 表示放射虫事件，数字与表 4.2 相对应

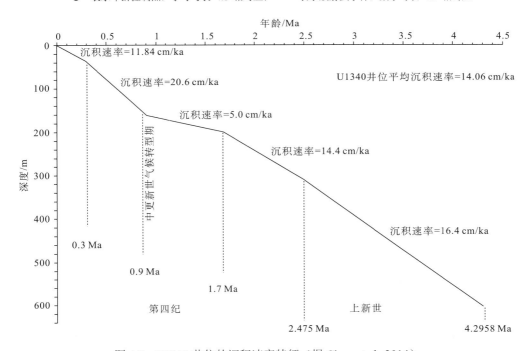

图 4.2 U1340 井位的沉积速率特征（据 Chen *et al*., 2014）

第二节　上新世以来的放射虫化石带

为了对放射虫化石带进行详细的描述和分析，本项研究选取了在太平洋亚北极区上新世以来的放射虫化石带中有过报道和描述的放射虫属种（Ling，1973；Shilov，1995；Morley et al.，1995；Motoyama，1996；Kamikuri et al.，2004），或在研究井位样品中保存较好、特征明显、便于鉴定，且在地层中的分布有着明显变化特征的代表性属种共 31个，它们分别在 U1340 井位中的地层分布如图 4.3 所示，依据各自在地层中的详细分布特征识别出了 25 个放射虫地层事件（图 4.3），并通过内插法获得各放射虫事件的地层年龄值（表 4.2）。

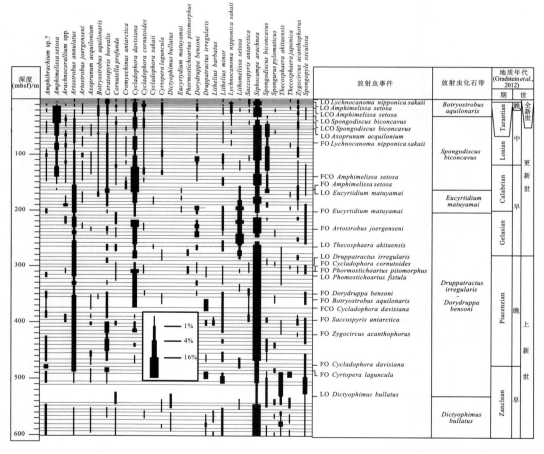

图 4.3　U1340 井位放射虫代表性属种的地层分布（据张强等，2014）

FO：初现面；LO：末现面；LCO：末次常现

在生物化石带的划分中，某些特殊属种的首现面和末现面具有时间标志作用，可以用来确定地层时代及进行地层的划分与对比。上新世以来太平洋亚北极区用以划定放射

表 4.2　U1340 井位放射虫事件及其估算年龄值

序号	样品号	放射虫事件	深度/m	年龄/Ma
1	U1340A-2H-1W, 58.0~60.0 cm	LO *Lychnocanoma nipponica sakaii*	4.48	0.05
2	U1340A-2H-2W, 10.0~12.0 cm	LO *Amphimelissa setosa*	5.5	0.06
3	U1340A-2H-6W, 28.0~30.0 cm	LCO *Amphimelissa setosa*	11.7	0.11
4	U1340B-4H-4W, 2.0~4.0 cm	LO *Spongodiscus biconcavus*	29.92	0.23
5	U1340A-6H-2W, 2.0~4.0 cm	LCO *Spongodiscus biconcavus*	43.43	0.33
6	U1340A-6H-4W, 2.0~4.0 cm	LO *Axoprunum acquilonium*	46.44	0.35
7	U1340A-10H-1W, 2.0~4.0 cm	FO *Lychnocanoma nipponica sakaii*	79.92	0.55
8	U1340A-16H-3W, 2.0~4.0 cm	FCO *Amphimelissa setosa*	139.92	0.96
9	U1340A-18H-5W, 2.0~4.0 cm	FO *Amphimelissa setosa*	161.92	1.17
10	U1340A-18H-5W, 2.0~4.0 cm	LO *Eucyrtidium matuyamai*	161.92	1.17
11	U1340A-24H-5W, 2.0~4.0 cm	FO *Eucyrtidium matuyamai*	202.22	1.84
12	U1340A-27H-7W, 2.0~4.0 cm	FO *Artostrobus joergenseni*	233.72	2.03
13	U1340A-31H-3W, 2.0~4.0 cm	LO *Thecosphaera akitaensis*	265.72	2.23
14	U1340A-34H-7W, 2.0~4.0 cm	LO *Druppatractus irregularis*	299.73	2.44
15	U1340A-35H-7W, 2.0~4.0 cm	FO *Cycladophora cornutoides*	309.72	2.5
16	U1340A-35H-7W, 2.0~4.0 cm	FO *Phormostichoartus pitomorphus*	309.72	2.5
17	U1340A-36H-3W, 2.0~4.0 cm	LO *Phormostichoartus fistula*	313.22	2.52
18	U1340A-40H-5W, 2.0~4.0 cm	FO *Dorydruppa bensoni*	349.22	2.74
19	U1340A-42H-1W, 2.0~4.0 cm	FO *Botryostrobus acquilonaris*	354.72	2.77
20	U1340A-45X-1W, 2.0~4.0 cm	FCO *Cycladophora davisiana*	374.32	2.9
21	U1340A-47X-5W, 2.0~4.0 cm	FO *Saccospyris antarctica*	396.52	3.03
22	U1340A-50X-3W, 2.0~4.0 cm	FO *Zygocircus acanthophorus*	422.32	3.18
23	U1340A-56X-1W, 2.0~4.0 cm	FO *Cycladophora davisiana*	476.62	3.51
24	U1340A-56X-7W, 2.0~4.0 cm	FO *Cyrtopera laguncula*	485.62	3.57
25	U1340A-61X-CC	LO *Dictyophimus bullatus*	531.0	3.84

注：FO=初现面；LO=末现面；FCO=首次常现面；LCO=末次常现面（据张强等，2014）

虫化石带的主要地层标志种之中，*Botryostrobus aquilonaris* (Bailey)、*Eucyrtidium matuyamai* Hay 和 *Dictyophimus bullatus* Morley et Nigrini（Motoyama, 1996；Motoyama and Maruyama, 1998；Saito, 1999；Kamikuri *et al.*, 2004）在 U1340 井位较为常见，而 *Sylatractus universus* Hays 和 *Cycladophora sakaii* Motoyama 仅在少数层位零星出现甚至完全缺失，不满足建立相应化石带的基本原则和要求（通常要求带化石的个体常见）（Hollis, 1976）。为了划分白令海 U1340 井位完整且相对合理的放射虫化石带，本书依据该研究井位的放射虫资料，新提出了 3 个用来划分放射虫生物化石带的地层标志种：*Spongodiscus biconcavus*、*Druppatractus irregularis* Popofsky 和 *Dorydruppa bensoni* Takahashi，以此得到用以建立 U1340 井位放射虫生物化石带的 6 个地层标志种 *Botryostrobus aquilonaris*、

Spongodiscus biconcavus、*Eucyrtidium matuyamai*、*Druppatractus irregularis*、*Dorydruppa bensoni* 和 *Dictyophimus bullatus*。依据该井位中放射虫地层标志种的分布特征，并参考太平洋亚北极区的放射虫生物地层学研究成果（Morley, 1985；Shilov, 1995；Morley and Nigrini, 1995；Motoyama, 1996；Motoyama and Maruyama, 1998；Saito, 1999；Kamikuri *et al.*, 2004, 2007），可在 U1340 井位中划分出 5 个放射虫生物化石带。从下往上依次为：*Dictyophimus bullatus* 带、*Druppatractus irregularis-Dorydruppa bensoni* 带、*Eucyrtidium matuyamai* 带、*Spongodiscus biconcavus* 带和 *Botryostrobus aquilonaris* 带（图 4.3）。

1. *Dictyophimus bullatus* 延限带（Motoyama, 1996）

该化石带首先由 Motoyama（1996）提出，分别以 *Dictyophimus robustus* 的首现面和末现面作为该化石带的底界和顶界。Kamikuri 等（2004）认为 *Dictyophimus robustus* Motoyamai 是 *Dictyophimus bullatus* Morley et Nigrini 的幼年个体，因此将该化石带更名为 *Dictyophimus bullatus* 带，相应地以 *Dictyophimus bullatus* 的末现面和首现面作为该化石带的顶、底界。本书采用 Motoyama（1996）对该化石带的定义和 Kamikuri 等（2004）对该化石带进行更名后的名称。该化石带中，*Dictyophimus bullatus* 个体数量较少（<4%）；化石带的上部 *Siphocampe arachnea* (Ehrenberg) 大量出现，接近顶部其含量变少；*Cycladophora davisiana* Ehrenberg 和 *Spongopyle osculosa* Dreyer 近于连续出现，且含量逐渐增大。常见属种有 *Thecosphaera akitaensis* Nakaseko。主要的放射虫事件为 *Dictyophimus bullatus* 的末现面。

地层年龄：研究井位中 *Dictyophimus bullatus* 带的顶界即 *Dictyophimus bullatus* 末现面，与硅藻化石 *Neodenticula koizumii* Akiba et Yanagisawa 首现面（3.7-3.9 Ma）（Yanagisawa and Akiba, 1998；Maruyama, 2000）同时出现在井深 531 m 处。因此，该化石带代表的地质时代为上新世赞克勒期（Zanclean）。依据该井位的深度-年龄曲线确定其顶界在 U1340 井位的绝对年龄约为 3.84 Ma。受柱样的长度的限制，*Dictyophimus bullatus* 带的底界，即 *Dictyophimus bullatus* 的首现面在该井位中未能完全确定。因此，该井位中 *Dictyophimus bullatus* 带可能只发育了一部分，其顶界的地层年龄为 3.84 Ma。

2. *Druppatractus irregularis-Dorydruppa bensoni* 间隔带，新建

该化石带以 *Dictyophimus bullatus* 的末现面作为底界，*Eucyrtidium matuyamai* 的首现面作为顶界，在该化石带中，*Siphocampe arachnea* 连续大量出现，其含量占绝对优势，其次为 *Cycladophora davisiana* 和 *Artostrobus annulatus* (Bailey)。*Lithomelissa setosa* Jørgensen 在该化石带的中部零星出现，至上部含量增大；*Spongodiscus biconcavus* 在这个带的下部连续出现，中上部逐渐消失；*Druppatractus irregularis* 断续出现于该化石带的中下部，往上个体消失；*Dorydruppa bensoni* 首现于该化石带中部，往上频繁出现，但含量较低，至该化石带顶部含量略有增加；*Cycladophora sakai* 仅在个别样品中出现，且个体数量十分稀少。常见属种有 *Amphibrachium* sp.、*Ceratospyris borealis* Bailey、*Lithelius minor* Jørgensen 和 *Spongopyle osculosa*。该化石带中可识别出的放射虫事件包括 *Dorydruppa bensoni*、*Artostrobus joergenseni* Petrushevskaya、*Amphimellisa setosa* (Cleve)、*Phormostichoartus pitomorphus* Caulet、*Botryostrobus aquilonaris* (Bailey)、*Cyrtopera laguncula* Haeckel、*Zygocircus acanthophorus* Popofsky、*Saccospyris antarctica* Haeckel、*Cycladophora cornutoides* (Petrushevskaya) 和 *Cycladophora davisiana* 的首现面；*Thecosphaera akitaensis*、*Phormostichoartus fistula* Nigrini 和 *Druppatractus irregularis* 的末现面；*Cycladophora davisiana* 的首次常现面。

地层年龄：研究井位中，该化石带的顶界与该井位中硅藻 *Proboscia curvirostris* (Jousé) Jordan et priddle 首次常现面（地层年龄 1.7~2.0 Ma）（Yanagisawa and Akiba, 1998；Maruyama, 2000）的层位近于一致，出现在井深 201.3 m 处，依据上新世-更新世界线的年龄的最新标定结果（2.588 Ma）（Gradstein *et al.*, 2012），其地质时代为上新世赞克勒期（Zanclean）末期至更新世杰拉期（Gelasian），地层年龄为 3.84-1.85 Ma。

讨论：在北太平洋中-高纬度海区，同地质时代的放射虫化石带有 *Cycladophora sakaii* 带（Motoyama, 1996）和 *Lamprocyrtis heteroporos* 带（Hays, 1970, emend Foreman, 1975）。*Cycladophora sakaii* 带分别以 *Eucyrtidium matuyamai* 的首现面和 *Dictyophimus robustus*（=*Dictyophimus bullatus*）的末现面作为顶、底界，在北太平洋 ODP186 航次的井位中均有出现（Kamikuri *et al.*, 2004），其平均地层年龄为 4.3-1.98 Ma。*Lamprocyrtis heteroporos* 带分别以 *Eucyrtidium matuyamai* 的首现面和 *Lamprocyrtis heteroporos* (Hays) 的首现面作为顶、底界，在北太平洋 DSDP18、32、56、57、86 航次的井位中普遍发育（Kling, 1973；Foreman, 1975；Reynolds, 1980；Sakai, 1980；Morley, 1985），其平均地层年龄为 2.8-2 Ma。前文已提及，*Cycladophora sakaii* 仅在极少数层位零星出现，*Lamprocyrtis heteroporos* (Hays) 则在研究井位中完全缺失，因此，本书依据该井位中放射虫种属的分布特征及化石带划分的基本原则和要求（Hollis, 1976）新建立了 *Druppatratus irregularis*-*Dorydruppa bensoni* 带，用以取代西太平洋亚北极区发育的 *Cycladophora sakaii* 带。

3. *Eucyrtidium matuyamai* 延限带（Hays, 1970, emend. Foreman, 1975）

该化石带最初由 Hays（1970）提出，分别以 *Eucyrtidium matuyamai* 的末现面和 *Lamprocyrtis heteroporos* 的末现面作为顶、底界。Foreman（1975）将其定义修订为以 *Eucyrtidium matuyamai* 的延续范围作为上、下界。本书采用 Foreman（1975）修订后的定义。该化石带中，*Siphocampe arachnea* 含量较高，*Cycladophora davisiana* 自下而上含量逐渐增加，在该化石带顶部，其含量在种群中占绝对优势；*Lithomelissa setosa* 在该化石带中下部大量出现，往上个体数量减少；*Eucyrtidium matuyamai* 在该化石中近于连续出现，但含量很低（<1%）；*Zygocircus acanthophorus* 连续出现，但个体数量较少（<4%）。常见种属有 *Artostrobus annulatus* 和 *Ceratospyris borealis*。该化石带中可识别出的放射虫事件为 *Eucyrtidium matuyamai*、*Amphimelissa setosa* 的首现面和 *Eucyrtidium matuyamai* 的末现面。

地层年龄：该化石带的顶界出现在井深 161.92 m 处，位于古地磁 C1r.1n（Jaramillo）

期底部（1.072 Ma）之下（Takahashi *et al.*, 2011a），依据上新世–更新世界线的最新年龄数据（2.588 Ma）（Gradstein *et al.*, 2012），其地质时代为更新世卡拉布里雅期（Calabrian），地层年龄为 1.85–1.17 Ma。

4. *Spongodiscus biconcavus* 间隔带，新建

该化石带以 *Eucyrtidium matuyamai* 的末现面为底界，*Spongodiscus biconcavus* 的末现面为顶界。在该化石带中，*Siphocampe arachnea* 和 *Cycladophora davisiana* 占优势，*Amphimelissa setosa* 和 *Spongodiscus biconcavus* 次之。*Arachnocorallium* spp.、*Artostrobus annulatus*、*Botryostrobus aquilonaris* (Bailey)、*Cycladophora cornutoides*、*Cornutella profunda* Ehrenberg 和 *Cyrtopera laguncula* 在化石带中连续出现，但含量较低（<4%）。可识别出的放射虫事件包括：*Lychnocanoma nipponica sakaii* 的首现面；*Amphimelissa setosa* 首次常现面；*Axoprunum acquilonium* (Hays) 和 *Spongodiscus biconcavus* 的末现面；*Spongodiscus biconcavus* 的末次常现面。

地层年龄：Ling（1973）在分析 DSDP Leg 19 的样品时发现并提出了 *Spongodiscus* sp. 在太平洋亚北极海区的地层学意义，Chen 等（2014）利用白令海 U1340 井位的样品对该种的分类学及古海洋学意义进行了详细讨论，并将它归入已知属种 *Spongodiscus biconcavus*。*Spongodiscus biconcavus* 在 U1340 井位中的末现面位于井深 29.92 m 处，参考白令海及太平洋亚北极区的研究结果（Ling, 1973；Matul *et al.*, 2002），其年龄为 0.28–0.32 Ma，因此，该化石带的地质时代为更新世卡拉布里雅期（Calabrian）至中期（Middle），地层年龄为 1.17–0.23 Ma。

讨论：在高纬度海区，相同地质时代的放射虫化石带有 *Stylatractus universus* 带，它分别以 *Stylatractus universus* 的末现面和 *Eucyrtidium matuyamai* 的末现面作为顶、底界，并在北太平洋海区被多次报道（Kling, 1973；Foreman, 1975；Reynolds, 1980；Sakai, 1980；Morley, 1985；Motoyama, 1996；Motoyama and Maruyama, 1998；Kamikuri *et al.*, 2004）。在 U1340 井位中，*Stylatractus universus* 仅在极少数地层中出现，不符合在该井位中建立 *Stylatractus universus* 带的基本原则和要求（Hollis, 1976）。本书依据 U1340 井位中放射虫种属的分布特征新提出了 *Spongodiscus biconcavus* 带，用以取代同时期的 *Stylatractus universus* 带，以更好地开展白令海区的放射虫生物地层对比。

5. *Botryostrobus aquilonaris* 间隔带 (Hay, 1970)，修订

Hays（1970）首次将 *Eucyrtidium tumidium* 带定义为 *Stylatractus universus* 的末现面至海底表层之间的地层。此后的研究中，Nigrini（1977）将 *Eucyrtidium tumidium* 归类为 *Botryostrobus aquilonaris* (Bailey) 的同物异名种，因此，Reynolds（1980）将 *Eucyrtidium tumidium* 带更名为 *Botryostrobus aquilonaris* 带。本书采用 Reynolds（1980）所确定的化石带名称，但由于本书的研究井位中不发育 *Stylatractus universus* 带，无法确定 *Stylatractus universus* 的末现面，因此，本书将该化石带的底界修订为 *Spongodiscus biconcavus* 的末现面，顶界仍为海底沉积物的表面。该化石带中，*Siphocampe arachnea* 占优势，*Cycladophora davisiana* 次之；*Amphimelissa setosa* 在该化石带的中下部大量出现，往上

个体消失；*Botryostrobus aquilonaris* 在化石带的底部含量增高（>1%）且连续出现，至该化石带中上部含量降低（<1%）。常见属种有 *Ceratospyris borealis* 和 *Cycladophora cornutoides*。可识别出的放射虫事件为 *Amphimelissa setosa* 和 *Lychnocanoma nipponica sakaii* 的末现面及 *Amphimelissa setosa* 的末次常现面。

地层年龄：该化石带是中更新世以来的最后一个放射虫化石带，其地质时代为更新世中期（Middle）末期至全新世，地层年龄为 0.23 Ma 至今。

第三节　白令海与北太平洋中-高纬度的放射虫化石带对比

目前，多数学者在北太平洋中-高纬度海区早上新世晚期以来的地层中划分了 5 个放射虫化石带（Hays, 1970；Kling, 1973；Foreman, 1975；Reynolds, 1980；Sakai, 1980；Morley, 1985；Motoyama, 1996；Motoyama and Maruyama, 1998；Kamikuri *et al.*, 2004），本书将 U1340 井位上新世以来的 5 个放射虫化带与其进行了对比（图 4.4）。

U1340 井位中建立的放射虫化石带自上而下依次为 *Botryostrobus aquilonaris* 带、*Spongodiscus biconcavus* 带、*Eucyrtidium matuyamai* 带、*Druppatractus irregularis-Dorydruppa bensoni* 带和 *Dictyophimus bullatus* 带。

（1）*Botryostrobus aquilonaris* 带，前人普遍认为其底界在北太洋海区的平均年龄为 0.43 Ma（Hays, 1970；Kling, 1973；Foreman, 1975；Sakai, 1980；Reynolds, 1980；Morley, 1985；Motoyama, 1996；Motoyama and Maruyama, 1998；Kamikuri *et al.*, 2004），本书修订后的 *Botryostrobus aquilonaris* 带底界在地层中的位置上移，年龄更轻（0.23 Ma），可与前人研究结果中 *Botryostrobus aquilonaris* 带的中上部进行对比，此外，该化石带还相当于北太平洋海区硅藻 *Neodenticula seminae* 带（0.3 Ma 至今）（Yanagisawa and Akiba, 1998；Maruyama, 2000）（图 4.4）。

（2）*Spongodiscus biconcavus* 带与北太平洋地区的 *Stylatractus universus* 带底界均为 *Eucyrtidium matuyamai* 的末现面，而 *Spongodiscus biconcavus* 带顶界（0.232 Ma）较 *Stylatractus universus* 带顶界（0.43 Ma）的地层年龄年轻，因此，本书 U1340 井位中 *Spongodiscus biconcavus* 带相当于北太平洋中-高纬度海区的 *Stylatractus universus* 带与 *Botryostrobus aquilonaris* 带的中下部，且与北太平洋海区硅藻 *Probocia curvirostris* 带（1.01/1.48-0.3 Ma）（Yanagisawa and Akiba, 1998；Maruyama, 2000）相当（图 4.4）。

（3）*Eucyrtidium matuyamai* 带与北太平洋中-高纬度海区广泛发育的 *Eucyrtidium matuyamai* 带的顶、底界定义一致，地层年龄很接近，因此，可以很好地对比，并与硅藻 *Actinocyclus oculatus* 带（2.0-1.01/1.48 Ma）（Yanagisawa and Akiba, 1998；Maruyama, 2000）大致相当。

（4）*Druppatractus irregularis-Dorydruppa bensoni* 带沿用了 Motoyama（1996）对 *Cycladophora sakaii* 带的定义，且两者的地质时代及地层年龄近于一致，因此，该化石带与北太平洋高纬度海区发育的 *Cycladophora sakaii* 带（3.4/4.3-1.98 Ma）可以进行很好

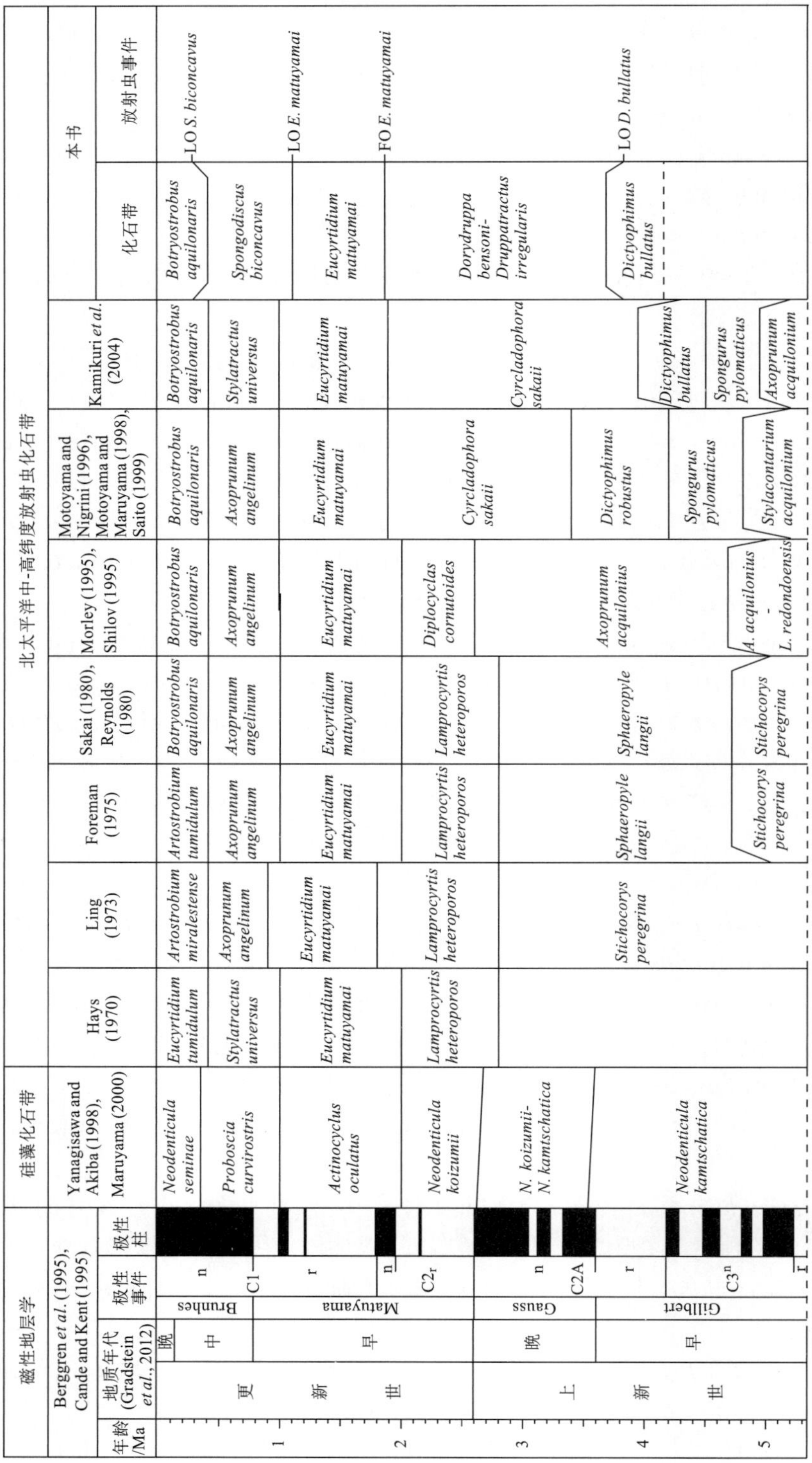

图 4.4　北太平洋中- 高纬度放射虫与硅藻化石带对比图（据张强等，2014）

磁性地层学　Berggren et al. (1995), Cande and Kent (1995)；极性柱；极性事件：Brunhes、Matuyama（C1, C2r, n, r）、Gauss（C2A）、Gilbert（C3n）

地质年代（Gradstein et al., 2012）：第四纪 更新世（晚、中、早）、上新世（晚、早）；年龄/Ma：1、2、3、4、5

硅藻化石带 Yanagisawa and Akiba (1998), Maruyama (2000)	Hays (1970)	Ling (1973)	Foreman (1975)	Sakai (1980), Reynolds (1980)	Morley (1995), Shilov (1995)	Motoyama and Nigrini (1996), Motoyama and Maruyama (1998), Saito (1999)	Kamikuri et al. (2004)	本书 化石带	本书 放射虫事件
Neodenticula seminae	Eucyrtidium tumidulum	Artostrobium miralestense	Artostrobium tumidulum	Botryostrobus aquilonaris	Botryostrobus aquilonaris	Botryostrobus aquilonaris	Botryostrobus aquilonaris	Botryostrobus aquilonaris	LO S. biconcavus
Proboscia curvirostris	Stylatractus universus	Axoprunum angelinum	Axoprunum angelinum	Axoprunum angelinum	Axoprunum angelinum	Axoprunum angelinum	Stylatractus universus	Spongodiscus biconcavus	LO E. matuyamai
Actinocyclus oculatus	Eucyrtidium matuyamai	Eucyrtidium matuyamai	Eucyrtidium matuyamai	Eucyrtidium matuyamai	Eucyrtidium matuyamai	Eucyrtidium matuyamai	Eucyrtidium matuyamai	Eucyrtidium matuyamai	FO E. matuyamai
Neodenticula koizumii	Lamprocyrtis heteroporos	Lamprocyrtis heteroporos	Lamprocyrtis heteroporos	Lamprocyrtis heteroporos	Diplocyclas cornutoides	Cycladophora sakaii	Cycladophora sakaii	Dorydruppa bensoni - Druppatractus irregularis	
N. koizumii - N. kamtschatica		Stichocorys peregrina	Sphaeropyle langii	Sphaeropyle langii	Axoprunum acquilonius	Dictyophimus robustus	Dictyophimus bullatus	Dictyophimus bullatus	LO D. bullatus
Neodenticula kamtschatica			Stichocorys peregrina	Stichocorys peregrina	A. acquilonius / L. redondoensis	Spongurus pylomaticus / Stylacontarium acquilonium	Spongurus pylomaticus / Axoprunum acquilonium		

的对比；该化石带的中上部可与 *Lamprocyrtis heteroporos* 带进行较好的对比，相当于硅藻 *Neodenticula koizumii* 带（2.61/2.68~2.0 Ma）（Yanagisawa and Akiba, 1998；Maruyama, 2000）；该化石带中下部可与 *Stichocorys peregrine* 带中上部、*Sphaeropyle langii* 带中上部和 *Axoprunum acquilonium*（*Stylacontarium acquilonium*）带上部进行对比，相当于硅藻 *N. koizumii-N. kamtschatica* 带（3.53/3.59~2.61/2.68 Ma）（Yanagisawa and Akiba, 1998；Maruyama, 2000）（图 4.4）。

（5）*Dictyophimus bullatus* 带受柱状样长度的限制不能确定底界，但依据该化石带的主要特征及其在 U1340 井位中的顶界位置和地层年龄（3.84 Ma），可暂且将该化石带与北太平洋高纬度地区发育的同名放射虫化石带 *Dictyophimus bullatus* 带（4.3/4.4~3.8/4.0 Ma）进行对比。

第五章　上新世以来白令海的古环境演变

人们的前期研究结果较一致地认为北半球冰川作用（NHG）开始时间大约是在 2.70–2.75 Ma 期间（Maslin *et al*., 1996；Haug *et al*., 1999；Ravelo *et al*., 2004；Tian *et al*., 2006；Takahashi *et al*., 2011b），并经历了从 3.3 Ma 到 2.5 Ma 的显著变化过程（Tian *et al*., 2006），而对其之后的演变过程却了解不多，这是因为了解古海洋和古气候变化的全部过程需要在关键性的地理位置获取高分辨率的海洋沉积学记录。白令海连接着北太平洋和北冰洋，在新生代晚期，尤其是第四纪的全球气候和海洋环流演变中发挥了至关重要的作用。然而，白令海是一个高纬度的边缘海，以往由于缺少钙质微体化石资料而难以建立起有效的高分辨率沉积地层序列。因此，在利用大洋钻探计划（IODP）323 航次岩心样品所建立多学科手段集成的高分辨率地层年龄框架基础上，我们尝试较为详细地揭示上新世以来北半球的古海洋与古气候演变过程。

Ling（1973）在 DSDP Leg 19 的岩心样品中首次报道 *Spongodiscus* sp. 在白令海的最后出现时间为 0.3 Ma，并在近 40 年来一直被用作北太平洋高纬度海区的地层年龄指示种。我们经过详细的分类学研究，认为该未定种应与 *Spongodiscus biconcavus* Haeckel 属同一类型（Chen *et al*., 2014），后者在现代海洋环境中主要生活在低纬度的热带海区（图 5.1），并随着黑潮活动区域向北扩展分布。

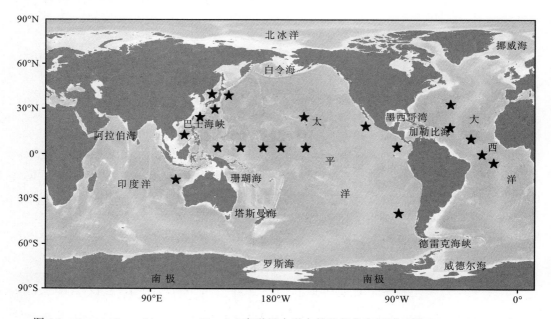

图 5.1　*Spongodiscus biconcavus* Haeckel 在世界大洋中的现代分布区域（据 Chen *et al*., 2014）

第一节 特征种 *Spongodiscus biconcavus* 作为指示暖水团 或温暖气候沉积标志的证据

在现代生态与沉积的全球性调查中，Haeckel（1887）首先报道了利用"挑战者号"取自中太平洋夏威夷岛以南 5220 m 水深标本描述的 *Spongodiscus biconcavus* 种类特征，之后 Popofsky（1912）在德国南极探险航次中发现该种也出现于赤道大西洋的 3 个约 400 m 水深样品中。在其他的各类考察研究中，该种还普遍出现于加利福尼亚湾，尤其是该海域上升流区的表层沉积物（Benson, 1966），太平洋和大西洋中仅出现于赤道区域的沉积物捕获器中（Takahashi, 1991；Okazaki *et al.*, 2008），并早已被认为是世界性的热带-亚热带暖水种（Benson, 1966）。

在热带-亚热带边缘海的南海，该种标本广泛分布于 31-4000 m 甚至更深海水的表层沉积物中，个体丰度随纬度降低而增加，北部区域总体较少，但在吕宋海峡附近受黑潮影响相对较高（Chen *et al.*, 2014）。在太平洋的赤道以南智利邻近海域也同样呈现类似情况，该种的丰度在（36°-43°S）的海底沉积物中随着纬度增加而减少（Odette *et al.*, 2008）。在一些稍高纬度的北太平洋黑潮分布或影响区域，该种的分布区域同样呈现受黑潮暖水团及其分支控制的现象，如出现于台湾海峡和冲绳海槽附近黑潮流经区的浮游拖网中（Tan and Tchang, 1976），冲绳岛（Okinawa Island）西北部 26°37′18″N，127°47′35″E 站位中的活体标本（Takahashi *et al.*, 2003），日本海中对马暖流（Tsushima Current）影响区的沉积遗壳（Itaki, 2009），以及接近黑潮前锋位置 34°38′91″N，138°57′30″E 处也有活体存在（Kunitomo *et al.*, 2006），而在北太平洋的亚极区 49°00′N，174°00′W 处的样品中却未能找到其踪迹（Tanaka and Takahashi, 2008），推测该种在现代北太平洋的分布北界可能位于 35°N 与 39°N 之间。因此，各种调查结果表明 *S. biconcavus* 在世界开阔大洋中的现代生态分布主要是在热带区域，在亚热带和温带一些受黑潮影响的更高纬度区域也有少量出现，甚至被黑潮洋流及分支带到一些较高纬度的区域。

在北太平洋西侧，源自低纬度的黑潮暖流向北延伸，至中纬度区转向东流，并在东侧往南重新汇入北赤道流，形成一个顺时针的大旋回。同时，黑潮暖流在北部锋面的中间还延伸出转向东北的分支直达阿拉斯加湾，成为该区域暖水的来源（Talley, 1995），并沿着阿留申群岛外侧发育了向西流动的阿拉斯加海流，该海流沿途可经过群岛间的通道与白令海进行水团交换（图 2.2）。因此，北太平洋这一特殊的环流系统架起高-低纬度水团交换的桥梁，也为历史时期特殊气候条件下的暖水放射虫种类迁移进入白令海提供了可能性，其发育强度与分布范围与气候变化密切相关。历史时期中浮游性微体生物如 *Spongodiscus biconcavus* Haeckel 在白令海的出现，是气候较暖时期暖水团进入白令海的证据，其含量变化指示了气候变化驱动黑潮活动的影响程度与变化趋势。

既然白令海通过阿留申群岛之间的海峡或通道与北太平洋有着一定的水团交换，在海洋中营浮游生活的放射虫的化石就可以成为这些水团或海流迁移变化的示踪物，为恢复古气候的历史变化过程研究提供线索与依据。

在南海，*Spongodiscus biconcavus* Haeckel 也广泛出现于表层沉积物中，个体丰度较高的区域主要在纬度较低的南部海区，并呈现随纬度增加丰度降低的分布特征（图 5.2）。在南海北部除了接近巴士海峡的黑潮分支影响区外，其他区域中的含量较为稀少。该种在水深范围从 31 m 至 4000 多米的南海海底表层沉积物中均有分布，说明其生存环境是在 30 m 以深的水体中，还可较好地保存在 4000 m 水深以下的沉积物中。因此，*Spongodiscus biconcavus* Haeckel 的分布特征表明它是一个主要生活在热带海区的暖水种，在亚热带海区的温暖水团中也有一定程度的生存，但其个体丰度相对热带海区较少（图 5.2）。

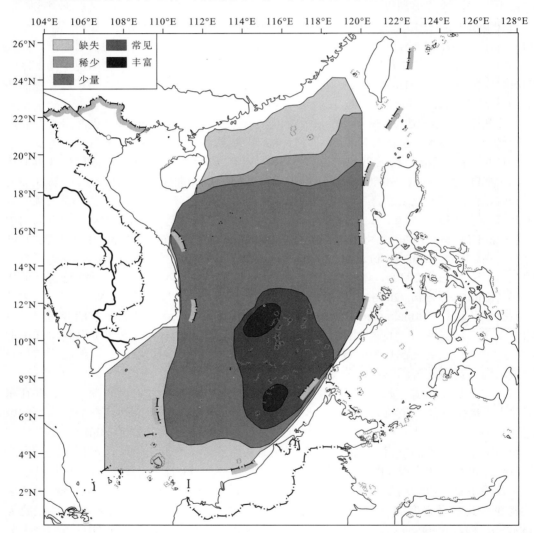

图 5.2　*Spongodiscus biconcavus* Haeckel 在南海表层沉积物中的分布特征（据 Chen *et al.*, 2014）

除此之外，历史时期中不同地理位置的 *S. biconcavus* 地层分布也呈现出一定的时间差，如在加利福尼亚湾的 DSDP Leg 65 井位岩心样品中它是全新世和第四纪放射虫的优势种之一（Benson, 1983），而且在西北太平洋 39°55.96′N，145°33.47′E 处的晚更新世地层中也有记录（Sakai, 1980），在印度洋东部的 DSDP Leg 27 井位中也出现于第四纪的沉积物中，但在白垩纪缺失（Renz，1974）。全球气候变化的条件下，不同时期暖水团或黑潮流域及前锋影响的纬度范围变化造成了暖水种在不同纬度带地层特征种的指示年龄差异性，它实际反映的是生态环境随气候演变的结果，因此在高纬度与低纬度的地层对比中必须考虑这一重要因素，即存在着同一地层特征种在不同纬度带的时间梯度（图 5.3）。

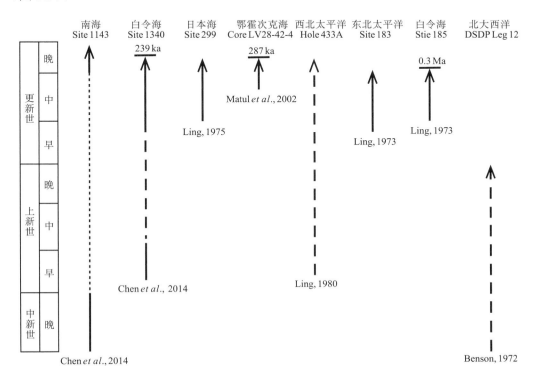

图 5.3 *Spongodiscus biconcavus* Haeckel 在不同海区的地层分布特征（据 Chen *et al.*, 2014）

第二节 特征种 *Spongodiscus biconcavus* 反演的 4.3 Ma 以来古气候变化事件

S. biconcavus 在白令海的出现状况可较好反映该海区受暖水团影响的程度，并推测海冰的变化特征，在暖水影响较弱或基本消失的气候寒冷期，海冰分布较多，反之则海冰较少。根据 *S. biconcavus* 个体丰度在白令海 Site 1340 沉积序列中的数量变化特征，结合代表全球冰量变化的底栖有孔虫 $\delta^{18}O$ 数值，以及放射虫群的种类多样性与总丰度等相关信息（图 5.4），揭示白令海 4.3 Ma 以来的古海洋变化过程及其所表现的特征事件，讨论全球气候变化的区域特征。

1. 北半球冰川作用（NHG）的海洋记录

在 3.147 Ma 以前，暖水种 *Spongodiscus biconcavus* 较多地出现在白令海，其遗壳在沉积物中的保存状态也较为完好，个体丰度多数在每克干样 30-120 个之间，表明在上新世晚期有一定程度的暖水团进入白令海，此时的 δ¹⁸O 值较低，放射虫的个体总丰度相对较高，处于较为适合生长发育的温暖气候生态环境；在 3.147 Ma 之后，沉积物中的 *Spongodiscus biconcavus* 壳体明显减少，可能反映了暖水团逐渐退出白令海，取而代之的是海冰的出现与增多。从 2.7-2.8 Ma 开始，*Spongodiscus biconcavus* 仅呈零星出现状态或接近完全消失，与北半球冰川作用的开始时间基本一致（Maslin *et al.*, 1996），此时的白令海水团明显受大规模陆地冰川作用的气候现象所控制，海冰大量增加（Takahashi *et al.*, 2011b），而这一特征基本维持到中更新世气候转型期。

2. 中更新世气候转型（Middle Pleistocene Climatic Transition，MPT）

从 1.2 Ma 至 0.89 Ma，*Spongodiscus biconcavus* 又开始出现并逐渐增多[< 65 个/g（干样）]，期间有反弹震荡，而放射虫群的简单分异度（种数）却从近 40 种减少至 16 种，总个体丰度也大幅减少，反映在气候转型期暖水团对白令海影响的呈现和气候增温的开始，以及不稳定性变化的启动（Raymo *et al.*, 1997；Li *et al.*, 2008），动荡环境致使白令海的生态环境较为恶劣，放射虫群落的整体发育较差。在气候转型结束（约 0.89 Ma）之后，*Spongodiscus biconcavus* 开始较大幅度增加，出现个体丰度超过 130 个/g（干样）的峰值，放射虫群的分异度和总丰度也随之迅速增加，表明气候变暖给白令海输入更多的暖水，使海冰有所消退，同时带来更加有利的海洋生态环境，此时所对应的是劳伦冰盖的减退（Balco and Rovey, 2010）和北太平洋亚北极区的北撤（McClymont *et al.*, 2008）。

3. 中-晚更新世气候温暖期

白令海沉积物在 0.474-0.315 Ma 期间记录了一个很典型的温暖生态环境时期，暖水种 *S. biconcavus* 的个体含量突然大量增加，达到 200-950 个/g（干样），表明低纬度的暖水团较大规模地到达白令海，携带该暖水种进入并在该海区繁殖发育，海区气候环境较暖和，此时海冰相应地大量减少（图 5.4d，e）。

类似的情况在鄂霍次克海已有报道，该海区中 *S. biconcavus* 含量在氧同位素 MIS 10 明显升高，在 MIS 9 期间下降（Matul *et al.*, 2002），表明北太平洋的高纬度边缘海均发生了这一现象。在低纬度海区，印度洋沉积物记载的放射虫群个体丰度和种类多样性均显示在约 0.47 Ma 时有明显增加的特征（Nigrini, 1991），我们曾发现在南海这一现象表现得更加突出，认为是一个典型的古生态环境突变事件（Yang *et al.*, 2002）。这一特征事件的发生在中国北方黄土与古土壤记录中所对应的是一个极暖的间冰期和很强的季风发育期（Yin and Guo, 2008；Guo *et al.*, 2009）。其他的许多古海洋学研究对该特殊温暖气候期也有相关报道，如：大洋碳酸盐系统分析（Raynaud *et al.*, 2005）、高纬地球轨道斜率分析（Dickson *et al.*, 2009）、海平面与珊瑚礁分析（Ayling *et al.*, 2006；Andersen *et al.*,

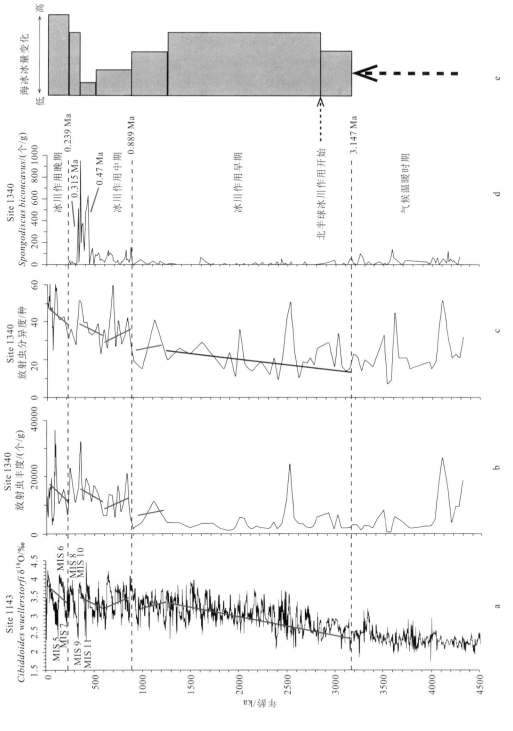

图 5.4　白令海 Site 1340 中放射虫丰度、多样性和 *Spongodiscus biconcavus* Haeckel 丰度与底栖有孔虫 δ¹⁸O 值的对比（据 Chen *et al.*, 2014）

2010）等，从不同方面证实了该事件的存在，甚至认为该时期的气候比全新世更加温暖（Candy et al., 2010）。因此，放射虫暖水种 S. biconcavus 在白令海的变化特征提供了较为可靠的古海洋与古气候证据。

4. 晚更新世的气候变冷转折期

自 0.311 Ma 到 0.239 Ma，气候迅速变冷，可能是进入一个新冰期的过渡阶段，此时期的 Spongodiscus biconcavus 丰度快速减少为仅残存少量个体，沉积物中含量一般小于 37 个/g（干样），而且整个放射虫群的种类多样性和个体总丰度均明显下降（图 5.4），指示气候变冷引起白令海生态环境的激烈恶化，暖水团正在迅速退出，取而代之的是海冰全覆盖，似乎是北半球冰川作用的新时期。在鄂霍次克海同样有报道 MIS 8 期间由于气候突然变冷造成的 Spongodiscus biconcavus 消失事件（Matul et al., 2002），而亨德森岛（Henderson Island）的礁岩在 245-230 ka 期间发育极差（Andersen et al., 2010），这些现象均与白令海基本一致。在 0.239 Ma 之后，白令海的 Spongodiscus biconcavus 几乎绝迹，可能归因于暖水团完全退出该海区。此推测也得到保存在冰芯中的约 270 ka 较强冰川记录的证实（Lang and Wolff, 2011）。

因此，指示暖水团活动的 Spongodiscus biconcavus 在白令海不同时期的呈现状况较好地与气候变化相互关联，表明在全球气候变化过程中，高-低纬度区域之间的遥相关不仅通过大气的纬向环流（含季风）直接传送，大洋的表层环流同样起着重要的疏导作用。

第三节　放射虫组合特征

为了描述 U1340 井位的放射虫组合特征，本论文采用了如下四个特征参数：放射虫丰度、累积速率、简单分异度及复合分异度（下文统称为放射虫特征参数）。放射虫丰度指每克样品中的放射虫个体数量，单位：个/g。放射虫累积速率指每千年每平方厘米的区域内沉积的放射虫个体数，该参数可以消除陆源物质对沉积物中放射虫个体含量的稀释效应，单位：个/（cm^2·ka）。放射虫简单分异度指每个样品中放射虫的种类数，单位：种（species）。放射虫复合分异度是反映种数和各种间个数比例的信息函数，可以较好地指示种群群落结构的稳定性。其中，放射虫累积速率及复合分异的计算公式分别为

$$放射虫累积速率＝放射虫丰度×干样密度×沉积速率 \qquad (5.1)$$

$$放射虫复合分异度＝-\sum_{i=1}^{n}P_i \ln P_i \qquad (5.2)$$

其中 P_i 表示每个种的百分含量。

U1340 井位放射虫特征参数（丰度、累积速率、简单分异度及复合分异度）的变化特征如图 5.5 所示，这 4 个参数具有近乎一致的变化趋势。总体上，它们在井深 66.92 m 之上及 547.42 m 以下呈现较高的值，在 297.22 m 和 547.42 m 之间以及 66.92 m 和 155.92 m 之间呈现相对的低值，而在 155.92 m 及 297.22 m 之间呈现极低的值，这表明白令海早上新世晚期以来的放射虫组合发生了 4 次显著的变化（图 5.5）。依据该井位的

年龄模式（Zhang *et al.*, 2014a），通过内插的方法可计算出井深 66.91 m、155.92 m、297.22 m 以及 547.42 m 的地层年龄分别为 0.47 Ma、1.07 Ma、2.74 Ma 以及 3.94 Ma。以此可以将 U1340 井位的放射虫组合划分成 4 个演化阶段，分别为阶段 I、阶段 II、阶段 III 和阶段 IV，其中，阶段 IV 可以划分为两个亚阶段，即 IVa 和 IVb。

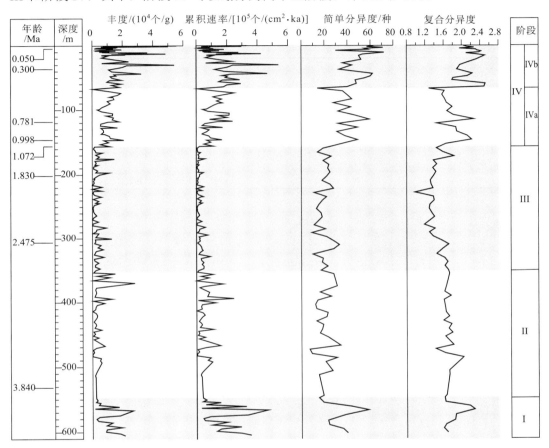

图 5.5　U1340 井位放射虫四个特征参数（丰度、累积速率、简单分异度及复合分异度）随井深的阶段性变化（据 Zhang *et al.*, 2014b）

阶段 I（4.3-3.94 Ma，早上新世晚期），各参数整体呈现相对的高值。其中，放射虫丰度、累积速率、简单分异度和复合分异度平均值分别为 10204 个/g、170852 个/（cm²·ka）、37 种和 1.92（表 5.1）。白令海现代表层沉积物中的优势属种 *Stylochlamydium venustum*、*Spongotrochus glacialis* (Popofsky) 和 *Siphocampe arachnea* (Ehrenberg)（Tanaka and Takahashi, 2005；王汝建等，2005；Wang *et al.*, 2006；Itaki *et al.*, 2012）在这一时期约占放射虫总含量的 65%；而太平洋亚北极区的常见属种 *Ceratospyris borealis* 和 *Cycladophora davisiana* 在该时期含量极低或基本缺失（图 5.6）。

阶段 II（3.94-2.74 Ma，早上新世晚期—晚上新世晚期），各参数整体呈现相对较低的值。其中，放射虫丰度、累积速率、简单分异度和复合分异度平均值分别为 3628 个/g、50243 个/（cm²·ka）、24 种和 1.68（表 5.1）。*Stylochlamydium venustum*、*Spongotrochus glacialis*

和 *Siphocampe arachnea* 的丰度在阶段 I 与阶段 II 的界线附近迅速降低。此后，*Stylochlamydium venustum* 和 *Spongotrochus glacialis* 的丰度在该阶段持续降低，而 *Siphocampe arachnea* 的丰度呈逐渐升高的趋势。*Ceratospyris borealis* 和 *Dictyophimus hirundo/Dictyophimus crisiae* 组合为常见属种，而 *Cycladophora davisiana* 与 *S. arachnea* 在这一阶段的后期逐渐成为优势种（图5.6）。

表 5.1　4.3 Ma 以来各阶段的放射虫特征参数值（据 Zhang *et al.*, 2014b）

阶段	时间段 /Ma	丰度 /个·g⁻¹			简单分异度/种			累积速率 /[个/ (cm²·ka)]			复合分异度		
		最小	最大	平均	最小	最大	平均	最小	最大值	平均值	最小	最大	平均
IVb	0.47–0	1922	55892	15870	23	72	52	8826	542048	147805	1.79	2.52	2.19
IVa	1.07–0.47	662	21110	10521	10	59	38	8951	249088	113668	1.23	2.26	1.79
III	2.74–1.07	107	14823	3070	9	36	21	643	58082	20938	1.03	2.03	1.61
II	3.94–2.74	214	24559	3628	7	43	24	2502	237710	50243	1.38	2.54	1.68
I	4.3–3.94	1584	26833	10204	15	52	37	30256	468757	170852	1.60	2.28	1.92

阶段 III（2.74–1.07 Ma，晚上新世晚期—中更新世），各参数均呈现极低值，放射虫丰度、累积速率、简单分异度和复合分异度平均值分别为 3070 个/g、20938 个/（cm²·ka）、21 种和 1.61（表 5.1）。*Cycladophora davisiana*、*Ceratospyris borealis* 和 *Siphocampe arachnea* 为常见属种。其中，*C. davisiana* 和 *C. borealis* 的丰度值及百分含量逐渐增加，而 *S. arachnea* 的丰度及百分含量逐渐降低。此外，*Lithomelissa setosa* Jørgensen 的含量在 2.5–1.7 Ma 显著增加（图 5.6）。

阶段 IV（1.07 Ma 以来，中更新世以来），放射虫 4 个特征参数在该阶段初期增加。此后，简单分异度和复合分异度除了在阶段 IVa 和 IVb 界限附近出现低值，其他时期一直呈现相对较高的值；而放射虫丰度及累积速率则在高值与低值之间发生频繁的波动变化。依据放虫特征参数的变化幅度，可以将该阶段划分为两个亚阶段，阶段 IVa 和阶段 IVb。阶段 IVa（1.07–0.47 Ma），放射虫各特征参数呈现相对较高的值，该阶段放射虫丰度、累积速率、简单分异度和复合分异平均值分别为 10521 个/g、113668 个/（cm²·ka）、38 种和 1.79，最大峰值分别为 21110 个/g、249088 个/（cm²·ka）、59 种和 2.26（表 5.1）。该阶段为常见属种有 *Siphocampe arachnea*、*Cycladophora davisiana*、*Dictyophimus hirundo/crisiae* group 和 *Cyrtopera laguncula* Heackel。其中，*C. davisiana* 在该阶段早期丰度值较大，此后逐渐降低，与此相反，*S. arachnea*、*D. hirundo/crisiae* group 和 *C. laguncula* 在该阶段早期丰度值较低，此后逐渐增加。此外，*Actinomma leptoderma* (Jørgensen) / *Actinomma boreale* Cleve group 分别在约 0.65 Ma 和约 0.49 Ma 丰度值呈现明显的峰值（图 5.6）。阶段 IVb（0.47 Ma 以来），放射虫各特征参数整体上均呈现较高值，放射虫丰度、累积速率、简单分异度和复合分异度平均值分别为 15870 个/g、147 805 个/（cm²·ka）、52 种和 2.19，最大峰值分别为 55892 个/g、542048 个/（cm²·ka）、72 种和 2.52（表 5.1）。该阶段 *S. arachnea* 和 *C. davisiana* 为优势种，*C. laguncula* 和 *Ceratospyris borealis* 为常见属种。此外，在阶段 III 仅零星出现的 *Spongotrochus glacialis* 和 *Stylochlamydium venustum*，在该阶段也成为常见属种（图 5.6）。

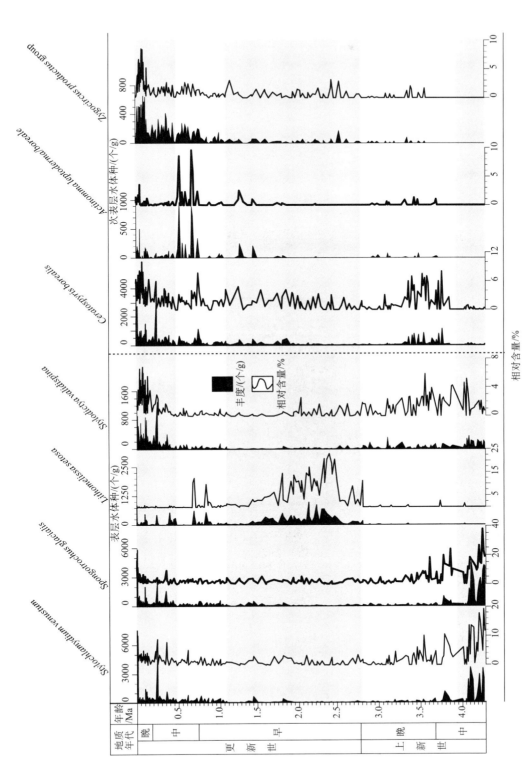

图 5.6　U1340 井位不同水深范围的主要放射虫属种丰度及相对含量变化与硫含量（Takahashi et al., 2011a）对比图（据 Zhang et al., 2014b）

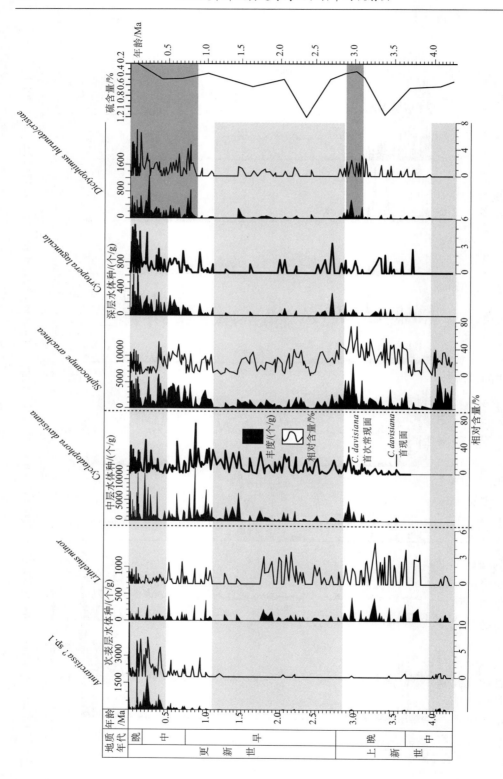

图 5.6　U1340 井位不同水深范围的主要放射虫属种丰度及相对含量变化与硫含量（Takahashi *et al.*, 2011a）对比图（据 Zhang *et al.*, 2014b）（续）

第四节　放射虫演变序列与古环境变化

沉积物捕获器及沉积柱样的研究结果表明，放射虫组合特征对海洋环境的变化（温度、盐度及生产力变化）有着较好的响应和记录（如 Anderson，1983；Takahashi，1997；Okazaki *et al*.，2003b；Abelmann and Nimmergut，2005；Motoyama and Nishimura，2005；Itaki *et al*.，2008b，2012）。一般而言，海洋水体环境稳定，营养充足的气候温暖时期，放射虫生产力较高；反之，海洋环境恶化或海冰发育的气候寒冷时期，放射虫生产力将显著降低，尤其是生活于表层水体的放射虫属种（如 *Stylochlamydium venustum*），丰度值将明显减小（Abelmann，1992c；Okazaki *et al*.，2003b；Abelmann and Nimmergut，2005；Tanaka and Takahashi，2005）。因此，可以依据 U1340 井位中放射虫特征参数的变化来识别白令海地史时期重大的古气候与古海洋环境变化事件。

1. 阶段 I（4.3–3.94 Ma）

放射虫特征参数总体上呈现较高的值（图 5.7），表明这一时期白令海放射虫海洋生态环境稳定，有利于放射虫动物群的大量繁盛。此外，放射虫表层水体种 *Stylochlamydium venustum* 丰度值较高（图 5.6），暗示着该时期研究井位所在的海区水体环境相对稳定，且受海冰的影响较小；同时，该时期研究井位中海冰硅藻（包括 *Thalassiosira antarctica* spores、*Bacteriosira fragilis*、*Porosira glacialis* 和 *Fragilariopsis cylindrus*）含量极低（Takahashi *et al*.，2011a），也表明该时期白令海南部气候相对温暖，海冰几乎不发育。这一温暖的海洋环境特征可能与早上新世晚期全球温暖的气候背景有关（Ciesielski and Grinstead，1986；Hodell and Kennett，1986；Abelmann *et al*.，1990；Barron，1992；Dowsett *et al*.，1992，1996）。在阶段 I 和阶段 II 界线附近（约 3.94 Ma），放射虫各特征参数和表层水体种 *S. venustum* 丰度均显著下降（图 5.6）。与此同时，研究井位中海冰硅藻百分含量小幅上升（Takahashi *et al*.，2011b），放射虫冷水种［*Actinomma boreale, Actinomma leptoderma, Amphimelissa setosa* (Cleve), *Cycladophora cornutoides* (Petrushevskaya), *Cycladophora davisiana, Larcopyle buetschlli Dreyer, Pterocanium korotnevi* (Dogiel), *Siphocampe arachnea, Spongopyle osculosa* (*Dreyer*)］含量大幅度增加（图 5.7）。这些特征表明，在约 3.94 Ma 白令海气候逐渐由温暖气候向相对较寒冷的气候条件转变，白令海南部海冰逐渐发育，放射虫海洋生态环境逐渐恶化。

尽管 Dowsett 等（1996）报道了早上新晚期全球平均表层海水温度高于现在的温暖气候背景，但也有相关研究表明该时期全球气候温暖的背景条件下，不同地区也出现了不同程度的气候变冷。Heusser 和 Morley（1996）综合孢粉和微体古生物放射虫记录，报道了中上新世约 3.7 Ma（早上新世晚期）日本邻近区域及西北太平洋海区气候变冷事件；Anderson（1997）对西赤道大西洋 ODP 806 井位的浮游有孔虫进行了分析，利用转换函数对该区域表层海水温度进行了重建，并发现了该海区 3.35–3.05 Ma 为气候寒冷时期；Marlow 等（2000）用化学组分长链烯酮计算了纳米比亚附近 ODP 1084 井位的古表层海水温度，发现该区域在 3.7 Ma 存在明显的降温事件；Carter（2005）依据南半球中纬度新西兰附近 ODP1119 井位自然伽马曲线的分析结果，提出其邻近的区域在 3.68~3.63 Ma（早新世晚期）发生过显著的大气变冷事件。

上述同时期不同区域的气候变冷事件结果表明，在早上新世晚期到晚上新世时期，气候变冷不只是区域性的气候特征，而可能是全球性事件。白令海放射虫组合特征在这一时期转折性的变化为这一可能的全球性气候变冷事件提供了新的证据，且这一事件出现在白令海的时间为 3.94 Ma，时间上略早于记录于中、低纬度区域的气候变冷事件。

2. 阶段 II（3.94~2.74 Ma）

放射虫各特征参数整体上呈现较低的值，这表明该时期的海洋生态环境及放射虫生产力显著地受到了阶段 I 末期（约 3.94 Ma）气候变冷事件的影响。在阶段 II 末期（2.74 Ma），放射虫各特征参数及放射虫表层水体种 *Stylochlamydium venustum* 丰度进一步降低，而放射虫冷水种及海冰硅藻含量（Takahashi *et al*., 2011a）进一步增加，这表明该海区气候进一步变冷，海冰进一步发育。这一气候变冷事件较好地记录了发生在约 2.7 Ma 的北半球冰川作用加强事件（NHG）（Raymo, 1994；Maslin *et al*., 1996）。此后，白令海主要受到冷气候的影响，放射虫海洋生态环境进一步恶化。

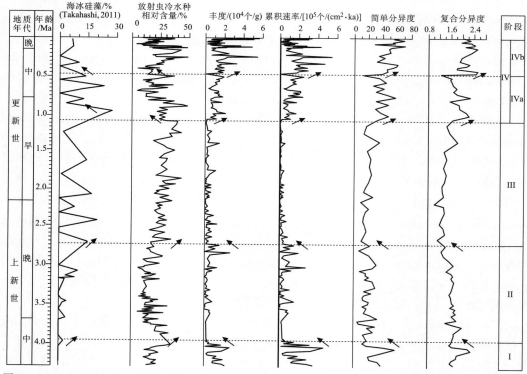

图 5.7　U1340 井位放射虫特征参数与放射虫冷水种（Bjørklund and Kruglikova, 2003；Kamikuri *et al*., 2007）相对含量及海冰硅藻（Takahashi *et al*., 2001）对比图（据 Zhang *et al*., 2014b）

3. 阶段 III（2.74~1.07 Ma）

极低的放射虫特征参数值和相对较高的海冰硅藻含量（Takahashi *et al*., 2011a）特征表明，这一时期白令海主要受到冷水团和海冰的控制。该时期放射虫海洋生态环境极度恶化，放射虫的生长繁殖受到限制，放射虫生产力显著降低。这种相对寒冷而稳定的海洋环境和气候条件一直持续到约 1.07 Ma。在约 1.07 Ma，尽管海冰硅藻含量依然增加，放射虫冷水种含量却从 40%降到 24%。此外，放射虫各特征参数显著升高，其中，放射虫丰度及简单分异度分别从 2500 个/g、23 种增加到 13000 个/g、47 种；同时，放射虫表层水体种 *Stylochlamydium venustum* 丰度也小幅增加。这些变化表明从约 1.07 Ma 开始，白令海气候逐渐转变，放射虫海洋生态环境相对变好，这与开始于约 1.2 Ma 的中更新世气候转型事件（如 Pisias and Moore, 1981；Mudelsee and Schulz, 1997；Clark *et al.*, 2006）有着较好的对应关系。

4. 阶段 IV（1.07 Ma 之后）

放射虫 4 个特征参数值发生频繁的波动变化，且总体上均呈现增长的趋势；与此相反，海冰硅藻百分含量总体上逐渐减小。这种变化表明该时期白令海海区的气候与海洋环境存在大幅度的波动变化，但总体上气候的变化促进了该海区放射虫生态环境的逐渐好转。此外，放射虫特征参数与深海氧同位素合成曲线 LR04 的对比结果表明，这一时期放射虫丰度与累积速率值存在较好的冰期-间冰期旋回变化，总体上两者的值均在冰期低，间冰期高（图 5.8）。这表明这一时期白令海放射虫的生产量主要受控于中更新世气候转型开始以来冰期与间冰期气候条件。

阶段 IVa（1.07-0.47 Ma），该时期放射虫特征参数值［放射虫累积速率平均值为 113668 个/（cm^2·ka）］，总体高于阶段 III［放射虫累积速率平均值 16592 个/（cm^2·ka）］，低于阶段 IVb［放射虫累积速率平均值为放射虫累积 147805 个/（cm^2·ka）］。这表明，相比于阶段 III，该时期的放射虫海洋生态环境明显转好，但海冰硅藻含量的变化表明该时期气候与海洋环境存在较大幅度的波动变化，因此放射虫群落结构特征仍然不稳定。尽管该阶段放射虫特征参数总体呈现相对较高的值，但是在约 0.65 Ma（MIS 16）和约 0.49 Ma（MIS 12）这两个时期，随着放射虫 *Actinomma leptoderma/boreale* group 丰度值的升高，放射虫特征参数出现了两次明显的低值。由于 *A. leptoderma/boreale* group 的高丰度值主要与低温、贫营养且海冰长期发育的极端海洋水体环境密切相关（Bjørklund and Kruglikova, 2003；Itaki, 2003），所以，约 0.65 Ma（MIS 16）和约 0.49 Ma（MIS 12）放射虫特征参数的迅速降低可能较好地记录了这两个时期受气候变冷的影响，海冰长期发育引起的白令海海洋生态环境恶化事件。同时期，研究井位中海冰硅藻含量分别在约 0.65 Ma 和约 0.49 Ma（MIS 12）出现明显的峰值，这也表明这两个时期白令海气候急剧变冷，海冰显著发育。自中更新世气候转型期以来，不同时期全球冰期估算结果显示 MIS16 期是全球冰量最大的时期（Shackleton and Opdyke, 1973；Shackleton, 1987），而 MIS12 期则与广泛记录在英格兰的盎格鲁冰河期（e.g. Rose *et al.*, 1985；Bowen *et al.*, 1986；Lee *et al.*, 2004）有着较好的对应关系。这些记录进一步表明 MIS 16 和 MIS 12 是中更新世以来全球的两个气候异常寒冷时期，这种寒冷的气候条件可能导致了白令海海冰长期发育，水体生产力水平降低，进而造成了白令海水体与海洋生态环境的恶化，致使在约 0.65 Ma 和约 0.49 Ma 放射虫动物群群落衰退，各特征参数值显著降低。

　　约 0.47 Ma，随着海冰硅藻含量的降低，放射虫特征参数值迅速上升，在阶段 IVb 的间冰期出现明显的峰值。在 0.35~0.31 Ma（MIS 9）、0.25~0.2 Ma（MIS7）和 0.12~0.8 Ma（MIS5）3 个间冰期，放射虫累积速率平均值分别达到 212864 个/（cm²·ka），235311 个/（cm²·ka）和 196874 个/（cm²·ka），且这一时期放射虫累积速率比阶段 I 放射虫繁盛期高出 170599 个/（cm²·ka）（图 5.8）。同时期，放射虫表层水体种 *Stylochlamydium venustum* 在阶段 IVb 间冰期的丰度值也增加，且明显高于阶段 IVa。这些结果表明，0.47 Ma 之后白令海海冰逐渐减少，气候总体上进一步变暖，且这一时期间冰期的气候温暖程度明显高于阶段 IVa，其温暖的气候条件与良好的海洋生态环境可能与阶段 I（早上新世晚期）的放射虫繁盛期相当。自约 0.43 Ma（MIS 11）开始，由于间冰期气候温暖程度的增加，全球范围内出现了海平面上升（Rohling *et al.*, 1998）、深海碳酸岩盐溶解增多（Jansen *et al.*, 1986；Wang *et al.*, 2003）等一系列环境事件，即所谓的中布容事件。因此，U1340 井位放射虫特征参数值及放射虫表层水体种 *S. venustum* 丰度的增加可能是对中布容事件的良好响应。

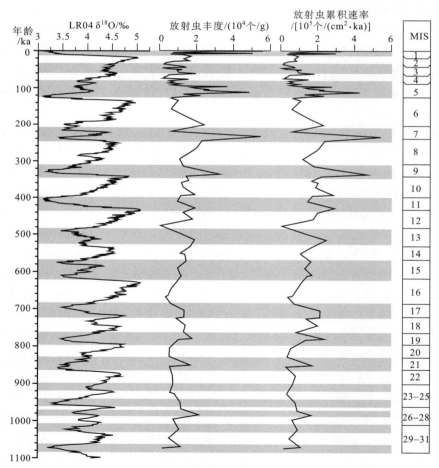

图 5.8　1.07 Ma 以来放射虫丰度和累积速率与深海氧同位素合成曲线 LR04（Lisiecki and Raymo, 2005）之间的关系（据 Zhang *et al.*, 2014b）

此外，约 0.47 Ma 白令海放射虫特征参数值明显增大（图 5.7），表明该海区放射虫海洋生态环境总体上已基本恢复。Yang 等（2002）对南海近 1 Ma 以来的放射虫组合特征进行了分析，发现在约 0.47 Ma 放射虫丰度值显著增加，群结构逐渐趋于稳定，以此将南海放射虫演化序列中在约 0.47 Ma 的这一变化定义为"放射虫生态事件"。该事件在与南海邻近的印度洋海区同时期的放射虫数据中也有着较好的记录（Nigrini, 1991）。白令海放射虫组合在约 0.47 Ma 的转折变化可能是对低纬度南海放射虫生态事件的较好响应。由于这一事件在高、低纬度海区的放射虫数据中均有记录，因此，约 0.47 Ma 的放射虫生态事件可能是一个全球性事件。

第五节　4.3 Ma 以来水团结构与环境特征

放射虫现代生态研究表明，放射虫在水体中具有垂直分带的规律，一般而言，不同的水深范围具有不同的放射虫组合特征；同时，生活在不同水深范围的放射虫特征种生态习性不一，其丰度变化与相应水团的水体条件密切相关（如 Casey, 1977b；Casey et al., 1979；Kling, 1979；Nimmergut and Abelmann, 2002；Okazaki et al., 2004；Abelmann and Nimmergut, 2005）。因此，可以利用沉积序列中不同水层范围的放射虫属种的组成特征及其含量变化重建地史时期垂直水团结构及水体条件的变化。依据太平洋亚北极区放射虫现代生态的研究成果（Kling, 1979；Kling and Boltovskoy, 1995；Nimmergut and Abelmann, 2002；Itaki, 2003；Okazaki et al., 2003b, 2004；Tanaka and Takahashi, 2005；王汝建等, 2005；Wang et al., 2006），共获得了不同水深范围的放射虫属种 14 个（表 5.2，图 5.8），分别属于表层水体种（0-50 m）、次表层水体种（50-200 m）、中层水体种（200-500 m）和深层水体种（>500 m）。本书将依据这些特征属种在 U1340 井位中的含量变化特征，重建白令海早上新世晚期以来各水层的水团条件及其结构变化。

表 5.2　亚北极太平洋不同水深范围的主要放射虫属种

表层水体种 （0-50 m）	次表层水体种 （50-200 m）	中层水体种 （200-500 m）	深层水体种 （>500 m）
Spongotrochus glacialis	Actinomma leptoderma	Cycladophora davisiana	Dictyophimus hirundo
Stylochlamydium venustum	Actinomma boreale		Dictyophimus crisiae
Lithomelissa setosa	Ceratospyris borealis		Siphocampe arachnea
Stylodictya validispina	Antarctissa? sp. 1		Cyrtopera laguncula
	Zygocircus productus		

注：参考 Kling（1979），Kling 和 Boltovskoy（1995），Nimmergut 和 Abelmann（2002），Itaki（2003），Okazaki 等（2004），Abelmann 和 Nimmergut（2005），Tanaka 和 Takahashi（2005）（据 Zhang et al., 2014）

一、表层水团（0-50 m）

U1340 井位中表层水体种主要有 *Stylochlamydium venustum*、*Spongotrochus glacialis*、

Stylodictya validispina Jørgensen 和 *Lithomelissa setosa*。其中，*S. venustum* 与 *S. glacialis* 在研究井位的上部及近底部的地层中为常见种，而 *L. setosa* 仅在阶段 III 含量增加并成为优势种（图 5.5）。目前，在太平洋亚北极区对这些表层种的生态习性及其在不同水体条件下的含量变化特征已开展了相关的研究。尽管 Nimmergut 和 Abelmann（2002）以及 Wang 等（2006）认为 *S. venustum* 的高丰度值指示受海冰融水影响明显，温盐值相对较低的表层水体环境，但 Abelmann 和 Nimmergut（2005）对鄂霍次克海现代放射虫生态特征做了探讨，并提出地层中高丰度的 *S. venustum* 可能与生产力较高，季节变化小，相对稳定的表层水体条件有关。

Tanaka 和 Takahashi（2005）对白令海晚第四纪的放射虫组合进行了分析，认为 *S. glacialis* 和 *S. venustum* 在白令海水体中的生产量主要受限于海冰扩张或消融造成的低温低盐表层水体条件。这一观点也一定程度上得到太平洋亚北极区现代生态研究结果的支持：这两个种在受陆源输入影响相对较小的现代白令海海盆区（Ling *et al.*, 1971；Blueford, 1983；王汝建等，2005；Wang *et al.*, 2006；Itaki *et al.*, 2012）和西北太平洋海区（Kruglikova, 1969）为常见属种，而在鄂霍次克海西部海区，这两个属种非常稀少（Abelmann and Nimmergut, 2005），这可能与鄂霍次克海西部受阿穆尔河冲淡水的影响，海水盐度大幅度降低有关。王汝建等（2005）对白令海东北部高生产力区（Springer *et al.*, 1996），即"绿带"下方的放射虫组合进行了研究，认为 *S. venustum* 和 *S. glacialis* 与该区域的高生产力有关，以此提出将 *S. venustum* 和 *S. glacialis* 等作为表层生产力的替代物。此外，Robertson（1975）对西北太平洋现代和末次冰期放射虫的分布进行了分析，报道了末次冰期 45° N 以北的区域 *S. venustum* 丰度值低，而 35° N 至 45° N 之间的区域 *S. venustum* 丰度值高，Itaki 等（2012）依据太平洋亚北极区同时期的 δ^{15}N 值的变化（Jaccard *et al.*, 2005），认为 45° N 以北的区域 *S. venustum* 低丰度值主要缘于该海区表层水体混合的减弱。因此，*S. venustum* 在水体中的生产量可能还与表层水体的混合程度有关。

综上所述，并结合 U1340 井位中海冰硅藻含量变化（Takahashi *et al.*, 2011a）及各阶段的主要气候特征，本书认为地层中 *Stylochlamydium venustum* 的高丰度值可能反映了温、盐相对稳定，生产力较高且混合较好的表层水体条件。在 U1340 井位中，*S. venustum* 和 *Spongotrochus glacialis* 的高丰度值主要出现在 4.3-3.94 Ma 和 0.47 Ma 之后，这较好地响应了这两个时期（阶段 I 与阶段 IVb）相对的温暖气候条件。因此，白令海南部地史时期高丰度的 *S. venustum* 和 *S. glacialis* 可能较好地指示了温暖气候条件下相对稳定的高温高盐水体条件。

从 4.3 Ma 至 3.94 Ma，高丰度的 *Stylochlamydium venustum* 和 *Spongotrochus glacialis*（图 5.5）表明该时期白令海表层水体为相对高温高盐且混合较好的暖水体，这一时期良好的表层水体条件和稳定的海洋生态环境促进了表层水体属种的大量繁殖与生长，这可能与早上新世晚期全球温暖气候背景有关（Ciesielski and Grinstead, 1986；Hodell and Kennett, 1986；Abelmann *et al.*, 1990；Barron, 1992；Dowsett *et al.*, 1992）。3.94 Ma 至 1.07 Ma，*S. venustum* 和 *S. glacialis* 的丰度逐渐减少并呈现低丰度值，指示该时期表层水体可能呈现低温低盐的特征，这与上文依据放射虫特征参数及海冰硅藻含量变化推断出的白令海在阶段 II 和阶段 III 气候变冷、海冰发育，海洋生态环境逐步受海冰覆盖的影响而逐渐恶化的分析结果基本一致。1.07 Ma 以来，*S. venustum* 和 *S. glacialis* 丰度值逐渐增加，表明白令海表层水体整体上又呈现相对稳定的温盐条件，放射虫生态环境逐渐恢复。

在 2.7-1.7 Ma，白令海主要受冷水团和海冰的控制，尽管研究井位中表层水体种 *Stylochlamydium venustum* 和 *Spongotrochus glacialis* 丰度值很低，但另一表层水体种 *Lithomelissa setosa* 在该时期呈现相对的高含量值（图 5.6）。放射虫现代生态研究结果显示，*L. setosa* 在挪威海、鄂霍次克海以及日本海是常见属种，它的高生产量通常出现于受暖水团影响的高生产力区域（Bjørklund *et al*., 1998；Abelmann and Nimmergut, 2005；Itaki *et al*., 2007）。在亚北极太平洋，源自北太平洋的阿拉斯加流是唯一能影响到白令海 U1340 井位所在区域的暖水团。因此，*L. setosa* 高丰度值的出现可能表明 2.5-1.7 Ma 白令海的表层环流显著地受到了阿拉斯加流水团的影响。

二、次表层水团（50-200 m）

研究井位中放射虫次表层水体种主要有 *Actinomma leptoderma/boreale* group, *Ceratospyris borealis*, *Antarctissa*? sp. 1, *Lithelius minor* Jørgensen 和 *Zygocircus productus* (Herting) group。白令海次表层水体以发育低温低盐的中间冷水层为特征，该冷水层主要源自冬季陆架区对流混合的冷水团（Tomczak and Godfrey, 1994）。*C. borealis* 在鄂霍次克海主要生活在中间冷水层附近，它能在温度较低的次表层水体环境中大量繁盛（Nimmergut and Abelmann, 2002）。同时，Takahashi（1997）利用沉积物捕获器对太平洋亚北极东部海区的现代放射虫生态特征进行了研究，提出将 *C. borealis* 作为区域生产力指示种。随后，该属种的生产力指示意义在鄂霍次克海放射虫的研究中也得到报道（Nimmergut and Abelmann, 2002）。此外，*A. leptoderma/boreale* group 在现代的北冰洋是常见属种，它可以在长时期受海冰覆盖的低温和低生产力的极端水体环境中生长繁殖（Bjørklund and Kruglikova, 2003；Itaki, 2003）。在末次冰期的白令海和鄂霍次克海，尽管海冰非常发育，生产力水平下降，*A. leptoderma/boreale* group 的丰度值却显著增加（Itaki *et al*., 2008b, 2012）。因此，地史时期 *C. borealis* 的高丰度值可能与中间冷水层发育，且生产力水平相对较高的次表层水体有关；而 *A. leptoderma/boreale* group 丰度值的增加则可能指示海冰扩张、生产力水平很低的极端环境的出现。

从 4.3 Ma 到 3.19 Ma，尽管生物硅的数据显示这一阶段为高生产力时期（Zhang *et al*., 2016），但 *Ceratospyris borealis* 在研究井位中仅零星出现（图 5.6），这可能表明该时期次表层水体的中间冷水层仅微弱发育或缺失，这一特征可能与该时期温暖的气候背景下白令海表层水体相对温暖、海冰几乎不发育有关。从 3.94 Ma 到 2.74 Ma，*C. borealis* 丰度缓慢增加，表明该时期次表层水体的中间冷水层逐渐发育，这可能与该时期气候变冷，陆架区海冰开始出现，从而为形成相对低温的中间冷水层提供了冷水团的来源有关。此后，*C. borealis* 丰度变化表明该中间冷水层的形成经历了在 2.74 Ma 到 1.07 Ma 之间减弱，此后在 1.07 Ma 以来逐渐增强的变化过程。此外，*A. leptoderma/boreale* group 的丰度值分别在约 0.65 Ma 和约 0.49 Ma 显著增加，表明这两个时期白令海处于海冰长期发育、水体营养贫乏的极端海洋生态环境。

三、中层水团（200~500 m）

　　尽管放射虫种 *Cycladophora davisiana* 在全球不同海区生活的水深范围不一致，甚至在部分海区被认为是深层水体种（Petrushevskaya and Bjørklund, 1974；Abelmann and Gowing, 1997；Bjørklund *et al*., 1998；Itaki, 2003），但该属种在太平洋亚北极区主要生活在 200 m 到 500 m 的水深范围，因而被广泛用作中层水体的指示种（Matul and Abelmann, 2001；Nimmergut and Abelmann, 2002；Okazaki *et al*., 2003a, 2004, 2006；Hays and Morley, 2004；Itaki and Ikehara, 2004；Tanaka and Takahashi, 2005；Itaki *et al*., 2009）。在太平洋亚北极区的鄂霍次克海，现代放射虫生态研究表明，*C. davisiana* 的高丰度值通常与低温、富氧且有机物质丰富的中层水体有关（Nimmergut and Abelmann, 2002；Okazaki *et al*., 2004；Abelmann and Nimmergut, 2005）。Itaki 等（2012）对 *C. davisiana* 在全球不同海区的分布模式进行了讨论，包括南大洋（Abelmann and Gowing, 1997）、北大西洋（Petrushevskaya and Bjørklund, 1974）、东海和日本海（Itaki, 2003）、鄂霍次克海（Nimmergut and Abelmann, 2002；Okazaki *et al*., 2004）以及白令海（Morley and Hays, 1983；Tanaka and Takahashi, 2005；Itaki *et al*., 2009），认为 *C. davisiana* 生活的水深范围主要受控于水体通风深度，而生产量主要受控于相应水层可利用有机物质的含量。一般而言，水体中的有机物质随水深的增大而减少，中层水体中可利用的有机物质较多，而深层水体可利用的有机物质较少。因此，在通风深度相对较浅的中层水体中 *C. davisiana* 生产量较高（如现代鄂霍次克海）；而在在通风深度较大的深层水体中（如现代北大西洋和日本海，通风深度大于 1000 m）或氧含量较低的中层水体中（如现代白令海）*C. davisiana* 生产量较低。

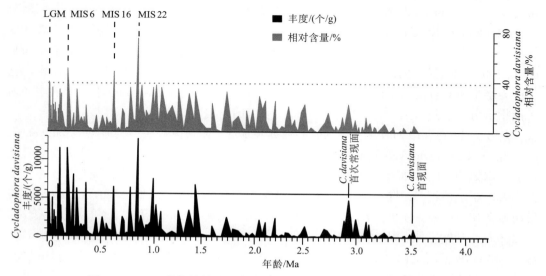

图 5.9　U1340 井位放射虫丰度与相对含量变化（据 Zhang *et al*., 2014）

黑色实线与灰色虚线分别表示末次盛冰期时 *Cycladophora davisiana* 的丰度与相对含量值

Motoyama（1997）对 *Cycladophora davisiana* 的形态演化进行了研究，认为它是在西北太平洋由放射虫种 *Cycladophora sakaii* 于 2.8-2.4 Ma 逐渐演变而来，并在约 2.5 Ma 成为常见属种。在 U1340 井位，*C. davisiana* 的典型标本（图 5.8）首次出现于约 3.5 Ma，此后它与极少量的 *C. sakaii* 及 *C. sakaii* 和 *C. davisiana* 的中间过渡种伴生并零星出现，直到约 2.9 Ma 成为常见属种（图 5.9）。这一结果表明 *C. davisiana* 在白令海的出现时间略早于西北太平洋，因此，在太平洋亚北极区，有利于 *C. davisiana* 生长繁殖的低温富氧的中层水体可能最早起源于白令海。依据 *C. davisiana* 在地层中的丰度变化特征，笔者认为白令海在 4.3-3.0 Ma 之间中层水体通风程度差，氧含量较低；在约 2.9 Ma 前后及 1.07 Ma 之后，相对高丰度的 *C. davisiana* 指示这些时期中层水体营养物质及通风程度显著增加。此外，*C. davisiana* 丰度值在 2.74-1.07 Ma 逐渐增加，而在 1.07-0.47 Ma 之间逐渐降低，这可能表明这一时期受气候变化的影响，白令海水体通风程度经历了由浅逐渐变深的变化过程。

作为太平洋亚北极区中层水体的指示种，*Cycladophora davisiana* 的相对丰度值已被广泛用做追踪北太平洋中层水体源区的有效指标。依据这一指标在地层中的变化特征，Ohkushi 等（2003）指出在末次冰期北太平洋中层水体主要源自白令海，而不是鄂霍次克海。随后，Tanaka 和 Takahashi（2005）利用该指标重建了 100 ka 以来北太平洋中层水体的时空变化历史，认为在末次盛冰期（Last Glacial Maximum, LGM），白令海是北太平洋中层水体的主要源区。依据 U1340 井位 *C. davisiana* 百分含量的变化，也可获得与 Tanaka 和 Takahashi（2005）相似的结论，因为在研究井位中约 12 ka 前后 *C. davisiana* 百分含量值的变化范围为 39.84%-46.03%，与 Tanaka 和 Takahashi（2005）报道的末次盛冰期 *C. davisiana* 的百分含量值相近。此外，研究井位中 *C. davisiana* 百分含量值在约 0.85 Ma（MIS22）、约 0.63 Ma（MIS16）和约 0.18 Ma（MIS6）分别为 74.6%、51% 和 47.2%，均大于末次盛冰期 *C. davisiana* 的百分含量值，因此，笔者推断在约 0.85 Ma（MIS22）、约 0.63 Ma（MIS16）和约 0.18 Ma（MIS6），白令海也是北太平洋中层水体的主要源区。

四、深层水团（>500 m）

太平洋亚北极区的放射虫深层水体种主要有 *Dictyophimus hirundo/crisiae* group，*Cyrtopera laguncula* 和 *Siphocampe arachnea*（Nimmergut and Abelmann, 2002；Abelmann and Nimmergut, 2005）。尽管目前对放射虫深层水体属种的生态特征了解相对较少，但是 *D. hirundo/crisiae* group 的高生产量被认为与深层水体氧含量条件及营养物质的供给量有关（Abelmann and Nimmergut, 2005）。太平洋亚北极区晚第四纪的放射虫研究结果显示，在末次冰期的鄂霍次克海 *D. hirundo/crisiae* group 丰度值显著增加，这一现象被认为与该海区在这一时期气候变冷，海冰形成时强烈的盐析作用使水体通风程度加深有关（Itaki *et al.*, 2008b, 2012）。此外，另一放射虫深层水体种 *S. arachnea* 在白令海为优势属种，它主要生活于 500 m 水深以下的深层水体（王汝建等，2005），这与研究井位所在海区的低氧值区域（Oxygen Minimum Zone, OMZ）（500-1500 m）一致（Conkright *et al.*, 2002；Okazaki *et al.*, 2005a），因此，认为 *S. arachnea* 在白令海的生产量可能受深层水体中氧含量条件的影响较小。在 U1340 井位中，尽管 *S. arachnea* 的丰度在不同时期存在一定的变化，但是整体上该种在整个研究井位中一直作为优势属种呈现相对较高的丰度值。

3.94 Ma 之前，*Dictyophimus hirundo/crisiae* group 在研究井位中几乎缺失，表明这一时期白令海的深层水体氧含量很低，这可能与该时期异常高的表层生产力所产生的有机碳颗粒在沉降降解过程中消耗大量的氧气有关。此后，*D. hirundo/crisiae* group 丰度值在 3.94 Ma 到 2.74 Ma 之间逐渐增加，2.74 Ma 到 1.07 Ma 缓慢减少，1.07 Ma 到 0.47 Ma 再次增加。这一特征表明白令海深层水体通风程度在 3.94 Ma 至 0.47 Ma 之间经历了由强变弱，再由弱变强的变化过程。这与上文依据放射虫中层水体种 *Cycladophora davisiana* 揭示的自北半球冰川作用开始白令海水体通风经历了由浅逐渐变深的过程近于一致。此外，研究井位中 *D. hirundo/crisiae* group 的高丰度值主要出现在 2.9-2.7 Ma 以及 1.07 Ma 之后，这与硫含量（Total Sulfur, TS）的低值时期（Takahashi *et al.*，2011a）有着较好的对应关系。海底沉积物中硫含量的减少指示海底水体中氧含量升高（Jørgensen，1982；Sageman *et al.*，1991），这种富氧且营养物质相对充足的水体条件有利于放射虫深层水体种 *D. hirundo/crisiae* group 的大量繁殖。

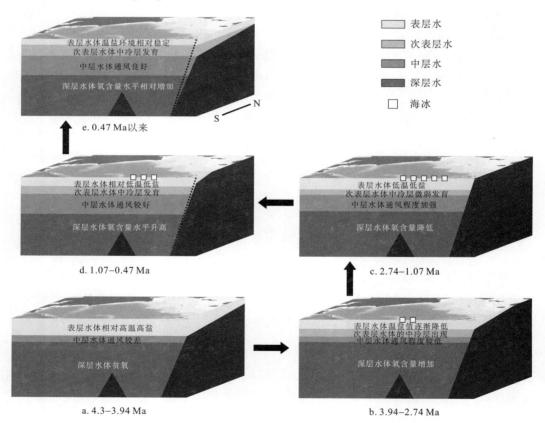

图 5.10 白令海 4.3Ma 以来的水团结构与水体条件演变示意图 "□" 表示海冰冰量变化
（据 Zhang *et al.*，2014）

　　总体上，白令海 4.3 Ma 以来垂直水团结构及水体条件经历了 5 次阶段性的变化，各阶段水团条件的主要特征如下：① 4.3-3.94 Ma，表层水团呈现相对的高温、高盐和高生产力特征，该时期海冰基本缺失，次表层水体微弱发育或不发育中间冷水层（图 5.10a），水体通风程度差，中层水体和深层水体氧含量较低；② 3.94-2.74 Ma，表层水体相对低温低盐，海冰逐渐发育，次表层水体开始形成中间冷水层，中层水体通风差，氧含量依然较低，直到约 2.9 Ma 中层水体通风程度加强，深层水体氧含量低，到约 2.9 Ma 随着水体通风程度的加强，深层水体氧含量升高（图 5.10b）；③ 2.74-1.07 Ma，表层水体低温低盐，白令海主要受到海冰和冷水团控制，次表层水体的中间冷水层仅微弱发育，深层水体氧含量水平逐渐降低（图 5.10c）；④ 1.07-0.47 Ma，表层水体相对低温低盐，海冰频繁地发育和消融，次表层水体的中间冷水层逐渐发育，水体通风程度逐渐加强，中层水体通风相对加强，深层水体氧含量水平也逐渐升高（图 5.10d）；⑤ 0.47 Ma 以来，表层水体相对高温高盐，次表层水体的中间冷水层发育良好，中层水体和深层水体通风程度及氧含量水平发生频繁的变化，但总体上通风良好，氧含量水平相对较高（特别是冰期）（图 5.10e）。自 0.47 Ma 以来，白令海水团结构与水团条件总体上与现代水团特征相似，因此，推断白令海现代水团结构初步形成于 0.47 Ma。

第六章　放射虫系统分类与描述

第一节　分类问题概述

　　本次研究的白令海放射虫标本主要来自海底表层沉积物样品和国际大洋钻探 IODP 航次的 7 个井位的岩心样品，分别为 U1339、U1340、1341、U1342、U1343、U1344 和 U1345，在这些井位的钻孔岩心均未能穿抵上新统与中新统界线，最老地层化石带在 U1340，属上新世，本书已对此做了介绍。因此，考虑到大部分种类属于现代或年代较新的第四纪生存种，仅少量种类局限于上新世地层，在系统描述中主要采用 Haeckel（1887）（现代为主）及 Riedel 和 Sanfilippo（1977）（包含新生代地层种）系统中的分类方法，结合部分后来的修订意见，形成一个较为符合白令海放射虫种类实际的分类描述系统。各种类标本的照相图版编排基本按照系统描述中的先后顺序排列，仅有少量仅出现在表层沉积物的种类标本相片被放在最后的一个图版中，以方便读者参阅。

　　在放射虫分类系统中，近 200 年历史中不同作者的观察角度、资料掌握、思维方式、条件限制等原因所产生的混乱现象较多，在新种类或新类群不断涌现的情况下，前期出现的相对合理的分类方案不断被后期发现的新现象所冲击或否定，造成分类系统的不断复杂化，由于自然界中生物类群相互之间的过渡类型与混合类型逐渐地被找到，使得原来的一些分类单元定义变得模糊不清或难以适用，加之要为非常庞大的"家族成员"建立一个清晰、合理、完善的分类系统，其工作量之大不是个别作者尽其毕生所能完成的，现实中的生物命名规则的大量不规范使用也增添了不少难度。因此，我们目前的分类工作只是根据已掌握的实际标本资料，在遵循历史和逻辑判断的基础上进行有限度的部分讨论与系统编排，其可能的合理结果是相对的，有待于修改与完善，更期待着一个全新分类系统的奇迹般出现。

　　生物分类的不完全确定性在于自然现象的复杂化与认知过程的阶段性。例如，放射虫罩笼虫类的 Lychnocaniidae 科、Tripocyrtidae 科和 Podocyrtidae 科分别是由 Haeckel 于 1881 和 1887 年建立的，它们的主要特征分别是：Lychnocaniidae 科的壳体分头、胸、腹 3 节但无侧枝，Tripocyrtidae 科的壳体分头、胸 2 节，有 3 个侧翼，而 Podocyrtidae 科的壳体分头、胸、腹 3 节具 3 个辐射状骨突，侧翼应该理解为从壳体中部伸出壁外的翼状物，脚则应该是从壳体底部长出的脚状物，骨突却较为含糊，可能包含了前两者在内。实际上，许多相关的具有侧翼或脚的标本种类往往是 2 节壳的特征较为明显，同时第三节壳若隐若现或发育不完整，甚至胸与腹之间的勒缢或界限不清楚，难以判断腹节壳是否存在而确定其归属。如 Dictyophimus 属的一些种类就存在上述问题，因此其分类位置的争论较大。Haeckel（1887）的分类系统中并未采用其 1881 年建立的 Lychnocaniidae 科，将 Dictyophimus 属归入 Tripocyrtidae 科，但 Petrushevskaya（1975）考虑可能有 3 节

壳的情况却将 *Dictyophimus* 属又归回到 Lychnocaniidae 科中。此外，现在常用的 Podocyrtidae 科包括了 *Pterocorys hirundo* (Haeckel) 和 *Pterocanium trilobum* (Haeckel) 等，这些类型一般仅见 2 节壳，第三节不完整，尤其是 *Pterocanium trilobum* (Haeckel) 之类的标本主要特征是胸部的口缘较清楚，有一环状物，三脚自口缘向下生长，腹部为不完整的格孔状连接物或完全消失无任何痕迹，严格地讲这些分类归属是存疑的。

综合上述的特征分析，此类的 3 个科各自定义均不完整，未能合理清楚地包括相关属种标本的实际情况，应予进一步厘清、归并、或修订：① Lychnocaniidae 科可予取消 [Haeckel（1887）就已不用]，在 Haeckel 的分类系统框架中将 *Dictyophimus* 属归入 Tripocyrtidae 科较为合理；② 在具体应用中，Tripocyrtidae 科的定义可补充或理解为"胸壳的口部边缘有时不是很清楚，或存在类似腹部的格孔状衍伸物"（本书暂不做修订）；③ Podocyrtidae 科仅保留胸口有明显实心环的类型，并将其中的 *Pterocorys hirundo* 类改回为 *Dictyophimus hirundo* 同时归入 Tripocyrtidae 科。

有些类群的种类多样性较丰富，但在科与属的划分上存在明显混乱现象。如兼具两个以上同心球和两根极针的类群现行使用的共有 5 个属，分归 2 个不同科，它们是针球虫科 Family Stylosphaerida Haeckel, 1881（球形壳 1 个或多个，壳表的两极上有对称的两根骨针）中的倍球虫属 Genus *Amphisphaera* Haeckel, 1881, emend. Petrushevskaya, 1975（具 3 或 4 个同心格孔状球形壳，两根骨针大小相等、形状相似、长度不同）和核虫科 Family Druppulidae Haeckel, 1882（具椭圆状格孔壳，由两个或多个同心壳组成，一个简单或复杂的皮壳包覆着一个或两个髓壳，无赤道缢，中央囊椭圆或圆筒状）中的纺锤虫属 Genus *Lithatractus* Haeckel, 1887（具简单椭圆状皮壳和简单髓壳，主轴两极上有两根大而相对的极针，同形，大小相等）、橄榄虫属 Genus *Druppatractus* Haeckel, 1887（具简单的椭球状皮壳和髓壳，主轴两极有两个相对的极针，大小与形状均不相同）、针蜓虫属 Genus *Stylatractus* Haeckel, 1887（具简单椭球形皮壳和两个髓壳，主轴上有两根对称的极针，大小相等，形状相似）与剑蜓虫属 Genus *Xiphatractus* Haeckel, 1887（具一简单的椭球形皮壳和两个髓壳，主轴上的两根极针大小相异、形状不同）。显然，这是 Haeckel 分类系统中主观人为因素产生的结果，由于历史原因包括 Haeckel 在内的不同作者已在诸多的属中建立了许多的新种。实际上，我们经过对大量不同海区的标本观察与资料对比，发现这些不同属的种类之间实际上并不存在属级特征的明显差异或清楚界线，如采用极针的大小与形状是否相同作为划分属的依据是完全不符合客观实际的，因此造成了相互的套用或混乱，然而这些结果一直被习惯性地分别沿用至今。对这一类群的种类，合理的解决方案应该是根据同心球的数量将它们全部归并为两个属，即：具 2 个同心球（1 个皮壳和 1 个髓壳）的类型和具 3 个以上同心球（1 或 2 个皮壳和 2 个髓壳）的类型，这两类的属级特征较为稳定清楚，而所有根据两根极针的大小与形状特征作为属级的判定标准是不可靠的。在现实中，即使是同一种的不同标本，它们的极针形态往往也是变化较大的。考虑到历史形成的名称习惯与方便使用，在本书中我们对上述问题做了适当的修改厘定和调整归并，以免引起新的种名混乱。

目前，生物分类与鉴定中存在的主要问题有：① 系统庞大、关系复杂、界线不清，级别越低越混乱，存在很多过渡类型；② 历史上存在许多不规范建立的种类，如有描述但无图示、无模式标本（正、副）的种类；③ 积累了不少的同物异名，由于文献缺失（尤其是无法公开查找的早期使用非英语发表的文献）或查找不全等原因所造成。早期的研究者由于缺少统一的命名规则建立了许多不规范的新种，但所有这些已命名的名称却基本上受到后来的命名优先律的保护，造成后人的延续使用存在诸多的困难与矛盾。

自从 1889 年第一届国际动物学会议秘书长 Raphael Blanchard 教授在巴黎首次提出第一套国际动物命名规则之后，《动物命名法规》越来越受到重视，经过了多次的修改与完善，直到 1958 年才在伦敦召开的第十五届国际动物学会议通过了由国际动物命名法委员会主席 Bradley 提交的法规草案，至此世界性的动物命名规则正式以法规的形式稳定下来。此后，国际动物命名规则还经历了 4 次修订，较新的修订版本是在 1997 年完成的。因此，Haeckel 早在 1887 年所建立的大量放射虫新种（未提供图示）显然未能严格受到命名法的限制，但其属种名称一直被延用，许多图像包括更加详细的描述是后人给予补充的，势必形成一些种类定义不清楚或被篡改的现象，其结果是增加了许多后人使用的难度与困惑。近些年来，虽然有的作者对放射虫的个别属或科的定义做了修订与重新归划，但实际上只能解决某些局部问题并产生新的矛盾，而无法完全或合理地解决整个系统分类中各级单元的相互纠缠与关联，也没能清晰划分出各级分类之间的界线与原则。

在本描述系统中，对各个分类单元的科和属的原始定义做了简要介绍，其中有些不同属的定义存在着互相涵盖或较为相似的表述问题，相互之间的区别也不完全清楚。对此，需要在各自的科一级或更高分类级别中寻找答案。实际上，至今为止所有不同级别单元的定义基本上都是不完善和不完整的。为了尽量遵循和沿用前人的属种分类成果与习惯，避免引起新的混乱，我们在此不对相关问题做更多的讨论或修订。所采用有关科和属的定义也均具有一定的相对性与局限性，仅供参考。

在罩笼虫类的一些种征描述中，Jørgensen（1905）和 Petrushevskaya（1971a）等曾对头的内部骨针结构模型做了较为详细的分析，考虑到其适用的局限性，本书中基本不予采用，以使读者更加易于掌握与应用这些种类的鉴定方法。

第二节　分 类 名 录

泡沫虫目 Order SPUMELLARIA Ehrenberg, 1875

　针虫亚目 Suborder BELOIDEA Haeckel, 1887

　　海球虫科 Family Thalassosphaeridae Haeckel, 1862

　　　海黄虫属 Genus *Thalassoxanthium* Haeckel, 1881

　　　　（1）鹿角海黄虫 *Thalassoxanthium cervicorne* Haeckel

　针球虫亚目 Suborder SPHAEROIDEA Haeckel, 1887, emend.

　　光滑球虫科 Family Liosphaeridae Haeckel, 1887

　　　空球虫属 Genus *Cenosphaera* Ehrenberg, 1854

　　　　（2）南极空球虫 *Cenosphaera* (*Cyrtidosphaera*) *antarctica* Nakaseko

　　　　（3）**锥形针空球虫（新种）** ***Cenosphaera cornospinula* sp. nov.**

　　　　（4）花冠空球虫 *Cenosphaera coronata* Haeckel

（5）花冠状空球虫 *Cenosphaera coronataformis* Shilov

（6）冠空球虫 *Cenosphaera cristata* Haeckel

（7）**表棘空球虫（新种）*Cenosphaera exspinosa* sp. nov.**

（8）巢空球虫 *Cenosphaera favosa* Haeckel

（9）狐空球虫 *Cenosphaera huzitai* Nakaseko

（10）魔边空球虫 *Cenosphaera megachile* Clark et Campbell

（11）大洋空球虫 *Cenosphaera oceanica* Clark et Campbell

（12）空球虫（未定种）*Cenosphaera* sp.

果球虫属 Genus *Carposphaera* Haeckel, 1881

（13）圆果球虫 *Carposphaera globosa* Clark et Campbell

（14）大孔果球虫 *Carposphaera (Melittosphaera) magnaporulosa* Clark et Campbell

（15）稀果球虫 *Carposphaera rara* Carnevale

（16）亚薄果球虫 *Carposphaera subbotinae* Borisenko

（17）果球虫（未定种 1）*Carposphaera* sp. 1

（18）果球虫（未定种 2）*Carposphaera* sp. 2

（19）果球虫（未定种 3）*Carposphaera* sp. 3

光滑球虫属 Genus *Liosphaera* Haeckel, 1881

（20）六角光滑球虫 *Liosphaera hexagonia* Haeckel

（21）光滑球虫（未定种）*Liosphaera* sp.

荚球虫属 Genus *Thecosphaera* Haeckel, 1881

（22）尖纹荚球虫 *Thecosphaera akitaensis* Nakaseko

（23）**内方荚球虫（新种）*Thecosphaera entocuba* sp. nov.**

（24）格里可荚球虫 *Thecosphaera grecoi* Vinassa de Regny

（25）日本荚球虫 *Thecosphaera japonica* Nakaseko

（26）桑氏荚球虫 *Thecosphaera sanfilippoae* Blueford

（27）兹特荚球虫 *Thecosphaera zittelii* Dreyer

（28）荚球虫（未定种）*Thecosphaera* sp.

玫瑰球虫属 Genus *Rhodosphaera* Haeckel, 1882

（29）适玫瑰球虫 *Rhodosphaera idonea* Rüst

（30）玫瑰球虫（未定种 1）*Rhodosphaera* sp. 1

（31）玫瑰球虫（未定种 2）*Rhodosphaera* sp. 2

编枝球虫属 Genus *Plegmosphaera* Haeckel, 1882

（32）空球编枝球虫 *Plegmosphaera coelopila* Haeckel

（33）内网编枝球虫 *Plegmosphaera entodictyon* Haeckel

（34）细编枝球虫 *Plegmosphaera leptoplegma* Haeckel

（35）编枝球虫（未定种）*Plegmosphaera* sp.

胶球虫科 Family Collosphaeridae Müller, 1858

胶球虫属 Genus *Collosphaera* Müller, 1855

　（36）百孔胶球虫 *Collosphaera confossa* Takahashi

　（37）卵胶球虫 *Collosphaera elliptica* Chen et Tan

　（38）胶球虫 *Collosphaera huxleyi* Müller

　（39）复卵胶球虫 *Collosphaera ovaiireialis* (Takahashi)

　（40）胶球虫（未定种1）*Collosphaera* sp. 1

　（41）胶球虫（未定种2）*Collosphaera* sp. 2

　（42）胶球虫（未定种3）*Collosphaera* sp. 3

尖球虫属 Genus *Acrosphaera* Haeckel, 1882

　（43）**蛛网尖球虫（新种）*Acrosphaera arachnodictyna* sp. nov.**

　（44）阿克尖球虫 *Acrosphaera arktios* (Nigrini)

　（45）丘尖球虫 *Acrosphaera collina* Haeckel

　（46）松尖球虫 *Acrosphaera hirsuta* Perner

　（47）胀尖球虫 *Acrosphaera inflata* Haeckel

　（48）刺尖球虫 *Acrosphaera spinosa* (Haeckel)

　（49）尖球虫（未定种）*Acrosphaera* sp.

管球虫属 Genus *Siphonosphaera* Müller, 1858

　（50）貂管球虫 *Siphonosphaera martensi* Brandt

　（51）筒管球虫 *Siphonosphaera tubulosa* Müller

　（52）管球虫（未定种1）*Siphonosphaera* sp. 1

　（53）管球虫（未定种2）*Siphonosphaera* sp. 2

　（54）管球虫（未定种3）*Siphonosphaera* sp. 3

　（55）管球虫（未定种4）*Siphonosphaera* sp. 4

格球虫属 *Clathrosphaera* Haeckel, 1882, emend.

　（56）表织格球虫 *Clathrosphaera circumtexta* Haeckel

　（57）格球虫（未定种）*Clathrosphaera* sp.

六柱虫科 Family Hexastylidae Haeckel, 1881, emend. Petrushevskaya, 1975

　矛球虫属 Genus *Lonchosphaera* Popofsky, 1908, emend. Dumitrica, 2014

　（58）考勒矛球虫 *Lonchosphaera cauleti* Dumitrica

　（59）**多棘矛球虫（新种）*Lonchosphaera multispinota* sp. nov.**

　（60）矛球虫（未定种1）*Lonchosphaera* sp. 1

　（61）矛球虫（未定种2）*Lonchosphaera* sp. 2

三轴球虫科 Family Lubosphaeridae Haeckel, 1881, emend. Campbell, 1954

　六矛虫属 Genus *Hexalonche* Haeckel, 1881

　（62）芒六矛虫 *Hexalonche aristarchi* Haeckel

　（63）**秀丽六矛虫（新种）*Hexalonche calliona* sp. nov.**

　（64）小针六矛虫 *Hexalonche parvispina* Vinassa

六枪虫属 Genus *Hexacontium* Haeckel, 1881

（65）内棘六枪虫 *Hexacontium enthacanthum* Jørgensen

（66）厚棘六枪虫 *Hexacontium pachydermum* Jørgensen

（67）方六枪虫 *Hexacontium quadratum* Tan

六葱虫属 Genus *Hexacromyum* Haeckel, 1881 emend.

（68）美六葱虫 *Hexacromyum elegans* Haeckel

六树虫属 Genus *Hexadendron* Haeckel, 1881

（69）双羽六树虫 *Hexadendron bipinnatum* Haeckel

中矛虫属 Genus *Centrolonche* Popofsky, 1912

（70）叉中矛虫（新种）***Centrolonche furcata* sp. nov.**

星球虫科 Family Astrosphaeridae Haeckel, 1881

棘球虫属 Genus *Acanthosphaera* Ehrenberg, 1858

（71）棘球虫（未定种）*Acanthosphaera* sp.

日球虫属 Genus *Heliosphaera* Haeckel, 1862

（72）大六角日球虫 *Heliosphaera macrohexagonaria* Tan

太阳星虫属 Genus *Heliaster* Hollande et Enjumet, 1960

（73）太阳星虫 *Heliaster hexagonium* Hollande et Enjumet

海眼虫属 *Haliomma* Ehrenberg, 1844

（74）棘动海眼虫 *Haliomma acanthophora* Popofsky

（75）**星海眼虫（新种）*Haliomma asteroeides* sp. nov.**

（76）内光海眼虫 *Haliomma entactinia* Ehrenberg

（77）猬海眼虫 *Haliomma erinaceus* Haeckel

（78）卵海眼虫 *Haliomma ovatum* Ehrenberg

（79）梨形海眼虫 *Haliomma pyriformis* Bailey

（80）海眼虫（未定种）*Haliomma* sp.

小海眼虫属 Genus *Haliommetta* Haeckel, 1887, emend. Petrushevskaya, 1972

（81）水母小海眼虫 *Haliommetta medusa* (Ehrenberg)

（82）中新世小海眼虫 *Haliommetta miocenica* (Campbell et Clark) group

太阳虫属 Genus *Heliosoma* Haeckel, 1881

（83）异太阳虫 *Heliosoma dispar* Blueford

光眼虫属 Genus *Actinomma* Haeckel, 1862, emend. Nigrini, 1967

（84）北方光眼虫 *Actinomma boreale* Cleve

（85）短刺光眼虫 *Actinomma brevispiculum* Popofsky

（86）亨宁光眼虫 *Actinomma henningsmoeni* Goll et Bjørklund

（87）六针光眼虫 *Actinomma hexactis* Stöhr

（88）瘦光眼虫 *Actinomma leptodermum* (Jørgensen)

（89）瘦光眼虫长针亚种 *Actinomma leptoderma longispina* Cortese et
Bjørklund group

（90）灰光眼虫 *Actinomma livae* Goll et Bjørklund

（91）中央光眼虫 *Actinomma medianum* Nigrini

（92）海女光眼虫 *Actinomma medusa* (Ehrenberg) group

（93）奇异光眼虫 *Actinomma mirabile* Goll et Bjørklund

（94）厚皮光眼虫 *Actinomma pachyderma* Haeckel

（95）**透明光眼虫（新种）*Actinomma pellucidata* sp. nov.**

（96）宽光眼虫 *Actinomma plasticum* Goll et Bjørklund

（97）**多角光眼虫（新种）*Actinomma polyceris* sp. nov.**

（98）球蝟光眼虫 *Actinomma sphaerechinus* Haeckel

（99）光眼虫（未定种 1）*Actinomma* sp. 1

（100）光眼虫（未定种 2）*Actinomma* sp. 2

（101）光眼虫（未定种 3）*Actinomma* sp. 3

（102）光眼虫（未定种 4）*Actinomma* sp. 4

（103）光眼虫（未定种 5）*Actinomma* sp. 5

葱眼虫属 Genus *Cromyomma* Haeckel, 1881

（104）围织葱眼虫 *Cromyomma circumtextum* Haeckel

（105）穿刺葱眼虫 *Cromyomma perspicuum* Haeckel

葱海胆虫属 Genus *Cromyechinus* Haeckel, 1881

（106）南极葱海胆虫 *Cromyechinus antarctica* (Dreyer)

（107）十二棘葱海胆虫 *Cromyechinus dodecacanthus* Haeckel

海绵眼虫属 Genus *Spongiomma* Haeckel, 1887

（108）棘海绵眼虫 *Spongiomma spinatum* Chen et Tan

中方虫属 Genus *Centrocubus* Haeckel, 1887

（109）中方虫 *Centrocubus cladostylus* Haeckel

八枝虫属 Genus *Octodendron* Haeckel

（110）中方八枝虫 *Octodendron cubocentron* Haeckel

根球虫属 Genus *Rhizosphaera* Haeckel, 1860

（111）顶枝根球虫 *Rhizosphaera acrocladon* Blueford

灯球虫属 Genus *Lychnosphaera* Haeckel, 1881

（112）王灯球虫 *Lychnosphaera regina* Haeckel

根编虫属 Genus *Rhizoplegma* Haeckel, 1881

（113）北方根编虫 *Rhizoplegma boreale* (Cleve)

中方虫属 Genus *Centrocubus* Haeckel, 1887

（114）**蜂巢中方虫（新种）*Centrocubus alveolus* sp. nov.**

梅子虫亚目 Suborder PRUNOIDEA Haeckel, 1883

空虫科 Family Ellipsidae Haeckel, 1882

空椭球虫属 Genus *Cenellipsis* Haeckel, 1887

（115）卵空椭球虫? *Cenellipsis elliptica* Lipman?

（116）空椭球虫 *Cenellipsis* sp.

针球虫科 Family Stylosphaeridae Haeckel, 1881

　　针球虫属 Genus *Stylosphaera* Ehrenberg, 1847

　　　　（117）针球虫（未定种 1）*Stylosphaera* sp. 1

　　　　（118）针球虫（未定种 2）*Stylosphaera* sp. 2

　　橄榄虫属 Genus *Druppatractus* Haeckel, 1887

　　　　（119）壳橄榄虫 *Druppatractus ostracion* Haeckel

　　　　（120）变异橄榄虫 *Druppatractus variabilis* Dumitrica

　　　　（121）橄榄虫（未定种 1）*Druppatractus* sp. 1

　　　　（122）橄榄虫（未定种 2）*Druppatractus* sp. 2

　　针蜓虫属 Genus *Stylatractus* Haeckel, 1887

　　　　（123）圣针蜓虫 *Stylatractus angelinus* (Campbell et Clark)

　　　　（124）双针针蜓虫 *Stylatractus disetanius* Haeckel

　　剑蜓虫属 Genus *Xiphatractus* Haeckel, 1887

　　　　（125）双啄剑蜓虫早亚种 *Xiphatractus birostractus praecursor* (Gorbunov)

　　　　（126）克罗剑蜓虫 *Xiphatractus cronos* (Haeckel)

　　　　（127）糙皮剑蜓虫 *Xiphatractus trachyphloius* Chen et Tan

　　　　（128）剑蜓虫（未定种 1）*Xiphatractus* sp. 1

　　　　（129）剑蜓虫（未定种 2）*Xiphatractus* sp. 2

　　倍球虫属 Genus *Amphisphaera* Haeckel, 1881, emend. Petrushevskaya, 1975

　　　　（130）冠倍球虫 *Amphisphaera cristata* Carnevale

　　　　（131）裂蹼倍球虫 *Amphisphaera dixyphos* (Ehrenberg)

　　　　（132）薄壁倍球虫 *Amphisphaera* (*Amphisphaerella*) *gracilis* Campbell et Clark

　　　　（133）辐射倍球虫 *Amphisphaera radiosa* (Ehrenberg)

　　　　（134）桑塔倍球虫 *Amphisphaera santaennae* (Campbell et Clark)

　　　　（135）倍球虫（未定种 1）*Amphisphaera* sp. 1

　　　　（136）倍球虫（未定种 2）*Amphisphaera* sp. 2

　　针矛虫属 Genus *Stylacontarium* Popofsky, 1912

　　　　（137）阿克针矛虫 *Stylacontarium acquilonium* (Hays)

　　　　（138）双尖针矛虫 *Stylacontarium bispiculum* Popofsky

　　　　（139）**厚壁针矛虫（新种）*Stylacontarium pachydermum* sp. nov.**

　　小环土星虫属 Genus *Saturnulus* Haeckel, 1881

　　　　（140）椭圆小环土星虫 *Saturnulus ellipticus* Haeckel

核虫科 Family Druppulidae Haeckel, 1882

　　梅虫属 Genus *Prunulum* Haeckel, 1887

　　　　（141）布谷梅虫 *Prunulum coccymelium* Haeckel

　　葱皮虫属 Genus *Cromyocarpus* Haeckel, 1887

　　　　（142）葱皮虫（未定种 1）*Cromyocarpus* sp. 1

　　　　（143）葱皮虫（未定种 2）*Cromyocarpus* sp. 2

葱核虫属 Genus *Cromydruppocarpus* Campbell et Clark, 1944

（144）里奇葱核虫 *Cromydruppocarpus esterae* Campbell et Clark

（145）葱核虫（未定种）*Cromydruppocarpus* sp.

矛核虫属 Genus *Dorydruppa* Vinassa de Regny, 1898

（146）本松矛核虫 *Dorydruppa bensoni* Takahashi

（147）矛核虫（未定种）*Dorydruppa* sp.

海绵虫科 Family Sponguridae Haeckel, 1862

海绵虫属 Genus *Spongurus* Haeckel, 1862

（148）极口海绵虫 *Spongurus pylomaticus* Riedel

圆管虫科 Family Cyphinidae Haeckel, 1881

腰带虫属 Genus *Cypassis* Haeckel, 1887

（149）女腰带虫 *Cypassis puella* Haeckel

盘虫亚目 Suborder DISCOIDEA Haeckel, 1862

果盘虫科 Family Coccodiscidae Haeckel, 1862

圆石虫属 Genus *Lithocyclia* Ehrenberg, 1847

（150）圆石虫（未定种）*Lithocyclia* sp.

孔盘虫科 Family Porodiscidae Haeckel, 1881

始盘虫亚科 Subfamily Archidiscida Haeckel, 1862

始盘虫属 Genus *Archidiscus* Haeckel, 1887

（151）始盘虫（未定种）*Archidiscus* sp.

洞盘虫亚科 Subfamily Trematodisconae Haeckel, 1862

孔盘虫属 Genus *Porodiscus* Haeckel, 1881

（152）环孔盘虫 *Porodiscus circularis* Clark et Campbell

围盘虫属 Genus *Circodiscus* Kozlova in Petrushevskaya et Kozlova, 1972

（153）椭圆围盘虫 *Circodiscus ellipticus* (Stöhr)

膜包虫属 Genus *Perichlamydium* Ehrenberg, 1847

（154）编膜包虫 *Perichlamydium praetextum* (Ehrenberg)

眼盘虫亚科 Subfamily Ommatodiscida Stöhr, 1880

眼盘虫属 Genus *Ommatodiscus* Stöhr, 1880

（155）哈克眼盘虫? *Ommatodiscus haeckelii* Stöhr?

针网虫亚科 Subfamily Stylodictyinae Haeckel, 1881

针网虫属 Genus *Stylodictya* Ehrenberg, 1847

（156）毛刺针网虫 *Stylodictya lasiacantha* Tan et Tchang

（157）多针针网虫 *Stylodictya multispina* Haeckel

（158）多角针网虫 *Stylodictya polygonia* Popofsky

（159）强刺针网虫 *Stylodictya validispina* Jørgensen

（160）针网虫（未定种）*Stylodictya* sp.

针膜虫属 Genus *Stylochlamydium* Haeckel, 1881

（161）雅针膜虫 *Stylochlamydium venustum* (Bailey)

双腕虫属 Genus *Amphibrachium* Haeckel, 1881

（162）双腕虫（未定种）*Amphibrachium* sp.

门盘虫科 Family Pylodiscidae Haeckel, 1887

六洞虫属 Genus *Hexapyle* Haeckel, 1881

（163）小刺六洞虫 *Hexapyle spinulosa* Chen et Tan

门盘虫属 Genus *Pylodiscus* Haeckel, 1887

（164）多刺门盘虫 *Pylodiscus echinatus* Tan et Su

盘孔虫属 Genus *Discopyle* Haeckel, 1887

（165）吻盘孔虫 *Discopyle osculate* Haeckel

（166）盘孔虫（未定种）*Discopyle* sp.

海绵盘虫科 Family Spongodiscidae Haeckel, 1881

海绵盘虫亚科 Subfamily Spongodiscinae Haeckel, 1881

海绵盘虫属 Genus *Spongodiscus* Ehrenberg, 1854

（167）双凹海绵盘虫 *Spongodiscus biconcavus* Haeckel, emend. Chen *et al.*

（168）多刺海绵盘虫 *Spongodiscus setosus* (Dreyer)

（169）海绵盘虫（未定种 1）*Spongodiscus* sp. 1

（170）海绵盘虫（未定种 2）*Spongodiscus* sp. 2

海绵轮虫属 Genus *Spongotrochus* Haeckel, 1860

（171）冰海绵轮虫 *Spongotrochus glacialis* Popofsky

（172）异形海绵轮虫 *Spongotrochus vitabilis* Goll et Bjørklund

棒网虫属 Genus *Dictyocoryne* Ehrenberg, 1860

（173）**胖棒网虫（新种）*Dictyocoryne inflata* sp. nov.**

海绵门孔虫属 Genus *Spongopyle* Dreyer, 1889

（174）吻海绵门孔虫 *Spongopyle osculosa* Dreyer

炭篮虫亚目 Suborder LARCOIDEA Haeckel, 1887

炭篮虫科 Family Larcopylidae Dreyer, 1889

炭篮虫属 Genus *Larcopyle* Dreyer, 1889

（175）名炭篮虫 *Larcopyle augusti* Lazarus *et al.*

（176）炭篮虫 *Larcopyle butschlii* Dreyer

（177）外刺炭篮虫 *Larcopyle eccentricum* Lazarus *et al.*

（178）奇异炭篮虫 *Larcopyle peregrinator* Lazarus *et al.*

门孔虫科 Family Pyloniidae Haeckel, 1881

单腰带虫亚科 Subfamily Haplozonaria Haeckel, 1887

单环带虫属 Genus *Monozonium* Haeckel, 1887

（179）厚单环带虫 *Monozonium pachystylum* Popofsky

双腰带虫亚科 Subfamily Diplozonaria Haeckel, 1887 emend. Tan et Chen, 1990

四门孔虫属 Genus *Tetrapyle* Müller, 1858

（180）圆四门孔虫 *Tetrapyle circularis* Haeckel, emend. Tan et Chen

门带虫属 Genus *Pylozonium* Haeckel, 1887

（181）八刺门带虫 *Pylozonium octacanthum* Haeckel

光眼虫科 Family Actinommidae Haeckel, 1862, sensu Riedel 1967

梅孔虫属 Genus *Prunopyle* Dreyer, 1889

（182）南极梅孔虫 *Prunopyle antarctica* Dreyer, emend. Nishimura

（183）梅孔虫（未定种）*Prunopyle* sp.

球孔虫属 Genus *Sphaeropyle* Dreyer, 1889

（184）朗球孔虫 *Sphaeropyle langii* Dreyer

（185）壮球孔虫 *Sphaeropyle robusta* Kling

（186）球孔虫（未定种 1）*Sphaeropyle* sp. 1

（187）球孔虫（未定种 2）*Sphaeropyle* sp. 2

（188）球孔虫（未定种 3）*Sphaeropyle* sp. 3

（189）球孔虫（未定种 4）*Sphaeropyle* sp. 4

圆顶虫科 Family Tholonidae Haeckel, 1887

双顶虫属 Genus *Amphitholonium* Haeckel, 1887

（190）三体双顶虫 *Amphitholonium tricolonium* Haeckel

方顶虫属 Genus *Cubotholus* Haeckel, 1887

（191）规则方顶虫 *Cubotholus regularis* Haeckel

边顶虫属 Genus *Cubotholonium* Haeckel, 1887

（192）似边顶虫 *Cubotholonium ellipsoides* Haeckel

双口虫属 Genus *Dipylissa* Dumitrica, 1988

（193）本松双口虫 *Dipylissa bensoni* Dumitrica

石太阳虫科 Family Litheliidae

包卷虫属 Genus *Spirema* Haeckel, 1881

（194）苹果包卷虫 *Spirema melonia* Haeckel

（195）包卷虫（未定种）*Spirema* sp.

石太阳虫属 Genus *Lithelius* Haeckel, 1862

（196）蜂房石太阳虫 *Lithelius alveolina* Haeckel

（197）小石太阳虫 *Lithelius minor* Jørgensen

（198）水手石太阳虫 *Lithelius nautiloides* Popofsky

（199）蜗牛石太阳虫 *Lithelius nerites* Tan et Su

（200）幼形石太阳虫 *Lithelius primordialis* Hertwig

（201）螺石太阳虫 *Lithelius spiralis* Haeckel

（202）苍子石太阳虫 *Lithelius xanthiformis* Tan et Su

（203）石太阳虫（未定种）*Lithelius* sp.

石果虫属 Genus *Lithocarpium* Stöhr 1880, emend. Petrushevskaya, 1975

（204）多棘石果虫? *Lithocarpium polyacantha* (Campbell et Clark) group

Petrushevskaya？

（205）巨人石果虫 *Lithocarpium titan* (Campbell et Clark)

（206）石果虫（未定种）*Lithocarpium* sp.

旋壳虫科 Family Strebloniidae Haeckel, 1887

　棘旋壳虫属 Genus *Streblacantha* Haeckel, 1887

　（207）转棘旋壳虫 *Streblacantha circumyexta* (Jørgensen)

　（208）圆球棘旋壳虫（新种）*Streblacantha globolata* sp. nov.

艇虫科 Family Phorticidae Haeckel, 1881

　艇虫属 Genus *Phorticium* Haeckel, 1881

　（209）多枝艇虫 *Phorticium polycladum* Tan et Tchang

　（210）艇虫 *Phorticium pylonium* Haeckel

罩笼虫目 Order NASSELLARIA Ehrenberg, 1875

编网虫亚目 Suborder PLECTOIDEA Haeckel, 1881

编网虫科 Family Plectaniidae Haeckel, 1881

　编网虫属 Genus *Plectophora* Haeckel, 1881

　（211）三棘编网虫 *Plectophora triacantha* Popofsky

　異编虫属 Genus *Plectaniscus* Haeckel, 1887

　（212）帷異编虫 *Plectaniscus cortiniscus* Haeckel

　棘编虫属 Genus *Plectacantha* Joergensen, 1905

　（213）悬柳棘编虫 *Plectacantha cremastoplegma* Nigrini

　（214）房棘编虫 *Plectacantha oikiskos* Jørgensen

环骨虫亚目 Suborder STEPHOIDEA Haeckel, 1881

单环虫科 Family Stephanidae Haeckel, 1881

　轭环虫属 Genus *Zygocircus* Butschli, 1882

　（215）小棘轭环虫 *Zygocircus acanthophorus* Popofsky

　（216）长棘轭环虫 *Zygocircus longispinus* Tan et Tchang

　（217）鱼尾轭环虫 *Zygocircus piscicaudatus* Popofsky

　（218）轭环虫 *Zygocircus productus* (Hertwig)

　（219）三棱轭环虫 *Zygocircus triquetrus* Haeckel

篓虫亚目 Suborder SPYROIDEA Haeckel, 1881

双眼虫科 Family Zygospyridae Haeckel, 1887

　鹿篮虫属 Genus *Giraffospyris* Haeckel, 1881, emend. Goll, 1969

　（220）角鹿篮虫 *Giraffospyris angulate* (Haeckel)

　三柱篓虫属 Genus *Tristylospyris* Haeckel, 1881

　（221）白令三柱篓虫（新种）*Tristylospyris beringensis* sp. nov.

　（222）三柱篓虫 *Tristylospyris triceros* (Ehrenberg)

　（223）三柱篓虫（未定种）*Tristylospyris* sp.

　脊篮虫属 Genus *Liriospyris* Haeckel, 1881, emend. Goll, 1968

（224）脊篮虫（未定种）*Liriospyris* sp.

角蜡虫属 Genus *Ceratospyris* Ehrenberg, 1847

（225）北方角蜡虫 *Ceratospyris borealis* Bailey

盔篮虫科 Family Tholospyridae Haeckel, 1887

盔篮虫属 Genus *Corythospyris* Haeckel, 1881

（226）鬃盔篮虫榄亚种 *Corythospyris jubata sverdrupi* Goll et Bjørklund

（227）盔篮虫（未定种）*Corythospyris* sp.

角篮虫属 Genus *Lophospyris* Haeckel, 1881, emend. Goll, 1977

（228）鹅角篮虫 *Lophospyris cheni* Goll

葡萄虫亚目 Suborder BOTRYODEA Haeckel, 1881

管葡萄虫科 Family Cannobotryidae Haeckel, 1881, emend. Riedel, 1967

疑蜂虫属 Genus *Amphimelissa* Jørgensen, 1905

（229）疑蜂虫（未定种）*Amphimelissa* sp.

双头虫属 Genus *Bisphaerocephalus* Popofsky, 1908

（230）双头虫（未定种）*Bisphaerocephalus* sp.

袋葡萄虫属 Genus *Botryopera* Haeckel, 1887

（231）五叶袋葡萄虫 *Botryopera quinqueloba* Haeckel

门葡萄虫科 Family Pylobotrydidae Haeckel, 1881

门葡萄虫亚科 Subfamily Pylobotrydinae Haeckel, 1881, emend. Campbell, 1954

葡萄篮虫属 Genus *Botryocyrtis* Ehrenberg, 1860

（232）石葡萄篮虫 *Botryocyrtis lithobotrys* Ehrenberg

（233）五葡萄篮虫 *Botryocyrtis quinaria* Ehrenberg

石葡萄虫科 Family Lithobotryidae Haeckel, 1881

葡萄门虫属 *Botryopyle* Haeckel, 1881

（234）棘葡萄门虫 *Botryopyle setosa* Cleve

笼虫亚目 Suborder CYRTOIDEA Haeckel, 1862, emend. Petrushevskaya, 1971

三足壶虫科 Family Tripocalpidae Haeckel, 1887

原帽虫属 Genus *Archipilium* Haeckel, 1881

（235）直翼原帽虫 *Archipilium orthopterum* Haeckel

（236）**谭氏原帽虫（新种）*Archipilium tanorium* sp. nov.**

三帽虫属 Genus *Tripilidium* Haeckel, 1881

（237）三帽虫（未定种）*Tripilidium* sp.

三脚虫属 Genus *Tripodiscium* Haeckel, 1881

（238）三脚虫?（未定种）*Tripodiscium* sp.?

美帐虫属 Genus *Euscenium* Haeckel, 1887

（239）**箭形美帐虫（新种）*Euscenium sagittarium* sp. nov.**

（240）三胸美帐虫 *Euscenium tricolpium* Haeckel

小袋虫属 Genus *Peridium* Haeckel, 1881

（241）长棘小袋虫 *Peridium longispinum* Jørgensen

（242）小袋虫（未定种1）*Peridium* sp. 1

（243）小袋虫（未定种2）*Peridium* sp. 2

（244）小袋虫（未定种3）*Peridium* sp. 3

（245）小袋虫（未定种4）*Peridium* sp. 4

（246）小袋虫（未定种5）*Peridium* sp. 5

（247）小袋虫（未定种6）*Peridium* sp. 6

袋虫属 Genus *Archipera* Haeckel, 1881

（248）双肋袋虫 *Archipera dipleura* Tan et Tchang

（249）六角袋虫 *Archipera hexacantha* Popofsky

开甍虫科 Family Phaenocalpidae Haeckel, 1881

显甍虫属 Genus *Calpophaena* Haeckel, 1881

（250）**五棒显甍虫（新种）*Calpophaena pentarrhabda* sp. nov.**

（251）显甍虫（未定种）*Calpophaena* sp.

瓮笼虫科 Family Cyrtocalpidae Haeckel, 1887

小角虫属 Genus *Cornutella* Ehrenberg, 1838, emend. Nigrini, 1967

（252）环小角虫 *Cornutella annulata* Bailey

（253）双缘小角虫 *Cornutella bimarginata* Haeckel

（254）棒小角虫 *Cornutella clava* Petrushevskaya et Kozlova

（255）六角小角虫 *Cornutella hexagona* Haeckel

（256）深小角虫 *Cornutella profunda* Ehrenberg

（257）杖小角虫 *Cornutella stiligera* Ehrenberg

蓝壶虫属 *Cyrtocalpis* Haeckel, 1860

（258）钝蓝壶虫 *Cyrtocalpis obtusai* Rüst

（259）蓝壶虫（未定种1）*Cyrtocalpis* sp. 1

（260）蓝壶虫（未定种2）*Cyrtocalpis* sp. 2

三肋笼虫科 Family Tripocyrtidae Haeckel, 1887, emend. Campbell, 1954

小孔帽虫亚科 Subfamily Sethopilinae Haeckel, 1881, emend. Campbell, 1954

网杯虫属 Genus *Dictyophimus* Ehrenberg, 1847

（261）中肋网杯虫 *Dictyophimus archipilium* Petrushevskaya

（262）布朗网杯虫 *Dictyophimus brandtii* Haeckel

（263）泡网杯虫 *Dictyophimus bullatus* Morley et Nigrini

（264）布斯里网杯虫 *Dictyophimus bütschlii* Haeckel

（265）可氏网杯虫 *Dictyophimus clevei* Jørgensen

（266）克莉丝网杯虫 *Dictyophimus crisiae* Ehrenberg

（267）细脂网杯虫 *Dictyophimus gracilipes* Bailey group

（268）燕网杯虫 *Dictyophimus hirundo* (Haeckel) group

（269）伊斯网杯虫 *Dictyophimus histricosus* Jørgensen

（270）宽头网杯虫 *Dictyophimus platycephalus* Haeckel

（271）碗网杯虫 *Dictyophimus pocillum* Ehrenberg

（272）稠脾网杯虫 *Dictyophimus splendens* (Campbell et Clark)

（273）四棘网杯虫 *Dictyophimus tetracanthus* Popofsky

（274）网杯虫（未定种1）*Dictyophimus* sp. 1

（275）网杯虫（未定种2）*Dictyophimus* sp. 2

明岸虫属 Genus *Lamprotripus* Haeckel, 1881

（276）明岸虫（未定种1）*Lamprotripus* sp. 1

（277）明岸虫（未定种2）*Lamprotripus* sp. 2

石蜂虫属 Genus *Lithomelissa* Ehrenberg, 1847

（278）钟石蜂虫 *Lithomelissa campanulaeformis* Campbell et Clark

（279）豪猪石蜂虫 *Lithomelissa hystrix* Jørgensen

（280）棘刺石蜂虫 *Lithomelissa setosa* Jørgensen

（281）石蜂虫 *Lithomelissa thoracites* Haeckel

（282）石蜂虫（未定种1）*Lithomelissa* sp. 1

（283）石蜂虫（未定种2）*Lithomelissa* sp. 2

（284）石蜂虫（未定种3）*Lithomelissa* sp. 3

海绵蜂虫属 Genus *Spongomelissa* Haeckel, 1887

（285）小瓜海绵蜂虫 *Spongomelissa cucumella* Sanfilippo et Riedel

美帽虫属 Genus *Lampromitra* Haeckel, 1881

（286）围织美帽虫 *Lampromitra circumtexta* Popofsky

（287）美帽虫（未定种）*Lampromitra* sp.

巾帽虫属 Genus *Callimitra* Haeckel, 1881

（288）巾帽虫（未定种）*Callimitra* sp.

格帽虫属 Genus *Clathromitra* Haeckel, 1881

（289）翼筐格帽虫 *Clathromitra pterophormis* Haeckel

（290）格帽虫（未定种1）*Clathromitra* sp. 1

（291）格帽虫（未定种2）*Clathromitra* sp. 2

笠虫属 Genus *Helotholus* Jørgensen, 1905

（292）笠虫 *Helotholus histricosa* Jørgensen

网灯虫属 Genus *Lychnodictyum* Haeckel, 1881

（293）网灯虫 *Lychnodictyum challengeri* Haeckel

双孔编虫属 Genus *Amphiplecta* Haeckel, 1881

（294）顶口双孔编虫 *Amphiplecta acrostoma* Haeckel

隐虫属 Genus *Eucecryphalus* Haeckel, 1860

（295）小鹰隐虫（新种）***Eucecryphalus penelopus* sp. nov.**

灯犬虫属 Genus *Lychnocanoma* Haeckel, 1887, emend. Foreman 1973

（296）圆锥灯犬虫 *Lychnocanoma conica* (Clark et Campbell)

（297）瘦小灯犬虫（新种）***Lychnocanoma gracilenta* sp. nov.**

（298）大灯犬虫 *Lychnocanoma grande* (Campbell et Clark) group

（299）日本灯犬虫萨恺亚种 *Lychnocanoma nipponica sakaii* Morley et Nigrini

（300）日本灯犬虫大角亚种 *Lychnocanoma nipponica magnacornuta* Sakai

筛囊虫亚科 Subfamily Sethoperinae Haeckel, 1881, emend. Campbell, 1954

石囊虫属 Genus *Lithopera* Ehrenberg, 1847

（301）新石囊虫 *Lithopera neotera* Sanfilippo et Riedel

花篮虫科 Family Anthocyrtidae Haeckel, 1887

罩篮虫属 Genus *Sethophormis* Haeckel, 1881

（302）轮罩篮虫 *Sethophormis rotula* Haeckel

筛锥虫属 Genus *Sethopyramis* Haeckel, 1881

（303）方筛锥虫 *Sethopyramis quadrata* Haeckel

织锥虫属 Genus *Plectopyramis* Haeckel, 1881

（304）十二眼织锥虫 *Plectopyramis dodecomma* Haeckel

（305）多肋织锥虫 *Plectopyramis polypleura* Haeckel

裹锥虫属 Genus *Peripyramis* Haeckel, 1881

（306）围裹锥虫 *Peripyramis circumtexta* Haeckel

梯锥虫属 Genus *Bathropyramis* Haeckel, 1881

（307）间裂梯锥虫 *Bathropyramis interrupta* Haeckel

（308）伍德口梯锥虫 *Bathropyramis* (*Acropyramis*) *woodringi* Campbell et Clark

（309）梯锥虫（未定种）*Bathropyramis* sp.

格锥虫属 Genus *Cinclopyramis* Haeckel, 1881

（310）大格锥虫 *Cinclopyramis gigantea* Haecker

（311）格锥虫（未定种）*Cinclopyramis* sp.

石网虫属 Genus *Litharachnium* Haeckel, 1860

（312）帐篷石网虫? *Litharachnium tentorium* Haeckel？

筛笼虫科 Family Sethocyrtidae Haeckel, 1881

筛圆锥虫属 Genus *Sethoconus* Haeckel, 1881

（313）佐贞筛圆锥虫 *Sethoconus joergenseni* (Petrushevskaya)

（314）四孔筛圆锥虫 *Sethoconus quadriporus* (Bjørklund)

（315）板筛圆锥虫 *Sethoconus tabulata* (Ehrenberg)

（316）筛圆锥虫（未定种）*Sethoconus* sp.

角笼虫属 Genus *Ceratocyrtis* Bütschli, 1882

（317）扩角笼虫 *Ceratocyrtis amplus* (Popofsky)

（318）盔角笼虫 *Ceratocyrtis galeus* (Cleve)

（319）强壮角笼虫 *Ceratocyrtis robustus* Bjørklund

（320）思都角笼虫 *Ceratocyrtis stoermeri* Goll et Bjørklund

（321）角笼虫（未定种）*Ceratocyrtis* sp.

格头虫属 Genus *Dictyocephalus* Ehrenberg, 1860

（322）黎明格头虫 *Dictyocephalus* (*Dictyoprora*) *eos* Clark et Campbell

（323）乳格头虫 *Dictyocephalus papillosus* (Ehrenberg)

（324）格头虫（未定种 1）*Dictyocephalus* sp. 1

（325）格头虫（未定种 2）*Dictyocephalus* sp. 2

（326）格头虫（未定种 3）*Dictyocephalus* sp. 3

足篮虫科 Family Podocyrtidae Haeckel, 1887

翼盔虫属 Genus *Pterocorys* Haeckel, 1881

（327）铃翼盔虫 *Pterocorys campanula* Haeckel

神脚虫属 Genus *Theopodium* Haeckel, 1881

（328）神脚虫（未定种）*Theopodium* sp.

里曼虫属 Genus *Lipmanella* Loeblich et Tappan, 1961

（329）小角里曼虫 *Lipmanella dictyoceras* (Haeckel)

翼篮虫属 Genus *Pterocanium* Ehrenberg, 1847

（330）双角翼篮虫 *Pterocanium bicorne* Haeckel

（331）**短脚翼篮虫（新种）*Pterocanium brachypodium* sp. nov.**

（332）大孔翼篮虫 *Pterocanium grandiporus* Nigrini

（333）寇咯翼篮虫 *Pterocanium korotnevi* (Dogiel)

（334）长脚翼篮虫亚种 *Pterocanium praetextum praetextum* (Ehrenberg)

（335）三叶翼篮虫 *Pterocanium trilobum* (Haeckel)

（336）翼篮虫（未定种）*Pterocanium* sp.

假网杯虫属 Genus *Pseudodictyophimus* Petrushevskaya, 1971

（337）洁假网杯虫 *Pseudodictyophimus amundseni* Goll et Bjørklund

（338）假网杯虫?（未定种）*Pseudodictyophimus* sp.?

辫篓虫科 Family Phormocyrtidae Haeckel, 1887

神编虫属 Genus *Theophormis* Haeckel, 1881

（339）美毛神编虫 *Theophormis callipilium* Haeckel

圆蜂虫属 Genus *Cycladophora* Ehrenberg, 1847, emend. Lombari et Lazarus, 1988

（340）双角圆蜂虫 *Cycladophora bicornis* (Hays)

（341）乌塔角圆蜂虫 *Cycladophora cornuta* (Bailey)

（342）似角圆蜂虫 *Cycladophora cornutoides* (Petrushevskaya)

（343）宙圆蜂虫宙亚种 *Cycladophora cosma cosma* Lombari et Lazarus

（344）戴维斯圆蜂虫 *Cycladophora davisiana* Ehrenberg group

（345）壮圆蜂虫 *Cycladophora robusta* Lombari et Lazarus

窗袍虫属 Genus *Clathrocyclas* Haeckel, 1881, emend. Foreman, 1968

（346）缘窗袍虫 *Clathrocyclas craspedota* (Jørgensen)

（347）小窗袍虫 *Clathrocyclas lepta* Foreman

（348）单变窗袍虫筒亚种 *Clathrocyclas universa cylindrica* Clark et

Campbell

瘤窗袍虫属 Genus *Clathrocycloma* Haeckel, 1887

（349）贫瘤窗袍虫 *Clathrocycloma parcum* Foreman

丽篮虫属 Genus *Lamprocyrtis* Kling, 1973

（350）棍爪丽篮虫 *Lamprocyrtis gamphonycha* (Jørgensen)

神篓虫科 Family Theocyrtidae Haeckel, 1887, emend. Nigrini, 1967

盔冠虫属 Genus *Lophocorys* Haeckel, 1881

（351）盔冠虫（未定种）*Lophocorys* sp.

冈瓦纳虫属 Genus *Gondwanaria* Petrushevskaya, 1975

（352）多吉冈瓦纳虫 *Gondwanaria dogieli* (Petrushevskaya)

三居虫属 Genus *Tricolocampe* Haeckel, 1881

（353）筒三居虫 *Tricolocampe cylindrica* Haeckel

毛虫科 Family Podocampidae Haeckel, 1887

节帽虫属 Genus *Stichopilium* Haeckel, 1881

（354）高节帽虫？*Stichopilium anocor* Renz？

（355）斜节帽虫 *Stichopilium obliquum* Tan et Su

（356）苍节帽虫 *Stichopilium phthinados* Tan et Chen

（357）节帽虫（未定种1）*Stichopilium* sp. 1

（358）节帽虫（未定种2）*Stichopilium* sp. 2

多节虫属 Genus *Stichocampe* Haeckel, 1881

（359）锯多节虫 *Stichocampe bironec* Renz

篮袋虫属 Genus *Cyrtopera* Haeckel, 1881

（360）小壶篮袋虫 *Cyrtopera laguncula* Haeckel

石毛虫科 Family Lithocampidae Haeckel, 1887

石螺旋虫属 Genus *Lithostrobus* Bütschli, 1882

（361）串笼石螺旋虫 *Lithostrobus botryocyrtis* Haeckel

（362）卡斯匹石螺旋虫 *Lithostrobus cuspidatus* (Bailey)

（363）串石螺旋虫 *Lithostrobus lithobotrys* Haeckel

网帽虫属 Genus *Dictyomitra* Zittel, 1876

（364）丽高网帽虫？*Dictyomitra caltanisettae* Dreyer？

（365）费民网帽虫 *Dictyomitra ferminensis* Campbell et Clark

（366）网帽虫（未定种）*Dictyomitra* sp.

列盔虫属 Genus *Stichocorys* Haeckel, 1881

（367）明山列盔虫 *Stichocorys delmontensis* Campbell et Clark

（368）排串列盔虫 *Stichocorys seriata* (Jørgensen)

（369）列盔虫（未定种1）*Stichocorys* sp. 1

（370）列盔虫（未定种2）*Stichocorys* sp. 2

（371）列盔虫（未定种3）*Stichocorys* sp. 3

（372）列盔虫（未定种 4）*Stichocorys* sp. 4

窄旋虫属 Genus *Artostrobus* Haeckel, 1887

（373）环窄旋虫 *Artostrobus annulatus* (Bailey)

细篮虫属 Genus *Eucyrtidium* Ehrenberg, 1847, emend. Nigrini, 1967

（374）环节细篮虫 *Eucyrtidium annulatum* (Popofsky)

（375）丽转细篮虫 *Eucyrtidium calvertense* Martin

（376）克里特细篮虫 *Eucyrtidium creticum* Ehrenberg

（377）六列细篮虫 *Eucyrtidium hexastichum* (Haeckel)

（378）北杆细篮虫 *Eucyrtidium hyperboreum* Bailey

（379）玛图雅细篮虫 *Eucyrtidium matuyamai* Hays

（380）托伊舍细篮虫 *Eucyrtidium teuscheri* Haeckel

（381）细篮虫（未定种）*Eucyrtidium* sp.

石帽虫属 Genus *Lithomitra* Butschli, 1881

（382）线石帽虫 *Lithomitra lineata* (Ehrenberg)

管毛虫属 Genus *Siphocampe* Haeckel, 1881

（383）蛛管毛虫 *Siphocampe arachnea* (Ehrenberg)

（384）烟囱管毛虫 *Siphocampe caminosa* Haeckel

（385）筐管毛虫 *Siphocampe corbula* (Harting)

（386）蠋管毛虫 *Siphocampe erucosa* Heackel

（387）管毛虫（未定种）*Siphocampe* sp.

石毛虫属 Genus *Lithocampe* Ehrenberg, 1838

（388）莫德石毛虫长亚种？*Lithocampe* (*Lithocampium*) *modeloensis longa* Campbell et Clark?

（389）八宿石毛虫 *Lithocampe octocola* Haeckel

（390）石毛虫（未定种）*Lithocampe* sp.

旋篮虫属 Genus *Spirocyrtis* Haeckel, 1881

（391）梯盘旋篮虫 *Spirocyrtis scalaris* Haeckel

管葡萄虫科 Family Cannobotryidae Haeckel, 1881, emend. Riedel, 1967

囊篮虫属 Genus *Saccospyris* Haecker, 1908, emend. Petrushevskaya, 1965

（392）南极囊篮虫 *Saccospyris antarctica* Haecker

吊葡萄虫属 Genus *Artobotrys* Petrushevskaya, 1971

（393）北方吊葡萄虫 *Artobotrys borealis* (Cleve)

陀螺虫科 Family Artostrobiidae Riedel, 1967, emend. Foreman, 1973

陀螺虫属 Genus *Artostrobium* Haeckel, 1887

（394）耳陀螺虫 *Artostrobium auritum* (Ehrenberg) group

旋葡萄虫属 Genus *Botryostrobus* Haeckel, 1887

（395）阿吉旋葡萄虫 *Botryostrobus aquilonaris* (Bailey)

（396）布拉旋葡萄虫 *Botryostrobus bramlettei* (Campbell et Clark)

筐列虫属 Genus *Phormostichoartus* Campbell, 1951, emend. Nigrini, 1977

（397）匹形筐列虫 *Phormostichoartus pitomorphus* Caulet

第三节　分类系统及种类描述

泡沫虫目 Order SPUMELLARIA Ehrenberg, 1875

骨骼通常呈球形或球的变形，如椭球、圆盘、透镜、螺旋等。许多种类具有几个同心球，外壳称为皮壳，内壳常称为髓壳。

针虫亚目 Suborder BELOIDEA Haeckel, 1887

具一个不完整的骨骼，由一些实心的针状体或骨针组成，不规则散布于囊外原生质中。

海球虫科 Family Thalassosphaeridae Haeckel, 1862

实心骨针围绕中央囊相连形成一个骨架。

海黄虫属 Genus *Thalassoxanthium* Haeckel, 1881

无蜂窝状，由一些分叉或组合的骨针构成。

（1）鹿角海黄虫 *Thalassoxanthium cervicorne* Haeckel

（图版 1，图 1，2）

Thalassoxanthium cervicorne Haeckel, 1887, p. 33, pl. 2, figs. 3, 4.

所有骨针三分叉为 3 个相等的杆，从一点到末端又三分叉出小枝，相互连接并再分叉而组成；这些小枝较细，大小不等，弯曲形成近鹿角状；中央囊透明，无油泡，大小为暗细胞核的 2-3 倍，原生质层较薄。壳体较脆弱，易破碎。

标本测量：中央囊直径 200-250 μm，壳直径（约）340-430 μm，骨针长 50-150 μm。

地理分布　太平洋中部表层，白令海。

球虫亚目 Suborder SPHAEROIDEA Haeckel, 1887

具球形中央囊，壳为硅质的格孔状或海绵状球体，由三个轴向均等生长。

光滑球虫科 Family Liosphaeridae Haeckel, 1887, emend.

球形壳，单体生活，一般表面光滑，也包含一些具棘刺或不规则骨针的类型。

空球虫属 Genus *Cenosphaera* Ehrenberg, 1854

具单一的格孔状球壳，有简单的壳孔和壳腔（无延长游离小管和内放射桁）。我们观察到此类群的一些标本壳内存在较为细弱的中心网状结构。

Haeckel（1887）认为该属是所有球形类中最为简单而古老的类群，既无外伸管，也无内放射桁，与 *Collosphaera* 的主要区别还在于后者的壳体形态有时呈不规则状，并根据 *Cenosphaera* 的壁孔类型将该属分为 4 个亚属。显然，这是包含种类较为广泛的一个类群。

（2）南极空球虫 *Cenosphaera (Cyrtidosphaera) antarctica* Nakaseko

（图版 1，图 3，4）

Cenosphaera (Cyrtidosphaera) antarctica Nakaseko, 1959, p. 5, pl. 1, figs. 3–6.

壳体很大，球形，壁中等厚度，表面粗糙；壳孔非常不规则，孔的大小与数量变化不定，圆形或亚圆形，一般较大，孔间桁稍粗，具细的多角形框架；壳表面刺状，刺短小，自孔间桁的节点上长出。

标本测量：壳直径 140–280 μm，孔径 5–35 μm，壁厚 4–8 μm。

地理分布 广泛分布于南极海区，白令海。

（3）锥形针空球虫（新种）*Cenosphaera cornospinula* sp. nov.

（图版 1，图 5–8）

单一格孔壳，圆球形，壳壁很厚，粗糙表面棘刺状；具类圆形或椭圆形孔，大小不等，亚规则或不规则排列，孔间桁较粗，孔径为孔间桁宽的 1–3 倍，横跨赤道有 11–13 孔；具明显的六角形、五角形或四角形框架，内孔较深，往外扩大；孔间桁在外侧形成棱脊状，在各个交汇节点处呈锥形凸起，并发育成具有三棱、四棱或五棱的角锥形骨针，骨针的基部较宽，末端缩尖。

标本测量：壳直径 175–183 μm，孔径 10–16 μm，骨针长 8–13 μm。

模式标本：BS-R1（图版 1，图 7，8）来自白令海的 IODP 323 航次 U1344A-6H-cc 样品中，保存在中国科学院南海海洋研究所。

地理分布 白令海。

该新种与 *Cenosphaera cristata* Haeckel（1887, p. 66）有些相似，主要区别是后者的多角形框架不很明显，放射骨针较细，针侧无棱角。

（4）花冠空球虫 *Cenosphaera coronata* Haeckel

（图版 1，图 9，10）

Cenosphaera coronata Haeckel, 1887, p. 67, pl. 26, fig. 11；Shilov, 1995, p. 107, pl. 1, figs. 5a, b.

壳壁厚，粗糙。孔不规则圆形，被较高的多角形框架所包围，在各孔间桁的中间脊尖上排列有一些小的刺状突起，使每一孔的周边形成一个刺冠环。孔为孔间桁宽的 4–5 倍，赤道半径上有 4–5 个孔。

标本测量：壳径 100–160 μm，孔径 10–30 μm，桁宽 2–8 μm。

地理分布 白令海，Haeckel（1887）记录该种标本取自中太平洋 Station 272，水深 4680 m（2600 英寻），Shilov（1995）则在位于北太平洋的 ODP Leg 145 岩心的晚渐新世—中中新世地层中找到该种的化石标本。

（5）花冠状空球虫 *Cenosphaera coronataformis* Shilov

（图版 1，图 11-14）

Cenosphaera coronataformis Shilov, 1995, p. 107, pl. 1, figs. 4a-c.

单一圆球壳，壁较厚，表面粗糙；孔呈类圆形，大小相近，亚规则排列，具多角形框架，横跨赤道约有 9-11 孔；在各孔间桁中间明显发育有一条高耸的脊线，似乎形成围绕壳体的边缘。

标本测量：壳直径 130-180 μm，内孔直径 8-13 μm（Shilov 的测量大孔 20-25 μm 和小孔 15-18 μm 均明显偏大）。

地理分布 北太平洋早中新世，白令海。

该种基本特征与 *Cenosphaera coronata* Haeckel 非常相似，主要区别是后者在各孔间桁的中间脊尖上排列有一些小的冠状刺或突起，而前者的中脊线清晰，两者的个体大小较相近。将它们合并为一个种似乎更加合理，Shilov（1995）的 *Cenosphaera coronata* Haeckel 标本照相均未能清晰呈现如 Haeckel（1887）手画的冠状刺特征，表明这些中间脊上的刺状突起不一定属可靠现象。

（6）冠空球虫 *Cenosphaera cristata* Haeckel

（图版 1，图 15，16；图版 2，图 1-5）

Cenosphaera cristata Haeckel, 1887, p. 66；Riedel, 1958, p. 223, pl. 1, figs. 1, 2；Petruchevskaya, 1967, p. 10-11, pl. 7, figs. 1, 2；1975, p. 567, pl. 1, figs. 3, 4, pl. 17, fig. 2；Nigrini and Moore, 1979, p. S41, pl. 4, figs. 2a, b；陈木宏、谭智源，1996，155 页，图版 1，图 7，图版 36，图 4。

壳呈球形，壁厚，表面粗糙。壁孔亚圆形，具多角形框架，大小不等，排列不规则，孔径约为孔间桁宽的 1-5 倍，横跨赤道有 8-12 孔。在孔间桁框架的各节点上有小凸起，或形成小棘刺。

标本测量：SIOAS-R103 壳直径 113-230 μm，孔直径 6-15 μm。

地理分布 南海中北部，北太平洋，白令海。Petruchevskaya（1975）报道该种在西南太平洋 DSDP Leg 29 的分布时代为中新世至今。

（7）表棘空球虫（新种）*Cenosphaera exspinosa* sp. nov.

（图版 2，图 6-10）

壳体较小，壁薄，孔为类圆形或不规则形，大小不等，分布无规律，横跨赤道有 10-14 孔；无双形的孔间桁框，但在每一个孔间桁的交叉节点处均有小圆锥形凸起，个别或少数在凸起的末端延伸成为细尖刺，使标本的侧缘呈现较为粗糙特征，而表面观则似乎为平滑；孔间桁与大部分孔同宽，近呈薄片状。

标本测量：壳直径 108-170 μm，孔径 4-16 μm，骨针长 4-10 μm。

模式标本：BS-R2（图版 2，图 9，10）来自白令海的 IODP 323 航次 U1339C-14H-cc 样品中，保存在中国科学院南海海洋研究所。

该新种与 *Cenosphaera cristata* Haeckel 较为相似，主要区别在于后者的个体一般较大，壳壁较厚，具多角形的孔间桁框。

（8）巢空球虫 *Cenosphaera favosa* Haeckel

（图版2，图11-13）

Cenosphaera favosa Haeckel, 1887, p. 62, pl. 12, fig. 10.
Cenosphaera favosa Schröder, 1909a, p. 6, fig. 1.
Cenosphaera favosa Bjørklund *et al.*, 1998, p. 131.

球形壳，壁稍厚，表面粗糙；壁孔圆形或亚圆形，规则或亚规则排列，具六角形框架，孔径为孔间桁宽的 2-3 倍，横跨赤道有 12-16 孔；在各个孔间桁节点上均有明显的角锥形棘凸或形成较短的放射骨针。

标本测量：壳直径 190-235 μm，孔径 9-16 μm，骨针长 10-15 μm。

地理分布　北大西洋，北极海区，白令海。

白令海标本的壁孔大小有些差异，排列规则不很明显，其他特征与 Haeckel（1887）的描述基本一致。

（9）狐空球虫 *Cenosphaera huzitai* Nakaseko

（图版2，图14，15）

Cenosphaera huzitai Nakaseko, 1964, p. 42, pl. 1, figs. 3a, b.

壳体很小，圆球形，壁厚，表面粗糙；壳孔圆形，规则排列，形状与大小不一，深陷入厚壁中，具细的六角框架，横跨赤道约有 12 孔；壳表布满小萼点状凸起显粗糙。

标本测量：壳径 75-125 μm，孔径 4-11 μm，桁宽 3-5 μm，壁厚 12 μm。

地理分布　南极海区，日本海沟，白令海。

（10）魔边空球虫 *Cenosphaera megachile* Clark et Campbell

（图版2，图16，17）

Cenosphaera megachile Clark et Campbell, 1945, p. 5, pl. 1, fig. 1；Petruchevskaya, 1975, p. 568, pl. 1, figs. 6-8.
Cenosphaera sp., Sanfilippo and Riedel, 1973, p. 490, pl. 4, fig. 4, pl. 23, fig. 6.

圆球形壳较小，壁厚，类似 Haliommidae 科的特征，表面有小骨刺。壁孔亚圆或圆形，排列规则，大小近等，两孔中心之间的距离为 8-15 μm。

标本测量：壳径 70-95 μm。

地理分布　该种在不同的地质年代曾出现于不同纬度带的海区，在不同的海区出现的年代有着明显的差异，推测为气候环境改变或洋流区域传播的结果。Clark 和 Campbell（1945）报道该种出现于加利福尼亚的始新世，Petruchevskaya（1975）则在位于南极海区的 DSDP Leg 29 岩心的渐新世—中新世地层找到。

（11）大洋空球虫 *Cenosphaera oceanica* Clark et Campbell

（图版3，图1，2）

Cenosphaera oceanica Clark et Campbell, 1945, p. 7, pl. 1, fig. 4.
Cenosphaera? *oceanica* Clark et Campbell group, Petrushevskaya, 1975, p. 571, pl. 1, figs. 12, 13, pl. 31, fig. 5.

Cenosphaera? *oceanica* Clark et Campbell, Lazarus and Pallant, 1989, p. 365, pl. 7, figs. 7, 8.
Cenosphaera? *oceanica* Clark et Campbell, Caulet, 1991, p. 537.
Ethmosphaera polysiphonia Haeckel, 谭智源、陈木宏, 1999, 125 页, 图版 1, 图 3, 4。

壳为空心圆球形, 一般个体较大, 壁稍厚, 有一些细的锥形凸点, 表面略显粗糙, 壳壁上布满较密集的类圆形或类椭圆形小孔, 孔较深, 排列不规则, 横跨赤道有 70-80 孔。壳体的边缘平滑, 无棘刺。

标本测量: 壳直径 200-500 μm, 一般 320-370 μm。

地理分布 南极海区, 北极海区, 南印度洋, 南海, 热带西太平洋, 白令海。

该种特征与 *Ethmosphaera polysiphonia* Haeckel（1887, p. 70, pl. 12, fig. 6）较相似, 主要区别在于后者的壁孔形成锥形小管, 排列整齐, 且个体偏小。该种在不同海区的古海洋环境中（渐新世以来）个体大小差异较明显, 壁孔的大小与数量也有变化, 但基本特征却较一致, 因此 Petrushevskaya（1975）曾将其归为一个种群。

（12）空球虫（未定种）*Cenosphaera* sp.

（图版 85, 图 25, 26）

壳圆球形, 个体较小, 壁稍厚, 孔类圆形或椭圆形, 大小不一, 排列不规则, 横跨赤道有 10-12 孔, 无明显的双型结构, 但孔间桁较宽, 为孔径的 1-3 倍, 且中部渐凸起, 形成较厚的壳壁, 外表还生出一些角锥状的骨针; 在壳内中心似有很小的不规则网（较模糊）, 网桁较细, 并有数根细桁与壳内壁相连。

标本测量: 壳直径 105 μm, 孔径 3-12 μm, 骨针长 8-20 μm。

地理分布 白令海。

果球虫属 Genus *Carposphaera* Haeckel, 1881

具一髓壳和一皮壳, 二者由贯穿中央囊的放射桁相连。两壳之间的间距大于髓壳半径。

（13）圆果球虫 *Carposphaera globosa* Clark et Campbell

（图版 3, 图 3, 4）

Carposphaera globosa Clark et Campbell, 1945, p. 9, pl. 1, figs. 6-8; 谭智源、宿星慧, 1982, 137 页, 图版 I, 图 3, 4; Blueford, 1988, p. 247, pl. 3, fig. 6; 谭智源、陈木宏, 1999, 125-126 页, 图 5-18。
Carposphaera buxiformis Clark et Campbell, 1942, p. 21, pl. 5, fig. 20.

皮壳球形, 壁较厚（约 10 μm）, 表面粗糙。壳孔类圆形, 大小几相等, 横跨赤道有 6-10 孔, 孔间桁高起构成六角形框架, 其节点上有短的萼片状刺。髓壳球形, 有亚六角形孔, 孔间桁较粗。皮壳与髓壳之间有 5-6 根三片柱状骨针。

标本测量: 皮壳径 130-210 μm, 内壳径 40-70 μm。

地理分布 东海大陆架, 加利福尼亚, 白令海。

（14）大孔果球虫 *Carposphaera (Melittosphaera) magnaporulosa* Clark et Campbell

（图版 3，图 5，6）

Carposphaera (Melittosphaera) magnaporulosa Clark et Campbell, 1942, p. 21, pl. 5, figs. 15, 17, 21, 23；Shilov, 1995, p. 124, pl. 2, figs. 4a, b.

　　壳球形，光滑。皮壳壁稍厚，横跨赤道有 8-10 孔，孔的大小不等，亚圆形，孔间桁较细，壳表光滑；髓壳直径约为皮壳直径的 0.44 倍，孔亚六角形，桁细，横跨球径有 6 孔；至少有 12 根粗放射桁连接髓壳与皮壳，成对排列。

　　标本测量：皮壳直径 89-100 μm，髓壳直径 30 μm，皮壳孔径 11-14 μm，髓壳孔径 5 μm，皮壳壁厚约 9 μm。

　　地理分布　北太平洋，加利福尼亚，白令海。

　　Clark 和 Campbell（1942）认为该种区别于其他种的主要特征是个体较小，孔径相对较大，非多角形，放射桁少而粗。我们的标本可见个别放射桁延伸至壳外成为短骨针。

（15）稀果球虫 *Carposphaera rara* Carnevale

（图版 3，图 7，8）

Carposphaera rara Carnevale, 1908, p. 8, Tav. I, fig. 4.

　　壳球形，表面略显粗糙，有些刺状突起。皮壳孔小，数量很多，横跨赤道有 16-20 个孔，大小近等，圆形，亚规则排列；髓壳为网格状多角形，由多根放射桁与皮壳相连，外延至壳表形成小骨针。

　　标本测量：皮壳直径 112-117 μm，髓壳直径 29 μm，孔径 6 μm。

　　地理分布　白令海。

（16）亚薄果球虫 *Carposphaera subbotinae* Borisenko

（图版 3，图 11，12）

Carposphaera subbotinae Borisenko, 1958, p. 85, pl. 5, figs. 5-7；Riedel and Sanfilippo, 1973, p. 490, pl. 4, fig. 3, pl. 23, figs. 4, 5；Abelmann, 1990, pl. 1, figs. 9A, 9B.

　　壳由两个格孔状球体组成，个体较大，壳表有棘刺。皮壳壁薄，孔为圆形或亚圆形，近等或大小不一，排列规则或不规则。髓壳较大，壁厚，圆形壁孔直径约为皮壳壁孔的 1/3。连接髓壳与皮壳的 30-40 根放射桁未伸出壳表以外。

　　标本测量：皮壳直径 180-252 μm，髓壳直径 105-180 μm，孔径皮壳 10-17 μm。

　　地理分布　俄罗斯库班地区的古新世，南极附近的大西洋毛德海隆的渐新世—中中新世，加勒比海的新生代，白令海。

　　Riedel 和 Sanfilippo（1973）认为该种的主要特征在于具有较大的髓壳，与 *Haliomma entactinia*（Ehrenberg, 1873, p. 235；1875, pl. 26, fig. 4）有些相似，难以区别。

（17）果球虫（未定种 1）*Carposphaera* sp. 1

（图版 3，图 9，10）

壳近亚球形，个体稍小，表面粗糙，有一些棘刺状突起。皮壳中等厚度，孔较少而稀疏，分布不规则，孔间桁粗条状；髓壳呈不规则多角形网格状，由一些粗桁条相互交接而成，形成若干疏松而排列不规则的类圆形或椭圆形的髓壳孔；在髓壳网格各节点上长出 16-20 根粗棒状的放射桁与皮壳连接，放射桁的基部较粗，中间略缩窄，末端靠近皮壳处变宽或分叉与皮壳的孔间桁融合；髓壳大小约为皮壳的 2/5；整个壳体全部孔间桁和放射桁的粗细很接近，皮壳的孔间桁似乎反而相对稍微细弱些。我们的标本皮壳破损不完整。

标本测量：皮壳直径 100-110 μm，髓壳直径 45-48 μm，皮壳孔径 10-18 μm，髓壳孔径 8-15 μm。

地理分布　白令海。

（18）果球虫（未定种 2）*Carposphaera* sp. 2

（图版 3，图 13，14）

壳圆球形，表面较平滑，有一些小棘凸；皮壳壁厚中等，孔类圆形，大小不等，亚规则排列，横跨赤道有 8-10 孔，孔径是孔间桁宽的 1-3 倍，孔间桁稍宽，单型，板片状；髓壳近五角形，呈网格状，大小约为皮壳的一半，有许多细放射桁与皮壳连接；壳表的小棘刺从一些孔缘或孔间桁生出，很短，角锥状。

标本测量：皮壳直径 96-113 μm，髓壳直径 46-48 μm，孔径 3-12 μm。

地理分布　白令海。

（19）果球虫（未定种 3）*Carposphaera* sp. 3

（图版 3，图 15，16）

壳近圆球形，表面光滑，无放射骨针或棘刺；皮壳壁稍厚，孔较大，类圆形或多角形，大小不等，不规则或亚规则分布，横跨赤道 8-10 孔，孔间桁很细，孔径为孔间桁宽的 4-6 倍；髓壳近球形，体小，直径约为皮壳的 1/3，髓壳壁较厚，壁孔小，类圆形，横跨赤道 5-6 孔，孔间桁较粗，构成一个非常紧密而坚实的壳体；从髓壳表长出 12-16 根柱状的放射桁与皮壳相连，放射桁较粗壮，在与两壳接触的基部加宽，不伸出皮壳之外。

标本测量：皮壳直径 134-142 μm，髓壳直径 40-48 μm，皮壳孔径 12-20 μm。

地理分布　白令海。

光滑球虫属　Genus *Liosphaera* Haeckel, 1881

具两皮壳；两壳大小相近，壳间距小于内壳半径。

（20）六角光滑球虫 *Liosphaera hexagonia* Haeckel

（图版 4，图 1-3）

Liosphaera hexagonia Haeckel, 1887, p. 76, pl. 20, fig. 3；谭智源、陈木宏，1999，126 页，图 5-19。

Liosphaera (*Craspedomma*) *antarctica* Nakaseko, 1959, p. 4, pl. 1, figs. 1a–c, 2a–c.

　　外壳与内壳的大小较接近，两壳的孔数近相等，横跨赤道约 20 孔，为规则或亚规则的六角形，外壳孔径约为内壳孔径的两倍；外壳的孔间桁很细，似线状，外壳壁很薄，有时发育不完整或消失；内壳孔间桁较粗，约为孔径的 3/1，内壳壁较厚；两壳之间由许多放射细桁相连，一般不伸出壳表；表面光滑。

　　标本测量：外壳直径 93–160 μm，内壳直径 52–120 μm，两壳之间距离 15–20 μm，外壳孔径 14 μm，内壳孔径 7 μm。

　　地理分布　南海，中太平洋，南极附近海域，白令海。

　　我们白令海的标本特征与 Haeckel（1887）的种类特征完全相同。而谭智源和陈木宏（1999，126 页，图 5-19）描述的标本特征显示内壳相对较小、外壳壁较厚且壳表具棘刺等，可能不属该种。

（21）光滑球虫（未定种）*Liosphaera* sp.

（图版 4，图 4-6）

　　具两个圆球形皮壳，两壳的间距很小，壳壁较厚，表面光滑无刺；内壳格孔状，壁厚中等，孔呈亚圆形或椭圆形，大小不等，亚规则排列，孔径为孔间桁宽的 2-4 倍，横跨赤道有 5-6 孔，在各孔间桁的节点上长出放射桁与外壳连接；外壳结构较为特殊，其底部的壳壁为平滑的板状，壁孔较小，类圆形，大小相近，不规则分布，在外壳的表面还发育有一些隆起的高低不甚平整的棱脊，这些脊条相互交接构成若干大小相近、排列较规则的多角形围圈，在每一个圈内可见外壳底部上的 5-7 个小壁孔，横跨赤道约有 5-6 个围圈。

　　标本测量：外壳直径（含围圈）133 μm，壁孔径 4-7 μm；内壳直径 88 μm，内壳孔径 8-20 μm；两壳间距 10 μm。

　　地理分布　白令海。

　　该未定种因具两个皮壳而归入 *Liosphaera* 属，但其外壳具有特殊的双型结构（较宽孔间桁的平板基底叠加上外围的薄片隆脊构成的多个围圈），与该属其他种的基本特征有明显区别，似乎应该归属另外的一个新属类型。由于仅见一个标本，目前暂定为未定种。

荚球虫属 Genus *Thecosphaera* Haeckel, 1881

　　具两髓壳与一皮壳。

（22）尖纹荚球虫 *Thecosphaera akitaensis* Nakaseko

（图版 4，图 7-10）

Thecosphaera akitaensis Nakaseko, 1971, p. 63, pl. 1, figs. 4a, b; Ling, 1975, p. 717, pl. 1, figs. 7, 8; Sakai, 1980, p. 704, pl. 2, figs. 6a, b.

　　壳体大，圆球形，壁很厚，表面粗糙，三个同心球直径之比为 0.15:0.31:1。外壳孔较大，规则排列，形状与大小有些不同，横跨赤道有 10-12 孔，具六角形框架，在每一节点上有突起；外髓壳壁薄，表面光滑，赤道上约 10 孔，大小一致；内髓壳的赤道上约

4 孔；六根放射桁较粗，棱柱状，连接着三个球壳。

标本测量：皮壳直径 138-160 μm，外髓壳直径 46-50 μm，内髓壳直径 22-25 μm，皮壳孔径 12-17 μm，壁厚 20 μm。

地理分布　广泛分布于日本海，西北太平洋亚北极海区，白令海。

该种区别于该属其他种类的主要特征是相对的壁厚、孔少、放射桁粗。

（23）内方荚球虫（新种）*Thecosphaera entocuba* sp. nov.

（图版 4，图 11-14）

壳呈圆球形，由一个皮壳和两个髓壳组成，三壳大小之比约为 1:3:7；皮壳壁稍薄，表面在孔径桁各节点处有很小的棘凸，壁孔类圆形，大小相近，亚规则排列，横跨赤道有 9-11 孔，孔径是孔间桁宽的 2-3 倍；外髓壳明显呈立方形或菱形，壁孔多角形，大小不等，不规则排列，孔间桁很细，在各顶角处向外共生出约 8 根放射桁与皮壳连接，在各平面的中间又另有共 8 根向内的放射桁与内髓壳连接；内髓壳为网格状，多角形或类球形，很小；连接两髓壳间的放射桁不延伸至皮壳，连接皮壳的放射桁不外延形成放射骨针，壳表无棘刺。

标本测量：皮壳直径 98-108 μm，外髓壳直径 39-45 μm，内髓壳直径 10-14 μm，皮壳孔径 5-10 μm。

模式标本：BS-R3（图版 4，图 13，14）来自白令海的 IODP 323 航次 U1344A-13H-cc 样品中，保存在中国科学院南海海洋研究所。

地理分布　挪威海，白令海。

该新种特征与 *Actinomma henningsmoeni* Goll et Bjørklund（1989, p. 728, pl. 2, figs. 10-15）较接近，均具二髓壳和一皮壳，个体较小，壳表无放射骨针，主要区别是后者的皮壳壁较厚，髓壳呈圆球形。*Actinomma* 属的壳表应具有放射骨针。

（24）格里可荚球虫 *Thecosphaera grecoi* Vinassa de Regny

（图版 4，图 15-18）

Thecosphaera grecoi Vinassa de Regny, 1900, p. 568, pl. 1, fig. 8；Riedel *et al.*, 1974, p. 707, pl. 56, fig. 3, pl. 62, figs. 2-4；陈木宏、谭智源，1996，156 页，图版 1，图 8，9。

Thecosphaera leptococcos Carnevale, 1908, p. 9, pl. 1, fig. 10.

皮壳中等厚度或壁薄，稍粗糙，具亚规则排列的圆孔；孔间桁有微凸起的六角形框架。外髓壳大小约为皮壳的 1/3，具六角形网孔，内髓壳大小约为外髓壳的 1/2。8-12 根瘦细的放射桁自髓壳生出与皮壳内壁相连。

标本测量：SIOAS-R105 皮壳直径 92-122 μm，外髓壳直径 33-52 μm，内髓壳直径 14-25 μm，皮壳孔直径 5-8 μm。

地理分布　南海中北部，东海西部，地中海的西西里岛。

（25）日本荚球虫 *Thecosphaera japonica* Nakaseko

（图版 4，图 19，20；图版 85，图 10，11）

Thecosphaera japonica Nakaseko, 1971, p. 61, pl. 1, figs. 3a, b; Sakai, 1980, p. 704, pl. 2, figs. 5a, b; Motoyama, 1996, p. 252, pl. 2, figs. 3a, b.

球形壳，表面粗糙；皮壳壁稍厚，横跨赤道约 16 孔，孔径很小，圆形，形状与大小近等，规则排列，深陷于厚壁中，具六角形框架；外髓壳很小，约为皮壳的 1/4，壁孔小，圆形，连接桁较粗；内髓壳径仅约为外髓的 1/2，具亚六角形小孔，连接桁很细；三个同心球壳由棒状的放射桁所连接和支撑。

标本测量：皮壳直径 130-160 μm，外髓壳直径约 40 μm，内髓壳直径 15-20 μm。

地理分布 较多出现于日本地区的晚中新世地层中，西北太平洋亚北极海区，白令海。

该种与 *Thecosphaera miocenica* 的主要区别在于壳表更为粗糙，壁孔更小。

（26）桑氏荚球虫 *Thecosphaera sanfilippoae* Blueford

（图版 5，图 1-4）

Thecosphaera sanfilippoae Blueford, 1982, p. 198, 199, pl. 5, figs. 5, 6.

@@两个髓壳一个皮壳，三壳大小之比约为 1:3:9-10；皮壳圆球形，壁厚中等或稍薄，表面粗糙，在各节点有小棘凸，基本无刺，壁孔近圆形，大小相似，排列规则或亚规则，横跨赤道有 9-14 孔，具六角形或多角形框架；外髓壳格孔状，壁稍厚，孔圆形，较小，大小相等，有 16-20 根放射桁与皮壳相连；内髓壳较小，圆球形或不规则形，格孔或网格状，孔少，常模糊不清；在壳体表面常见个别放射桁穿过皮壳形成较短的骨针。

标本测量：皮壳直径 90-122 μm，外髓壳直径 24-44 μm，内髓壳直径 12-17 μm，皮壳孔径 5-12 μm。

地理分布 赤道太平洋，白令海。

该种特征与 *Actinomma brevispiculum* Popofsky 有些相似，但后者的壳表有些凹凸状，皮壳壁很薄，孔多，孔间桁较细，表面光滑。

（27）兹特荚球虫 *Thecosphaera zittelii* Dreyer

（图版 5，图 5-8）

Thecosphaera zittelii Dreyer, 1890, p. 477, Taf. XVI, Fig. 5.

个体稍大，壳表略显粗糙。三个同心球壳的大小比例约为 1:2:8，有一些细放射桁相互连接；内髓壳隐约可见，壁薄，壁孔多角形；外髓壳较清晰，表面平滑，壁厚中等，壁孔圆形，大小相同，均匀分布；皮壳壁厚，表面略粗糙，壁孔不规则圆形，大小不等，排列不规则，孔径约为桁宽的 3 倍，多角形框架的节点上有突起，使壳表呈小波浪状起伏。

标本测量：皮壳直径 148-162 μm，外髓壳径 50-55 μm，内髓壳径 18-20 μm，皮壳孔径 8-16 μm，外髓壳孔径约 3 μm。

地理分布 白令海。

（28）荚球虫（未定种）*Thecosphaera* sp.

（图版 5，图 9）

Rhodosphaera sp.，陈木宏、谭智源，1996，156 页，图版 1，图 12、13。

壳呈球形，具一个皮壳和两个髓壳，三壳之比为 1:3:5；皮壳壁孔较大，亚圆形，具六角形框架，大小近等，排列较规则，孔径为孔间桁宽的 3-4 倍，横跨赤道有 5-7 孔；外髓壳壁孔稍小，亚圆形，较规则，孔径为孔间桁宽的 4 倍，横跨赤道有 4-6 孔；内髓壳壁孔小；在外皮壳孔间桁的节点上有一些小突起或形成小刺，可见极个别随机分布的圆锥形放射骨针（2-3 根）。

标本测量：皮壳直径 104-125 μm，外髓壳直径 62-75 μm，内髓壳直径 22-33 μm，外皮壳孔直径 14-17 μm。

地理分布 南海中、北部，白令海。

该种与同类的其他种主要区别是皮壳壁薄，孔大而少，具六角形框架，排列规则。

玫瑰球虫属 Genus *Rhodosphaera* Haeckel, 1882

具一髓壳和两皮壳。

（29）适玫瑰球虫 *Rhodosphaera idonea* Rüst

（图版 5，图 10、11）

Rhodosphaera idonea Rüst, 1892, S. 137, Taf. VII, Fig. 9.

圆球形的双皮壳均壁薄，表面光滑，壁孔小而多；外皮壳略大于内皮壳，由许多细放射桁相连，外皮壳的孔间桁较细，壳壁显薄；内皮壳的孔间桁稍粗，壳壁坚固；髓壳较小，由数根较粗的放射桁与皮壳连接（我们的标本个体略显小）。

标本测量：外皮壳直径 100-194 μm，内皮壳直径 75-147 μm，髓壳直径 46 μm（据 Rüst, 1892）。

地理分布 白令海。

（30）玫瑰球虫（未定种 1）*Rhodosphaera* sp. 1

（图版 5，图 12、13）

三个格孔状球壳的大小比例约为 1:3:4.5；外皮壳壁很厚，圆形孔较大，排列规则，横跨赤道有 6-7 孔，具明显突起的六角形框架，在孔间桁交汇处呈丘状凸起，顶端圆弧形，壳表光滑无刺，外皮壳内壁与内皮壳之间的空隙很小；内皮壳壁中等厚度，有许多不规则分布的类圆形小孔，孔间桁较宽；髓壳较小，与内皮壳之间的空隙较大，但由于两个较厚皮壳的视线阻挡，髓壳的壳壁结构等特征均难以辨认，在内髓壳里基本呈昏暗区域。

标本测量：外皮壳直径 115 μm，内皮壳直径 75 μm，髓壳直径 24 μm。

地理分布 白令海。

（31）玫瑰球虫（未定种 2）*Rhodosphaera* sp. 2

（图版 5，图 14，15）

　　三个格孔状球壳的大小比例约为 1:2:3；外皮壳表面粗糙，有许多棘刺状突起，壳壁中等厚度，类圆形孔较小、较多，大小不等，排列不规则，横跨赤道有 14-16 孔；内皮壳和髓壳的壁厚与外皮壳接近，三个壳体的形态与结构基本相似；放射桁较多、较粗，紧密连接着三壳，但不伸出壳表形成放射骨针。

　　标本测量：外皮壳直径 118 μm，内皮壳直径 72 μm，髓壳直径 35 μm。

　　地理分布　白令海。

编枝球虫属 Genus *Plegmosphaera* Haeckel, 1882

　　球壳呈海绵网状，中空，无髓壳。

（32）空球编枝球虫 *Plegmosphaera coelopila* Haeckel

（图版 5，图 16，17）

Plegmosphaera coelopila Haeckel, 1887, p. 88；Takahashi, 1991, p. 61, pl. 5, fig. 10.
Lithocarpium monikae Petrushevskaya, 1975, p. 572, pl. 4, fig. 8 (only).
Cenosphaera reticulata (Haeckel), Itaki, 2009, p. 44, pl. 4, figs. 1, 2.

　　单一球壳呈海绵网状结构，内腔空，表面略显粗糙；壳半径约为海绵壳壁厚度的 8-10 倍，内壁与外壁的网组织基本平整，网孔为不规则多角形，孔径是孔间桁宽的 4-5 倍，孔间桁较细；壳表无骨针或刺。

　　标本测量：壳外径 255-320 μm，内径 226-260 μm，壁厚 12-17 μm。

　　地理分布　北大西洋，南极海区，墨西哥湾流，日本海，白令海。

（33）内网编枝球虫 *Plegmosphaera entodictyon* Haeckel

（图版 6，图 1）

Plegmosphaera entodictyon Haeckel, 1887, p. 88；Hollande and Enjumet, 1960, p. 103, pl. 48, fig. 1；Boltovskoy and Riedel, 1980, p. 106, pl. 1, fig. 13；Takahashi, 1991, p. 62, pl. 6, figs. 8, 10, 11.
Styptosphaera spongiacea Haeckel, 1887, p. 87；Renz, 1974, p. 798, pl. 15, fig. 13；1976, p. 116, pl. 1, fig. 13；陈木宏、谭智源，1996，157 页，图版 2，图 2，5，6，图版 36，图 5。

　　壳圆球形，由疏松海绵状的编枝网组成，有一个空心的内腔，腔壁呈光滑格孔状，有较明显的边缘轮廓，其外部则由许多枝状的重复分支交叉连接构成松散组织，在沉积物中获取的标本往往缺失外围的枝体；如标本完整，内腔直径可接近海绵壁的厚度。

　　标本测量：完整壳直径 220-240 μm，内腔直径 80-150 μm。

　　地理分布　太平洋表层，西南大西洋，南海中北部，白令海。

（34）细编枝球虫 *Plegmosphaera leptoplegma* Haeckel

（图版 6，图 2，3）

Plegmosphaera leptoplegma Haeckel, 1887, p. 89；菅野利助，1937，56 页，图 4；谭智源、陈木宏，1999，128 页，图版 I，图 5，6。

球形壳腔半径约为壳壁厚度之半,壳壁全部结构呈海绵状,不构成密闭的格孔板;网孔大小为网桁宽的 10-20 倍。Haeckel 的原始描述仅提到壳腔半径约为壳壁厚度之半,我们标本实测结果相差较大,壳腔半径与壳壁厚之比一般可由 1:4.6 至 1:1.7,在南海的甚至变化更大,由此看来二者之比不是一个固定特征,可能与个体的不同发育阶段有关。

标本测量:壳径 300-390 μm,内腔径 200-260 μm。

地理分布 东海西部,南海,日本沿海,北大西洋,白令海。

(35)编枝球虫(未定种)*Plegmosphaera* sp.

(图版 6,图 4-6)

壳近圆球形,个体较大,内部是一个大空腔;壳壁稍厚,由类似海绵组织的松散网格桁无规律交汇而成,一些平面上的节点处无突起;网孔为多类不规则形,形状各异,大小差异较大,散乱分布,各孔内缘圆滑;孔间桁一般较壮实,粗细略有差异,在一些部位呈三维方向发育;表面粗糙,无放射骨针。

标本测量:壳直径约 250-400 μm。

地理分布 白令海。

胶球虫科 Family Collosphaeridae Müller, 1858

营群体生活,各个体由气泡状的胶状体相连,伪足连成网状。每个中央囊具清楚、略呈不规则状的骨骼壳。

胶球虫属 Genus *Collosphaera* Müller, 1855

壳简单,内外平滑,无任何骨针或小管。

(36)百孔胶球虫 *Collosphaera confossa* Takahashi

(图版 7,图 1,2)

Collosphaera confossa Takahashi, 1991, p. 56, pl. 2, figs. 4, 5; Okazaki *et al.*, 2005b, fig. 9-3.

单一格孔壳,壁薄,光滑,球形或稍有起伏状;壳孔较多,普遍较小,圆形或亚圆形,大小不等,各孔间隔板的宽度与平均孔径近等;横跨赤道约有 23 孔,其孔数是 *C. huxleyi* 的两倍。

标本测量:壳直径 125-225 μm。

地理分布 热带大西洋西部(15°21.1'N,51°28.5'W 的 5582 m 深捕获器中),白令海。

该种与 *C. huxleyi* 的主要区别是个体大小、孔数与孔径均变化较大。

(37)卵胶球虫 *Collosphaera elliptica* Chen et Tan

(图版 7,图 3-5)

Collosphaera elliptica Chen et Tan, 陈木宏、谭智源, 1989, 1 页, 图版 1, 图 1, 2; 谭智源、陈木宏, 1999, 132 页, 图 5-27。

壳呈卵形或椭球形，个体稍小，壳壁较薄，无管或刺；壳孔大小不一，呈椭圆形、类圆形或多角形，孔径一般为孔间桁宽的 1-3 倍，在椭球形壳长轴的一端常有一个大孔，形似壳的开口；孔间桁薄板状或较细窄；南海的标本横跨赤道（短轴）占 10-20 孔，白令海标本的壁孔较多且孔间桁较细。

标本测量：壳长轴 130-170 μm，短轴 102-130 μm，孔径 4-25 μm。

地理分布 南海中、北部，白令海。

（38）胶球虫 *Collosphaera huxleyi* Müller

（图版 7，图 6，7）

Collosphaera huxleyi Müller, 1855, S. 55-59, Taf. 8, Fig. 6-9；Haeckel, 1862, S. 534, Taf. 34, Fig. 1-11；1887, p. 96；Cienkowaki, 1871, S. 343, Taf. 29, Fig. 1-6；斯特列尔科夫等，1962，127，128 页，图 9；Takahashi, 1991, p. 56, pl. 2, figs. 8-11；陈木宏、谭智源，1996，157 页，图版 2，图 3，4，图版 36，图 6；谭智源、陈木宏，1999，130 页，图 5-23。

壳呈球形或亚球形，有时稍压扁，表面光滑，壳壁稍薄；壁孔类圆形，大小有差异，分布无规律，横跨赤道有 8-16 孔，孔径约为孔间桁宽的 2-5 倍；群体为球状或伸长为面条状。

标本测量：壳直径 100-175 μm，孔径 4-20 μm，孔间桁宽 3-6 μm。

地理分布 南海中、北部海区，Haeckel（1887）报道本种属世界性分布，常见于各大洋的热带或温暖海域表层水中，白令海。

（39）复卵胶球虫 *Collosphaera ovaiireialis* (Takahashi)

（图版 7，图 8，9）

Arachnocalpis? ovaiireialis Takahashi, 1991, p. 136, pl. 46, figs. 12-14.

壳呈卵形格孔状，或为两端略呈不对称的椭球形，空心，在长轴一端有一开口；壳壁很薄，由一些细桁无规律发育、相互交接的网状孔间桁所构成，孔间桁可分为两类，主桁相对较粗、较长，形成整个壳体基本框架与形态，次级桁较细而短，发育在各主桁之内，连接着主桁并互相不规律地交联；壁孔为不规则多角形，大小不等，差异较大，孔径是孔间桁宽的数倍以上；壳的表面较为平滑，在一些孔间桁的交接处有少量小突起，壳腔内无任何附属物。该类标本较脆弱，我们的标本有部分破损。

标本测量：壳长轴 170-290 μm，短轴 105-205 μm，主桁宽 5-6 μm，次桁宽 2-3 μm。

地理分布 热带东太平洋，白令海。

（40）胶球虫（未定种 1）*Collosphaera* sp. 1

（图版 7，图 10，11）

Cyrtidosphaera reticulata Haeckel, Matsuzaki *et al.*, 2014, pl. 1, fig. 10.

壳圆球形，壁薄，表面平滑无刺；壁孔细小，以类圆形为主，还混杂一些不规则形状的孔，各孔边缘圆滑，无棱角；孔的大小略呈不等，总体上稍显均匀，排列不规则，孔间桁较细，孔径为孔间桁的 1-4 倍；横跨赤道有 30-40 孔。

标本测量：壳直径 215 μm，孔径 5-12 μm。

地理分布　白令海，西北太平洋。

该未定种特征与 *Cyrtidosphaera reticulata* Haeckel 较接近，它们之间的区别主要在于后者的壳壁非常薄，各孔间桁呈近等宽的细条，组成蛛网状的大小差异 4-5 倍的多角形壁孔，结构细弱，横跨赤道仅 15-20 孔，孔数相对较少。此外，Haeckel 早期发现地中海的 *Cyrtidosphaera reticulata* Haeckel 标本（Haeckel, 1862, p. 349, Taf. xi, fig. 2），但后来将该种归为 *Cenosphaera reticulata* Haeckel（Haeckel, 1887, p. 66），因此 *Cyrtidosphaera* 实际上是一个无效属，早已不被使用。白令海的标本壳体特征与 Matsuzaki 等（2014, pl. 1, fig. 10）描述的标本较为相似。

（41）胶球虫（未定种 2）*Collosphaera* sp. 2

（图版 7，图 12）

壳圆球形，壁薄；表面平滑无刺，壁孔为不规则形或多角形，大小不同，各孔径之间的差别可达 5-6 倍，排列很无规律；孔间桁较细弱，个别大的孔径是孔间桁宽的 5 倍以上；横跨赤道有 20-30 孔。

标本测量：壳直径 146-198 μm，孔径 4-22 μm。

地理分布　白令海。

（42）胶球虫（未定种 3）*Collosphaera* sp. 3

（图版 85，图 12，13）

个体很小，壳圆球形，壁较厚，表面平滑；壁孔类圆形或椭圆形，孔深，大小不同，数量较少，不规则地散布在壳壁上，横跨赤道有 7-9 孔，孔间桁较宽，呈厚片板状，在各孔之间的壁面上有一些很细的小疣凸。

标本测量：壳径 63-100 μm，壁厚 5-7 μm，孔径 3-10 μm。

地理分布　白令海。

尖球虫属 Genus *Acrosphaera* Haeckel, 1882

球壳简单，表面具放射状不规则分布的骨针。

（43）蛛网尖球虫（新种）*Acrosphaera arachnodictyna* sp. nov.

（图版 7，图 13-15；图版 8，图 1-4）

壳呈球形或亚球形，外形轮廓略显不规则，有时为近椭球形；表面略显光滑，壁薄；壁孔的大小与形状差异较大，大孔为不规则三角形、四边形或多角形，各不相同，小孔稀疏散布于大孔之间，最大孔径为最小孔径的 8-10 倍；孔间桁较窄，呈条板状，相互交织呈不规则蛛网状；壳表面有少量放射刺，呈细角锥状或细棒状，较短，稀疏地分布于多个孔相邻的汇聚区上。

标本测量：壳直径 215-235 μm，最大孔径 32 μm，针长 5-15 μm。

模式标本：BS-R4（图版 8，图 3，4）来自白令海的 IODP 323 航次 U1342D-1H-cc 样品中，保存在中国科学院南海海洋研究所。

地理分布 白令海。

该新种与 *Acrosphaera hirsuta* Perner 较相似，主要区别在于后者的壳体呈规则圆球形，且壳表放射针较多，壁孔多为类圆形，表刺呈三角形板片状。

（44）阿克尖球虫 *Acrosphaera arktios* (Nigrini)

（图版 8，图 5-9）

Polysolenia arktios Nigrini, 1970, p. 166, pl. 1, figs. 4, 5；Ling *et al.*, 1971, p. 710, pl. 1, fig. 1；Nigrini and Moore, 1979, S11-12, pl. 2, fig. 1.
Acrosphaera arktios (Nigrini)

壳光滑，球形；孔亚圆形或不规则形，大小不等，不规则排列；壳表有许多刺，多数自孔缘生出，刺长可达壳径的 1/3，有的刺分叉状，或两根以上的刺从同一孔长成后在末端汇聚，可成针形，或为平直突起。个别标本可见一额外的皮壳。

标本测量：壳径 103-238 μm，最大刺长 48 μm。

地理分布 北太平洋亚北极海区，白令海。

（45）丘尖球虫 *Acrosphaera collina* Haeckel

（图版 8，图 10；图版 9，图 1，2）

Acrosphaera collina Haeckel, 1887, p. 101, pl. 8, fig. 2；Brandt, 1905, p. 334, 335, pl. 9, figs. 14, 15, pl. 10, figs. 32, 33；陈木宏、谭智源，1996，159 页，图版 3，图 1，2；谭智源、陈木宏，1999，135 页，图 5-34。
Solenosphaera collina (Haeckel), Hilmers, 1906, p. 41-44；Popofsky, 1917, p. 250, pl. 14, fig. 3, text-fig. 10；Strelkov and Reshetnyak, 1971, p. 362, pl. 8, fig. 52.
Disolenia collina (Haeckel), Takahashi, 1991, p. 57, pl. 3, figs. 1, 5-7.

壳呈亚球形、不规则多面体或类椭球形，表面有 8-16 个或更多的丘状突起，这些突起的高度与宽度近等，丘顶有一开孔，孔缘具一刚毛状骨针，骨针斜生，其长度不超过孔口直径，整个壳壁布满大小不同、排列不规则的类圆形或多角形壁孔，孔间桁宽窄不一，横跨赤道有 15-30 孔。

标本测量：壳直径 150-210 μm，孔直径 3-17 μm。

地理分布 南海中、北部，东海，热带太平洋，新几内亚北岸表层，白令海。

（46）松尖球虫 *Acrosphaera hirsuta* Perner

（图版 9，图 3-5）

Acrosphaera hirsuta Perner, 1892, p. 263, pl. 1, fig. 8.

壳呈圆球形，壁厚中等，表面平滑；孔为类圆形或不规则多角形，大小不等，无规律分布，在一些大孔的部分边缘向外伸出短小、简单的板状三角刺。壳表无其他附属物。

标本测量：壳直径 185-200 μm[为我们标本的测量，未能查见到 Perner（1892）的完整原文及描述、测量]。

地理分布　白令海。

（47）胀尖球虫 *Acrosphaera inflata* Haeckel

（图版 9，图 6）

Acrosphaera inflata Haeckel, 1887, p. 101, pl. 5, fig. 7.

　　壳呈不规则多角球形，表面具 6-12 个不等的较大的丘状或角锥形凸起，每一个丘状锥凸的高度与基宽近等，基部膨胀，末端缩尖，凸起的顶端为一坚实的锥形放射针，整个丘状体上有 3-6 个较大的多角形网孔，在各丘状体之间的壳表孔相对较小，大小是孔间桁宽的 2-6 倍，孔间桁较细，横跨赤道有 10-15 孔。

　　标本测量：壳径 100-140 μm，大孔径 50 μm，小孔径 5 μm，针长 20-30 μm。

　　地理分布　北大西洋，白令海。

（48）刺尖球虫 *Acrosphaera spinosa* (Haeckel)

（图版 9，图 7，8）

Collosphaera spinosa Haeckel, 1862, S. 536, Taf. 34, Fig. 12-13.
Acrosphaera spinosa (Haeckel), Brandt, 1885, S. 263, Taf. 4, Fig. 33a-c；Haeckel, 1887, p. 100；Popofsky, 1917, S. 253, Abb. 14-16；Ling, 1972, p. 164, pl. 1, figs. 1, 2；谭智源、宿星慧，1982，139 页，图版 I，图 1-3；陈木宏、谭智源，1996，158 页，图版 2，图 14-16；图版 36，图 11，12；Boltovskoy, 1998, fig. 15.18.
Polysolenia spinosa (Haeckel), Nigrini, 1967, p. 14, pl. 1, fig. 1；Nigrini and Moore, 1979, pl. 2, fig. 5.

　　壳呈球形，壁薄，平滑，有许多不规则分布的类圆形孔；孔的大小不一，孔与孔之间或孔口边缘上生出方向无定的、基部隆起很高的骨针；骨针的基部有窗孔，一般为 2-4 孔。

　　标本测量：SIOAS-R115 壳直径 109-225 μm，孔直径 3-11 μm，骨针长 10-20 μm。

　　地理分布　南海中、北部海区，东海西部，太平洋，地中海，印度洋，白令海。

（49）尖球虫（未定种）*Acrosphaera* sp.

（图版 9，图 9；图版 10，图 1，2）

　　个体较大，壳呈肾形或椭圆形，肾形标本在中部缩小，且个体明显拉长；壳壁较薄，壁孔多为不规则多角形，大小不等，相间出现，排列无规律，分布稍均匀；孔间桁宽窄不一，呈薄板状；在各大孔的边缘一侧分别向外伸出各种不同形态的刺状物，呈细尖刺状、薄片状或不规则分叉状，刺长与孔径近等。

　　标本测量：壳长轴 300-350 μm，短轴 170-190 μm，刺长 12-18 μm。

　　地理分布　白令海。

　　该种与属内其他种类的主要区别在于具有明显的肾形、腰形或椭圆形的壳形，个体较大。该类标本在其他中、低纬度海区未曾出现。

管球虫属 Genus *Siphonosphaera* Müller, 1858

　　具一简单球壳，壳孔向外延伸成简单具硬壁的放射管，管口截平。

（50）貂管球虫 *Siphonosphaera martensi* Brandt

（图版 10，图 3，4）

Siphonosphaera martensi Brandt, 1905, S. 338, Taf. 9, Fig. 9；谭智源、宿星慧，1982，140 页，图版 2，图 10，11；陈木宏、
　　谭智源，1996，160 页，图版 3，图 10，11，14，15。
Siphonosphaera sp. A，Takahashi, 1991, p. 60, pl. 4, fig. 2.

　　壳呈圆球形，表面光滑，壁较厚，有许多不规则散布的近圆形或不规则形孔，孔的
大小不等，数量较少，横跨赤道有 6-10 个，孔缘向外生出小管（20-30 个），管较短（比
管径短），有的标本管长仅是孔径的 1/7，发育不完整仅呈部分凸起，在孔的周围略显凹
陷，故壳壁似较厚。

　　标本测量：SIOAS-R124，壳直径 125-150 μm，管直径 10-25 μm，管长 7.5 μm，小
孔直径 2-8 μm。

　　地理分布　　南海中、北部，东海西部，地中海，白令海。

（51）筒管球虫 *Siphonosphaera tubulosa* Müller

（图版 10，图 5，6）

Siphonosphaera tubulosa Müller, 1859, p. 59；1862, p. 532；Brandt, 1885, Pl. 7, fig. 33；Haeckel, 1887, p. 105, pl. 6, fig. 4.
Collosphaera tubulosa Müller, 1859, p. 59.

　　壳亚球形或球形，有点不规则；具少量（5-10 个）短圆筒状的外管，无规律地
分散在壳表上，各管之间的距离较大，为管长的 2-4 倍，管长与管宽近等，是壳体直
径的 1/5 或 1/6；横跨赤道上仅有 2-3 个管；整个壳壁为玻璃质，光滑无孔或有极少
量细孔。

　　标本测量：壳的直径为 120-150 μm，管的长和宽为 20-30 μm。

　　地理分布　　太平洋赤道区域的表层，白令海。

　　Haeckel（1887）的标本各管的长度较接近，形态一致。我们取自白令海的标本基本
结构特征与该种相同，但各个管的长度尺寸变化较大，长短不一，最长者可达壳径的 1/2，
或许为地理亚种的区别。

（52）管球虫（未定种 1）*Siphonosphaera* sp. 1

（图版 10，图 7，8）

　　壳呈圆球形，个体较大，表面粗糙，壁孔较多，大小不等，差异较大，呈多角形或
不规则形，分布不规则，较为杂乱，横跨赤道有 14-16 孔；在一些大孔的边缘常形成短
管外伸，有的管末端还见尖刺状凸出，小孔边缘的管很短或不明显。

　　标本测量：壳直径 230 μm，大孔径 12-17 μm，小孔径 2.5-5 μm。

　　地理分布　　白令海，热带东太平洋。

（53）管球虫（未定种 2）*Siphonosphaera* sp. 2

（图版 10，图 9，10）

　　壳亚球形或三角球形，个体较小，壁厚中等，表面略显粗糙；壁孔类圆形或类椭圆

形，大小不一，稀疏分布于板片状的壳表，各孔之间的距离均大于孔径；在孔壁的边缘向外延伸为较短的管壁，管长为管径的 1/3-1/2，末端截平或有的呈现小尖突。

标本测量：壳直径 80 μm，孔径 3-10 μm。

地理分布　白令海。

（54）管球虫（未定种 3）*Siphonosphaera* sp. 3

（图版 10，图 11，12）

壳呈圆球形，壁厚中等，表面粗糙；壁孔类圆形或卵形，大小相近，个别相对较大，散布于壳表，孔径小于孔间距，在各孔边缘的壳壁略向外凸，形成一些较短的管壁，管长为管径（孔径）的 1/3-1/2，或两者近等；在壳表上还不规则地分布有一些弯曲长条形的细脊，它们或穿行于各孔管之间或直接从孔中穿越，有些还相互连接，各脊条的凸起高度略大于管长。

标本测量：壳直径 108 μm，孔径 2-6 μm，管长 2-3 μm。

地理分布　白令海。

（55）管球虫（未定种 4）*Siphonosphaera* sp. 4

（图版 11，图 1，2）

壳呈圆球形，个体稍大，壁厚中等，表面稍微粗糙；壁孔较多，相互聚集，类圆形或椭圆形，大小不等，孔间桁较细，孔径大于孔间桁；各孔边缘的壳壁略向外突起，形成很短的管，一些管壁部位还进一步增粗并相互连接，在壳表形成脉状分布或区域圈闭的小隆脊，这些不规则延伸的隆脊遍布整个壳表。

标本测量：壳直径 170 μm，孔径 2-10 μm，脊高 3-7 μm。

地理分布　白令海。

该未定种特征与 *Siphonosphaera* sp. 3 有些相似，主要区别在于后者的个体较小，壁孔明显较少，后者虽有一些壳表隆脊，但较为细小，且相对零散分布。

格球虫属 *Clathrosphaera* Haeckel, 1882, emend.

球壳双重，外壳呈蛛网状附着在内壳的表面。

（56）表织格球虫 *Clathrosphaera circumtexta* Haeckel

（图版 11，图 3-6）

Clathrosphaera circumtexta Haeckel, 1887, p. 118, pl. 8, fig. 6；陈木宏、谭智源，1996，162 页，图版 4，图 3，4。

壳呈圆球形，表面粗糙，个体大小差异较大；内壳球形，具不规则圆形或多角形大孔，孔径大于或小于孔间桁，横跨赤道占 6-12 孔，各孔均发育成外伸的短的筒形空管，管长约等于管宽，在中部略收缩，管的外端口缘有很多分叉的细丝网连接，缠绕在开口之上和各管之间，组成一层很薄的蛛网状外壳；网孔呈不规则多角形，形状各异，大小悬殊；内壳与外壳半径之比是 5:6；白令海标本的个体较大，蛛网结构也较粗实。

标本测量：外壳直径 117-240 μm，内壳直径 88-180 μm，孔直径 12-26 μm。

地理分布　南海中、北部，北太平洋，白令海。

（57）格球虫（未定种）*Clathrosphaera* sp.

（图版 11，图 7，8）

壳圆球形，个体较小；壳孔为不规则圆形或亚椭圆形，大小不等，差异较大，排列不规则；孔间桁宽窄不一，有的很细，宽桁中常有小孔；部分内壳孔的边缘外延并继而形成外壳，外壳孔部分与内壳孔重叠，或形成新的不规则状孔；壳表面布满尖突或棱脊（由于壳体结构细小而复杂，难以清楚观察辨认）。

标本测量：壳直径 90-105 μm，较大孔径 15 μm。

地理分布　白令海。

六柱虫科 Family Hexastylidae Haeckel, 1881, emend. Petrushevskaya, 1975

初壳简单网格状（如呈现）位于中央囊内，皮壳为一球形格孔壳，表面有一些强壮的放射骨针。

矛球虫属　Genus *Lonchosphaera* Popofsky, 1908, emend. Dumitrica, 2014

壳内的放射桁常分叉，致延伸为外骨针数量增加，外部骨针数量不定（5-40 个）；皮壳的形状略有变化，孔不规则，赤道一面上有 10-20 孔，壳表有时可见小辅针。初壳为不规则多角形结构。分布于中新世（？）至今。Petrushevskaya（1975）指出难以辨认该属与 *Hexastylus* 和 *Centrolonche* 的区别。

（58）考勒矛球虫 *Lonchosphaera cauleti* Dumitrica

（图版 11，图 9-12）

Lonchosphaera cauleti Dumitrica, 2014, p. 65, figs. 1l-n, 2d, e, 3d-h.

皮壳圆球形，大小中等，壳壁稍厚，壁孔较小，圆形或卵形，大小不等，排列不规则，表面有一些较短的圆锥形放射骨针；髓壳为复合多角形，有一赤道环及附加弧，从髓壳的各交叉顶点生出一些细放射桁与皮壳连接，放射桁在壳壁内的近末端或有分叉。

标本测量：髓壳直径 27-30 μm，皮壳直径 85-118 μm，多数大于 100 μm。

地理分布　西南太平洋，秘鲁北部大陆架，白令海。

该种与 *Lonchosphaera spicata* Popofsky 的主要区别是后者的皮壳壁很薄，呈蛛网状，孔间桁很细，孔较大，为不规则多角形；与 *L. mariae* 的主要区别是后者的个体略小，髓壳结构较简单。

（59）多棘矛球虫（新种）*Lonchosphaera multispinota* sp. nov.

（图版 12，图 1，2）

Lonchosphaera sp. C, Petrushevskaya, 1975, pl. 17, figs. 11-15.

个体较大，皮壳近圆球形，壁厚，表面粗糙，略有起伏，壁孔呈类椭圆形或圆形，大小差异较大，排列很不规则，横跨赤道 10-16 孔，孔间桁宽窄不一，差异较大；髓壳为多角形或不规则形格架，桁条稍粗，其各顶点上生出一些较粗的放射桁与皮壳连接，放射桁末端常分叉形成与皮壳的多点接触，还在中间发育有一些侧分支，这些侧枝在皮壳内相互连接形成两壳之间的复杂枝网结构；放射桁穿过皮壳发育成 20-30 根圆锥形的主骨针，针长小于皮壳半径，在各孔间桁节点上有尖状凸起，形成许多较短的角锥形辅针，在孔间桁的其他中间部位也可见一些很短小的尖突或棘刺。

标本测量：皮壳直径 203-208 μm、孔径 10-30 μm，髓壳直径 50-68 μm，主骨针长 63-73 μm。

模式标本：BS-R5（图版 12，图 1，2），来自白令海的 IODP 323 航次 U1339B-13H-cc 样品中，保存在中国科学院南海海洋研究所。

地理分布 南极海区，白令海。

该新种与其他各种的主要区别是皮壳壁较厚，壳表的主骨针与辅针（棘刺）均很发育，表面粗糙。

（60）矛球虫（未定种 1）*Lonchosphaera* sp. 1

（图版 12，图 3-5）

皮壳近圆球形，壁薄，表面有些起伏，个体较小，壁孔亚圆形，大小不等，排列不规则，孔径为孔间桁的 1-4 倍，孔间桁稍窄，横跨赤道有 8-10 孔，在壳表的一些节点上有小突起；髓壳呈网状多角形，大小是皮壳的 1/5，髓壳的框桁较细，在各顶角处长出 10-12 根细放射桁与皮壳连接，并延伸至壳外形成较为短小的三角锥状放射骨针。

标本测量：皮壳直径 85-88 μm，髓壳直径 15-17 μm，孔径 5-17 μm，骨针长 7-13 μm。

地理分布 白令海。

该种特征与 *Lonchosphaera cauleti* Dumitrica 有些相似，主要区别是后者的个体稍大，表面圆滑，壳壁较厚，皮壳的壁孔小而多。

（61）矛球虫（未定种 2）*Lonchosphaera* sp. 2

（图版 12，图 6）

壳圆球形，壳壁稍厚，壁孔亚圆形或类圆形，大小不等，排列不规则，孔间桁有些凹凸不平，壁孔的边缘常见有小突起，使壳体边缘略显欠缺平滑；髓壳发育不明显，至少有 6 根排列方向不很确定的、较粗的放射桁在壳的中心交汇，形成特殊的"髓壳"结构，这些放射桁在接近皮壳处产生分叉，并连接到皮壳，其中的主放射桁在壳表形成约 6 根较粗壮的放射骨针，各分叉桁也分别在壳表形成一些短小的辅针，主针长略大于壳半径，末端削尖，呈三棱角锥状。

标本测量：壳直径 145 μm，主针长 77 μm。

地理分布 白令海。

与其他种的明显区别：个体稍大于其他种，皮壳壁中等厚度，壁孔不规则形，大小差异很大，排列非常不规则，壳外的放射骨针较长，接近壳体的半径，呈三棱角锥状。

三轴球虫科　Family Lubosphaeridae Haeckel, 1881, emend. Campbell, 1954

格孔壳简单或同心多层，6 根放射状主针位于两平面上，相交呈直角。

六矛虫属　Genus *Hexalonche* Haeckel, 1881

具 2 个同心格孔球壳和 6 根大小相等的简单骨针。

（62）芒六矛虫 *Hexalonche aristarchi* Haeckel

（图版 12，图 7，8）

Hexalonche aristarchi Haeckel, 1887, p. 185, pl. 22, fig. 3；Blueford, 1982, pl. 5, figs. 1, 2；谭智源、宿星慧，1982，143 页，图版 3，
图 11，12；陈木宏、谭智源，1996，166 页，图版 5，图 10，图版 38，图 8。

外皮壳中等厚度，表面平滑，大小为髓壳的 4 倍。壳孔不规则多角形，形状与大小各异，孔径为孔间桁宽的 2-6 倍，横跨壳赤道有 10-15 孔。髓壳孔为规则的六角形，孔间桁较瘦细，放射桁从髓壳向外伸出与皮壳相连，并穿出皮壳外成为 6 根三片棱角锥状骨针，骨针长相当于皮壳半径。

鉴定标本与 Haeckel（1887）的标本特征很相似，但我们的标本髓壳略大，可能是同种类不同个体发育期的差异。

标本测量：皮壳直径 95-108 μm，髓壳直径 38-40 μm，皮壳孔直径 6-14 μm，骨针长 50 μm。

地理分布　南海中、北部，东海大陆架，太平洋北部，白令海。

（63）秀丽六矛虫（新种）*Hexalonche calliona* sp. nov.

（图版 12，图 9，10）

皮壳壁较薄，表面光滑，壁孔圆形，较大，具六角形框架，排列规则，孔径约为孔间桁宽的 4 倍，横跨赤道有 7-8 孔；髓壳大小约为皮壳的 1/2，壁厚中等，具六角形孔，大小相近，亚规则排列，横跨赤道有 7-8 孔，孔径是孔间桁宽的 3 倍；6 根三棱柱状连接着髓壳与皮壳，伸出壳外形成 6 根较细的圆锥状放射骨针，骨针较短，长度小于髓壳直径。

标本测量：皮壳直径 90 μm，孔径 10 μm，髓壳直径 43 μm，针长 20-25 μm。

模式标本：BS-R6（图版 12，图 10），来自白令海的 IODP 323 航次 U1344A-6H-cc 样品中，保存在中国科学院南海海洋研究所。

地理分布　白令海。

该新种特征与 *Hexalonche aristarchi* Haeckel 较接近，主要区别在于后者的皮壳壁稍厚，孔的形状、大小与排列均不规则，且放射骨针呈三棱角锥状。

（64）小针六矛虫 *Hexalonche parvispina* Vinassa

（图版 12，图 11-13）

Hexalonche parvispina Vinassa, 1900, p. 569, pl. 1, fig. 9.

皮壳中等厚度，表面略显粗糙，大小是髓壳的 3 倍。壳孔亚圆形，具六角形框架，近规则或亚规则排列，大小近等，孔径为孔间桁宽的 2-4 倍，横跨壳体赤道有 10-12 孔，在孔间桁的各个节点上有小尖突，使壳缘呈锯齿状。髓壳孔小，圆形，孔径与孔间桁宽近等，排列规则。六根放射桁连接髓壳与皮壳，伸出壳表发育成放射骨针，骨针为细圆锥状，末端缩尖，针长是皮壳直径的 1/3-1/2。

标本测量：皮壳直径 85-95 μm，髓壳直径 66-68 μm，骨针长 26-35 μm。

地理分布　地中海的西西里岛，白令海。

六枪虫属 Genus *Hexacontium* Haeckel, 1881

具 3 个同心格孔球壳和 6 根大小相等的简单骨针。

（65）内棘六枪虫 *Hexacontium enthacanthum* Jørgensen

（图版 13，图 1，2）

Hexacontium enthacanthum Jørgensen, 1900, p. 52, pl. 2, fig. 14, pl. 4, fig. 20；1905, p. 115, pl. 8, figs. 30a, b；Schröder, 1909b, pl. XVII, fig. 11, figs. 3a–d；Bjørklund, 1976, pl. 1, figs. 1–3；Cortese and Bjørklund, 1998a, pl. 1, figs. 12–20.

外皮壳壁薄，一般表面光滑，无辅针或少见，孔为圆形或亚圆形，规则或亚规则排列，具六角形框架，孔间桁较细，横跨赤道有 11-13 孔。三壳直径之比约为 1:2.5:7，外髓壳与内髓壳在个体发育过程略有变化。一般具 6 根放射主骨针，但有时为 7-8 根，呈三棱片状。

标本测量：皮壳直径 62-90 μm，皮壳孔径 6-10 μm，外髓壳孔径 4-5 μm，骨针长 30-40 μm。

地理分布　挪威西海岸，白令海。

（66）厚棘六枪虫 *Hexacontium pachydermum* Jørgensen

（图版 13，图 3-7）

Hexacontium pachydermum Jørgensen, 1900, p. 53；1905, p. 115, pl. 8, figs. 31a, b；Bjørklund, 1976, p. 1124, pl. 1, figs. 4–9；Bjørklund *et al*., 1998, pl. 1, figs. 1, 2；Dolven, 1998, pl. 5, figs. 3, 4；Cortese and Bjørklund, 1998b, pl. 1, figs. 1–7, 9–11；谭智源、陈木宏，1999，156 页，图版 IV，图 2，3，图 5-63。

球形壳，个体较小，表面粗糙；皮壳壁厚，具圆形或椭圆形孔，大小略有差异，亚规则排列，横跨赤道有 8-10 孔，孔径是孔间桁宽的 1-3 倍，孔间桁稍宽，桁中间有隆起的棱脊，使各孔略显凹陷状，在各脊顶和节点上均有小棘突或小刺，每孔周围约有 6 根小刺；外髓壳圆球形，壁薄，具六角形或多角形孔，大小不等，横跨赤道有 7-8 孔，表面或有稀疏的小刺；内髓壳球形或为多角形，孔较大而稀少，孔间桁瘦细，常难被观测；6 根较细的三棱柱状放射桁自外髓壳长出，至皮壳外发育为 6 根三棱角锥状的放射骨针，不同海区标本骨针的粗细与长短均有一定的变化。

标本测量：皮壳直径 87-113 μm，外髓壳直径 28-40 μm，内髓壳直径 10-19 μm，皮壳孔径 5-14 μm，骨针长 31-74 μm。

地理分布　挪威海，北极海区，南海北部，白令海。

（67）方六枪虫 *Hexacontium quadratum* Tan

（图版 13，图 8-14）

Hexacontium quadratum Tan, 谭智源，1993，192 页，图版 IX，图 2，3；谭智源、陈木宏，1999，157 页，图版 VI，图 10，11。

三壳之比约为 1:3:9；皮壳略呈方形，壁较薄，表面光滑，在节点上有一些较细的角锥状小棘凸，壳孔较大，呈圆形或近六角形，大小相近或个别稍小，规则或亚规则排列，孔间桁较细，孔径为孔间桁宽的 5-7 倍，横跨赤道有 5-7 孔；外髓壳球形或近方形，壁厚中等，具亚规则排列的六角形小孔，横跨赤道 5-7 孔；内髓壳球形，孔间桁瘦细，具四角形或多角形孔，内、外髓壳之间的放射梁很细；自外髓壳生出 6 根三棱柱状的放射梁与皮壳连接，并常伸出壳外形成 6 根放射骨针，骨针呈细圆锥状，较短，或发育不明显。

标本测量：皮壳直径（两侧面间距）96-120 μm，外髓壳直径 35-44 μm，内髓壳直径 15-18 μm，皮壳孔径 9-19 μm，骨针长 5-22 μm。

地理分布　西沙群岛，东海大陆架，白令海。

该种具双髓壳和皮壳四方体的特征与 *Hexacontium melpomene*（Haeckel, 1887, p. 135, 136, pl. 16, fig. 1；Van de Paverd, 1995, p. 127, 128, pl. 31, figs. 2, 7, 8）较相似，但后者的 6 根放射骨针呈三棱角锥状，较为粗壮，壳表粗糙，各节点上长出的次级辅针稍长。上述两种也易与方六矛虫 *Hexalonche octocolpa* Haeckel（1887, p. 183, pl. 22, figs. 6, 6a）混淆，主要区别是后者仅具一个髓壳。

六葱虫属 Genus *Hexacromyum* Haeckel, 1881 emend.

壳体 4 层，两个皮壳和两个髓壳，具 6 根或更多对称分布的大小相同的放射骨针。

（68）美六葱虫 *Hexacromyum elegans* Haeckel

（图版 13，图 15，16）

Hexacromyum elegans Haeckel, 1887, p. 201, pl. 24, fig. 9；Takahashi and Honjo, 1981, p. 148, pl. 3, fig. 15；Takahashi, 1991, p. 73, pl. 13, figs. 4, 5, 7.

壳由 4 个同心球壳组成，比例约为 1: 2.5:7.5:10；内髓壳的圆形壁孔很小，外髓壳的圆形孔稍大；内皮壳壁较厚，壁孔圆形，大小相近，孔径约为孔间桁宽的 2 倍，横跨赤道有 16-18 孔，亚规则排列，具六角形框架；在内皮壳孔间桁的各节点处长出刚毛状的细放射桁，这些放射桁的末端呈拱形分叉并相互连接，形成较精细的外皮壳，壳表光滑；放射骨针呈三棱角锥状，长度与壳半径近等，一般为 6 根，也可见更多（甚至 12 根），分布较对称，无辅针。

标本测量：外皮壳直径 160-200 μm，内皮壳直径 130-150 μm，外髓壳直径 50-56 μm，内髓壳直径 20-22 μm，骨针长 85-100 μm，骨针基宽 15-20 μm。

地理分布　中太平洋表层，白令海。

Haeckel（1887）描述该种的放射骨针为 6 根，Takahashi（1991）发现有 7 根骨针的标本类型（fig. 5，但无描述），我们的白令海标本形态结构完全与该种相符，所不同的是白令海标本具约 12 根对称发育且大小相同的放射骨针，可能是骨针加倍生长的结果。除此之外，未能找到两者之间差异特征的存在。

六树虫属 Genus *Hexadendron* Haeckel, 1881

具 3 个同心格孔球壳和 6 根大小相等的分枝骨针。

（69）双羽六树虫 *Hexadendron bipinnatum* Haeckel

（图版 13，图 17，18）

Hexadendron bipinnatum Haeckel, 1887, p. 200, pl. 23, fig. 1；谭智源，1993，193，194 页，图版 V，图 1-3，10；谭智源、陈木宏，1999，159，160 页，图版 XI，图 8-10。

三壳均为规则八面体，有不规则的多角形网孔，皮壳的网孔很大，孔间桁瘦细，并相互连成网状结构。三壳直径之比为 1:2.5:7.5。外髓壳与皮壳表面均具刚毛状辅针（Haeckel 只提及皮壳辅针）。皮壳辅针大部分已折断，仅见其残痕，外髓壳辅针较短小。具 6 根强大的主针，针长可达皮壳直径的近两倍，呈三棱片细棒状，或有扭曲，各棱缘均有一列双羽状侧枝，侧枝多已断，仅留残迹。

标本测量：皮壳直径 88-120 μm，外髓壳直径 35-41 μm，内髓壳直径 16-18 μm，骨针长 138-163μm。

地理分布 西沙群岛，中太平洋，白令海。

中矛虫属 Genus *Centrolonche* Popofsky, 1912

单一格孔壳，六根放射桁在壳内中心区交汇，壳表具放射主骨针与辅针。

（70）叉中矛虫（新种）*Centrolonche furcata* sp. nov.

（图版 14，图 1-3）

单一格孔壳，圆球形，表面有一些丘状突起，凹凸不平，壁厚中等或稍薄，壁孔亚圆形或不规则形，大小不等，分布无规律，孔间桁较细；约 6 根放射桁自中心点生出，在邻近壳壁常有分叉，并穿过壳壁向外形成放射主骨针，主骨针三棱角锥状或三棱柱状，后者末端常有分叉，形态与大小不完全一致，骨针基部常有小孔；壳表在一些孔间桁上生长出刺状物，形成次级辅针；壳体表面粗糙。

标本测量：壳直径 130-138 μm，主骨针长 48-52 μm，针基宽 32-42 μm，辅针长 17-28 μm。

模式标本：BS-R7（图版 14，图 1-3），来自白令海的 IODP 323 航次 U1344A-1H-3 w22-23 cm 样品中，保存在中国科学院南海海洋研究所。

地理分布 白令海。

该新种特征与 *Centrolonche hexalonche* Popofsky（1912, p. 89, Taf. 1, Fig. 1）较接近，各放射桁均在壳内的中心处交汇，主要区别是后者的圆球形壳表无丘状突起，较为平滑，各主骨针的大小与形态相同，无末端分叉，辅针形态简单，类圆形的壁孔大小相近。

星球虫科 Family Astrosphaeridae Haeckel, 1881

格孔球壳简单或多重，具 8 根或更多（常为 20-60）的放射针。

棘球虫属 Genus *Acanthosphaera* Ehrenberg, 1858

具一简单的格孔球壳，放射骨针简单、同形。

（71）棘球虫（未定种）*Acanthosphaera* sp.

（图版 14，图 4，5）

壳呈圆球形，壁稍薄，壁孔类圆形或椭圆形，大小不一，排列不规则，横跨赤道有 22-26 孔，孔径是孔间桁宽的 1-3 倍，孔间桁较细；壳表散布有许多细刚毛状的放射骨针，生自一些孔间桁节点之上，针长约为壳半径的 1/4-1/2，一些较长的骨针常有微弯，并在末端出现二分叉。

标本测量：壳直径 210 μm，孔径 3-11 μm，骨针长 25-62 μm。

地理分布　白令海。

该未定种特征与 *Acanthosphaera castanea* Haeckel（1887, p. 211, pl. 26, fig. 3）较为接近，但后者的壁孔均为圆形，大小一致，排列规则，孔径与孔间桁宽近等，而且几乎在每一个节点上都有生出放射骨针。

日球虫属 Genus *Heliosphaera* Haeckel, 1862

具一简单格孔球壳，壳表有两类不同形的主骨针和小辅针。

（72）大六角日球虫 *Heliosphaera macrohexagonaria* Tan

（图版 14，图 6，7）

Heliosphaera macrohexagonaria Tan，谭智源，1998，151 页，图 139；谭智源、陈木宏，1999，165 页，图 5-73。

壳壁薄，孔呈六角形，孔径一般较大，大小不匀，排列不规则，宽为桁宽的 8-12 倍；放射针于网孔的节点上生出，其中辅针短，呈刚毛状，瘦细若桁条，主针 12-16 根，三片棱柱形，其长度与壳半径几相等，宽度相当于壳孔径的 1/4。

标本测量：壳直径 70-85 μm，孔径 15-22 μm，孔间桁宽 3 μm，主骨针长 26-53 μm。

地理分布　东海，白令海。

该种与厚六角日球虫 *Heliosphaera pachyhexagonaria* 相似，但后者壳孔相对较小、数量较多，大小均匀，亚规则排列。

太阳星虫属 Genus *Heliaster* Hollande et Enjumet, 1960

壳内具 5 根放射状小枝，相连在靠近轴体的一个共同点上，其中 4 根排列在一平面上，另一根与之相互垂直，构成一个形似海绵的五辅骨架。皮壳格孔状，覆盖着同形骨针。

（73）太阳星虫 *Heliaster hexagonium* Hollande et Enjumet

（图版 14，图 8）

Heliaster hexagonium Hollande et Enjumet, 1960, p. 92, pl. 39, figs. 1-5, pl. 41, figs. 1, 2；谭智源，1993，200-202 页，图版 VI，图 7，图版 IX，图 5，15；谭智源、陈木宏，1999，167，168 页，图版 VI，图 7，8，图 5-76a，b。

壳孔圆形，规则排列，孔宽约为孔间桁宽的 2 倍；围孔框架呈六角形，各孔向内、外延伸成短领状突起的圆管，横跨壳的半径有 15-18 孔；六角形框架每一角上分别生出一根形状相似的刚毛状放射针；髓壳骨架桁细小，骨架网上方有两个拱形桁条，共有 5-12 根放射桁与皮壳相连。

标本测量：皮壳直径 163-210 μm，骨针长 45-70 μm。

地理分布　西沙群岛，地中海，白令海。

本种的骨骼依生长期不同而略有差异，年幼者壳壁较薄，髓壳清晰可见，年老者壳壁厚，髓壳几至不见。

讨论：本种标本髓壳中心均具一个四叶小花形骨架网，与 Hollande 和 Enjumet（1960）所描述的四瓣虫属（*Tetrapentalon*）的髓壳结构相似，它们的主要区别在于后者皮壳上有 5-10 根大而直的三角形主骨针。

海眼虫属 Genus *Haliomma* Ehrenberg, 1844

具一髓壳和一皮壳，二者由放射梁相连。壳表覆盖有同类简单的放射骨针。Petrushevskaya, 1975 将该属修订为具 3 层壳且无壳表骨针，在此不予采纳。

（74）棘动海眼虫 *Haliomma acanthophora* Popofsky

（图版 14，图 9-12；图版 15，图 1，2）

Haliomma acanthophora Popofsky, 1912, p. 101, 102, text fig. 13.
Cenosphaera cristata? Riedel, 1958, p. 223, pl. 1, figs. 1, 2.
Carposphaera acanthophora Benson, 1966, p. 127-131, pl. 2, figs. 8-10.
Actinosphaera acanthophora Dumitrica, 1973, p. 832, pl. 20, figs. 1, 2.
Haliomma erinaceum Renz, 1976, p. 101, pl. 2, figs. 4a, b.
Actinosphaera cristata? Benson, 1983, p. 499, 500.

皮壳圆球形，壳壁一般稍厚，壁孔形态各异或不规则形，大小不等，排列不规则，横跨赤道有 9-20 孔；壳表面粗糙，发育许多角锥形放射骨针，针的大小或长短不一，白令海标本的一些骨针基部甚至呈低矮片状并在壳表延伸；髓壳呈网格状，近圆球形或多角形，较小，网孔疏松，由 10-20 个放射状细桁与皮壳相连。

标本测量：皮壳直径 130-276 μm，髓壳直径 28-37 μm，骨针长 6-13 μm。

地理分布　南极海区，加利福尼亚湾，北大西洋，地中海，太平洋中部，白令海。

该种与 *Haliomma erinaceus* Haeckel 较相似，主要区别是后者的壳壁较薄，骨针一般呈刚毛状。Benson（1966）认为该种的壳体特征变化较大，而且一些标本中的髓壳常由于结构细弱而丢失。Hollande 和 Enjumet（1960）定义 *Actinosphaera* 的属征为壳内有一个多角形的网状小球，其放射桁连至皮壳后不延伸为放射骨针，成年体中常有一个中间球壳介于小髓壳和皮壳之间，显然这类标本的基本特征与该属不符。

（75）星海眼虫（新种）*Haliomma asteroeides* sp. nov.

（图版 15，图 3，4）

皮壳圆球形，个体较小，壁孔类圆形，较大，大小近等，排列亚规则，横跨赤道有 6-7 孔，孔径自里往外渐变大，孔间桁则向中间线缩窄变尖，形成明显的六角形框架；髓壳大小约为皮壳的一半，具亚圆形或多角形的壁孔，亚规则排列，横跨赤道有 5-6 孔，孔间桁较细；在皮壳与髓壳之间有 20-24 根放射桁连接；壳的表面棘刺状，各骨针均长自孔间桁的交叉节点，三棱角锥状，有些末端分叉，较短，形态与大小相近。

标本测量：皮壳直径 80-93 μm，髓壳直径 38-43 μm，皮壳孔内径 7-10 μm，骨针长 7-10 μm。

模式标本：BS-R8（图版 15，图 3，4），来自白令海的 IODP 323 航次 U1344A-1H-4 w42-43 cm 样品中，保存在中国科学院南海海洋研究所。

地理分布　白令海。

该新种与 *Haliomma entactinia* Ehrenberg 较相似，主要区别在于后者皮壳壁壳较小，表面无明显的棘刺状结构，但有少量稍长的放射骨针，而且髓壳较小，大小仅为皮壳的 1/3。

（76）内光海眼虫 *Haliomma entactinia* Ehrenberg

（图版 15，图 5-10）

Haliomma entactinia Ehrenberg, 1874, p. 235；1876, p. 74, Taf. XXVI, fig. 4.

两个球形壳，表面略粗糙，皮壳壁中等厚度，壁孔圆形或亚圆形，大小不太相同，亚规则排列，横跨赤道有 8-12 孔；髓壳较大，直径为皮壳的 1/3-1/2，孔圆形；两壳间由许多放射桁（30-40 根）相连，个别放射桁延伸至壳外成为较粗的短骨针，呈三棱角锥状。

标本测量：皮壳直径 105-110 μm，髓壳直径 39-41 μm，骨针长 6-15 μm（白令海标本测量数据）。

地理分布　加勒比海巴巴多斯，白令海。

（77）猬海眼虫 *Haliomma erinaceus* Haeckel

（图版 15，图 11-15）

Haliomma erinaceus Haeckel, 1862, S. 427, Taf. 23, figs. 3, 4；1887, p. 236；Hertwig, 1879, S. 41, Taf. 4, fig. 1；Mast, 1910, S. 164；Popofsky, 1912, S. 102, Taf. 4, Fig. 1；陈木宏、谭智源, 1996, 172 页，图版40，图 1，2。

皮壳壁薄，表面粗糙，大小是髓壳的 7-8 倍。皮壳孔呈多角形或不规则形，大小不一，排列不规则，孔径是孔间桁宽的 2-10 倍，横跨赤道占 12-14 孔；髓壳较小，格孔状，具多角形网孔，由一些细瘦的放射桁与皮壳相连接；放射骨针较多，刚毛状或角锥状，一般较短，最长与髓壳直径近等。

标本测量：SIOAS-R168 皮壳直径 145 μm，髓壳直径 19 μm，皮壳孔径 7-19 μm，骨针长 9 μm。

地理分布　南海中、北部，地中海，大西洋，太平洋，白令海。

（78）卵海眼虫 *Haliomma ovatum* Ehrenberg

（图版 15，图 16，17）

Haliomma ovatum Ehrenberg, 1844, p. 83, tab. 19, fig. 48, 49；1874, p. 236.

皮壳椭球形，壁中等厚度，表面粗糙，孔亚圆形或不规则形，大小不等，横跨短轴赤道有 12-14 孔，在各个孔间桁的节点上有角锥状突起；髓壳圆球形，孔近圆形，髓壳大小约为皮壳短轴的一半，由一些放射桁与皮壳连接，多数放射桁仅达皮壳内壁，只有个别放射桁伸出壳表形成短的骨针。

标本测量：皮壳短轴 80 μm，长轴 90 μm，髓壳直径 41 μm（我们的标本观测，Ehrenberg 的原文献无此信息）。

地理分布　加勒比海巴巴多斯，白令海。

（79）梨形海眼虫 *Haliomma pyriformis* Bailey

（图版 15，图 18-21）

Haliomma pyriformis Bailey, 1856, p. 2, pl. 1, fig. 29.

皮壳类圆形，个体较小，壳壁稍薄，壁孔亚圆形，大小近等，亚规则排列，横跨赤道有 5-6 孔，孔较大，孔径约为孔间桁宽的 3-5 倍；髓壳呈梨形，大小约为皮壳的 1/2，壁孔类圆形或多角形，大小不等，亚规则排列，横跨赤道有 5-6 孔，孔径是孔间桁的 1-3 倍，具六角形框架；有 16-20 根放射桁连接着髓壳与皮壳，部分放射桁延伸至壳外形成放射骨针，6-8 根主骨针呈三棱角锥状，长度与皮壳半径近等，在壳表还有一些较短的圆锥形小骨针或棘突。

标本测量：皮壳直径 57-60 μm，髓壳长轴 43 μm，短轴 33 μm，皮壳孔径 5-10 μm，主骨针长 25-35 μm。

地理分布　白令海。

（80）海眼虫（未定种）*Haliomma* sp.

（图版 15，图 22-25）

格孔状皮壳圆球形，个体较小，壳壁中等厚度，壁孔类圆形，大小不等，为孔间桁宽的 1-3 倍，在孔的边缘或孔间桁交叉处常有一些尖刺状突起；髓壳呈特殊的网格状结构，由一些细枝编织组成，在中心区有一多角形框架，有些标本的多角形物很小，其外围可发育为被 7 个以上的小球形物所包裹，显微镜下可见五角形的侧面轮廓及其类似球形室的边界，在髓壳的各多角形顶角或小球室上分别有 1-2 根细放射桁与皮壳连接，这些放射桁有的伸出皮壳外形成较短的三棱角锥状骨针；壳表面略呈棘刺状。

标本测量：皮壳直径 95-108 μm，髓壳直径 28-45 μm，最大孔径 13 μm，最长骨针长 12 μm。

地理分布　白令海。

由于该种具有特殊的髓壳结构特征，似可定为新种。在 1344A-1H-1 w62-63 cm 薄片中有若干不同髓壳类型标本。

小海眼虫属 Genus *Haliommetta* Haeckel, 1887, emend. Petrushevskaya, 1972

具一皮壳和二髓壳。皮壳孔大小近等。主骨针无内杆与内部的髓壳相连，偶有小骨针。

（81）水母小海眼虫 *Haliommetta medusa* (Ehrenberg)

（图版 16，图 1）

Haliomma medusa Ehrenberg, 1844, p. 83；1875, taf. 22, figs. 6, 7.

Xyphosphaera apenninica (Vinassa) var. *longistylus* Principi, 1909, p. 6, pl. 1, fig. 12.

Actinomma okurai Nakasenko et Nishimura, 1971, pl. 1, figs. 3-5.

Actinomma medusa (Ehrenberg) (emend. Group) Petrushevskaya, 1975, p. 568, pl. 2, figs. 6-8.

Actinomma medusa (Ehrenberg) Abelmann, 1990, pl. 1, fig. 7.

壳体圆形、亚圆形或椭圆形，三壳之比为 1:3:10；髓壳常破损，皮壳壁稍厚，形状不很规则，壁孔大小与形状不均匀，横跨赤道约 12 孔；并不是所有连接内壳的 8-11 根放射桁均伸出壳外形成骨针，常仅有 4 或 2 根明显的骨针，外表骨针近圆锥形，大小与长度变化较大。

标本测量：皮壳直径 80-156 μm，外髓壳直径 30-52 μm，内髓壳直径 12-16 μm。

地理分布　主要分布在南、北半球的中-高纬度渐新世—中新世地层中；白令海。

（82）中新世小海眼虫 *Haliommetta miocenica* (Campbell et Clark) group

（图版 16，图 2-5）

Heliosphaera miocenica Campbell et Clark, 1944a, p. 16, pl. 2, figs. 10-14.

Acanthosphaera sp. Hays, 1965, p. 169, p. 2, fig. 8.

Echinomma popofskii Petrushevskaya, 1967, p. 23, pl. 12, figs. 1-3.

Echinomma quadrisphaera Dogiel, Petrushevskaya, 1969, p. 138, fig. 1(4).

Haliommetta miocenica (Campbell et Clark) group, Petrushevskaya and Kozlova, 1972, p. 517-519, pl. 9, figs. 8, 9；陈木宏、谭智源，1996，172，173 页，图版 8，图 2-7。

壳呈球形，略小，壁很厚，三壳之比为 1:2:7；具 12-20 根长圆锥形放射骨针，骨针长约与皮壳半径相等；壳表往往还有许多细小的辅针，辅针有时消失，则壳表粗糙；皮壳孔圆形或六角形，大小相近，是孔间桁宽的 1-2 倍，排列较规则，横跨赤道占 15-20 孔；三个髓壳格孔状，壁很薄，常易破碎。

标本测量：SIOAS-R169，皮壳直径 124 μm，外髓壳直径 37 μm，内髓壳直径 22 μm，骨针长 44 μm，皮壳孔直径 7-9 μm。

地理分布　南海中、北部，太平洋，白令海。

太阳虫属 Genus *Heliosoma* Haeckel, 1881

一个内髓壳和一个外皮壳，由放射细桁与中央囊连接。壳表有两种不同类型的简单放射骨针，较大的主针和较小的辅针。

（83）异太阳虫 *Heliosoma dispar* Blueford

（图版 16，图 6-8）

Helisoma dispar Blueford, 1982, p. 202, pl. 6, figs. 1–2b.

　　皮壳表面棘刺状，孔圆形，大小近等，横跨赤道 8-9 孔，具类六角形框架，在各孔间桁的节点上长出骨针，呈短三棱片状，有时骨针沿极轴发育，使皮壳略呈拉长形；髓壳大小约为皮壳的 1/3，孔圆形，大小相等，约 10-15 根放射桁连接着髓壳和皮壳。

　　标本测量：皮壳直径 70-120 μm，孔径 6-18 μm，髓壳直径 36 μm，骨针长 10-48 μm。

　　地理分布　白令海，赤道太平洋。

光眼虫属　Genus *Actinomma* Haeckel, 1862, emend. Nigrini, 1967

　　具 3 个同心格孔球壳，放射骨针很多，形状多数简单且相似或有小辅针。

（84）北方光眼虫 *Actinomma boreale* Cleve

（图版 16，图 9-14；图版 17，图 1，2）

Actinomma boreale Cleve, 1899, p. 26, pl. 1, fig. 5; Cortese and Bjørklund, 1997, pl. 1, figs. 1–10; Bjørklund *et al.*, 1998, pl. 1, figs. 6, 7; Dolven, 1998, pl. 1, figs. 1–6; Cortese and Bjørklund, 1998a, pl. 1, figs. 1–18, pl. 3, figs. 1–3, 6; Itaki *et al.*, 2003, pl. 1, figs. 13–17; 2004, pl. 1, figs. 11–13.

Chromyechinus borealis Jørgensen, 1905, p. 117, 118, pl. 8, fig. 35, pl. 9, figs. 36, 37; Bjørklund, 1976, pl. 2, figs. 7–15; Molina-Cruz, 1991, fig. 2 (3).

　　具 3 或 4 个格孔状同心球壳，三壳之比为 1:3:5（如为三壳）。内髓壳（初壳）壁厚，孔规则圆形，孔径是孔间桁的 2-3 倍，骨针数量不定，呈三角形，中途有分叉突起；外（1 或 2 个）髓壳（次壳）壁厚，孔圆形大小不等，孔间桁较粗，数量不定，坚实，相互间的距离不等；皮壳（外壳）壁一般较薄，壁孔大小与类型变化较大，一类是典型的壁薄具许多不规则排列的圆形孔，孔小桁宽，表面平滑，另一类壁稍厚，孔大桁细，表面粗糙，还有的是介于这两者之间；壳表的放射骨针一般呈三棱角锥状，16-30 根，排列不规则，长度接近壳半径，此外还有的呈现一些较短小的辅针。

　　标本测量：内髓壳直径 30-60 μm，外髓壳直径 80-95 μm，皮壳直径 100-205 μm，大骨针长 36-75 μm。

　　地理分布　北大西洋冷水区，北极海区，加利福尼亚湾，白令海。

　　该种的壳数、大小、壁孔和骨针等特征有一定变化，实际上它是综合了 *Actinomma boreale* Cleve, 1899 和 *Chromyechinus borealis* Jørgensen, 1905 的特征及描述而成，与 *Actinomma livae* Goll et Bjørklund, 1989 的壳体结构特征和三壳大小比例均较为接近，但后者个体明显较大，壳表的放射骨针为短小圆柱状或接近消失。

　　有人认为该种包含了 *Sphaeropyle langii* 和 *Prunopyle antarctica*，将后两种列为 *Actinomma boreale* 的同物异名。实际上它们之间有着非常明显的差异，*Sphaeropyle langii* Dreyer 和 *Prunopyle antarctica* Dreyer 常呈椭圆形或卵形壳，表面无明显的放射骨针，且在一端有开口状结构（门孔），它们的生态分布区域也有所不同（详见这两个属种的具体描述）。

（85）短刺光眼虫 *Actinomma brevispiculum* Popofsky

（图版 16，图 15，16）

Actinomma brevispiculum Popofsky, 1912, p. 103, Taf. 2, fig. 3.

具 3 个同心圆球形壳；外髓壳的直径大小为内髓壳的 2 倍，皮壳直径是外髓壳直径的 3 倍，三壳之比 1:2:6；内髓壳的壁孔较大，为不规则多角形，大小与形状不一，孔间桁少，其中央节点生出骨针，形成 7-8 根粗壮的圆柱形放射棒与外髓壳连接，并部分直接延伸至外髓壳之外；外髓壳孔圆形，大小不同，孔间桁宽厚结实，宽度可与孔径近等，9-11 根放射桁（部分自内髓壳的继续延伸）将外髓壳与皮壳连接，这些放射桁的末端在接近皮壳处稍加宽；皮壳壁较薄，具较规则的六角形网眼（框架），或为圆形孔，孔间桁较细，壳表面可见少量由放射桁延伸至壳外的短锥形突起或短刺。

标本测量：内髓壳直径约 15 μm，外髓壳直径约 30 μm，皮壳直径约 90 μm，皮壳孔径 8 μm。

地理分布 印度洋和大西洋，白令海。

（86）亨宁光眼虫 *Actinomma henningsmoeni* Goll et Bjørklund

（图版 17，图 3-6）

Actinomma henningsmoeni Goll et Bjørklund, 1989, p. 728, pl. 2, figs. 10-15.

3 个同心球壳，格孔状，由 8-10 个圆柱形放射桁相连接，放射桁的排列位置为非明显对称分布；内髓壳、外髓壳与皮壳的壳径比例约为 1:2:5；皮壳较小，壁厚，光滑，布满许多圆形小孔；内部结构显稍模糊不清。个别标本的壳表有细针，但一般放射桁不穿过壳表形成主骨针（极个别例外）。

标本测量：皮壳最大直径 100-128 μm。

地理分布 挪威海中-上中新世，赤道太平洋中央的 *Cyrtocapsella tetrapera* Zone 化石带，白令海。

（87）六针光眼虫 *Actinomma hexactis* Stöhr

（图版 17，图 7，8）

Actinomma hexactis Stöhr, 1880, p. 91, pl. 2, fig. 7；Blueford, 1982, pl. 4, figs. 7, 8.
Hexacontium hexactis Haeckel, 1887, p. 192.
Hexacontium (*Hexacontosa*) *nipponicum* Nakaseko, 1955, pl. 3, figs. 5a-c.

3 个同心球壳的壳径比例有些变化，皮壳径为外髓壳径的 2-4 倍；皮壳壁很厚，表面光滑或粗糙，孔圆形或亚圆形，亚规则排列，孔径与孔间桁宽近等，横跨赤道有 10-14 孔；两个髓壳结构相同，孔小；壳表具约 6 根（或更多）较粗长的三角棱锥状放射骨针，骨针基部较宽，约为壳孔的 3 倍。

标本测量：皮壳直径 100-134 μm，外髓壳径 48-50 μm，内髓壳径 16-22 μm，皮壳孔径 8 μm，骨针长 80 μm，骨针基宽 25 μm。

地理分布　地中海西西里岛古近纪和新近纪，赤道太平洋中新世，日本富山中新世，白令海。

（88）瘦光眼虫 *Actinomma leptodermum* (Jørgensen)

（图版 17，图 9-13；图版 18，图 1，2）

Echinomma leptodermum Jørgensen, 1900, p. 57；1905, p. 116, pl. 8, figs. 33a-c.
Actinomma leptodermum? (Jørgensen), Nigrini and Moore, 1979, p. s35, pl. 3, fig. 7.
Actinomma cf. *leptodermum* Jørgensen, 谭智源、宿星慧，1982，147，148 页，图版 5，图 12。
Actinomma leptodermum (Jørgensen), 陈木宏、谭智源，1996，173，174 页，图版 8，图 13，14，图版 40，图 7，8。

皮壳呈圆球形或类球形，壳壁较薄或稍厚，有一定变化，壁孔呈五角形、多角形或圆卵形，大小不等，孔径一般为孔间桁宽的 5-8 倍，横跨赤道占 5-7 孔；外髓壳格孔状，孔较小，呈五角形或多角形，外髓壳大小为皮壳的 1/3-1/4；内髓壳与外髓壳相似，二髓壳之比 1:3；各壳之间由一些瘦细放射小桁相连，并延至壳外形成三片棱角锥形骨针，放射针 10-16 根，骨针粗壮，长度约等于皮壳半径或稍短，辅针则较小而少。

标本测量：SIOAS-R172，皮壳直径 102-106 μm，外髓壳直径 37-42 μm，内髓壳直径 15-32 μm，骨针长 35-50 μm，孔径 12-28 μm。

地理分布　南海中、北部，东海西部，太平洋，挪威西海岸，白令海。

（89）瘦光眼虫长针亚种 *Actinomma leptoderma longispina* Cortese et Bjørklund group

（图版 18，图 3-13；图版 19，图 1-8）

Actinomma ex gr. *borealis/leptodermum* Schröder-Ritzrau, 1995, pl. 1, figs. 1, 2.
Actinomma leptoderma longispina Cortese et Bjørklund, 1998b, p. 153, pl. 2, figs. 15-22.

该亚种的特征变异较大，与 *Actinomma leptoderma* 的壳体结构基本相似，主要区别在于该亚种具有一些很长的放射骨针，这些骨针常弯曲，呈三棱状，长度可达皮壳直径的两倍或更长；其他较短的骨针自外髓壳长出，穿过皮壳而成，其壳内部分与壳外部分的长度与形态基本相同；皮壳壁厚中等或稍薄，白令海有的标本皮壳壁很厚，孔近圆形，大小不等，为 6-18 μm，亚规则排列，横跨赤道有 6-8 孔，在壳的一侧似乎有一个开口，但有的标本不见开口；内髓壳和外髓壳均与 *Actinomma leptoderma* 相似。

我们的白令海标本特征变化较大，兼有上述的各种类型。考虑到过渡类型的同时存在，难以清楚做进一步的甄别，拟将所有该类标本归入这一亚种或群中。

标本测量：皮壳直径 95-120 μm，外髓壳直径 30-45 μm，内髓壳直径 15-20 μm，长骨针长大于 105 μm。

地理分布　格陵兰，冰岛，挪威海，北大西洋，白令海。

（90）灰光眼虫 *Actinomma livae* Goll et Bjørklund

（图版 20，图 1-8）

Actinomma livae Goll et Bjørklund, 1989, p. 728, 729, pl. 1, figs. 1-5.

壳由 3 或 4 个同心球格孔组成，内、外髓壳和 1 或 2 个皮壳，三壳直径之比约为

1:2:5；由于外壳的视域干扰难见内髓壳结构，外髓壳壁较厚，为规则格孔状，孔小圆形，密集分布，有细放射骨针与皮壳内壁相连，许多较大的棱片状放射桁自髓壳不规则地生出并连接着皮壳；皮壳壁厚，坚实，壳呈单个或成双（结构相似），孔小，具六角形或多角形框架，数量较多，这些小孔疏松地分布在皮壳壁上，表面粗糙。如为双皮壳，主放射桁穿过内皮壳与外皮壳内壁连接，两壳间有大量次级放射桁相连；一些放射桁伸出皮壳成为较粗的短针。白令海的标本皮壳壁孔相对较细。

标本测量：外皮壳的最大直径为 273-296 μm。

地理分布　挪威海中新世，白令海。

（91）中央光眼虫 *Actinomma medianum* Nigrini

（图版 20，图 9-11）

Actinomma medianum Nigrini, 1967, p. 27, pl. 2, figs. 2a, b；Nigrini and Moore, 1979, p. s31, pl. 3, figs. 5, 6；陈木宏、谭智源，1996，173 页，图版 8，图 11，12，图版 40，图 3。

皮壳略呈不规则球形，壁薄，横跨赤道有 9-12 个亚圆形或多角形孔；外髓壳网孔不规则，与 *Actinomma antarcticum* 的髓壳相似，但较细小；内髓壳横跨赤道有 2.5-3 孔；数根放射桁自髓壳网状组织的外表长出伸至皮壳，有时露出壳外；有些标本的外表有较细的骨针，这些骨针偶尔也支撑着一个细弱的外皮壳。

标本测量：SIOAS-R171，皮壳直径 175 μm，外髓壳直径 87 μm，内髓壳直径 40 μm，皮壳孔径 8-22 μm。

地理分布　南海中、北部，太平洋北部和南部，印度洋的中纬度区域。

（92）海女光眼虫 *Actinomma medusa* (Ehrenberg) group

（图版 21，图 1，2）

Haliomma medusa Ehrenberg, 1844, p. 83, 1854, taf. 22, fig. 33.
Xyphosphaera apenninica Vinassa var. *longistylus* Principi, 1909, p. 6, pl. 1, fig. 12.
Actinomma okurai Nakaseko et Nishimura, 1971, pl. 1, figs. 3-5.
Actinomma medusa (Ehrenberg) (emend. Group) Petrushevskaya, 1975, p. 568, pl. 2, figs. 6-8.
Actinomma medusa (Ehrenberg) subsp. β, Petrushevskaya, 1975, p. 568, pl. 2, fig. 10.
Actinomma medusa (Ehrenberg), Abelmann, 1990, p. 690, pl. 1, fig. 7.

三壳直径之比 1:3:10，但两个内壳常破损；皮壳略呈不规则状，壁厚，壁孔大小不等、形状不定，横跨赤道约 12 孔；壳外骨针近圆柱形，长度与大小不等；仅部分连接内髓壳的放射桁伸出壳外形成骨针，8-11 根骨针中仅 4-2 根突出；壳体近圆球形，变化较大，有些标本的表面不规则，骨针不明显，类似一些 *Axoprunum* 的种类。

标本测量：皮壳直径 94-96 μm，外髓壳直径 25-27 μm。

地理分布　南极海区，白令海。

（93）奇异光眼虫 *Actinomma mirabile* Goll et Bjørklund

（图版 21，图 3-6）

Actinomma mirabile Goll et Bjørklund, 1989, p. 729, pl. 2, figs. 1-3, pl. 4, figs. 33, 34.

壳体由 3-4 个同心格孔壳组成，连接各壳的放射桁较细，排列不规则；内髓壳模糊不清，外髓壳格孔状，较小，形状不规则，孔间桁很细；外皮壳格孔状，单个或成双球形，很厚，壁孔小，圆或卵形，排列规则不明显；三壳直径之比约为 1:4:12；放射桁穿过皮壳形成细长的圆柱状放射骨针，末端不削尖，骨针长度可与皮壳内径近等，排列不规则，数量不定。

标本测量：皮壳直径 164-181 μm。

地理分布　挪威-格陵兰海区的中中新世，白令海。

（94）厚皮光眼虫 *Actinomma pachyderma* Haeckel

（图版 21，图 7-14）

Actinomma pachyderma Haeckel, 1887, p. 254, pl. 29, figs. 4, 5.

3 个格孔球壳的大小之比约为 1:3:9 或 1:2:4；皮壳壁中等厚度，具类圆形孔，多数孔的大小近等，有个别小孔，规则或亚规则排列，横跨赤道 6-8 孔，孔径是孔间桁的 2-4 倍，桁表平滑，无六角形框架；外髓壳壁厚中等，有许多类圆形小孔，孔径与桁宽近等；内髓壳圆球形，较小；壳内的放射桁连接着三壳，部分放射桁自内髓壳长出，似有部分放射桁从外髓壳开始生出，放射桁穿过皮壳在壳表形成 20-30 根角锥状的放射骨针，有的标本骨针边缘呈三棱状，骨针较短，大小不同，长度均小于外髓壳直径。

标本测量：皮壳直径 80-113 μm，外髓壳直径 37-45 μm，内髓壳直接 14-20 μm，骨针长 10-30 μm。

地理分布　南太平洋，白令海。

（95）透明光眼虫（新种）*Actinomma pellucidata* sp. nov.

（图版 21，图 15-23）

Echinomma leptodermum Jørgensen, Bjørklund, 1976, pl. 2, figs. 1-6 (not pl. 1, figs. 13, 14).

壳近圆球形，三壳之比约为 1:3:9；皮壳壁薄，壁孔较大，呈类圆形或六角形，大小相近，规则或亚规则排列，横跨赤道 6-7 孔，孔径为孔间桁宽的 2-4 倍，孔间桁较细；外髓壳球形或类球形，壁孔较小，亚规则排列，横跨赤道 6-7 孔；内髓壳很小，类球形；12-18 根放射桁连接着髓壳与皮壳，有些穿过皮壳形成放射骨针，骨针一般较短、较细；壳表光滑，无次级棘刺。

标本测量：皮壳直径 86-108 μm，外髓壳直径 42-46 μm，内髓壳直径 14-15 μm，皮壳孔径 7-18 μm，骨针长 10-20 μm。

模式标本：BS-R9（图版 21，图 15，16），来自白令海的 IODP 323 航次 U1344A-1H-cc 样品中，保存在中国科学院南海海洋研究所。

地理分布　挪威海，白令海。

该新种与 *Actinomma leptodermum* (Jørgensen) 的主要区别在于后者的放射骨针明显较多而粗长，而前者的放射骨针不甚发育，一般较为细短。Bjørklund（1976）的挪威海标本特征与我们的白令海标本特征基本相似。

（96）宽光眼虫 *Actinomma plasticum* Goll et Bjørklund

（图版 22，图 1，2）

Actinomma plasticum Goll et Bjørklund, 1989, p. 729, pl. 2, figs. 4-9.

3 个同心格孔壳呈不规则亚球形，三壳直径之比为 1:2:6；内、外髓壳均格孔状，壁稍厚，发育较好，清晰可见，外髓壳大小约为内髓壳的 2 倍，格孔稀疏，球形在放射桁连接点处有扭曲；放射桁 10 根以上，较粗，棱片状，不规则排列；皮壳壁厚，壁孔亚圆或亚多角形，孔间桁较细，横跨赤道有 14-18 孔，排列不太规则；伸出壳表的放射骨针较为粗壮，三棱角锥状，最大针长可与皮壳半径近等，不规则排列。

标本测量：皮壳直径 135-156 μm.

地理分布　挪威-格陵兰海区的中中新世，白令海。

（97）多角光眼虫（新种）*Actinomma polyceris* sp. nov.

（图版 22，图 3-8）

Echinomma leptodermum Jørgensen, Bjørklund, 1976, pl. 1, figs. 13, 14.

个体中等大小，三壳之比约为 1:3:9；皮壳呈六角形多面体，在放射桁连接处或放射骨针生长处的壳壁明显凹陷，壁较薄，孔圆形或六角形，大小相近，亚规则排列，横跨赤道 12-14 孔，孔径为孔间桁宽的 2-3 倍，孔间桁较细；外髓壳亚球形或多角形，壁厚中等，壁孔较小；内髓壳很小，近球形，孔稀少；自外髓壳壁长出 14-20 根三棱柱状放射桁与皮壳连接，多数的放射桁穿过皮壳形成放射骨针，骨针较短，呈三棱角锥状；壳表光滑，一般无其他棘刺。

标本测量：皮壳直径 122-130 μm，外髓壳直径 46-48 μm，内髓壳直径 18-21 μm，骨针长 10-20 μm。

模式标本：BS-R10（图版 22，图 3，4），来自白令海的 IODP 323 航次 U1345D-5H-cc 样品中，保存在中国科学院南海海洋研究所。

地理分布　挪威海，白令海。

该新种特征与 *Actinomma brevispiculum* Popofsky 较接近，两者均壁薄、孔小而多，主要区别是后者皮壳为圆球形，表面无凹陷。

（98）球蝟光眼虫 *Actinomma sphaerechinus* Haeckel

（图版 22，图 9）

Actinomma sphaerechinus Haeckel, 1879, pl. 29, fig. 2.
Echinomma sphaerechinus Haeckel, 1887, p. 258, pl. 29, fig. 2.

皮壳壁较薄，具不规则的圆形孔，亚规则排列，孔径为孔间桁宽的 2-5 倍，孔间桁较细，横跨赤道有 5-7 孔；两个髓壳上有规则的圆形孔，孔径是孔间桁宽的 2 倍；三壳之比为 1:2:4；壳体表面有 30-50 根角锥状主骨针，长度与髓壳直径近等，另外还有一些较短的圆锥状辅针，长度约为主骨针的一半。

标本测量：皮壳直径 110 μm，外髓壳直径 50 μm，内髓壳直径 25 μm，皮壳孔径 10-20 μm，主骨针长 30 μm。

地理分布　北大西洋，白令海。

（99）光眼虫（未定种 1）*Actinomma* sp. 1

（图版 22，图 10，11）

3 个同心格孔壳呈规则圆球形，个体较小，三壳直径之比 1:2.5:3.5，壳壁中等厚度，表面棘刺状；皮壳壁孔类圆形或近似椭圆形，各孔的边缘自里往外渐变宽，而孔间桁却渐变窄尖，在各孔间桁中部形成明显的龙脊，使壳表形成多角形框架，横跨赤道有 6-7 孔，亚规则排列；格孔状的内、外髓壳壁厚中等，具类圆形的壁孔，亚规则排列；3-5 根较粗的放射桁连接着 3 个球壳，仅个别穿过皮壳生长为圆锥形的主放射骨针，在各孔间桁的交叉节点及其他龙脊部位普遍发育有许多棘状骨针或骨突，这些次级骨针呈三棱角锥形，较短，大小与形状近等，遍布整个壳体表面。

标本测量：皮壳直径 118-125 μm，外髓壳直径 75-82 μm，内髓壳直径 37 μm，主骨针长 32-42 μm，次级骨针长 12-15μm。

地理分布　白令海。

该种与 *Actinomma henningsmoeni* Goll et Bjørklund 较相似，主要区别在于后者的皮壳壁孔较小而多，表面棘刺不明显，髓壳较小，外髓壳大小仅为皮壳的 1/3。

（100）光眼虫（未定种 2）*Actinomma* sp. 2

（图版 22，图 12，13）

3 个圆球形格孔壳之比为 1:2:3.5，壳表棘刺状；皮壳壁稍厚，具大小近等的类圆形孔，排列较规则，横跨赤道 6-7 孔，有典型的六角形框架，各孔往外渐增大，孔间桁较粗，往外渐变细，在表面形成近六角形棱脊，各交汇处常有角锥状突起，并发育成较短的三棱片骨针，各棱脊上可见一些细小的棘刺；外髓壳壁厚中等，具大小近等的类圆形孔，排列较规则；内髓壳较小，格孔壳的壁稍薄，类圆形孔排列不规则，18-24 根放射桁连接三壳。

标本测量：皮壳直径 133 μm，皮壳孔径 18-20 μm，外髓壳直径 75 μm，内髓壳直径 40 μm，骨针长 11-13 μm。

地理分布　白令海。

该种与其他各种的主要区别是壳壁稍厚、表面棘刺状、壁孔规则排列，无较长的放射骨针。

（101）光眼虫（未定种 3）*Actinomma* sp. 3

（图版 22，图 14-16）

个体很小，三壳之比约为 1:3:6；皮壳壁较厚，具大小近等的圆形孔，排列较规则，横跨赤道有 6-7 孔，孔径是孔间桁宽的 2-2.5 倍，具六角形框架，各孔间桁中间凸起形成较高的棱脊；外髓壳中等壁厚，具大小近等的圆形孔，规则排列；内髓壳很小，似为网状物。许多放射桁连接着 3 个壳；在皮壳外壁的棱脊和节点上有许多刺片状的放射骨针或凸起，围绕在孔的边缘上生长，形状不规则，有的呈尖刺形，有的为三片棱柱状，棱柱状骨针常在中部有侧分枝，各骨针相互独立，基本不连接在一起，有个别较长的角锥状骨针，其长度近等于壳半径。

标本测量：皮壳直径 88-100 μm，外髓壳直径 42-45 μm，内髓壳直径 14-16 μm，刺片状骨针长 18-25 μm，角锥状骨针长 38 μm。

地理分布　白令海。

该未定种以具有独特的刺片状骨针而区别于其他各种。

（102）光眼虫（未定种 4）*Actinomma* sp. 4

（图版 22，图 17，18）

皮壳近球形，壁稍厚，类圆形或椭圆形孔，大小不一，排列不规则，横跨赤道有 6-8 孔；壳内结构有些杂乱，外髓壳不规则形，壳壁上有类圆形小孔，内髓壳很小，为球形；壳体的表面有两类放射骨针，主骨针的数量较少，呈角锥状，长度为皮壳直径的 1/3-1/4，辅针较多，由孔间桁的凸起形成，细角锥状，长度是主骨针的 1/4-1/5。

标本测量：皮壳直径 123-133 μm，外髓壳直径 45-55 μm，内髓壳直接 18 μm，主骨针长 23-30 μm。

地理分布　白令海。

（103）光眼虫（未定种 5）*Actinomma* sp. 5

（图版 23，图 1-6）

三壳之比 1:2:5；皮壳壁厚中等，壁孔类圆形，大小不等，亚规则排列，孔径是孔间桁宽的 3-5 倍，横跨赤道有 5-6 孔；外髓壳亚球形，壁孔类圆形或多角形，不规则排列，孔径为孔间桁宽的 1-3 倍；内髓壳球形，壁孔很小；许多放射桁连接着 3 个壳体，延伸至壳表形成 15-20 根较为粗壮的三棱角锥状放射骨针，骨针末端明显缩尖，针长与皮壳直径近等。

标本测量：皮壳直径 50-100 μm，外髓壳直径 25-40 μm，内髓壳直径 10-20 μm，骨针长 60-93 μm，针基宽 22 μm。

地理分布　白令海。

该未定种与 *Actinomma leptodermum* (Jørgensen) 较相似，主要区别在于该未定种的放射骨针明显较为粗壮，长度大于皮壳的半径，但该未定种的骨针却比 *Actinomma leptoderma longispina* Cortese et Bjørklund 短，后者针体较细，长度可达皮壳直径 2 倍。

葱眼虫属 Genus *Cromyomma* Haeckel, 1881

具 4 个同心格孔球壳和许多简单同形骨针。

（104）围织葱眼虫 *Cromyomma circumtextum* Haeckel

（图版 23，图 7-12；图版 24，图 1-8）

Cromyomma circumtextum Haeckel, 1887, p. 262, pl. 30, fig. 4；陈木宏、谭智源，1996，174，175 页，图版 9，图 7，图版 40，

图 6，9。

四壳大小之比为 1:2:6:8；外皮壳壁薄，孔间桁细线状，孔大而呈不规则多角形；内皮壳壁较厚，具不规则的多角形孔，大小不一，孔径是孔间桁宽的 3-6 倍，横跨赤道半径有 6-7 孔，两个髓壳均具亚规则的圆孔；12-20 根三棱柱放射桁连接 4 个壳并向外延伸发育成角锥状的放射骨针，骨针长约是外皮壳半径的一半。

标本测量：SIOAS-R175，外皮壳直径 126-134 μm，内皮壳直径 80-105 μm，外髓壳直径 34-36 μm，内髓壳直径 14-16 μm，内皮壳孔直径 10-24 μm，骨针长 40 μm。

地理分布 南海中、北部，太平洋中部，白令海。

（105）穿刺葱眼虫 *Cromyomma perspicuum* Haeckel

（图版 24，图 9）

Cromyomma perspicuum Haeckel, 1887, p. 262, pl. 30, fig. 8.
Cromyosphæra perspicua, Haeckel, 1879, pl. xxx. fig. 8.

4 个壳体的大小比例约为 1:2.5:6:9；外皮壳壁很薄，孔间桁呈线状，壁孔为不规则多角形；内皮壳的壁孔与外皮壳相似，但孔间桁较为粗厚；两个髓壳均具规则的圆形孔，外髓壳孔约为内髓壳孔的 3 倍；许多细放射桁连接着髓壳与皮壳，而另一些很细的放射桁却连接着两个皮壳，并往外延伸为短刚毛状的骨针。我们的标本特征基本与之相符，但个体明显偏小，大小约 70 μm，似乎仅有一个髓壳。

标本测量：4 个壳体直径分别为 180 μm、120 μm、50 μm 和 20 μm，外皮壳孔径 10-20 μm，骨针长 10-30 μm。

地理分布 中太平洋表层，白令海。

葱海胆虫属 Genus *Cromyechinus* Haeckel, 1881

具 4 个同心格孔球壳和简单的两类骨针，大主针和小辅针。

（106）南极葱海胆虫 *Cromyechinus antarctica* (Dreyer)

（图版 24，图 10-18）

Prunopyle antarctica Dreyer, 1889, S. 24, Taf. 5, Fig. 75；Riedel, 1953, p. 225, p. 1, figs. 7, 8.
Cromyechinus Antarctica (Dreyer), Petrushevskaya, 1967, p. 25, pl. 3, figs. I-VI, pl. 14, figs. I-VII；谭智源，1993，205 页，图版 IV，图 6-8；陈木宏、谭智源，1996，175 页，图版 9，图 8-10、13。

具 4 个同心格孔壳，四壳大小之比为 1:3:7:10，外皮壳有时略呈卵形，其他三壳为圆球形，外皮壳壁薄（易于破碎）；内皮壳壁稍厚，表面光滑，孔呈类圆形，大小不等，横跨赤道占 6-8 孔；外髓壳表具规则的六角形网孔，内髓壳网孔则不甚规则；40-60 根三棱片放射桁连接 4 个壳，并延伸形成角锥状放射骨针；骨针长略小于外皮壳直径的 1/4。

标本测量：SIOAS-R176，外皮壳直径 108-166 μm，内皮壳直径 75-110 μm，外髓壳直径 32-48 μm，内髓壳直径 11-19 μm，内皮壳孔直径 6-14 μm，骨针长 23 μm。

地理分布 南海中、北部，太平洋和印度洋的高纬度海区，南极附近水域，白令海。

（107）十二棘葱海胆虫 *Cromyechinus dodecacanthus* Haeckel

（图版 25，图 1，2）

Cromyechinus dodecacanthus Haeckel, 1887, p. 264, pl. 30, fig. 3, 3a.

四重壳，各壳大小的比例 1:3:10:12；外皮壳很细薄，壁孔小，为规则圆形，表面分散有一些细短的刚毛状辅针，长度不及壳体半径的 1/4；内皮壳壁稍厚，壁孔较大，呈不规则多角形，孔径是孔间桁宽的 2-6 倍；两个髓壳均很小，具规则圆形孔，由约 12 根规则排列的细放射桁与皮壳连接；放射桁延伸至壳外形成 12 根粗壮的三棱角锥状主骨针，主骨针长度为壳体直径的 1/3-1/2。

标本测量：各壳直径分别为 108-120 μm、88-100 μm、30-37 μm 和 10-15 μm，外皮壳孔径 2 μm，内皮壳孔径 20 μm 和孔间桁宽 2 μm，主骨针长 40-60 μm 和针基宽 10 μm。

地理分布　南大西洋，白令海。

海绵眼虫属 Genus *Spongiomma* Haeckel, 1887

具实心的海绵球和很多简单放射针，无格孔状髓壳。

（108）棘海绵眼虫 *Spongiomma spinatum* Chen et Tan

（图版 25，图 4，5）

Spongiomma spinatum Chen et Tan，陈木宏、谭智源，1989，3 页，图版 1，图 10，图版 2，图 1；1996，175 页，图版 9，图 11，12。

壳由不规则的球形海绵组织构成，靠近中心较致密，向外渐变疏松，表面粗糙；无髓壳；有 6-8 根三棱状放射骨针，自中心生出，在壳内以侧分枝与海绵组织相连，壳外骨针长与壳径相等；各骨针侧缘均有少数小齿或小刺；骨针常被部分折断，或不完整。

标本测量：SIOAS-R16，壳直径 90-158 μm，骨针长 132 μm。

地理分布　南海，白令海。

中方虫属 Genus *Centrocubus* Haeckel, 1887

具一简单方形髓壳，外被海绵网状外皮壳包围。方形髓壳的 8 个角上生出 8 根初级骨针。骨针之间常有骨架相连。

（109）中方虫 *Centrocubus cladostylus* Haeckel

（图版 25，图 3）

Centrocubus cladostylus Haeckel, 1887, p. 278, pl. 18, fig. 1；谭智源、张作人，1976，232 页，图 9；谭智源、陈木宏，1999，186 页，图 5-94。

髓壳呈近立方形，其 8 个角顶生出 8 根初级骨针，各针于不同距离处再生出次级骨针，次级骨针相互交接形成一类似海绵的网状结构，在向外生长过程中形成一些新的骨针，全壳外围共有 30 根以上的放射骨针，各骨针呈三棱柱状，向末端逐渐变宽加粗，并部分呈放射状伸出网状壳之外，壳体的海绵结构自里往外渐变稀疏。

标本测量：壳直径 450-800 μm，中央方体宽 20-30 μm，放射骨针长 200-320 μm，末端宽 10-20 μm。

地理分布 北太平洋表层，东海西部，南海西沙北海槽，白令海。

八枝虫属 Genus *Octodendron* Haeckel

具一简单立方形髓壳，髓壳 8 个角上各自生出一根初级放射针，各针于等距离上分枝连成一格孔球状外皮壳，海绵状网架直接由此壳生出，次生放射针从海绵状网架生出。

（110）中方八枝虫 *Octodendron cubocentron* Haeckel

（图版 25，图 6-9）

Octodendron cubocentron Haeckel, 1887, p. 279, pl. 18, fig. 3.
Octodendron hamuliferum Hollande et Enjumet, 1960, p. 122, pl. 59, fig. 3, pl. 60, figs. 5, 6；谭智源，1993，209 页，图版 4，
图 1-4，21；谭智源、陈木宏，1999，188 页，图版 3，图 1，2。

具 8 根放射状主骨针，呈棒状，有 3 条锯齿状棱边，长度是方形海绵壳中央腔直径的 2 倍；内腔呈近立方形，形状与简单的中央立方室相似；8 根细放射桁将两个立方体的顶角对应连接，放射桁往外变粗，每根放射桁上具 4-6 个轮生的侧分枝及其次级分枝，相互交联形成蛛网状或疏松海绵状结构的球形外壳，并构成一个围绕立方形髓壳的空腔。壳体的表面还可见一些较短小的放射辅针。

标本测量：海绵球直径 200-320 μm，内腔直径 88-132 μm，中央立方体 20 μm，骨针长 200 μm。

地理分布 中太平洋表层，西沙群岛，白令海。

根球虫属 Genus *Rhizosphaera* Haeckel, 1860

具两个同心的髓壳和一个格孔状外皮壳，外有海绵状骨骼网，放射状骨针很多。

（111）顶枝根球虫 *Rhizosphaera acrocladon* Blueford

（图版 25，图 10-14）

Rhizosphaera acrocladon Blueford, 1982, p. 196, pl. 3, figs. 5, 6a, 6b；谭智源、陈木宏，1999，191，192 页，图 5-101。

壳 3 或 4 层；主骨针 20-40 根，自内髓壳呈放射状向外生出，连接着外髓壳和皮壳，到皮壳表面由壳内的细杆状变为壳外的三棱角锥状骨针，骨针较短，壳表还有一些细圆锥状的次级辅针，表面粗糙；内、外髓壳类圆形或不规则状，壁孔不规则，大小不一；皮壳近圆形，壁孔呈不规则椭圆形或多角形，孔径变化较大，排列不规则，相互连接形成海绵状或格孔状皮壳（单层或双层皮壳）。该种的个体大小变化较大，白令海的标本个体一般偏小。

标本测量：皮壳直径 100-334 μm（白令海标本最小仅 110 μm），外髓壳直径 70-134 μm，内髓壳直径 20-44 μm。

地理分布 赤道太平洋中新世，南海，白令海。
该种的一些具双皮壳标本特征与 *Actinomma holtedahli* Bjørklund（1976, p. 1121,

pl. 20, figs. 8, 9）和 *Actinomma antarcticum* (Haeckel) 有些相似，但后两者均仅具有一个髓壳。

灯球虫属 Genus *Lychnosphaera* Haeckel, 1881

髓壳为一简单、球形、格孔状，生出各放射幅针并由较粗的放射主针与海绵状的皮壳相连接。

（112）王灯球虫 *Lychnosphaera regina* Haeckel

（图版 26，图 1-13）

Lychnosphaera regina Haeckel, 1887, p. 277, pl. 11, figs. 1-4.
Cladococcus lychnosphaerae Hollande et Enjumet, 1960, p. 115, pl. 55, figs. 1, 2.
Thalassoplegma tenuis (Mast) Hollande et Enjumet, 1960, p. 118, pl. 50, fig. 6.

髓壳具规则的圆形孔，六角形框架，孔径为孔间桁宽的 2-3 倍，横跨赤道 6-8 孔，从髓壳表面各个六角端长出许多钢毛状的辅针；约 12 根粗放射状骨针为三面棱柱状；放射骨针的边缘有侧刺，其末端可形成细分叉，并进一步形成疏松的海绵状或网格状皮壳（我们的沉积物标本经处理后较为纤细的皮壳被损坏，基本消失）。如标本完整，在皮壳的表面有一些放射状的小辅针。

标本测量：皮壳直径 600 μm，内腔 400 μm，中央囊 220 μm，髓壳 60 μm，放射骨针长 400 μm，宽 10 μm。

地理分布 中太平洋表层水，印度洋，白令海。

根编虫属 Genus *Rhizoplegma* Haeckel, 1881

髓壳简单、球形、格孔状，无辅针，以坚实的放射状主针与海绵状皮壳相连。

（113）北方根编虫 *Rhizoplegma boreale* (Cleve)

（图版 27，图 1-14）

Hexadoras borealis Cleve, 1899, pl. 2, fig. 4.
Rhizoplegma boreale (Cleve), Jørgensen, 1900, p. 61, 62；1905, p. 118, pl. 9, fig. 38, pl. 10, fig. 38；Schröder, 1909b, fig. 23；Petrushevskaya, 1967, p. 12-14, fig. 8；Ling *et al.*, 1971, p. 710, fig. 3, pl. 1, figs. 2, 3；Bjørklund, 1976, pl. 3, figs. 10-16, pl. 4, figs. 1-3；Abelmann, 1992b, pl. 1, fig. 13, tab. 1；Itaki and Takahashi, 1995, fig. 10b, tab. 1；Bjørklund *et al.*, 1998, pl. 1, fig. 8；Dolven, 1998, pl. 9, figs. 2, 3.
Rhizoplegma boreale var. *antarctica* Popofsky, 1908, p. 216, 217, pl. 24, fig. 1.

内髓壳不规则球形，半径上有 2-3 个不规则圆形或多角形孔，孔间桁很细；外壳圆球形或呈八面体形，由长自骨针侧缘的细枝相互错综交接形成的网状组织所构成，其内侧似有一个内壁，并与髓壳之间形成一个空腔，其外侧向外发育成不同程度或厚度的疏松网组织，表面粗糙不规则或有一些小辅针；放射主骨针 6-8 根（多数为 6 根），呈细长三棱柱状，生自髓壳并呈较规则而匀称的空间分布，各针在中部的边缘有一些三角形刺突。

标本测量：髓壳直径 30-40 μm，外壳内腔直径 55-80 μm，外壳层厚 30-50 μm，孔径 10-15 μm，放射骨针宽 8-10 μm。

地理分布　挪威海，白令海。

该种与 *Spongosphaera streptacantha* Haeckel 有些相似，主要区别在于后者的内壳与外壳之间没有形成空腔，而是完全由实心的海绵组织所构成。

中方虫属 Genus *Centrocubus* Haeckel, 1887

髓壳立方体，从各顶角长出 8 根主放射桁及其侧枝与海绵组织构成球形皮壳。

（114）蜂巢中方虫（新种）*Centrocubus alveolus* sp. nov.

（图版 28，图 1-4）

Cenosphaera? sp. aff. *C. perforata* Haeckel, Benson, 1966, p. 125, pl. 2, figs. 6, 7；1983, p. 501, pl. 4, fig. 4.

壳圆球形，稍小，似呈海绵状，表面为开放六角形或多角形状；髓壳很小，近立方形，各顶角生出约 8 根或 16 根细柱状主放射桁，每根主放射桁上又产生若干侧分枝，共同组成 60-80 根分布较规律的皮壳框架，这些放射桁之间由分布均匀且相互平行的横向细桁连接，每两根放射桁之间还有 2-3 条纵向细桁，交叉形成许多近方形的内壁孔，这些连接 5-6 根放射桁的孔壁分别组成由里而外渐变大的六角形或多角形的深孔；皮壳表面较平整，放射桁不伸出壳外，无其他覆盖物。

标本测量：壳直径 113-125 μm。

模式标本：BS-R11（图版 28，图 1-4），来自白令海的 IODP 323 航次 U1344A-1H-4 w42-43 cm 样品中，保存在中国科学院南海海洋研究所。

地理分布　加利福尼亚湾，白令海。

该新种与 *Centrocubus cladostylus* Haeckel（1887, p. 278, pl. 18, fig. 1）较相似，但后者的放射桁间完全由杂乱的海绵网连接而组成，放射桁末端较粗且伸出海绵组织之外。

梅子虫亚目 Suborder PRUNOIDEA Haeckel, 1883

中央囊椭圆或柱状，单轴延伸；具硅质的椭圆或柱状壳体，有窗孔，单轴生长常在主轴两端形成轴极。

空虫科 Family Ellipsidae Haeckel, 1882

具简单的椭球格孔壳，无赤道缢，无内包的髓壳，中央囊椭圆或圆柱状，无环状赤道缢。

空椭球虫属 Genus *Cenellipsis* Haeckel, 1887

具简单椭球壳，无放射针和极管。

（115）卵空椭球虫？*Cenellipsis elliptica* Lipman？

（图版 28，图 5，6）

?*Cenellipsis elliptica* Lipman, 1952, p. 28, pl. 1, fig. 5.

　　壳呈椭球形或长卵形，长轴与短轴之比为 1.5-2，个体较大，壁薄，表面光滑；壁孔很小，为不规则状，形态变化较大；壳内套有另一形状相似、大小约为外壳 3/4 的内嵌壳，内壳的一端紧靠外壳一端，其余部分也尽量紧贴外壳的内壁，呈斜躺状伏帖于外壳内。

　　标本测量：外壳长轴 160-390 μm，短轴 88-234 μm。

　　地理分布　俄罗斯白垩纪晚期，白令海。

　　我们的标本形态与壳壁孔特征与 *Cenellipsis elliptica* Lipman 很相似，但后者体型偏胖，尤其是前者存在内嵌壳，可能为新属新种。

（116）空椭球虫 *Cenellipsis* sp.

（图版 85，图 8，9）

　　单一椭球形壳，长轴与短轴之比约 1.3:1，壳壁中等厚度，表面粗糙，壁孔较小，为类圆形，大小不等，排列不规则，横跨短轴赤道有 18-22 孔，孔间桁较细，为孔径的 1/5-1/3 倍，在各孔间桁节点上有角锥状的小棘凸。

　　标本测量：壳长轴 188 μm，短轴 142 μm，孔径 4-10 μm。

　　地理分布　白令海。

针球虫科 Family Stylosphaeridae Haeckel, 1881

　　球形壳一个或多个，壳表的两极上有对称的两根骨针。

针球虫属 Genus *Stylosphaera* Ehrenberg, 1847

　　具两个同心格孔球壳，主轴两极上两根骨针大小相等，形状相似。

（117）针球虫（未定种 1）*Stylosphaera* sp. 1

（图版 28，图 7，8）

　　皮壳近椭球形，略呈不规则状，壁孔为类圆形或椭圆形，大小不等，但差别不大，亚规则排列，横跨短轴赤道有 9-11 孔，孔径是孔间桁的 1-3 倍；髓壳圆球形，大小约为皮壳的 1/3，壁孔较大，呈六角形，孔间桁较细，横跨赤道 3-4 孔；自髓壳的孔间桁结点上长出 10-12 根放射与皮壳连接，其中位于皮壳长轴两极附近的两根放射桁发育较为粗壮，并穿过皮壳形成两根大小近等的极针，极针呈细圆锥形，末端缩尖；壳的表面刺状，在皮壳孔间桁的各交叉节点上长出许多短圆锥形的放射针，形状与大小相近，分布较规律。

　　标本测量：皮壳长轴 90-95 μm，短轴 75-80 μm，髓壳直径 30 μm，极针长 28-33 μm，骨针长 3-5 μm。

　　地理分布　白令海。

（118）针球虫（未定种2）*Stylosphaera* sp. 2

（图版85，图17，18）

2个皮壳椭球形，大小之比4.6:3，表面粗糙；外壳壁孔类圆形，大小相近，亚规则排列，横跨赤道12-14孔，具六角形或多边形框架，孔间桁宽为孔径的1/4-1/3，在各节点上有角锥形突起；两根极针较粗壮，大小近等，呈三角棱锥状，末端缩尖。

标本测量：外壳长轴138 µm，短轴120 µm，内壳长轴90 µm，短轴80 µm，孔径7-12 µm，极针长53-60 µm，基宽28-35 µm。

地理分布　白令海。

橄榄虫属 Genus *Druppatractus* Haeckel, 1887

具简单的椭球状皮壳和髓壳。主轴两极有两个相对的极针，大小与形状均不相同。

（119）壳橄榄虫 *Druppatractus ostracion* Haeckel

（图版28，图9-11）

Druppatractus ostracion Haeckel, 1887, p. 326, pl. 16, figs. 8, 9.
?*Druppatractus ostracion* Haeckel, Takahashi, 1991, p. 75, pl. 14, figs. 3, 4.

皮壳壁厚，表面棘刺状，格孔排列规则，长轴与短轴之比4:3；孔圆形，具六角形框架，孔径为孔间桁宽的3-4倍，在孔间桁的每一个交叉节点上有短乳突或形成细圆锥状的棘刺，分隔各漏斗状壁孔的孔间桁基部有一很薄的封板，每一节点周围有3个圆形孔（偶见4孔）；髓壳大小为皮壳的1/3-1/2，球形或椭球形，有乳突，具规则圆形孔；极针较长，呈三棱柱状，常有些扭形，末端削尖，长极针大于或达皮壳主轴的两倍，短极针约一半长。

标本测量：皮壳主轴长95-160 µm，短轴长88-120 µm，孔径12-20 µm（基部5-10 µm），孔间桁宽6 µm；髓壳长轴40-70 µm、短轴40-60 µm，孔径10 µm，桁宽3 µm；大极针长98-300 µm，小极针长70-90 µm，针基宽30 µm。

地理分布　热带太平洋与大西洋，白令海。

（120）变异橄榄虫 *Druppatractus variabilis* Dumitrica

（图版28，图12）

Druppatractus variabilis Dumitrica, 1973, p. 833, pl. 6, fig. 4, pl. 20, figs. 6, 7.

壳由两个椭球壳组成；内壳梨形，壁孔圆形，由许多三棱片放射桁与皮壳连接；皮壳随年龄有较大变化，年轻个体壁稍薄，圆形或亚圆形的壁孔，大小相等或不等，具六角形框架，随着年龄增大孔间桁相应加大发育，使壳壁变得越来越厚，壳架的侧表粗糙或棘刺状，孔壁向内生长可在皮壳内侧形成一个不完整的附加壳；皮壳外表在各孔间桁的交叉节点处隆起并形成三棱状短骨针；两根极针较短，不等，三棱或角锥状，在老年体标本变得几乎难以见到。

标本测量：内壳长轴 43-47 μm，短轴 30-34 μm，皮壳内径长轴 65-70 μm，短轴 60-68 μm，附加皮壳横轴直径 83-90 μm，老年体可达 93-100 μm。

地理分布　西北大西洋，地中海，白令海。

（121）橄榄虫（未定种 1）*Druppatractus* sp. 1

（图版 28，图 13-16）

两壳大小之比约为 2:1；皮壳椭球形，表面略显凹凸不平，壁薄，壳呈类圆形或椭圆形，大小不等，亚规则或不规则排列，横跨赤道 5-7 孔，孔径是孔间桁宽的 3-6 倍，孔大桁细；单一髓壳呈长梨形，壁厚中等，孔为类圆形或多角形，大小相近，亚规则排列，横跨赤道 5-6 孔，孔间桁较细，孔径为孔间桁的 3-4 倍；从髓壳表面长出 12-16 根放射桁与皮壳连接，其中位于两极的两根较粗并穿过皮壳形成两根长短不一的极针，极针呈细角锥状；整个壳体表面光滑，无其他辅针或棘刺。

标本测量：皮壳长轴 73-88 μm、短轴 68-75 μm、孔径 10-17 μm，髓壳长轴 42-45 μm、短轴 35-37 μm，极针长 25-63 μm。

地理分布　白令海。

（122）橄榄虫（未定种 2）*Druppatractus* sp. 2

（图版 29，图 1-4）

两壳大小之比约为 2:1，表面棘刺状，极针较长；皮壳椭球形，壁厚中等，壁孔类圆形，具六角形框架，大小近等，规则或亚规则排列，横跨赤道有 6-7 孔，在各孔间桁节点上有突起，形成大小均等的角锥形骨针；髓壳呈梨形，壁稍薄，孔为类圆形，横跨赤道 4-5 孔，由 20-30 根放射桁与皮壳连接，其中位于长轴上的两根伸出皮壳形成极针；两根极针较细长角锥状，较直，基部具三棱，形状相似，长短略有差异，长度近等或略大于皮壳长轴，末端削尖。

标本测量：皮壳长轴 73-83 μm，短轴 66-73 μm，髓壳长轴 36-48 μm，短轴 32-35 μm，极针长 73-88 μm。

地理分布　白令海。

该未定种特征与 *Druppatractus ostracion* Haeckel 较接近，主要区别是后者髓壳为近球形，两根极针完全呈三棱角锥形，较粗壮，常扭曲。

针蜓虫属 Genus *Stylatractus* Haeckel, 1887

具简单椭球形皮壳和两个髓壳，主轴上有两根对称的极针，大小相等，形状相似。

（123）圣针蜓虫 *Stylatractus angelinus* (Campbell et Clark)

（图版 29，图 5，6）

Stylosphaera (*Stylosphaerella*) *angelina* Campbell et Clark, 1944a, p. 12, pl. 1, figs. 14-20.
Stylatractus sp. Hays, 1965, p. 167, pl. 1, fig. 6.
Stylatractus universus Hays, 1970, p. 215, pl. 1, figs. 1, 2；Kling, 1971, p. 1086, pl. 1, fig. 7；Chen, 1975, p. 455, pl. 21, figs. 5-9；
　　Nigrini and Lombari, 1984, S27-30, pl. 4, fig. 3；Nigrini and Sanfilippo, 2001, p. 410, 411.

Axoprunum angelinum (Campbell et Clark), Kling, 1973, p. 634, pl. 1, figs. 13–15, pl. 6, figs. 14–17; Ling, 1973, p. 777, pl. 1, figs. 2–4.
Stylatractus universus Has [= *Axoprunum angelinum* (Campbell et Clark)], Nigrini and Sanfilippo, 2001, p. 410, 411.

具 1 个皮壳和 2 个髓壳，髓壳圆球形，皮壳略拉长；内髓壳壁薄，圆形孔具六角形边缘，外髓壳壁薄，孔的大小与形状规则或不规则；皮壳壁非常厚，壁孔圆形或椭圆形，横跨赤道有 11-14 孔，表面光滑或粗糙；髓壳由许多粗放射桁与皮壳相连，位于主轴上的两根放射桁穿过皮壳发育成坚实的极针，其他放射桁内接内髓壳向外辐射，有些穿出壳外形成细圆柱状的短骨针；两根大极针近相等，呈圆柱形，长度约为皮壳主轴长的一半。

标本测量：内髓壳径 15-20 μm，外髓壳径 40-50 μm，皮壳短轴 106-115 μm，长轴 109-123 μm，极针长 40-120 μm。

地理分布 赤道太平洋和印度洋，南极海区，北太平洋，白令海。时代为古新世—第四纪，在不同地区呈现一些特殊的年代特征，在白令海的末现面（Last Occurrence, LO）年龄为 0.4 Ma。

讨论：该种类的壳表特征变化较大，有的表面粗糙但无骨针生出，有的壳表布满较为细小的放射骨针，有的则呈现为数根稍粗大的放射辅针。Campbell 和 Clark（1944）首先鉴定并建立了该种，其主要特征与后人所新建或引用的种名内涵基本一致，因此根据生物命名优先律法则，应使用种名 *Stylatractus angelinus* (Campbell et Clark) 较为合理。目前国际上的放射虫网页（http://www.radiolaria.org/）仍采用前些年的习惯用名 *Stylatractus universus* Hays 是不合适的。

该种与 *Stylacontarium acquilonium* (Hays) 的区别主要在于前者个体稍小、壁孔较小、髓壳圆形、壳内的放射桁较多且分布在各个不同的位置方向、延伸至壳外形成许多明显的放射骨针。

（124）双针针蜓虫 *Stylatractus disetanius* Haeckel

（图版 29，图 7-10）

Stylatractus disetanius Haeckel, 1887, p. 331；   陈木宏、谭智源，1996，177 页，图版 11，图 1-3，图版 41，图 5。

一皮壳与二髓壳均呈椭球形，三壳接近同形，其大小之比为 1:2:4；壳表在孔间桁节点处生出许多圆锥形小棘刺，因而表面显得粗糙；壳孔不规则、圆形，每一孔又被较细的孔间桁分为 3-4 个小圆孔，横跨赤道有 6-8 个大孔；二极骨针相等，为三棱角锥状，骨针较长，近等于皮壳纵轴之长，针基与内髓壳等宽。

标本测量：SIOAS-R184，皮壳纵轴长 108 μm，横轴长 92 μm，外髓壳长 68 μm，内髓壳长 33 μm，骨针长 104 μm，针基宽 25 μm。

地理分布 南海中、北部，太平洋南部，新西兰附近海域表层，白令海。

剑蜓虫属 Genus *Xiphatractus* Haeckel, 1887

具一简单的椭球形皮壳和两个髓壳，主轴上的两根极针大小相异、形状不同。

（125）双啄剑蜓虫早亚种 *Xiphatractus birostractus praecursor* (Gorbunov)

（图版 29，图 11，12；图版 30，图 1-3；图版 31，图 11，12）

Druppatractus birostractus praecursor Gorbunov, 1979, p. 111, pl. 12, figs. 2a, b.

具 1 个皮壳和 2 个髓壳，椭球形或亚球形；皮壳壁很厚，壁厚与孔径近等，横跨赤道有 8-9 个圆形孔，孔间桁凸起明显，基部粗厚，往外至表面渐缩窄呈棱脊状，在各交叉节点上形成尖丘状或短圆锥形突起，表面粗糙；髓壳近球形，外髓壳直径约为皮壳的 1/2，壁稍厚；两根极针大小不等，长极针呈圆柱形，稍细，针长与皮壳半径近等或更长，短极针呈细圆锥状或发育不完整。

标本测量：皮壳直径 140-155 µm，外髓壳直径 73-83 µm，内髓壳直径 38-45 µm，骨针长 30-52 µm。

地理分布 白令海。

（126）克罗剑蜓虫 *Xiphatractus cronos* (Haeckel)

（图版 29，图 13，14）

Amphisphaera cronos Haeckel, 1887, p. 144, pl. 17, fig. 5.
Xiphatractus cronos (Haeckel), Benson, 1964, pl. 1, fig. 17; 1966, p. 182, pl. 7, figs. 12, 13；陈木宏、谭智源，1996，178 页，图版 11，图 4。

一皮壳和二髓壳均呈椭球形，两极骨针不相等。皮壳壁很薄，光滑，壳孔较大，呈不规则圆形或六角形，孔直径是孔间桁宽的 3-5 倍，大小近相等，横跨赤道占 7-10 孔；外髓壳壁稍厚于皮壳，由许多放射小桁与皮相壳连，孔径是皮壳孔径的一半；内髓壳壁孔很小，两极骨针呈三棱角锥状，末端削尖，针长短于或长于皮壳纵轴之长。

标本测量：SIOAS-R185，外皮壳纵轴长 93-120 µm，横轴长 79-110 µm，外髓壳纵轴长 65-73 µm，内髓壳纵轴长 34-70 µm，长针长 104-134 µm，短针长 93-98 µm，针基宽 19 µm。

地理分布 南海中、北部，大西洋南部。

（127）糙皮剑蜓虫 *Xiphatractus trachyphloius* Chen et Tan

（图版 30，图 4-7）

Xiphatractus trachyphloius Chen et Tan，陈木宏、谭智源，1989，2 页，图版 1，图 5，6；1996，178 页，图版 11，图 5-8。

皮壳呈椭球形，壳壁较厚，表面粗糙，在孔间桁的交叉处有角锥状棘刺；长轴与短轴之比为 6:5；壳壁孔圆形或椭圆形，大小不等，不规则排列，孔径为孔间桁宽的 2-5 倍，横跨赤道有 12-15 孔；两个髓壳近圆球形，具小圆孔，外髓壳直径是内髓壳的 2 倍，为皮壳长轴的一半；极针粗而短，呈三棱片角锥状，长针长是短针的 2 倍。

标本测量：SIOAS-R13，皮壳长轴 158-163 µm、短轴 130-133 µm，外髓壳直径 80-83 µm，内髓壳直径 40-45 µm，长针长 40-58 µm，短针长 20-35 µm，针基宽 24-30 µm。

地理分布 南海中、北部，白令海。

（128）剑蜓虫（未定种 1）*Xiphatractus* sp. 1

（图版 30，图 8-10）

皮壳椭球形，个体较小，壁厚中等，壁孔圆形，大小相等，为孔间桁宽的两倍，规则排列，横跨赤道 5-6 孔，具六角形框架；外髓壳近梨形，大小是皮壳的一半，类圆形孔亚规则排列，大小为孔间桁宽的 2-3 倍；内髓壳很细小，近球形，轮廓不清；两根极针形状相似，长短不一，圆锥棒状，接近基部常见三棱状边缘，针长与髓壳长轴近等；皮壳表面呈棘刺状，在孔间桁的各节点处有角锥状凸起形成的短刺。

标本测量：皮壳长轴 70-75 μm、短轴 60-65 μm，孔径 6-10 μm，外髓壳长轴 43-45 μm、短轴 30-33 μm，极针长 23-38 μm，棘刺长 4-7 μm。

地理分布　白令海。

（129）剑蜓虫（未定种 2）*Xiphatractus* sp. 2

（图版 30，图 11-14）

壳椭球形，三壳之比 1:2:4，表面光滑；皮壳壁厚中等，圆形孔，大小近等，有六角形框架，排列规则，横跨赤道 6-7 孔，孔径为孔间桁宽的 3 倍；两个髓壳的形状与皮壳相近，壁厚中等，壁孔类圆形，亚规则排列，由数十根放射桁与皮壳连接；两根极针长度不同，长针长是短针的 2 倍，均为圆角锥棒状，末端缩尖，基部为三棱状。

标本测量：皮壳长轴 134-140 μm、短轴 108-122 μm，外髓壳长轴 80-85 μm、短轴 68-75 μm，内髓壳直径 33-38 μm，长极针 68-78 μm，短极针 40-56 μm。

地理分布　白令海。

倍球虫属 Genus *Amphisphaera* Haeckel, 1881, emend. Petrushevskaya, 1975

具 3 或 4 个同心格孔状球形壳，两根骨针大小相近，形状相似，长度近等或不同。

（130）冠倍球虫 *Amphisphaera cristata* Carnevale

（图版 31，图 1，2）

Amphisphaera cristata Carnevale, 1908, p. 14, pl. 2, fig. 7; Dumitrica, 1973, p. 833, 834, pl. 20, fig. 10; Bensen, 1983, p. 500, pl. 4, fig. 5.

壳亚球形或椭球形，表面粗糙，但无次级骨针，三壳之比为 1:2:6，两个髓壳较小；皮壳壁厚，孔近圆形，大小相近，较小而多，横跨赤道有 10-12 孔，规则排列，孔径是孔间桁宽的 1-1.5 倍，具六角形框架，在各节点上有小棘凸；外髓壳球形，壁厚中等，具小圆形孔；内髓壳球形或不规则形，孔大桁细；若干放射桁连接着髓壳与皮壳，其中仅两根穿过皮壳形成极针，极针强壮，较长，为窄圆锥形。

标本测量：皮壳长轴 116-120 μm、短轴 100-110 μm、孔径 5-10 μm，外髓壳直径 36-44 μm，内髓壳直径 18-20 μm，极针长 93-105 μm。

地理分布　西北大西洋，地中海，加利福尼亚湾，白令海。

该种外形特征与 *Amphistylus angelinus* (Campbell et Clark)较接近，但后者仅具 1 个髓

壳，且壳表有一些稍粗长的次级骨针。

（131）裂蹼倍球虫 *Amphisphaera dixyphos* (Ehrenberg)

（图版 31，图 3，4）

Haliomma dixyphos Ehrenberg, 1844, p. 83；1854, taf. 22, fig. 31.

Stylacontarium bispiculum Popovsky, 1912, p. 91, pl. 2, fig. 2.

Amphisphaera dixyphos (Ehrenberg), Petrushevskaya, 1975, p. 570, pl. 2, fig. 17.

壳近圆球形，略拉长，表面光滑无刺，三壳之比 1:3:6；皮壳壁很薄，光滑，壁孔近六角形，大小相近，亚规则排列，横跨短轴赤道 10-12 孔，孔间桁较细，孔径为孔间桁宽的 3-5 倍；外髓壳较大，壁厚中等，具亚圆或多角形孔，横跨赤道 7-8 孔；内髓壳近球形，网格状，孔稍大，不规则或多角形；14-17 根圆柱状放射桁自内髓壳长出连接着三壳，放射桁的空间分布较均匀，排列较规则，其中位于两极的两根放射桁穿出皮壳形成两根极针，极针较短，细圆柱状，末端略缩尖。

标本测量：皮壳长轴 110 μm、短轴 102 μm，外髓壳直径 48-51 μm，内髓壳直径 16-19 μm，骨针长 24-30 μm。

地理分布　南极海区，白令海。

（132）薄壁倍球虫 *Amphisphaera* (*Amphisphaerella*) *gracilis* Campbell et Clark

（图版 31，图 5-8）

Amphisphaera (*Amphisphaerella*) *gracilis* Campbell et Clark, 1944a, p. 6, pl. 1, fig. 3.

壳具 1 个皮壳和 2 个髓壳，两根极针近似三棱柱状，末端缩尖；皮壳和髓壳呈类球形或椭球形，皮壳大小约为外髓壳的 2 倍，连接两个髓壳间的 12 根放射桁为棱柱状，外髓壳至少有 16 根放射桁与皮壳相连，其中在极轴上的两根最粗；三壳的壳壁均较薄，近透明状，皮壳表面光滑，各放射桁穿出壳表形成短针状的放射骨针（我们的标本骨针相对较长些）；皮壳孔稍小，圆形，大小与形状相近，彼此分隔，沿赤道少于 20 孔，无突起的多角形孔间桁或其他饰物；髓壳孔亚六角形，孔间桁较细。

标本测量：总长 250-256 μm，极针长 80-90 μm，皮壳直径 70-85 μm，外髓壳直径 38-44 μm，内髓壳直径 19-21 μm，皮壳孔径 5-7 μm。

地理分布　加利福尼亚中部的白垩纪晚期，白令海。

（133）辐射倍球虫 *Amphisphaera radiosa* (Ehrenberg)

（图版 31，图 9，10）

Stylosphaera radiosa Ehrenberg, 1854, p. 256；1875, pl. 24, fig. 5；Abelmann, 1990, pl. 2, figs. 4A, 4B, 4C.

Stylosphaera coronata coronata Chen, 1975, p. 455, pl. 5, figs. 1, 2.

Amphisphaera radiosa (Ehrenberg), Petrushevskaya, 1975, p. 570, pl. 2, figs. 18-20.

具 1 个皮壳和 2 个髓壳，近亚球形，壳壁很厚，表面略显粗糙；皮壳壁孔圆形，大小相近，排列规则，横跨赤道 7-9 孔；髓壳圆球形，壁较厚；两根极针的发育变化较大，一般为三棱柱状，较短，有的仅现为短圆锥形或发育不明显。

　　标本测量：皮壳长轴 143 μm，短轴 123 μm，外髓壳直径 76 μm，内髓壳直径 37 μm，极针长 30 μm。

　　地理分布　加勒比海巴巴多斯，南极附近海区，南大洋，白令海。

　　该种与 *Xiphatractus birostractus praecursor* (Gorbunov) 的形态结构很相似，主要区别是后者的孔间桁在壳表形成明显的棱脊，各节点处有尖丘状突起或形成小棘，表面粗糙，而前者壳表较为平滑。

（134）桑塔倍球虫 *Amphisphaera santaennae* (Campbell et Clark)

（图版 32，图 1-4）

Lithatractus santaennae Campbell et Clark, 1944a, p. 19, pl. 2, figs. 20-22.
Stylatractus santaennae (Campbell et Clark) Petrushevskaya et Kozlova, 1972, p. 520, pl. 11, fig. 10.
Amphisphaera santaennae (Campbell et Clark), Petrushevskaya, 1975, p. 570, pl. 2, fig. 21.

　　壳大，卵形，具两根强壮的、近乎对等的极针，针长稍短于皮壳长轴，呈圆锥状，基部较宽并有三棱状，针末端收尖；皮壳卵形或椭球形，壁厚，孔近圆形，深陷于六角形框架内，大小近等，排列规则，横跨短轴赤道 5-7 孔，长轴上 7-9 孔，孔径约为孔间桁宽的 2 倍，在各节点上有角锥形的尖凸；外髓壳较大，壁孔为亚六角形，内髓壳较小，连接内外壳的两根位于极区的放射桁（棒）较粗，其他 4 根横向的放射桁稍细。

　　标本测量：皮壳长轴 134-146 μm，短轴 118-122 μm，外髓壳长轴 78-82 μm，短轴 61-68 μm，极针长 80-110 μm，皮壳孔径 12-20 μm。

　　地理分布　加利福尼亚南部地层，南极海区，北大西洋，白令海。

（135）倍球虫（未定种 1）*Amphisphaera* sp. 1

（图版 32，图 5-8）

　　壳体呈椭球形，似有三层，外皮壳的孔间桁较细，经标本处理后基本已碎失，仅在放射桁近末端处可见残存的部分侧向突起；内皮壳壁稍厚，圆形孔，大小近等，规则排列，横跨短轴赤道有 6-7 孔，孔径为孔间桁宽的 2-3 倍；内髓壳椭球形或梨形，壁厚中等，有类圆形小孔，大小近等，亚规则排列；放射桁较粗，自髓壳长出，穿过内皮壳，并发育形成可能的外皮壳（不完整）；三壳之间的间隔距离近等；两根极针大小近等，靠近基部呈三棱状，中部至远端完全为圆锥状，骨针细长，末端缩尖，约与皮壳直径近等长。

　　标本测量：外皮壳长轴 103-108 μm、短轴 90-98 μm，内皮壳长轴 86-95 μm、短轴 66-75 μm，髓壳直径 33-38 μm，极针长 78-88 μm，针基宽 15-17 μm。

　　地理分布　白令海。

　　因外皮壳不完整，暂定为未定种。

（136）倍球虫（未定种 2）*Amphisphaera* sp. 2

（图版 32，图 9，10）

　　壳呈椭球形，具 1 个皮壳和 3 个髓壳，三壳之比约为 1:3:5；皮壳壁稍薄，壁孔圆形较大，大小相等，横跨赤道有 6-7 孔，排列规则，具六角形框架，孔径是孔间桁宽的 3-4 倍，孔间桁的宽度均匀，在各交叉节点上有尖丘状凸起，表面无棘刺；外髓壳壁厚中等，圆形孔，具六角形框架，大小相近，横跨赤道 7-8 孔，孔间是孔间桁宽的 2-3 倍，排列规则；内髓壳壁较薄，壁孔小，类圆形；数十根圆柱状放射桁自内髓壳长出，连接外髓壳和皮壳，位于极区的两根放射桁明显较粗，并且穿过皮壳形成两根细角锥状或圆柱状的极针，较瘦，针基无加宽，针长与外髓壳直径近等，末端缩尖。

标本测量：皮壳长轴 138 μm、短轴 125 μm，外髓壳长轴 83 μm、短轴 70 μm，内髓壳长轴 45 μm、短轴 38 μm，皮壳孔径 13-18 μm，极针长 68-75 μm。

地理分布　白令海。

该未定种与 *Amphisphaera santaennae* (Campbell et Clark) 较相似，主要区别是后者的壳壁较厚，极针较粗壮和更长，且极针的基部较宽，呈三棱状，而前者的极针基部无较宽的三棱现象。

针矛虫属 Genus *Stylacontarium* Popofsky, 1912

具 3 个同心格孔状球壳，两根极针大小或形状不同。

（137）阿克针矛虫 *Stylacontarium acquilonium* (Hays)

（图版 32，图 11，12；图版 33，图 1-4）

Druppatractus acquilonius Hays, 1970, P. 214, Pl. 1, figs. 4, 5；Morley, 1985, pl. 4, figs. 1A, 1B.
Stylacontarium acquilonium (Hays), Kling, 1973, p. 634, pl. 1, figs. 17-20, pl. 14, figs. 1-4；Ling, 1973, p. 777, pl. 1, figs. 6, 7.

皮壳椭球形，一般壳壁很厚，但厚度常有较大变化，有的壳壁较薄，孔圆形或椭圆形，均匀分布，孔间桁具六角形框架，壳表横跨短轴上可见 6-7 孔，孔间桁的各节点上有短的刺突；在一些厚壁的个体中刺突末端可相连；两根极针的长度不等，其基部略呈三棱状，但在末端呈圆锥形，缩尖。内髓壳简单椭圆形，呈疏松网状，孔不规则；外髓壳常呈棱形，侧面观为类四角形（或四方形），孔圆形，由 8-10 根坚实的放射桁与外皮壳相连，其中 6-8 根分布在赤道区，两根沿着主轴方向发育延伸为极针。

标本测量：皮壳长轴 160-185 μm、短轴 130-162 μm，孔径 6-21 μm（通常 17 μm），壳厚 10-29 μm，极针长 35-79 μm，髓壳长 47-57 μm、宽 44-47 μm。

地理分布　北太平洋亚北极海区，白令海。

该种的主要鉴定特征是外髓壳呈棱形或四方形，但其外皮壳的厚度和壁孔等特征变化很大。

（138）双尖针矛虫 *Stylacontarium bispiculum* Popofsky

（图版 33，图 5-9）

Stylacontarium bispiculum Popofsky, 1912, p. 91, pl. 2, fig. 2；Kling, 1973, pl. 6, figs. 19-23, pl. 14, figs. 5-8；Chen, 1975, pl. 21, figs. 1, 2.
Axoprunum stauraxonium Casey, 1972, pl. 1, fig. 12.

皮壳椭球形（长轴为短轴的 1.09-1.12 倍），壁较厚，表面棘刺状，孔圆形或亚圆形，大小近等，横跨赤道 10-12 孔；极针圆锥形，长度不等，一般短于皮壳的极轴；外髓壳球形或椭球形，孔多角形，孔间桁很细，有两根放射桁延伸皮壳外形成极针，另有 6-8 根放射桁分布在赤道上同时连接着髓壳与皮壳；内髓壳为疏松网格状；壳表粗糙。

标本测量：皮壳长轴 135-180 μm，短轴 126-171 μm，极针长 45-85，外髓壳径 36-45 μm。

地理分布　南极海区，北太平洋，白令海。

（139）厚壁针矛虫（新种）*Stylacontarium pachydermum* sp. nov.

（图版 34，图 1-4）

壳体呈椭球形，个体较大，表面粗糙；三壳之比为 1:3:12，皮壳壁很厚，具明显的双形结构，内部壳壁有六角形或类圆形孔，较大，亚规则排列，横跨短轴赤道有 10-12 孔，由各孔间桁的突起及其侧向分枝在壳的表面形成一层网状小孔组织的覆盖物，使壳体外表的壁孔较小，形状各异，大小不等，紧密相邻，分布无规律；两个髓壳圆球形，较小，外髓壳直径为皮壳短轴直径的 1/4-1/5，内髓壳为外髓壳的 1/3，外髓壳与皮壳内壁之间有数根较粗的放射桁连接；在壳长轴的两极上延伸出两根极针，极针较为短小，形状相似，呈圆锥形，末端缩尖，针长与外髓壳直径近等或略长。

标本测量：皮壳长轴 225-248 μm，短轴 185-195 μm，壁厚 35-42 μm，外髓壳直径 45-50 μm，内髓壳直径 18 μm，极针长 48-50 μm，针基宽 20-25 μm。

模式标本：BS-R12（图版 34，图 3，4），来自白令海的 IODP 323 航次 U1344A-76X-cc 样品中，保存在中国科学院南海海洋研究所。

地理分布　白令海。

该新种个体较大，由于皮壳壁很厚，具有特殊的双形皮壳结构而与其他已知种有着明显的区别。

小环土星虫属 Genus *Saturnulus* Haeckel, 1881

二球壳，具 1 个皮壳和 1 个髓壳，两根极针末端被一个圆形或椭圆形的骨环所连接。

（140）椭圆小环土星虫 *Saturnulus ellipticus* Haeckel

（图版 34，图 5-9）

Saturnulus ellipticus Haeckel, 1887, p. 141, pl. 16, fig. 16; 陈木宏、谭智源，1996，164 页，图版 4，图 12，13。
Saturnalis circularis Haeckel, Kling, 1973, p. 635, pl. 1, figs. 21, 22 (only).

皮壳大小是髓壳的 3-4 倍，均呈圆球形；皮壳壁稍厚，表面光滑或略粗糙，具规则的类圆形孔，大小相近，亚规则排列，孔径是孔间桁宽的 2-3 倍，横跨赤道占 16-18 孔；髓壳壁薄，近球形，孔为不规则多角形，稍大，孔间桁较细，横跨赤道 3-5 孔；两根对称连接髓壳与皮壳的细放射桁延伸形成两根较粗壮的圆柱形极针，极针的末端连接一个椭圆形的骨环；骨环光滑，无棱脊，环直径约是皮壳的 3 倍。

标本测量：环长轴 238-250 μm、短轴 190-200 μm，皮壳直径 82-85 μm，髓壳直径 22-25 μm。

地理分布　太平洋南部，南海中、北部，白令海。

该种与 *Saturnulus planetes* Haeckel（1887, p. 142, pl. 16, fig. 17）的主要区别在于后者的极针与骨环上有棱边；与 *Saturnalis circularis* Haeckel（1887, pp. 131, 132）的主要区别是后者仅具单一皮壳，无髓壳。

核虫科 Family Druppulidae Haeckel, 1882

具椭圆状格孔壳，由两个或多个同心壳组成。一个简单或复杂的皮壳包覆着一个或两个髓壳。无赤道缢。中央囊椭圆或圆筒状。

梅虫属 Genus *Prunulum* Haeckel, 1887

具简单的椭圆皮壳和双髓壳，无棘刺与极管。

（141）布谷梅虫 *Prunulum coccymelium* Haeckel

（图版35，图1，2）

Prunulum coccymelium Haeckel, 1887, p. 313, pl. 39, fig. 4.

皮壳壁薄，略显粗糙，具规则的圆孔，孔径为孔间桁的两倍，赤道单面上有 12-15 孔。长轴与短轴之比为 4:3。两个髓壳呈圆球形。

标本测量：壳长轴 108-120 μm，短轴 90-96 μm，孔径 6 μm，孔间桁宽 3 μm；髓壳直径分别为 60 μm 和 30 μm。

地理分布　太平洋中央区，白令海。

葱皮虫属 Genus *Cromyocarpus* Haeckel, 1887

壳有 4 个以上的同心球，髓壳 2 个，皮壳 2 个或更多，具数根放射骨针，但无极管。

（142）葱皮虫（未定种 1）*Cromyocarpus* sp. 1

（图版35，图3-5）

壳呈椭球形，共由 5 个同心格孔壳构成，表面基本平滑；外皮壳壁较薄，类圆形孔较小，大小不一，排列不规则，孔径约为孔间桁宽的 2 倍，横跨短轴赤道有 10-12 孔；第二、三皮壳的壁稍厚，壁孔大小相近，圆形孔具六角形框架，排列较规则，第二皮壳横跨短轴赤道有 7-9 孔；两个髓壳较小，结构不清；各壳之间的间距自外往里略变小，或近等；壳表有个别短小的圆锥棒状骨针，无次级棘刺等。

标本测量：壳长轴 140 μm，短轴 130 μm，骨针长 20-45 μm。

地理分布　白令海。

（143）葱皮虫（未定种 2）*Cromyocarpus* sp. 2

（图版85，图 19-22）

壳呈椭球形，共由 4-5 个同心格孔壳构成，各壳大小之比为 1:3:6:12:18，由许多较密集的圆柱形放射桁连接，内部结构较为匀称清晰，壁厚中等，表面很粗糙，棘刺状；

外壳壁孔类圆形，大小不等，排列不规则，横跨赤道 16-20 孔，孔间桁较细，为孔径的 1/3-1/2，各节点上均有角锥状的棘突。

标本测量：外壳长轴 175-205 μm，短轴 140-175 μm，孔径 6-9 μm。

地理分布 白令海。

葱核虫属 Genus *Cromydruppocarpus* Campbell et Clark, 1944

具简单的皮壳和髓壳，皮壳主轴的两极上有数根相向的骨针。

（144）里奇葱核虫 *Cromydruppocarpus esterae* Campbell et Clark

（图版 35，图 6，7）

Cromydruppocarpus esterae Campbell et Clark, 1944a, p. 20, pl. 2, figs. 26-28.

壳体小，表面有刺，椭球形，具数根较长的极针（不同个体的数量有变化），通常为 2-4 根，极针长有时与壳长轴近等，但不是都相等，为边缘锋利、末端尖的三剑形，略弯；皮壳橄榄或卵形，长轴为短轴的 1.2 倍，壳孔圆形，具六角形框架；髓壳形状与皮壳相似，大小约为皮壳的 0.45 倍；皮壳外表有一些较长的针形刺，自六角形孔间桁节点上生出。

标本测量：皮壳长轴 70-99 μm，极针长 32-52.8 μm，髓壳长轴 35-44 μm，皮壳孔径 8-13 μm，髓壳孔径 3-6 μm。

地理分布 加利福尼亚南部中新世，白令海。

（145）葱核虫（未定种）*Cromydruppocarpus* sp.

（图版 35，图 8-11）

个体较小，具 1 个皮壳和 1 个髓壳，椭球形；皮壳壁厚中等，壁孔类圆形，大小相等，排列较规则，横跨赤道有 6-7 孔，孔径约为孔间桁的 3 倍；髓壳大小是皮壳的 2/5，壁较薄，孔近六角形，孔径是孔间桁宽的 3-4 倍，横跨赤道 5-6 孔，亚规则排列；数十根放射桁连接着两个壳体，并在皮壳的各节点伸出形成较长的三棱角锥状放射骨针，放射骨针的长度大于皮壳孔径；两根极针形状相似，但长短不同，发育方向不完全对等，均呈圆角锥状，基部有三棱，末端缩尖，极针长与皮壳近等（我们的标本由于固定的方位问题，照相中未能同时显示另一根极针）。

标本测量：皮壳长轴 78-82 μm，短轴 70-75 μm，孔径 12-15 μm，髓壳长轴 38 μm，短轴 28 μm，极针长 70-80 μm，骨针长 15-20 μm。

地理分布 白令海。

矛核虫属 Genus *Dorydruppa* Vinassa de Regny, 1898

仅具 1 根极针和 1 个髓壳。

（146）本松矛核虫 *Dorydruppa bensoni* Takahashi

（图版 35，图 12-19）

Dorydruppa bensoni Takahashi, 1991, p. 78, pl. 15, figs. 11-14.
?*Haliomma pyriformis* Bailey, 1856, p. 2, pl. 1, fig. 29.
Druppatractus cf. *pyriformis* (Bailey), Benson, 1966, p. 177-180, pl. 7, figs. 2-6.

单一髓壳为梨形，壁孔圆形，大小相等，髓壳上的放射骨针形成连接桁与皮壳相接；单一皮壳有时缺失，皮壳壁厚度变化较大，有的很薄，有的较厚，具六角形框架；单一极针为三片棱柱状，主骨针长度约与髓壳的长轴近等或稍长，在另一极附近常有一些较短的辅针。

标本测量：皮壳主轴长 74-91 μm，髓壳主轴长 47-58 μm，髓壳短轴长 36-45 μm，极针长 50-73 μm。

地理分布　热带北太平洋中央，白令海。

Bailey（1856）报道了一个具梨形壳的放射虫种类，也许与本种的髓壳有关，或为同一种（皮壳缺失），但他未显示或描述其皮壳特征，因此，是 Benson（1966）首次较完整地对该种进行描述。此外，另一个种，*Druppatractus irregularis* Popofsky（1913, p. 114, 115, text-figs. 24-26；Benson, 1966, p. 180, pl. 7, figs. 7-11）与本种类似具有梨形的髓壳，两者的差别主要在于皮壳网格大小的不同。

（147）矛核虫（未定种）*Dorydruppa* sp.

（图版 35，图 20-23）

个体较小，髓壳梨形或近椭球形，壁稍厚，类圆形孔，亚规则排列，横跨赤道 5-6 孔；皮壳中等壁厚，壁孔圆形，较大，规则排列，横跨赤道 5-6 孔，孔间桁略有凸起，尤其在各节点上伸出长刺状的放射骨针，这些骨针的末端常有分叉，形成一些相互连接起来的侧枝，在皮壳外围形成一个包围层或外壳；单一极针较短，三棱角锥状，末端缩尖，极针长小于皮壳，在另一端常有 2-3 根很短的圆锥或角锥状骨针。

标本测量：外壳直径 80 μm，皮壳长轴 60 μm、短轴 55 μm，髓壳长轴 40 μm、短轴 35 μm，单极针长 40 μm。

地理分布　白令海。

该未定种与 *Dorydruppa bensoni* Takahashi 较相似，主要区别是后者的皮壳表面的辅针较少，不分叉或形成包围层。

海绵虫科 Family Sponguridae Haeckel, 1862

壳为海绵状椭球体或圆柱状，由全部或部分的海绵结构组成，无赤道收缩缢，有或无一个被包围的髓壳。

海绵虫属 Genus *Spongurus* Haeckel, 1862

壳椭球或圆柱形，有时呈三节状，实心海绵结构，无内部空腔和格孔状髓壳。无极刺和格孔外膜。

（148）极口海绵虫 *Spongurus pylomaticus* Riedel

（图版 36，图 1-7）

Spongurus pylomaticus Riedel, 1958, p. 226, pl. 1, figs. 10, 11；Petrushevskaya, 1967, p. 32, pl. 16, figs. 1, 2.

Spongurus? *pylomaticus* Petrushevskaya, 1975, p. 577, pl. 7, fig. 4, pl. 37, fig. 7.

Larcopyle pylomaticus Lazarus *et al.*, 2005, p. 115, pl. 9, figs. 1-12.

　　壳呈近圆柱形或拉长椭球形，壳长约为壳宽的 2 倍；壳内有一长条状的致密海绵组织棒核，其中部缩窄，两端渐膨胀呈圆弧形，成年体被一个较疏松海绵结构的网膜所包裹，在幼年体外包膜缺失，并随壳体发育而逐渐完善；壳表常有一些稀疏的刚毛状小骨针，这些小骨针在许多标本长轴的两个极区变得稍长些；壳体的一极（或一端）有一个开口，口缘处常围绕着一些不规则状的短齿（该种的内部海绵组织可能存在类似旋转的过渡类型）。

　　标本测量：壳长 150-255 μm，壳宽 78-125 μm，表面骨针长 5-40 μm（通常断掉）。

　　地理分布　南极海区，白令海。

圆管虫科 Family Cyphinidae Haeckel, 1881

　　具椭球形的双生壳，由一赤道缢将壳分成两个相互沟通的半椭球或半球形的室，双生壳的皮壳简单或双重，包着一至多个内髓壳。中央囊椭球形，有一赤道缢。

腰带虫属 Genus *Cypassis* Haeckel, 1887

　　具双皮壳和双髓壳，无极针或极管。

（149）女腰带虫 *Cypassis puella* Haeckel

（图版 36，图 11-17）

Cypassis puella Haeckel, 1887, p. 367, pl. 39, fig. 13；陈木宏、谭智源，1996，179 页，图版 9，图 14，图版 11，图 14，15。

　　壳呈卵形，具双层皮壳和双层髓壳。两个皮壳壁薄，具双室构造；形状相似，均有大小不等的圆孔，排列不规则，孔直径是孔间桁宽的 1-4 倍；内皮壳的表面有许多简单放射骨针伸达外皮壳内壁，使两壳相接。外皮壳表面有一些锥状小刺；两个髓壳均呈椭圆透镜状，由两极生出的少数放射桁与皮壳的赤道面连接。

　　标本测量：壳长 105-139 μm，壳宽 95-106 μm。

　　地理分布　南海中、北部，太平洋中部，大西洋表层，白令海。

盘虫亚目 Suborder DISCOIDEA Haeckel, 1862

　　中央囊和外壳均为铁饼状或透镜状，壳体硅质，有窗孔。单一轴向缩小生长。

果盘虫科 Family Coccodiscidae Haeckel, 1862

　　壳呈中心双凸的透镜圆盘状，髓壳为简单或双重的同心圆室，其外围的皮壳由许多放射桁连接的一个以上同心赤道环室组成。

圆石虫属 Genus *Lithocyclia* Ehrenberg, 1847

壳盘简单圆形，盘缘无放射骨针或附属物，髓壳简单。

（150）圆石虫（未定种）*Lithocyclia* sp.

（图版 37，图 1）

个体较大，壳呈扁平圆盘形，中心髓壳区稍凸起，髓壳直径约占整个壳盘的 1/10；髓壳简单，表面有一些圆形小孔；皮壳格孔状，由 21-22 根主放射桁及相同数量的次级放射桁和 16 个以上的同心环交接组成，同心房室上的壁孔方形，规则排列，两个同心环之间房室仅有一排孔，两根放射桁之间的每一排壁孔在靠近髓壳处较少，仅 2-3 个孔，在接近壳缘处较多，达 5-7 个孔；壳盘的边缘圆滑，无任何突起物（标本破碎，仅见一部分）。

标本测量：壳盘直径 375 μm，髓壳直径 38 μm。

地理分布 白令海。

该未定种特征与 *Coccodiscus darwinii* Haeckel（1862, p. 486, Taf. XXVIII, Fig. 11, 12）较接近，但后者的髓壳较大，占壳盘的 1/3，双重髓壳，格孔状皮壳的表面还有覆盖一层膜，外膜壁孔的排列不太规则，与 *Lithocyclia lenticula* Haeckel（1887, p. 459, pl. 36, figs. 3, 4）的壳体结构上也有些相似，但后者髓壳很大，占壳盘的近 1/2，皮壳仅有 3 圈房室，且壳的边缘略显棘刺状。

孔盘虫科 Family Porodiscidae Haeckel, 1881

具扁平的盘状壳。中央室简单、球形，外方围绕着同心的室环。盘两面有筛板。

始盘虫亚科 Subfamily Archidiscida Haeckel, 1862

格孔壳的中央室为简单球形或透镜形，单一同心外室被放射桁分隔成若干小室。

始盘虫属 Genus *Archidiscus* Haeckel, 1887

具一个中央房室和单一的外围环室，环室被放射桁分隔成 2-6 个或更多的分室，壳缘无放射骨针。

（151）始盘虫（未定种）*Archidiscus* sp.

（图版 37，图 2-5）

壳体较小，胖透镜形，侧面观近呈椭圆形，边缘为圆弧状；内壳（中央室）类球形，有的略呈不规则形，大小是外壳的 2/3，壁孔较大，多角形，孔间桁较细；外壳类球形或胖椭球形，表面平滑或略有起伏，壁厚中等，壁孔很小，类圆形，孔径一般小于孔间桁宽，分布不规则；若干放射桁连接着内外两个壳体；壳表无任何放射骨针或棘刺。

标本测量：外壳直径 72-78 μm，内壳直径 43-50 μm。

地理分布 白令海。

洞盘虫亚科 Subfamily Trematodisconae Haeckel, 1862

壳盘无放射状附属物（盘缘具心针或室壁，或特别的口吻），盘由 2-4 个或更多的同心环组成。

孔盘虫属 Genus *Porodiscus* Haeckel, 1881

具简单的圆盘，盘由数环构成，盘缘无放射状附属物或特别的口吻。

（152）环孔盘虫 *Porodiscus circularis* Clark et Campbell

（图版 37，图 6-9）

Porodiscus circularis Clark et Campbell, 1942, p. 42, pl. 2, figs. 2, 6, 10.
Xiphosphira circularis (Clark et Cambell), Sanfilippo and Riedel, 1973, p. 526, pl. 14, figs. 5–12, pl. 31, figs. 4–7.
Cirodiscus? circularis (Clark et Cambell), Petrushevskaya, 1975, p. 575.
Plectodiscus circularis (Clark et Cambell), Blueford, 1988, p. 250, pl. 5, figs. 7, 8.

壳近圆盘形，扁平状，4 或 5 个同心环，同心环呈圆形或椭圆形，环间距自中心向边缘渐变宽，各环间有一些不连续的细放射桁相连接，部分放射桁穿出；盘孔很小，大小不等，为规则亚圆形，每一环间有 3-4 孔，盘的边缘稍呈棘刺状，为不同长度的不规则小骨针。

标本测量： 大个体盘直径（不包含小个体标本）230-290 μm，环宽 23-41 μm。

地理分布 加利福尼亚中部地层，墨西哥湾，南极海区，白令海，鄂霍次克海。

围盘虫属 Genus *Circodiscus* Kozlova in Petrushevskaya et Kozlova, 1972

壳盘圆或椭圆形，微凸，具前腰带、矢腰带与赤道腰带，其侧翼连接形成圆形或椭圆形的环。盘内有 4 根主针和 4 根次级骨针，盘缘光滑无刺。

（153）椭圆围盘虫 *Circodiscus ellipticus* (Stöhr)

（图版 37，图 10，11）

Trematodiscus ellipticus Stöhr, 1880, p. 108, pl. 4, fig. 16.
Porodiscus ellipticus Haeckel, 1887, p. 494.
?*Perichlamidium irregulare* Vinassa de Regny, 1900, pl. 2, fig. 7.
?*Ommatodiscus circularis* Carnevale, 1908, pl. 4, fig. 9；Dumitrica, 1968, pl. 1, fig. 2.
?*Porodiscus vinassai* Principi, 1909, p. 12, pl. 1, fig. 32.
Circodiscus ellipticus (Stöhr) group Petrushevskaya, 1975, p. 575, pl. 6, figs. 1–6.
Circodiscus ellipticus (Stöhr) group Petrushevskaya, Abelmann, 1990, p. 693, pl. 3, fig. 8.

壳盘较厚实，初室圆球或椭球形；第二室环略呈椭圆形，直径 30-40 μm；第三室环宽约 10 μm；第四室环宽约 25 μm；实际上各环之间的宽度常有变化，通常为 10-30 μm；第四环室（末室）的宽度变化较大，为 5-25 μm；盘面壁上有许多类圆形小孔；一般在壳盘长轴一端或稍窄的边缘处有一个开口，口缘上有若干或一些小刺，此外的其他盘缘处均光滑无刺。白令海的标本在壳盘（第四室环）的外围还有一圈附加物，可能属该种的特征变化。

标本测量：壳盘直径 150-188 μm，室环宽 10-30 μm，外缘物（腰带）宽 15-30 μm，口缘刺长 7-12 μm。

地理分布　地中海西西里岛地层，加利福尼亚湾，太平洋中部，南极海区，白令海。

我们的标本除了有外围的附加物之外，其他特征基本与 Petrushevskaya（1975）描述的种征相似，暂归为同一种类。所有前人均未提供该种标本壳盘总直径的测量结果。

膜包虫属 Genus *Perichlamydium* Ehrenberg, 1847

具一简单的圆盘，无放射针及室壁，盘缘环绕着一个薄的有孔的赤道腰带。

（154）编膜包虫 *Perichlamydium praetextum* (Ehrenberg)

（图版 37，图 12-14；图版 85，图 14，15）

Flustrella praetexta Ehrenberg, 1844, p. 81.

Perichlamidium praetextum (Ehrenberg) Ehrenberg, 1854, pl. 22, fig. 20；Haeckel, 1887, p. 499.

Perichlamidium praetextum (Ehrenberg) group Petrushevskaya, 1975, p. 575, pl. 6, fig. 10.

壳圆盘形，有 3-4 个同心圆环，或有点杂乱排列，各环清晰或模糊，环室宽度近等，放射桁不连续，壳盘边缘有一个无放射桁的赤道腰带环，该环宽最大可占整个壳盘的一半（不同海区标本的赤道环宽差异较大，有的较窄），盘孔类圆形，大小近等，每一环室上有 2-3 个孔，壳表面及边缘无放射骨针，或有少数的边缘细刺。

标本测量：全盘直径 165-280 μm，环室宽 12-16 μm，腰带宽 23-100 μm。

地理分布　大西洋，印度洋和太平洋，巴巴多斯和西西里，白令海。

眼盘虫亚科 Subfamily Ommatodiscida Stöhr, 1880

同心圆环盘无放射状物，具典型的单一或两个相连的大边缘盘，或在盘缘上有阔开口，口缘具冠状刺。

眼盘虫属 Genus *Ommatodiscus* Stöhr, 1880

圆形或椭圆形的盘缘上无室臂和放射骨针，但有一大边缘吻或开口，由刺状冠所环绕。

（155）哈克眼盘虫? *Ommatodiscus haeckelii* Stöhr?

（图版 38，图 1，2）

Ommatodiscus haeckelii Stöhr, 1880, p. 115, Taf. 6, figs. 7, 7a；Haeckel, 1887, p. 501.

壳盘呈椭圆，长、短轴之比为 7:6（我们的标本为圆盘形），围绕中央房室有 4 个（或更多）室环，各环间距近等宽，房室的高与宽近等；孔小，孔径约为孔间桁宽的一半，每一环间有两个孔；口孔宽是中央室的 3 倍，口缘有一排圆锥形的齿冠。

标本测量：盘长 180 μm，盘宽 160 μm，环宽 20 μm，孔径 3 μm。

地理分布　意大利西西里古近纪和新近纪，白令海。

我们的标本特征与 Stöhr（1880）特征较相似，不同的是后者为近椭圆形。Petrushevskaya（1975, p. 572, pl. 3, figs. 12-16, pl. 32, figs. 1-8）鉴定为该种（*Ommatodiscus haeckelii* Stöhr group）的标本特征为具有 10 个以上的室环，明显与该种定义不符。

针网虫亚科 Subfamily Stylodictyinae Haeckel, 1881

盘缘具实心放射针，无室臂或边缘开孔。

针网虫属 Genus *Stylodictya* Ehrenberg, 1847

盘具实心放射针（5 根或更多，常为 8-12 根），规则或不规则地排列在圆形或多角形盘缘上。盘缘简单，无赤道腰带。

（156）毛刺针网虫 *Stylodictya lasiacantha* Tan et Tchang

（图版 38，图 3）

Stylodictya lasiacantha Tan et Tchang，谭智源、张作人，1976，243 页，图 18a, b；谭智源、陈木宏，1999，212 页，图 5-125。

盘环呈同心形，环宽由中心向周围逐渐变宽，因此第七、八环宽约为第二、三环宽的 2 倍；孔均为圆形，大小近等；盘内放射状小桁自中央室生出 12-20 根，到第四环则增至 27-32 根；各小桁延至盘面或盘缘外游离成毛发状骨针；骨针柔韧，全盘骨针超百根。

标本测量：盘直径（第八环）177 μm，中央室直径 8 μm，孔径 5-8 μm，骨针（从中心起算）144 μm。

地理分布　东海西部。

该种与 *Stylodictya multispina*（Haeckel, 1862, S496, Taf. 29, Fig. 5）相似，但骨针数量较多而且盘面也有，针形如发而非刚毛状。此外，环的宽窄自内向外变化而不是等宽。

（157）多针针网虫 *Stylodictya multispina* Haeckel

（图版 38，图 4-6）

Stylodictya multispina Haeckel, 1862, S. 496, Taf. 29, Fig. 5; 1887, p. 510; Popofsky, 1912, S. 129, Textfig. 44-46；谭智源、张作人，1976，242 页，图版 I，图 5, 6；陈木宏、谭智源，1996，183 页，图版 13，图 13。
Stylodictya forbesii Ehrenberg, 1875, S. 160, Taf. 23, Fig. 6.

室环排列均为同心形，各环宽度相等，或中心处较窄，向外渐宽。孔为圆形，大小各相近（也有甚小者），每环间有 2-3 孔；盘内矢射状小桁常自第三或第四环中生出，延至盘缘变为游离的骨针，骨针呈刚毛状，20-30 根。

标本测量：SIOAS-R204，盘直径 240 μm，环宽 15 μm，孔径 3-5 μm。

地理分布　南海中、北部，东海西部，地中海，白令海，大西洋，印度洋和太平洋。

（158）多角针网虫 *Stylodictya polygonia* Popofsky

（图版 38，图 7）

Stylodictya polygonia Popofsky, 1912, S. 131, Taf. 5, Fig. 3；谭智源、宿星慧，1982，153 页，图版 8，图 6；陈木宏、谭智源，1996，182 页，图版 13，图 9。

　　盘呈椭圆形，同心环，自第五环（从中心往外算）起，环呈波浪状弯曲；环宽自内向外逐渐变大，至第六环约为第二环宽度的 2 倍；约 30 根骨针自内环生出（部分起自第一、二环，部分起自第五至七环），贯穿盘的各环延至盘外；骨针瘦细，刚毛状。孔呈圆形，大小相近，排列不规则，内环宽占 1-2 孔，外环占 3-4 孔。

　　标本测量：SIOAS-R202，盘直径 250 μm，环宽 15-80 μm，孔径 3-7 μm，针长 36-100 μm。

　　地理分布　南海中、北部，东海西部，大西洋，白令海。

（159）强刺针网虫 *Stylodictya validispina* Jørgensen

（图版 38，图 8-13）

Stylodictya validispina Jørgensen, 1905, S. 115, Taf. 10, Fig. 40；Petrushevskaya, 1967, p. 33, Fig. 17, IVV；Nigrini and Moore, 1979, p. s103, pl. 13, figs. 5a, b；陈木宏、谭智源，1996，183 页，图版 14，图 1，2。
Stylodictya sp. cf. *validispina* Jørgensen，谭智源，1993，212 页，图版 6，图 4-6。

　　壳盘规则圆形，盘面平，中部不加厚；圆形的中央室清晰可见；自中心向盘缘具 8-10 个或更多的室环，呈同心状，各环室宽度近相等，仅在靠近边缘的环室稍加宽；每环间有 2-2.5 孔，孔呈圆形，不规则排列；盘内矢状小桁 12-16 根，自第三或第四环中生出，延至盘缘发育为放射骨针，骨针较多，15-38 根。

　　标本测量：盘直径 200-364 μm，中央室直径 10-14 μm，环室宽 16-22 μm，孔径 8 μm。

　　地理分布　南海中、北部，冲绳海槽，挪威外海，太平洋东南部及北纬 40° 附近的过渡带区域，白令海。

（160）针网虫（未定种）*Stylodictya* sp.

（图版 39，图 1-4）

　　壳盘圆形，个体较小，中部略加厚，结构略显凌乱；中央室模糊，在昏暗中央区的外围有 3-4 室环，不完全同心，每个室环都不完整连续，或交错形成，常呈隐约可见状态；放射桁也不甚清晰，盘缘无放射骨针；盘面壁孔类圆形，大小相近，孔间桁较细。

　　标本测量：壳盘直径 80-150 μm。

　　地理分布　白令海。

　　该未定种的结构特征较为模糊不清，并有一定的变化。虽然在白令海有较多的标本出现，仍难以确定其稳定的种类特征，只能暂时将这类标本归为同一未定种。

针膜虫属 Genus *Stylochlamydium* Haeckel, 1881

　　具很多（5 根或更多，常为 8-12 根）实心放射状骨针，规则或不规则地长在圆形或多角形的盘缘上。盘缘具一薄而有孔的（非室臂结构）赤道腰带。

（161）雅针膜虫 *Stylochlamydium venustum* (Bailey)

（图版 39，图 5-9）

Perichlamydium venustum Bailey, 1856, S. 5, Taf. 1, Fig. 16, 17；Haeckel, 1887, p. 515.
Stylochlamydium venustum (Bailey), Ling *et al.*, 1971, p. 711, pl. 1, figs. 7, 8；Ling, 1975, p. 726；Renz, 1976, p. 110, pl. 3, fig. 11；

谭智源、宿星慧，1982，154，图版 8，图 8，9；陈木宏、谭智源，1996，184 页，图版 14，图 6，7。

盘环同心圆状，各环宽度相等；孔呈圆形，大小相近；环宽占 2-3 孔；赤道腰带薄，宽度小于盘的半径，6 根以上的瘦细骨针穿过腰带向外生出。

标本测量：盘直径 160-200 μm，环宽 10-12 μm，孔直径 4 μm。

地理分布　南海中、北部，南沙群岛，东海西部，冲绳海槽，太平洋北部，堪察加半岛附近海域，白令海。

双腕虫属 Genus *Amphibrachium* Haeckel, 1881

具 2 个简单不分叉的室臂，相对位于一轴上，无翼膜。

（162）双腕虫（未定种）*Amphibrachium* sp.

（图版 39，图 10-13；图版 85，图 16）

壳呈长板形，中部加厚，中央昏暗，同心环结构不清楚；两个简单的室臂对称生长，两端圆弧形或拱顶形，两侧平直或中部加宽，壳的长宽之比为 1.5-2:1；壳表常有一些骨针，不同标本的骨针形状有差异，为细刚毛状或三棱棒状，长短不一，最长可接近壳的宽度，海绵网孔较细，不规则状；侧边无翼膜。

标本测量：壳长 150-193 μm，壳宽 78-120 μm，骨针长 10-88 μm。

地理分布　白令海。

门盘虫科 Family Pylodiscidae Haeckel, 1887

壳呈扁盘形，其简单球形中央室由 1-2 个同心三射型腰带所环绕，每个腰带具三门孔，有 3 个简单的臂室使之分开。盘面具 3 个孔或格状门孔。

六洞虫属 Genus *Hexapyle* Haeckel, 1881

3 个臂室包围着 1 个三洞型髓壳，臂间凹槽形成门洞，由一赤道腰带相连。

（163）小刺六洞虫 *Hexapyle spinulosa* Chen et Tan

（图版 40，图 1，2）

Hexapyle spinulosa Chen et Tan，陈木宏、谭智源，1989，3，4 页，图版 1，图 8；1996，188 页，图版 17，图 6，7。
Hexapyle sp.，谭智源、宿星慧，1982，156 页，图版 X，图 1。

外皮壳几近等边三角形，具 3 个钝圆角，皮壳大小约为三洞型髓壳的 3 倍；壳表具小刺，放射状骨针不规则排列；三臂基部宽度与等边三角形髓壳的边长近相等，并外延逐渐变宽；髓壳的三角形顶端常各生出一小刺或延伸为放射桁，与赤道腰带连接。

标本测量：外皮壳径 83-125 μm，髓壳径 42-46 μm，门洞宽 32-44 μm，臂宽 40-56 μm。

地理分布　南海中、北部，东海大陆架，白令海。

该种与 *Hexapyle triangula* Haeckel（1887, p. 568）的形态及大小比例相似，但后者壳表光滑或粗糙而无棘刺与放射骨针；与 *Hexapyle dodecantha* Haeckel（1887, p. 659, pl. 48, fig. 16）的区别在于后者具 12 根粗大的放射状骨针，成对有规则地排列在孔缘上。

门盘虫属 Genus *Pylodiscus* Haeckel, 1887

3 个臂室包围着 1 个三洞型髓壳，三臂之间凹槽为格网和一赤道腰带所封闭。

（164）多刺门盘虫 *Pylodiscus echinatus* Tan et Su

（图版 40，图 3）

Pylodiscus echinatus Tan et Su，谭智源、宿星慧，1982，156 页，图版 X，图 11，12；陈木宏、谭智源，1996，189 页，图版 17，图 8-11，图版 44，图 2。

皮壳三角形，角钝圆，其大小 3 倍于三洞型的髓壳；三臂宽度与卵形门洞的直径大致相同；格网不规则，疏松并封闭着门洞；皮壳表面有许多分布不规则、大小不一的骨针。

标本测量：皮壳直径 80-110 μm，髓壳直径 45-50 μm。

地理分布　南海中、北部，东海西部，白令海。

该种与 *Pylodiscus triangularis* Haeckel（1887, p. 570, pl. 48, fig. 17）十分相似，区别是本种盘缘无较大的骨针。

盘孔虫属 Genus *Discopyle* Haeckel, 1887

具三门形髓壳和门盘形皮壳，由一赤道室环所包围。在壳盘的边缘有一孔口，由一刺冠环绕。

（165）吻盘孔虫 *Discopyle osculate* Haeckel

（图版 40，图 4，5）

Discopyle osculate Haeckel, 1887, p. 573. pl. 48, fig. 19.

壳盘圆形，具刺状边缘，大小为三角形的三门孔形髓壳的 3 倍；皮壳的 3 个门孔肾形，内有一根骨针；赤道腰带包围着 24 个亚规则的房室；在一单门外有一较大的边缘孔口，其宽度与髓壳相等，由 20-30 根强壮的圆锥形骨针所环绕形成一密集的冠状。

标本测量：壳盘直径 130-150 μm，髓壳 100 μm，髓壳 50 μm，缘口宽 6 μm。

地理分布　中太平洋，白令海。

（166）盘孔虫（未定种）*Discopyle* sp.

（图版 40，图 6，7）

壳盘椭圆形，与三角形的皮壳和髓壳大小比例为 6:3:1；髓壳很小，三角形；皮壳形状与髓壳相似，3 个门洞肾形，内有数根骨针；外壳由赤道腰带环绕包围所组成，与皮壳间有许多放射桁连接，外壳壁稍薄，具疏松的类圆形孔，大小不一，孔间桁较细，在壳长轴的一端有一个开口，口缘具若干较细的棒状骨针，长短不一；壳体表面有一些较短的细骨针。

标本测量：外壳长轴 105 μm，短轴 88 μm，皮壳直径 63 μm，髓壳直径 25 μm。

地理分布　白令海。

该未定种特征与 *Discopyle elliptica* Haeckel（1887, p. 573, pl. 48, fig. 20）较接近，但后者皮壳相对较大，皮壳壁孔较细而多，大小相近，壳表布满小棘凸，口缘处有一明显齿冠，环绕有 20-30 根小骨针。

海绵盘虫科 Family Spongodiscidae Haeckel, 1881

中央室简单，海绵状网架覆盖其上。无筛板。

海绵盘虫亚科 Subfamily Spongodiscinae Haeckel, 1881
海绵盘虫属 Genus *Spongodiscus* Ehrenberg, 1854

海绵盘呈圆盘或圆饼形，简单，无赤道腰带或室臂，一般表面无刺。

（167）双凹海绵盘虫 *Spongodiscus biconcavus* Haeckel, emend. Chen *et al.*

（图版 40，图 8-11）

Spongodiscus biconcavus Haeckel, 1887, p. 577；Popofsky, 1912, p. 143, pl. 6, fig. 2；Benson, 1966, p. 214, 215, pl. 11, fig. 1, text-fig. 14；1983, p. 508；Tan and Tchang, 1976, p. 255, 256, text-fig. 25；Takahashi, 1991, p. 84, pl. 19, figs. 4-6；Takahashi *et al.*, 2003, p. 189；Kunitomo *et al.*, 2006, p. 145, figs. 1c, d；Okazaki *et al.*, 2008, p. 81；Odette *et al.*, 2008, p. 86, pl. 3, fig. 1；Itaki, 2009, p. 46, pl. 8, figs. 11, 12；Chen *et al.*, 2014, p. 102, figs. 4a-k.
Spongodiscus sp., Ling, 1973, p. 778, pl. 1, figs. 9, 10；1975, p. 725, pl. 4, fig. 5；1980, p. 368, pl. 1, fig. 7；Sakai, 1980, p. 709, pl. 6, fig. 5；Matul *et al.*, 2002, p. 30, Fig. 4: 3, 4；Ikenoue *et al.*, 2016, p. 40, pl. 2, figs. 1-20.
Spongodiscus sp. 3, Renz, 1974, p. 796, pl. 15, fig. 11.
Spongodiscus americanus Kuzlova, 陈木宏、谭智源，1996, 190 页，图版 17，图 15, 16，图版 44，图 3.
Schizodiscus japonicus Matsuzaki et Suzuki, Matsuzaki *et al.*, 2014, p. 209, 211, pl. 2, figs. 27-30；2015, p. 27, fig. 4: 5, 6.

　　壳体海绵状结构，双凹圆盘形（中心凸起），中心区较厚，其外围变薄形成中央双凹区，继续往外常又存在增厚的外圈，使圆盘壳的厚度自中心往外缘呈现厚-薄-厚特征，边缘略薄，在光学显微镜下显示为暗-淡-暗-略淡的壳盘结构；许多标本仅保存着中央厚与外围薄的壳体特征；中央暗色部分占圆盘的 1/5-2/3，不规则的海绵组织网孔为圆形或亚圆形，孔径约 4-12 μm；往外围的壳体组织通常较为疏松，网孔大小是孔间桁的 2-6 倍；取自高纬度的标本壳体一般比低纬度壳体的海绵组织更加粗实而疏松，低纬度标本略显结构精密而孔间桁较细；多数标本在盘缘上常有一凹缺，但有些标本的盘边缘凹缺不明显；壳表或边缘无任何放射骨针。

　　标本测量：海绵盘直径 150-400 μm，多数为 170-250 μm，暗色中央区 58-l35 μm。

　　地理分布　分布于现代大洋热带海区和中纬度的黑潮影响区，以及历史记录的上新世—第四纪高纬度北太平洋和大西洋区域，白令海。

　　讨论：Haeckel（l887, p. 577）建立 *Spongodiscus biconcavus* 种时没有指定正模标本，也未能给予该种图示，Popofsky（1912）第一次给出了该种的图版，但仍然给后人的引用遗留了一些模糊不清的概念。Ling（1973）在白令海等高纬度海区的地层中发现类似种类特征的标本，定为 *Spongodiscus* sp. 未定种，并一直被沿用近 40 年。两者之间存在什么关系，涉及该特征种的生态、地层与环境意义等重要问题。因此，我们综合分析各类信息与资料对该种进行了修订（Chen *et al.*, 2014），定义 *Spongodiscus biconcavus* 的基本特征，首次指定选模标本和副选模标本。该种与 *Spongodiscus americanus* Kozlova 的主要区别在于前者的地层分布为上新世—现代，而后者分布在早始新世，标本个体较大（达370 μm），且在盘缘有约 20 根放射骨针（Sanfilippo and Riedel, 1973）。*Spongodiscus biconcavus* 的个体大小变化较大（150-400 μm），但多数在 170-250 μm 之间，其形态结构也存在一定的地理差异。海绵盘的网状组织在高纬度的北太平洋海区往往较之在低纬度的加利福尼亚湾和南海的要更加疏松厚实，可能是由于不同海区营养盐供应不同：在白令海等高纬度区域中海水的溶解硅非常高，使放射虫该种个体得以发育得更加粗壮坚实。

Matsuzaki 等（2014, 2015）利用采自西北太平洋样品中与上述特征完全相同的标本，又建立了一个新种 *Schizodiscus japonicus* Matsuzaki et Suzuki。我们认为 Matsuzaki 等（2014）所建立的新种有效性明显存在疑问：① 未能说明新种与 *Spongodiscus biconcavus* Haeckel 的特征区别及其中间过渡类型；② Haeckel 早期所定的种名已长期发生效应与应用，既然多年来多数作者研究习惯采用此种名，该种名仍然实际有效；③ 此类标本基本不存在通孔（pylome）结构，该种放在 *Schizodiscus* 属（定义是具有通孔）中是明显错误的；④ 新种的建立仅依据少量的标本观测，并未考虑到尚有许多相类似的标本特征及其变化范围。因此，我们认为 *Schizodiscus japonicus* Matsuzaki et Suzuki 是 *Spongodiscus biconcavus* Haeckel 的同物异名，属无效种。

（168）多刺海绵盘虫 *Spongodiscus setosus* (Dreyer)

（图版 40，图 12，13）

Spongopyle setosa Dreyer, 1889, p. 43, pl. 11, figs. 97, 98.
Spongotrochus antarcticus Dreyer, 1889, p. 55.
Spongotrochus glacialis Popofsky, Riedel, 1958, p. 227, 228, pl. 2, figs. 1, 2, textfig. 1 (in part).
Spongodiscus setosus (Dreyer) Petrushevskaya, 1967, p. 36, fig. 20, III-V.

特殊的海绵盘在中央区有一球形增厚的凸起，围绕其边缘的是一个厚板状的环盘（像土星状）；壳体的海绵组织很粗，中央区与盘缘区的格架密度基本一致，未见放射物；发育完整的标本表面平坦粗糙，尽管无真正的放射针，但壳表有明显的刺及边缘骨针；在大的盘缘可见一个漏斗形的洞形成于海绵组织内穿过半径至壳深处，该特征并不是在所有标本中都有出现；壳体的发育过程为稳定的海绵组织增长结果，因此，个体大小随年龄而明显变化。

标本测量：盘直径可达 300 μm 以上，中央球体厚 120-150 μm，盘缘厚 30 μm，格孔宽 5-8 μm。

地理分布　南极海区，印度洋，太平洋，白令海。

（169）海绵盘虫（未定种 1）*Spongodiscus* sp. 1

（图版 41，图 1，2）

个体较大，海绵盘中部不加厚，两侧扁平，盘缘有 3-4 个缺口，形成假的四臂现象，中央区的海绵网孔较小而致密，往盘边缘逐渐变大而疏松，壳盘上无任何同心环、放射骨针或其他附属物（我们的标本在壳盘的边缘有些破损）。

标本测量：壳盘直径 513-525 μm。

地理分布　白令海。

（170）海绵盘虫（未定种 2）*Spongodiscus* sp. 2

（图版 41，图 3-5）

海绵盘两侧扁平，壳体表面大部分的区域呈均匀平坦状态，或在中央有一小部分的稍微加厚，海绵组织在中部较致密，网孔小，在接近盘缘的外围有一窄的组织疏松圈，网孔较大，厚度渐变小，两个盘面间距在边缘缩窄连接，镜下为光亮区，壳盘边缘有明显的边界特征，可能是壳缘为封闭状，可见有个别短小的骨针从边缘伸出。

标本测量：盘直径 325-410 μm。

地理分布　白令海。

海绵轮虫属 Genus *Spongotrochus* Haeckel, 1860

海绵盘圆形，具很多实心放射骨针（5-10 根或更多），散布在整个盘面和盘缘，或规则地分布在盘两边。

（171）冰海绵轮虫 *Spongotrochus glacialis* Popofsky

（图版 41，图 6；图版 42，图 1，2）

Spongotrochus glacialis Popofsky, 1908, S. 228, Taf. 26, Fig. 8, Taf. 27, Fig. 1, Taf. 28, Fig. 2；Riedel, 1958, p. 227, Pl. 2, figs. 1, 2, textfig. 1；Casey, 1971a, p. 331, pl. 23, figs. 4, 5；谭智源、张作人，1976，256 页，图版 I，图 3，4；陈木宏、谭智源，1996，191 页，图版 18，图 4，5，图版 44，图 5，6。

盘圆形，侧面观呈双凸透镜形；骨骼结构为不规则海绵网状，盘中央昏暗不清，但外缘较明亮；盘表面及盘缘均生出骨针（或称大骨针），骨针瘦弱，刺毛状，柔软能弯曲而不断折，数目 15-20 或更多，其长约等于盘之直径；这些骨针之间还有小骨针，在盘中与大骨针同方向生出（大多数标本小骨针发育不很明显，需仔细观察方能看到），小骨针长为大骨针的 1/4。

标本测量：盘直径 140-350 μm，最长骨针长 79 μm。

地理分布　南海中、北部，东海西部，南大洋，大西洋和印度洋的亚热带海区，白令海。

（172）异形海绵轮虫 *Spongotrochus vitabilis* Goll et Bjørklund

（图版 42，图 3）

Spongotrochus vitabilis Goll et Bjørklund, 1989, p. 730, pl. 3, figs. 1-3.
Spongotrochus sp. 谭智源、张作人，1976，257 页，图 26；谭智源、陈木宏，1999，234，235 页，图 5-145。

海绵状骨架呈扁平圆盘形，中央区结构较细密，稍厚，向边缘海绵格孔渐变得粗大而疏松，尤其在近盘缘处为较明显的格孔结构，边缘呈齿状；许多排列无序的放射桁延伸至盘缘形成长短不一的放射骨针，这些骨针可为实心或中空，针棒形或具沟槽，有的针体上具穿孔（多数在基部）。

标本测量：壳盘直径 200-274 μm。

地理分布　挪威海，白令海。

该种与 *Spongotrochus glacialis* Popofsky 的主要区别在于前者的盘缘区结构明显变为疏松状，而且孔较大，孔间桁较粗。

棒网虫属 Genus *Dictyocoryne* Ehrenberg, 1860

盘为圆形或三角形，边缘具 3 条海绵状臂，臂间有一翼膜。

（173）胖棒网虫（新种）*Dictyocoryne inflata* sp. nov.

（图版 43，图 1）

壳呈两侧对称，3 个海绵臂非常粗壮、宽厚；三臂间的夹角两个相等，另一个明显偏小，各壁的基部很宽，向末端略变宽，臂长相对较短，与臂宽近等，或小于臂宽，在小夹角的两臂（偶臂）间几乎相连为一体，仅在末端剩一窄小的空隙；中央区的同心环被致密的海绵网所掩盖；各臂边缘的翼膜不发育，或很窄小；壳体的边界清楚。

标本测量：壳盘直径 360-390 μm，臂长 110-170 μm，臂宽 190-240 μm。

模式标本：BS-R13（图版 43，图 1），来自白令海的 IODP 323 航次 U1344A-35X-cc 样品中，保存在中国科学院南海海洋研究所。

地理分布　白令海。

该新种与 *Dictyocoryne truncatum* (Ehrenberg) 较相似，主要区别在于后者的三臂在近中央区（臂的基部）很窄，并向末端迅速变宽，而且三臂夹角相等、翼膜发育；与 *Dictyocoryne trimaculatum* Tan et Tchang（谭智源、张作人，1976，257 页，图版 III，图 5-7）的特征有些接近，但后者的臂基很窄，仅为末端最宽处的 1/4，且翼膜完整，基本包覆全壳。

海绵门孔虫属 Genus *Spongopyle* Dreyer, 1889

壳海绵状，常呈圆形，边缘上有一个或更多门孔。

（174）吻海绵门孔虫 *Spongopyle osculosa* Dreyer

（图版 43，图 2-8）

Spongopyle osculosa Dreyer, 1889, S. 42, Taf. 11, Fig. 99, 100；Riedel, 1958, p. 226, pl. 1, fig. 12；陈木宏、谭智源，1996，192 页，图版 20，图 5。

壳双凸透镜形或扁平圆盘形，海绵网组织较细，一般在中央区较致密，盘较厚，形成中部昏暗区，而在盘缘海绵结构一般较疏松，海绵组织的盘常有许多放射骨针，但一般均与海绵盘一起被包裹在外套膜之内；成体时格孔状外套膜的完整发育使壳体轮廓有清楚的边界，而未成年体或外套膜发育不完全的壳体却往往难以与 *Spongotrochu glacialis* 相区别。

标本测量：SIOAS-R242，壳直径 226 μm，网孔径 5-8 μm。

地理分布　南海中、北部，加利福尼亚海湾，南极海区，太平洋东南部，大西洋南部，白令海。

炭篮虫亚目 Suborder LARCOIDEA Haeckel, 1887

中央囊和外壳均为扁豆形，具硅质的壳体扁豆状，从三个相互垂直的轴向上不均等地生长。

炭篮虫科　Family Larcopylidae Dreyer, 1889

壳主轴极上有口。

炭篮虫属 Genus *Larcopyle* Dreyer, 1889

壳内一般呈旋转或包覆结构，外壁具一极口。

（175）名炭篮虫 *Larcopyle augusti* Lazarus *et al.*

（图版 43，图 9，10）

Larcopyle augusti Lazarus *et al.*, 2005, p. 113, pl. 8, figs. 1-13.

壳呈亚圆柱形或长椭球形；内部中央为 3-4 层圈闭的椭球形壳，在其两端各叠加有 2-3 层互不连接的帽状壁，往外各层的间距略变宽；发育完整的个体有一外壁，完全包覆着整个内壳，与内壳的间距较大，各壳层之间由许多放射桁相互连接或支撑，外壁稍薄，圆形孔较大，不规则，孔间桁很细；许多标本往往缺失外壁，由于破损或发育不完整；外表粗糙或有小棘刺；壳体一端的门孔不明显。

标本测量：壳长 170-196 μm，壳宽 98-110 μm。

地理分布　南极海区的中-晚中新世，白令海。

（176）炭篮虫 *Larcopyle butschlii* Dreyer

（图版 44，图 1-5）

Larcopyle butschlii Dreyer, 1889, S. 1124, Taf. 10, Fig. 70；Benson, 1966, p. 280, pl. 19, figs. 3-5；谭智源、宿星慧，1982，159 页，图版ⅩⅡ，图 1-4；陈木宏、谭智源，1996，193 页，图版 20，图 6-10，图版 45，图 1-3；谭智源、陈木宏，1999，239 页，图 5-148。

壳呈压扁的透镜状，正面观为卵圆形，其纵轴一级上有一个开孔界线不清的极口，极口上有时有长短不一的小骨针；壳中心有三带型髓壳（结构常不十分典型），环绕髓壳的骨骼架呈旋转包绕状生长，因而形成许多杂乱的房室；壳的最外层是比较细致的网络状结构的外套壳。

标本测量：壳纵长 120-242 μm，壳横长 78-83 μm。

地理分布　南海中、北部，东海西部，太平洋，亚极区，白令海。

（177）外刺炭篮虫 *Larcopyle eccentricum* Lazarus *et al.*

（图版 44，图 6-10）

Prunopyle titan Abelmann, 1990, p. 693, pl. 3, fig. 16.

Larcopyle eccentricum Lazarus *et al.*, 2005, p. 111, pl. 6, figs. 1-15.

　　壳呈长卵形，长度一般约 120 μm，表面光滑或粗糙；壳内常为空腔，一些标本中有发育不规则的髓壳；一个极孔上有口齿，常形成一管状结构；壁孔中等大小，类圆形，规则或亚规则排列，具不很明显的六角形框架，在孔间桁的节点处一般常有尖丘状凸起；壳表特征由于孔间桁的发育状态变化较大，有些标本表面光滑，有的则呈尖突或棘刺状；外壳壁厚中等，有一定变化［Lazarus 等（2005）描述该种的壁很薄，与其多数标本的特征不符］。

　　标本测量：壳长 105-150 μm，壳宽 85-112 μm，极口宽 38 μm，齿长 16-22 μm。

　　地理分布　南极海区，白令海。

（178）奇异炭篮虫 *Larcopyle peregrinator* **Lazarus** *et al.*

（图版 44，图 11，12）

Larcopyle peregrinator Lazarus *et al.*, 2005, p. 111, pl. 7, figs. 1-16.

　　壳近圆球形或椭球形，表面很粗糙，外壳壁很厚，类圆形的壁孔较小或中等，不规则排列，孔间桁较粗大，且明显耸起形成桁中间的棱脊和节点上的尖锥凸；壳内为不太清晰的双旋结构，有的标本壳内近见海绵网组织；在壳的一端发育有聚集的数根短极针，难见开口（我们的白令海标本可见开口及其边缘的极针）。

　　标本测量：壳长轴 160-230 μm、短轴 160-195 μm，极针长 12-20 μm，口宽 36-48 μm。

　　地理分布　南极海区，白令海。

　　我们的白令海标本与 Lazarus 等（2005）的南极标本相比个体较大，且外壳壁孔稍多而孔间桁稍细，因此白令海标本壳表的粗糙程度不如南极标本。看来这是一个高纬度或冷水区种类，但种征存在一定的变化范围，南北半球稍有差异。

门孔虫科 Family Pyloniidae Haeckel, 1881

　　外皮壳格孔状，具 2-4 个或更多对称的门孔。同心腰带系统 1-3 个（每个系统具 3 条腰带）。

单腰带虫亚科 Subfamily Haplozonaria Haeckel, 1887

　　具单一格孔腰带系。

单环带虫属 Genus *Monozonium* Haeckel, 1887

　　中央室简单，球形或亚球形，为单一格孔状赤道腰带（横腰带）所环绕。

（179）厚单环带虫 *Monozonium pachystylum* **Popofsky**

（图版 44，图 13）

Monozonium pachystylum Popofsky, 1912, S. 147, Textfig. 65；谭智源、宿星慧，1982，159 页，图版 Ⅺ，图 5，6；陈木宏、谭智源，1996，193 页，图版 20，图 12，13。

壳面较粗糙，中央室较大，椭圆形（背面观）；赤道腰带短，其两翼上下延长比中央室长；孔径大小不一，类圆形，赤道腰带纵排 3-4 孔，横排 7-8 孔；壳壁上有小骨针稀疏地生出。

标本测量：中央室直径 30 μm×24 μm（长×宽），赤道腰带宽 24-28 μm，长 50-65 μm，翼长 70-82 μm。

地理分布　南海中、北部，南沙群岛，东海西部，冲绳海槽，印度洋，白令海。

双腰带虫亚科 Subfamily Diplozonaria Haeckel, 1887 emend. Tan et Chen, 1990

格孔状腰带构成两个同心系，位于两个同心椭圆透镜面，三带型髓壳被皮壳腰带包覆构成 3 个相似面；背面观髓壳中等大小，其门孔呈柿形，皮壳侧腰带呈两翼形或椭圆形；顶面观髓壳大，具柿形门孔，其两端突出于皮壳侧腰带中央。

四门孔虫属 Genus *Tetrapyle* Müller, 1858

髓壳呈椭圆透镜状，三带型，外绕两个十字交叉的格孔状腰带，赤道腰带（初腰带）较小，侧腰带（次腰带）较大。四门孔简单，位于两腰带之间，无矢隔。

（180）圆四门孔虫 *Tetrapyle circularis* Haeckel, emend. Tan et Chen

（图版 44，图 14，15）

Tetrapyle circularis Haeckel, 1887, p. 645, pl. 9, fig. 8；谭智源、张作人，1976，259 页，图 28；Tan and Chen, 1990, p. 113, fig. 4, pl. II, figs. 1-3；陈木宏、谭智源，1996，193，194 页，图版 21，图 2-4，图版 45，图 7。

背面观皮壳粗糙，无放射针；侧腰带圆形，故纵轴相当于横轴；四门孔呈肾形，其宽度为高度的 2 倍，横腰带每半翼具 6-7 纵列不规则类圆形孔；顶面观横腰带卵圆形，髓壳小，长卵形，两端具两个类圆形门孔，伪横腰带窄，其每半翼具纵列不规则类圆形孔；侧面观侧腰带宽，呈长方形，横跨宽度占 4 孔。

标本测量：外皮壳长 60-156 μm，宽 55-156 μm，髓壳长 23-48 μm，宽 16-33 μm。

地理分布　南海中、北部，东海西部，台湾海峡，南沙群岛，太平洋中部表层，白令海。

门带虫属 Genus *Pylozonium* Haeckel, 1887

三带型髓壳，被双格孔状皮壳所包围；内皮壳和外壳均门孔型，由 3 个相互完全交叉的腰带组成，它们是横腰带、侧腰带和矢腰带。

（181）八刺门带虫 *Pylozonium octacanthum* Haeckel

（图版 44，图 16）

Pylozonium octacanthum Haeckel, 1887, p. 660, pl. 9, fig. 16；陈木宏、谭智源，1996，195 页，图版 22，图 1，2。

外皮壳椭圆透镜形，长略大于宽，壳表具棘刺；8 根细长的放射骨针自 4 个椭圆形门孔的角端伸出，成对地交叉排列，针长是壳半径的 3/4；内皮壳形状与外皮壳相同，大小是外皮壳的 2/3-3/4，约为透镜状髓壳的 2 倍。

标本测量：外皮壳长 90-168 μm，宽 65-148 μm，内皮壳长 108 μm，宽 83 μm，髓壳长 56 μm，宽 39 μm。

地理分布　南海中、北部，太平洋北部，白令海。

光眼虫科 Family Actinommidae Haeckel, 1862, sensu Riedel 1967

泡沫虫中特殊的一类，具球形或椭球形的格孔壳，常无内骨针。

梅孔虫属 Genus *Prunopyle* Dreyer, 1889

由两个以上的椭球形格孔壳组成，在外壳的一端有一个大极孔。Dreyer（1889）将其分为 *Sphaeropyle* 和 *Prunopyle* 两个属，但两者之间的一些种类特征很相近，因此难以区别这两个属的基本特征，相关种类的归属问题有待于进一步分析。

（182）南极梅孔虫 *Prunopyle antarctica* Dreyer, emend. Nishimura

（图版 44，图 17，18；图版 45，图 1-5）

Prunopyle antarctica Dreyer, 1889, p. 24, 25, fig. 75；Riedel, 1958, p. 225, pl. 1, figs. 7, 8；Nakaseko and Nishimura, 1982, p. 102, pl. 58, figs. 1-3, 5；Nishimura, 2003, p. 197-200, pl. 1, figs. 1-12.
Cromyechinus antarctica (Dreyer), Itaki, 2009, p. 44, pl. 2, figs. 10a, 10b.

修订种：壳体由 4 个同心球组成，被许多放射桁相连接，极孔较大，孔缘上具许多骨针。

第一壳（最小）几近球形，表面稍不平整，有些节点和凹痕，孔为圆形，大小不等，有时边缘凸起，有几根棒状桁延伸至第二壳；第二壳亚球形或不规则变形或为梨形，表面光滑，壳壁多数较厚，壁孔圆或亚圆形，大小不等，有时具多角形框架，有 8-10 根结实的三棱状放射桁延伸至第三壳；第三壳球形或亚球形，有时稍变形，壁较厚，许多三棱片状放射桁汇集到第四壳，有些伸出第四壳的表面，壁孔一般较大，大小和形状均不规则，孔间桁较粗，横跨赤道有 6-8 孔；第四壳（外壳）为卵形，或有一定程度变化，表面光滑、粗糙或脊状，在壳体的一端有一个极孔，壁孔小，圆形或亚不规则形，许多标本上可见第四壳的 3-9 孔成群地排列在第三壳的某一大孔之上，一些不完整标本的第四壳壁很薄且各孔处有凹痕；第三壳与第四壳之间的间隔大小不定或不规则，或除了接近极孔周围外其他部分的两壳几乎连为一体；整个壳体表面稀少地散布着一些较短的刺状骨针，骨针的粗细或长短不定；极孔一般较大，孔缘有时被若干强壮的骨针所围绕，或在孔口形成一个骨针群。

标本测量：大个体型的四壳直径分别为 10-15 μm、32-45 μm、70-117 μm、110-190 μm（极轴）和 95-155 μm（赤道轴）；小个体型的四壳直径分别为 12-15 μm、32-40 μm、70-89 μm（极轴）和 60-77 μm（赤道轴）、86-12 μm（极轴）和 75-99 μm（赤道轴）。

地理分布　南极海区，白令海。

讨论：该种根据第三壳与第四壳的间隔和外壳的形状大概可分为两类（Nishimura, 2003），第一类为个体稍大而第三、四壳间的空隙较大，其第三壳的壁孔很大、圆形、框架明显；第二类个体较小，第三、四壳间的空隙很小，使两壳几近融为一体（除了极孔区之外），其第三壳的壁孔较小、圆形、数量少，孔间桁较宽。

该种与 *Sphaeropyle langii* Dreyer 很相近，但与后者的区别在于第四壳（外壳）壁孔的排列和第二、三壳的间隙较大。此外，*Prunopyle antarctica* 的壳体相对较小且拉长。该种与 *Actinomma boreale* Cleve（三层壳）的主要区别在于前者的外壳呈椭球形。

（183）梅孔虫（未定种）*Prunopyle* sp.

（图版 45，图 6，7）

格孔状壳体较小，类椭球形，外表不平整，由 3-4 层壳绕围组成；内壳很小，球形，其外围环绕 2-3 圈不甚规则状的壳层，外壳的一端明显有一个小管状开口，口缘不整齐，另一端为封闭圆顶形；整个壳壁格孔状，壁孔类圆形，大小不等，孔间桁较细，壳壁稍薄，表面无刺。

标本测量：壳长轴 98-103 μm，壳短轴 70-74 μm，管口宽 18-25 μm，管口长 5-8 μm。

地理分布 白令海。

球孔虫属 Genus *Sphaeropyle* Dreyer, 1889

具 3 个以上的同心球格孔壳，在三轴上有 4 根以上的放射骨针，外壳有一极孔。

（184）朗球孔虫 *Sphaeropyle langii* Dreyer

（图版 45，图 8-10）

Sphaeropyle langii Dreyer, 1889, p. 13, pl. 4, fig. 54；Kling, 1973, p. 634, pl. 1, figs. 5–10, pl. 13, figs. 6–8. Foreman, 1975, p. 618, pl. 9, figs. 30, 31；Morley, 1985, pl. 5, figs. 3A, 3B.
Prunopyle tetrapila Hays, 1965, p. 172, pl. 2, fig. 5.

壳具 4 个多孔状的同心球，各个壳径的相对比例为 1:3:9:14；除了外壳略呈椭球形之外，其他三壳基本为圆球形。壳壁较薄，由数量较少的放射桁相连接，放射桁可伸出外壳形成放射骨针，骨针的形状与大小近等；最小的内壳仅见形体而结构不清，第二、四壳具相似结构，壳壁孔为亚圆形，大小不等，略小于孔间桁，而第三壳的壁孔约为第二与第四壳孔的 3 倍，同时也是该壳孔间桁宽的 3-4 倍，亚球形，大小不等；壳体表面光滑，在一极上可见一门孔，孔的边缘有一些大小不等的棘刺或齿状物。

标本测量：外壳直径 110-210 μm，第二壳 70-114 μm，第三壳 25-45 μm，最内壳 12-15 μm。

地理分布 初现于北太平洋的上新世/中新世界线（Foreman, 1975），仍延续至今。Casey 和 Reynolds（1980）认为该种是世界性的广布种，但更常见于中、高纬度的海区，白令海。

（185）壮球孔虫 *Sphaeropyle robusta* Kling

（图版 45，图 11-16）

Sphaeropyle robusta Kling, 1973, p. 634, pl. 1, figs. 11, 12, pl. 6, figs. 9–13, pl. 13, figs. 1–5；Foreman, 1975, p. 618, pl. 9, figs. 30, 31；Morley, 1985, pl. 5, figs. 5A, 5B.

　　具 4 层壳，自内往外地第一壳结实，球形，具大小不等的圆形孔；第二壳的圆形孔呈五点形排列，框架细弱；第三壳相对壁薄，球形或亚球形，壁孔圆形，相对较大，孔间桁上有一些很小的辅针；外皮壳坚实，壁较厚，亚球形，或在一端拉长突出，并有一口状物，其边缘有明显的粗齿冠，壁孔圆形，不规则排列，半周圆上约有 20 孔，孔间桁上常有短辅针；约有 6 根放射桁将内壳相接，但外皮壳与内皮壳之间的放射桁却为数倍以上。

　　标本测量：新地层中标本的 4 个壳直径分别为 16-18 μm、40-46 μm、100-110 μm和 146-200 μm（外皮壳短轴）；老地层中标本的 4 个壳直径分别为 10-20 μm、30-44 μm、62-100 μm 和 98-15 μm。

　　地理分布　高纬度和中纬度（如白令海）的沉积物中。该类型在北太平洋的末现面位于化石带 *Eucyrtidium matuyamai* Zone 中，它的初现年代为早中新世。

　　讨论：该种与 *S. langii* 的区别在于后者的出现地层年代较新，由前者演变而成，前者的皮壳更加坚固壁厚。

（186）球孔虫（未定种 1）*Sphaeropyle* sp. 1

（图版 46，图 1-6）

　　个体稍小，壳呈椭球形，4 层壳的大小比例约为 1:3:8:10，除了外皮壳为椭球形之外，其他三壳均为圆球形；内髓壳很小，结构模糊；外髓壳格孔状，壁孔类圆形，不规则排列；内外皮壳的间距很小，内皮壳较大，具较大圆形或六角形孔，大小相近，排列规则，孔径约为孔间桁宽的 3-4 倍，横跨赤道有 5-7 孔；外皮壳壁厚中等或稍薄，壁孔简单较小，类圆形或不规则形，大小不等，无规律排列，孔间桁较宽，与孔径近等或为孔径的1/2，横跨赤道有 16-18 孔；20-30 根放射桁连接着髓壳与皮壳，部分放射桁穿过外壳形成三棱角锥状的放射骨针，不同标本的放射骨针发育差异较大，一般较为短小，也可见骨针较粗长的标本（个体偏小）；外皮壳长轴的一端有一不很明显的开口，口端有数根长短不一的骨针。

　　标本测量：外皮壳长轴 117-145 μm、短轴 103-130 μm，内皮壳直径 85-98 μm，外髓壳直径 36-42 μm，内髓壳直径 13-16 μm，骨针长一般 5-25 μm，最长可达 60-72 μm。

　　地理分布　白令海。

　　该未定种的主要鉴定特征是内皮壳与外皮壳的大小较为接近，二者的间距很小，且内皮壳的孔较大。

（187）球孔虫（未定种 2）*Sphaeropyle* sp. 2

（图版 46，图 7-10）

　　个体稍大，外壳椭球形，内壳均球形，四壳之比为 1:3:9:11；内髓壳很小，结构模糊；外髓壳壁孔很小，类圆形，亚规则排列；内皮壳壁中等厚度，孔较小，很多，近圆形，大小近等，排列不规则；外皮壳壁很厚，　孔为类圆形，大小差异较大，排列不规则，孔径是孔间桁宽的 1-3 倍，孔间桁粗糙而高耸，尤其在各节点有凸起为尖丘状；壳表粗糙，有 16-24 根较短的三棱角锥状的放射骨针；开口处有 3-6 根骨针，常有一根相对较为粗长。

标本测量：外皮壳长轴 150-175 μm，短轴 125-143 μm，内皮壳直径 113-120 μm，外髓壳直径 45-50 μm，内髓壳直径 16-20 μm，骨针长 12-45 μm，开口宽 40-50 μm。

地理分布 白令海。

该未定种的主要鉴定特征是内外皮壳的大小较接近，内皮壳壁孔小，外皮壳壁较厚，孔的大小悬殊，不规则，壳表粗糙。

（188）球孔虫（未定种 3）*Sphaeropyle* sp. 3

（图版 46，图 11-14）

个体稍小，三壳之比 1:3:10；两个髓壳球形，内髓壳很小，结构模糊，外髓壳壁中等厚度，圆形小孔，有六角形框架；仅一个皮壳，椭球形，壁较厚，壁孔分二级，主壁孔较大，类圆形，大小相近，亚规则排列，横跨赤道有 6-7 孔，孔间桁平坦、较宽，约为主孔径的 2/3-1/2；次级小孔发育于各主孔内，由较薄而细小的次级孔间桁分割，每一主孔内有 4 个以上的次级孔；皮壳的一个极端有开口，口径约占壳短轴的一半，口缘上有一齿冠，末端齿 8-12 个，不规则状，参差不一；壳体表面有 18-22 根粗短的三棱角锥状放射骨针。

标本测量：皮壳长轴 125-140 μm，短轴 105-120 μm，外髓壳直径 38-43 μm，主孔径 13-20 μm，内髓壳直径 15-18 μm，放射骨针长 15-40 μm，针基宽 15-18 μm，口缘齿长 15-38 μm。

地理分布 白令海。

该未定种的主要鉴定特征是仅 3 层壳，皮壳壁很厚，有主壁孔和次级孔，主孔大而少，表面光滑。

（189）球孔虫（未定种 4）*Sphaeropyle* sp. 4

（图版 46，图 15，16）

外壳椭球形，稍拉长，4 层壳体大小之比 1:3:8:9；内髓壳很小，模糊，外髓壳具规则排列的六角形小孔，孔间桁很细；内皮壳球形，孔很大，近六角形，亚规则排列，孔间桁较细；外皮壳结构复杂，表面有一些亚规则排列的类圆形凹坑，似为大孔，整个壳体不规则的分布有大小相近的类圆形小孔（在坑内或桁形隆起上均有）；壳体表面粗糙，有一些较短的三棱角锥状放射骨针；开口端有一些口缘齿。

标本测量：外皮壳长轴 138 μm，短轴 95 μm，内皮壳直接 88 μm，外髓壳直径 33 μm，内髓壳直径 26 μm。

地理分布 白令海。

该未定种的主要鉴定特征是 4 层壳，内皮壳孔大，外皮壳发育凹坑并有小孔遍布各个区域。本未定种的壳体结构特征与本书的 *Sphaeropyle* sp. 1 较相似，主要区别是后者的外皮壳无凹坑等复杂结构，壁孔大小不等，整个壳体较胖，近类球形，而前者呈略拉长形。

圆顶虫科 Family Tholonidae Haeckel, 1887

具壳孔规则排列的完整皮壳，皮壳由 2-6 个或更多个的半球形或帽状的拱顶构成。这些拱顶两两相对地位于壳的 3 个轴极上。拱顶之间有缀勒，中央室简单或箱形。

双顶虫属 Genus *Amphitholonium* Haeckel, 1887

具双皮壳（有外膜），有两个半拱顶，相对在一轴的两极上。中央室箱形，有髓壳。

（190）三体双顶虫 *Amphitholonium tricolonium* Haeckel

（图版 47，图 1，2）

Amphitholonium tricolonium Haeckel, 1887, p. 669, pl. 10, fig. 7.

外皮壳光滑，与内皮壳相似呈三节式房室，两侧对称；中央室的拱形壳比两侧室较高。外壳格孔网细弱，亚规则圆形孔；内壳壁厚、亚规则圆形孔、具六角形框架，孔径为孔间桁宽的 3 倍，侧室半圆上 8-10 孔。

标本测量：外皮壳长轴 200 μm，短轴 150 μm；内皮壳长轴 160 μm，短轴 110 μm；孔径 10 μm，桁宽 3.5 μm。

地理分布　南太平洋，白令海。

方顶虫属 Genus *Cubotholus* Haeckel, 1887

皮壳简单，6 个半球形的拱顶成对地位于相互垂直的 3 个轴极上，并包覆着一个立方箱形中央室。

（191）规则方顶虫 *Cubotholus regularis* Haeckel

（图版 47，图 3，4）

Cubotholus regularis Haeckel, 1887, p. 680, pl. 10, fig. 14；Renz, 1976, p. 113, fig. 18；谭智源，1993，214 页，图版 II，图 10，11；陈木宏、谭智源，1996，196 页，图版 22，图 5，6。

在中央房室的 6 个面上有 6 个半球形盖包覆，壳表光滑，壁孔规则圆形，为孔间桁宽的 2-3 倍；髓壳球形或椭球形，由 8 根放射桁与中央房室的 8 个顶角相连；放射桁有时向外发育形成骨针。

标本测量：SIOAS-R256，皮壳长 135 μm，宽 104 μm，髓壳长 22 μm，宽 16 μm，孔径 4-7 μm。

地理分布　南海中、北部，太平洋中部，白令海。

边顶虫属 Genus *Cubotholonium* Haeckel, 1887

具双外皮壳（有外膜）。由 6 个半球形、成对相向、相互垂直的位于三轴顶极上的拱顶构成，拱顶覆盖着箱形中央室，具髓壳。

（192）似边顶虫 *Cubotholonium ellipsoides* Haeckel

（图版 47，图 5，6）

Cubotholonium ellipsoides Haeckel, 1887, p. 682, pl. 10, fig. 15.

外皮壳（或外罩）椭球形或亚球形，网孔很小，不规则，壳表棘刺状；内皮壳双层，具 6 个扁拱形的圆顶从 6 个侧面包围着箱型的中央房室，相互对称地成双拱形结构；内皮壳壁孔亚规则，圆形，与孔间桁近等宽，每个拱形室基部有 8-12 孔；中央室具椭圆形髓壳；壳表的放射骨针很多，较细短。我们的白令海标本个体偏小，内皮壳的双层与拱形特征不明显，似乎略有差异。

标本测量：外皮壳长轴 108-280 μm，短轴 100-240 μm，内皮壳长轴 83-160 μm，短轴 55-140 μm，髓壳长轴 30-33 μm，短轴 18 μm。Haeckel 的测量数值明显偏大，与其图示不太符合。

地理分布 中太平洋，白令海。

双口虫属 Genus *Dipylissa* Dumitrica, 1988

壳体由延极轴的各个单一帽状房室交互围绕排列形成，各室间的旋转角度近 90°，旋壳的末端有开口。我们认为 Dumitrica（1988）将其归入门孔虫科（Pyloniidae Haeckel, 1881）存疑，两者之间应有明显的差别或不同。

（193）本松双口虫 *Dipylissa bensoni* Dumitrica

（图版 47，图 7-14）

Spirema sp. Benson, 1966, p. 268, 269, pl. 18, figs. 9, 10；1983, p. 508, pl. 6, figs. 3, 4.
Dipylissa bensoni Dumitrica, 1988, p. 190, 192, pl. 3, figs. 1-7, pl. 4, figs. 11-15, pl. 6, figs. 1-15；Boltovskoy, 1998, fig. 15.83.

个体较小，壳体渐伸旋转，有 3-4 个可辨认的房室，最后两个呈类球形或球形，近似于有孔虫的抱球虫类，一般末室较大；初室为格孔状的球形小壳，半周上有 2-3 个近等的多角形孔；第二球室生自内壳并完全将之包裹；第三室稍大，球形，覆盖了第二室的近端部分，未见其大的开口；侧视可见多数房室的排列方向；许多细圆柱形的放射桁将各室壁相连；两个外室的壁孔大小相等，多角形或类多角形，六角状排列，具基本的孔间桁框架，最大室的半周上有 10-12 孔；壳表面棘刺状，或为长自孔间桁节点的细圆锥形短骨针；有的标本外部被一个椭球形的壁膜所部分包覆，外壁膜较薄，光滑，孔小，由壳表骨针支撑。该种在白令海不同个体的形态稍有变化。

标本测量：壳长 75-91 μm，第一室直径 12-15 μm，第二室直径 47-54 μm，第三室直径 53-62 μm。

地理分布 加利福尼亚湾，南大西洋，白令海。

石太阳虫科 Family Litheliidae Haeckel, 1862

壳呈对称螺旋形，并可由一螺旋面分成两对称叶（全部螺旋卷曲位于此面），初室简单或呈箱形。

包卷虫属 Genus *Spirema* Haeckel, 1881

髓壳简单球形或亚球形，皮壳椭球形或亚球形，具螺旋式结构，表面光滑或棘刺状，无放射骨针。

（194）苹果包卷虫 *Spirema melonia* Haeckel

（图版 47，图 15-23）

Spirema melonia Haeckel, 1887, p. 692, pl. 49, fig. 1.

皮壳为近球形，壳表光滑，壳体三轴的比例 1.4:1.5:1.6；髓壳呈简单球形；皮壳围绕着髓壳向外卷绕包覆，形成至少 3 个完整的简单旋圈，各旋圈的宽度往外略有增加，外圈的壳壁完全包覆内圈，整个壳体外表近似一个完整的球形体；各旋壁之间有放射桁支撑；皮壳壁较薄，具大小相近的类圆形孔，孔径是孔间桁宽的 2-4 倍，孔间桁较细；壳表光滑，一般无放射骨针，偶见个别放射桁伸出壳外形成较细的棘刺。

标本测量：壳长 122-160 μm，壳宽 110-150 μm，壳高 100-140 μm，髓壳直径 15-18 μm，棘刺长 8-13 μm。

地理分布　太平洋中部表层，白令海。

（195）包卷虫（未定种）*Spirema* sp.

（图版 47，图 24-27）

壳近圆球形，壁厚中等或稍薄，表面略显粗糙，凹凸不平，无放射骨针；髓壳为圆球形，位于壳体中心；皮壳围绕着髓壳向外单旋转，旋圈有 2-3 层，间距近等，各旋圈中由放射桁相隔形成一些类似小房室的结构，壳壁有起伏状，看似结构复杂；壁孔类圆形，大小不等，排列不规则，有轻微的六角形框架；各圈层之间的放射桁或连接桁较粗实，但不伸出壳外形成骨针。

标本测量：壳体直径 112-123 μm，髓壳直径 15-20 μm。

地理分布　白令海。

石太阳虫属 Genus *Lithelius* Haeckel, 1862

具简单球形或亚球形髓壳和椭圆透镜状或亚球形螺旋状结构的外皮壳。壳表有很多简单或分枝的放射状骨针。

（196）蜂房石太阳虫 *Lithelius alveolina* Haeckel

（图版 48，图 1-8）

Lithelius alveolina Haeckel, 1862, S. 520, Taf. 27, Fig. 8, 9; 1887, p. 694; Renz, 1976, p. 190, 191, pl. 1, fig. 16; 陈木宏、谭智源，1996，197 页，图版 22，图 12。

外皮壳球形，壳表具许多大小不等的放射骨针，最长骨针与壳半径近相等；髓壳简单亚球形或椭球形；皮壳简单螺旋，自髓壳开始往外旋圈渐加宽，第三旋圈的宽度约为第一旋圈的宽度和髓壳直径的 3 倍；皮壳孔亚圆形，大小不等，排列不规则。

标本测量：皮壳直径 150-176 μm，髓壳直径 26-33 μm。

地理分布　南海中、北部，地中海，白令海，大西洋，太平洋表层。

（197）小石太阳虫 *Lithelius minor* **Jørgensen**

（图版 48，图 9-19）

Lithelius minor Jørgensen, 1900, S. 65, Taf. 5, Fig. 24；Benson, 1966, p. 262, pl. 17, figs. 5-7；Nigrini and Moore, 1979, p. S135, pl. 17, figs. 3, 4a, b；陈木宏、谭智源，1996，197，198 页，图版 14，图 2，图版 22，图 15，16。

个体较小，壳呈椭球形或圆球形，由 3-7 个或更多的同心旋壳所组成；皮壳双螺旋，旋圈之间距离近相等，较窄，由许多放射小桁支撑相连；壳表有许多较细的圆锥形骨针；壳孔亚圆形到亚多角形，呈规则或亚规则排列；各类壳体的壳孔大小均近等，横跨赤道有 9-15 孔。

标本测量：壳直径 95-146 μm，孔直径 3-12 μm。

地理分布　南海中、北部，太平洋，白令海。主要分布于亚热带和亚极区。

（198）水手石太阳虫 *Lithelius nautiloides* **Popofsky**

（图版 49，图 1-11）

Lithelius nautiloides Popofsky, 1908, S. 230, Taf. 27, Fig. 4；Riedel, 1958, p. 228, pl. 2, fig. 3, textfig. 2；Petrushevskaya, 1967, p. 53, figs. 27, 28 I, 29 I；Nigrini and Moore, 1979, p. S137, pl. 17, fig. 15；陈木宏、谭智源，1996，198 页，图版 22，图 17，18。

壳呈亚球形或椭球形；由一较小的球形髓壳外绕 4 或 5 圈完整包覆的螺旋皮壳壁所组成；旋距向外渐增大，内有许多放射桁连接并穿透各旋壁，在壳表形成放射骨针，骨针完整时近与皮壳半径等长；壳壁变化较大，一般为中等厚度，但在白令海海区可见壁厚增大且个体较大的标本，壁孔类圆形，大小不等，分布不规律。

标本测量：皮壳直径 75-124 μm（最大可达 185 μm），外旋距宽 22 μm，孔径 6-9 μm。

地理分布　南海中、北部，南极水域，白令海。

该种与 *Lithelius alveolina* Haeckel 很相似，主要区别是后者的壳体呈球形，壁较薄，皮壳为单旋结构，而前者有双旋结构。

（199）蜗牛石太阳虫 *Lithelius nerites* **Tan et Su**

（图版 49，图 12，13）

Lithelius nerites Tan et Su，谭智源、宿星慧，1982，162 页，图版 12，图 5；陈木宏、谭智源，1996，197 页，图版 22，图 11。

壳几近球形或椭球形，覆盖有 30 根左右的简单放射针，自中心向外发出，并延伸至壳外，针长相当于壳的直径；壳孔类圆形以至多角形，大小不一。螺旋卷曲双重，二者旋间距宽度相同，螺距向外逐渐增加，髓壳球形。

标本测量：皮壳直径 100-140 μm，髓壳直径 12-16 μm。

地理分布　南海中、北部，东海西部，白令海。

（200）幼形石太阳虫 *Lithelius primordialis* Hertwig

（图版 49，14-21）

Lithelius primordialis Hertwig, 1879, p. 182, 183, Taf. 6, Fig. 4；Haeckel, 1887, p. 694.

皮壳亚球形，格孔状，壁薄，壁孔亚圆形，具类六角形框架，桁宽较细，为孔径的 1/3-1/2，壳表有许多短的刚毛状或角锥状放射骨针，个别骨针长度与壳体半径近等；壳体结构呈简单螺旋式，向外扩展使旋距宽度逐渐增加，各壳圈之间由许多放射桁连接或支撑，第三旋圈宽是第一旋圈宽和髓壳直径的 2 倍，末圈的尾部或略收缩。

标本测量：皮壳直径（两个旋圈壳）95-120 μm，髓壳直径 16-20 μm。

地理分布　地中海、白令海。

（201）螺石太阳虫 *Lithelius spiralis* Haeckel

（图版 50，图 1-4）

Lithelius spiralis Haeckel, 1862, S. 519, Taf. 27, Fig. 6, 7；谭智源、宿星慧，1982，162 页，图版 13，图 9-11；陈木宏、谭智源，1996，196 页，图版 22，图 8，图版 45，图 13。

皮壳椭圆透镜状，壳表有很多（100 以上）简单刚毛状放射针，针的长度与壳长相近（Haeckel 的标本骨针与壳长近相等），很多标本骨针呈短刺状，较长的骨针多半折断；在不同角度观察标本的螺旋构造可见到有单旋、复旋和同心圆等不同的卷曲形式，旋距几近相等；髓壳简单、球形。

标本测量：壳长轴长 80-128 μm，短轴长 50-98 μm。

地理分布　南海中、北部，东海西部，冲绳海槽，地中海墨西拿，大西洋，白令海。

（202）苍子石太阳虫 *Lithelius xanthiformis* Tan et Su

（图版 50，图 5-8）

Lithelius xanthiformis Tan et Su, 谭智源、宿星慧，1982，162 页，图版 13，图 6, 7；陈木宏、谭智源，1996，196 页，图版 22，图 9, 10，图版 46，图 1。

皮壳略呈椭圆形，壳表覆盖着许多较粗较长的放射针，针长相当横轴之半或稍长，骨针基部稍宽，呈三角形，有时有突起的棱脊；螺旋卷曲于不同角度观察有单旋、复旋和同心圆形，旋距自内向外稍微增加；髓壳结构模糊不清，似呈球形。

标本测量：SIOAS-R259，壳长轴长 95-205 μm，短轴长 88-145 μm。

地理分布　南海中、北部，东海西部，白令海。

本种与螺石太阳虫 *Lithelius spiralis* Haeckel（1862, S. 519, Taf. 27, Fig. 6, 7）相似，但骨针较粗大，壳轮廓较不规则。

（203）石太阳虫（未定种）*Lithelius* sp.

（图版 50，图 9-20）

个体大小与形态结构变化较大，近椭球形或亚球形；髓壳简单；皮壳旋转方向与旋距有变化或规律不明显，形成壳内的似呈复杂旋圈及各异的外表，表面有的平滑，有的不甚规则；壳壁中等厚度，壁孔很多，较小，尺寸不同，类圆形或不规则形，排列不规则；在外壳的表面常有许多各种类型的放射骨针，骨针多为三棱角锥状或细棒状，一般较短；在壳体的一端无任何极孔或开口。

标本测量：壳长轴 100-168 μm，壳短轴 70-132 μm，骨针长 15-38 μm。

地理分布 白令海。

石果虫属 Genus *Lithocarpium* Stöhr 1880, emend. Petrushevskaya, 1975

壳体椭球形，具极管，约 10 个同心壳（或为密集螺旋），壳层之间距离小于 10 μm。近极处的壳层发育不完整，间距达 15-30 μm，壳表有外套。

（204）多棘石果虫？ *Lithocarpium polyacantha* (Campbell et Clark) group Petrushevskaya？

（图版 51，图 1-9）

Larnacantha polyacantha Campbell et Clark, 1944a, p. 30, pl. 5, figs. 4-7.
Lithocarpium polyacantha (Campbell et Clark) group, Petrushevskaya, 1975, p. 572, pl. 3, figs. 6-8, pl. 29, fig. 6；Abelmann, 1990, p. 694, pl. 4, fig. 2；O'Connor, 1993, p. 37, pl. 2, figs. 12, 13.
Porodiscus bassanii Principi, 1909, p. 12, tav. 1, fig. 31.
Prunopyle titan Campbell et Clark, sensu Hays, 1965, p. 173, pl. 2, fig. 4；Bandy *et al.*, 1971, pl. 1, figs. 7-9 (only).

壳体长椭球形，个体一般较小；内部结构圈层较多，密集，中心区有些模糊；外壁不完整，轮廓清楚，似有极盖或开口，外套膜上有不规则细孔；表面有些棘刺，多数已消失；常见一端有开孔，孔缘常有一些骨针围绕。

标本测量：壳长 105-157 μm，壳宽 68-93 μm。

地理分布 加利福尼亚南部上始新统—中新统，北冰洋，南极海区，白令海。

（205）巨人石果虫 *Lithocarpium titan* (Campbell et Clark)

（图版 36，图 10；图版 85，图 23，24）

Prunopyie titan Campbell et Clark, 1944a, p. 20, pl. 3, figs. 1-3；Petrushevskaya, 1975, p. 572, pl. 4, fig. 5；Weaver *et al.*, 1981, pl. 2, figs. 6, 7.
Lithocarpium titan (Campbell et Clark), Shilov, 1995, p. 108, pl. l, figs. 1, 2.

壳常呈卵形，较大，有明显的端口，外表规则，无放射骨针，内部结构较模糊，可能仅由无规律的网状组织所构成；壳长为壳宽的 1.5-1.6 倍，壳的一端圆弧形，另一端有开口，呈亚管状，很短，口缘周边约 16 个针状突起；壳壁很厚，表面光滑，壁孔小，圆形，紧密排列，壳壁内有小管连接。

标本测量：壳长 165-280 μm，壳宽 115-185 μm。

地理分布 北太平洋、南极海区和加利福尼亚的中新世，白令海。

（206）石果虫（未定种） *Lithocarpium* sp.

（图版 36，图 8，9）

壳呈椭球形，个体较大，结构简单，壳壁较厚，表面粗糙；壳内外层近呈同心球状，3-4 个圈层，层间距离稍大，近中心区模糊，壁孔很小，类圆形；中心区的内部具卵形双层结构，其表面有许多放射桁分叉并在壳内旋转发育形成一些圈状结构；两端发育极盖，一端的极盖有开口，口缘处有一些刚毛状骨针。

标本测量：壳长轴 174-195 μm、短轴 109-146 μm，内髓壳直径 51-85 μm，口宽 50-54 μm，骨针长 15-26 μm。

地理分布　加利福尼亚南部中新世，南极海区，白令海。

该未定种与 *Lithocarpium polyacantha* (Campbell et Clark) group 较相似，主要区别是后者个体较小，圈层较多而密集，结构常较为杂乱。

旋壳虫科 Family Strebloniidae Haeckel, 1887

具不对称的螺旋形多室壳，由数量不定的圆形房室组成，呈上升螺旋状，壳的两半不对等。初房简单或箱形。

棘旋壳虫属 Genus *Streblacantha* Haeckel, 1887

具球形、亚球形或椭圆透镜形的简单初室，自初室发育有螺旋上升的小室。壳表有放射骨针。

（207）转棘旋壳虫 *Streblacantha circumyexta* (Jørgensen)

（图版 51，图 10-17）

Sorolarcus circumyextus Jørgensen, 1899, p. 65.
Streblacantha circumyexta (Jørgensen), Jørgensen, 1905, S. 121, Taf. 11, Fig. 46 a–c；Schröder, 1909b, S. 60, Textfig. 37a, 37b；谭智源、宿星慧，1982，163，164 页，图版 13，图 12–14；陈木宏、谭智源，1996，199 页，图版 23，图 6–9，图版 46，图 4–6。
Tholospira cervicornis Haeckel, Itaki, 2009, p. 48, pl. 11, figs. 15-17.

壳呈卵形或类球形，具 10-16 根自简单中央室发出的放射针；发育期标本放射针数目较少，骨针约 10 根，成体标本骨针较多，放射针达 16 根以上；壳的结构呈螺旋状，环绕中央室卷曲，其间生出许多分枝与各放射针相连；卷壳外层有较小辅针，壳的卷层凹凸不平；开孔不规则，壳外层孔的大小不一，类圆形。

标本测量：SIOAS-R269，外壳直径 120-155 μm，初室 10-20 μm。

地理分布　南海中、北部，东海西部，冲绳海槽，台湾海峡，挪威西海岸，白令海。

Jørgensen（1905）认为这是一种很难从壳体的旋转结构上辨识清楚的类群。在南海沉积物中该种的标本很多，分布也较广，它们的壳体形态结构变化较大，但特征明显不属 *Sorolarcus* 类。本种以螺旋房室、排列不规则，具 10 根以上的大放射骨针为基本特征。

（208）圆球棘旋壳虫（新种）*Streblacantha globolata* sp. nov.

（图版 51，图 18，19）

壳呈亚球形；外壳近乎封闭，具类圆形或椭圆形壁孔，孔的大小不等，排列不规则，横跨赤道有 6-8 孔，孔径是孔间桁宽的 1-3 倍，孔间桁呈宽片状；内壳为一围绕初室旋转的结构，具松散的不规则内孔，旋壳上有 20-24 根放射桁伸出外壳形成较粗的角锥状放射骨针，骨针长度一般小于壳半径的 1/2；在壳表孔间桁上还有一些分散的小锥形棘刺。

标本测量：壳直径 125-138 μm，外表孔径 4-27 μm，孔间桁宽 5-14 μm，大骨针长 18-33 μm。

模式标本：BS-R14（图版 51，图 18，19），来自白令海的 IODP 323 航次 U1339B-13H-cc 样品中，保存在中国科学院南海海洋研究所。

地理分布　白令海。

该新种特征与 *Streblacantha circumyexta* (Jørgensen) 较接近，主要区别是后者的外形较不规则，壁孔较多，孔间桁较细，放射骨针较为细长。

艇虫科 Family Phorticidae Haeckel, 1881

具很不规则的单室壳，由原始的透镜状格孔壳不规则变化而成。不规则的皮壳包围着一个规则或亚规则的透镜状或三带型的髓壳。

艇虫属 Genus *Phorticium* Haeckel, 1881

外皮壳格孔状，内包一椭圆透镜状的 Larnacilla 型髓壳。

（209）多枝艇虫 *Phorticium polycladum* Tan et Tchang

（图版 52，图 1-5）

Phorticium polycladum Tan et Tchang，谭智源、张作人，1976，267 页，图 39a，b；陈木宏、谭智源，1996，199，200 页，图版 23，图 12，13。

背面观外皮壳为宽椭圆形，约为它所包覆的椭圆透镜状髓壳的 2 倍，表面有刺；髓壳与外皮壳之间连系着许多分枝或不分枝的小桁。横腰带约为壳长之半，8 根瘦长放射状骨针从上下缘生出；侧腰带长约为宽的 2 倍，各腰带上具中等大小圆孔。

标本测量：外皮壳长 96-190 μm，宽 78-168 μm，髓壳长 66-115 μm，宽 50-85 μm。

地理分布　南海中、北部，东海西部，冲绳海槽，白令海。

（210）艇虫 *Phorticium pylonium* Haeckel

（图版 52，图 6-9）

Phorticium pylonium Haeckel，1887，p. 709，pl. 49，fig. 10；Cleve，1899，p. 31，pl. 3，fig. 2；Jørgensen，1905，S. 120，Taf. 10，Fig. 42 a，42b，Taf. 11，Fig. 42e，42f，43-45；谭智源、张作人，1976，266 页，图 38a，38b；陈木宏、谭智源，1996，199 页，图版 23，图 10，11。

背面观皮壳不规则，类圆形，大小约为透镜椭圆状髓壳的 3 倍，由若干放射梁与不规则格孔腰带相连，其间有 4-8 个不规则的类圆形门孔，壳表略有刺；顶面观横腰带略呈方形，伪腰带每半翼有 5-6 孔纵列不规则排列类圆形孔；侧面观侧腰带宽，横跨宽度占 6-7 孔；髓壳每端有小放射针。

标本测量：外皮壳长 80-132 μm，宽 55-120 μm，髓壳长 40-50 μm，宽 25-40 μm。

地理分布　南海中、北部，东海西部，冲绳海槽，地中海、大西洋和太平洋表层及各种不同水深，白令海。世界性分布。

罩笼虫目 Order NASSELLARIA Ehrenberg，1875

壳的两极不同，常两侧对称，自一条中央棒生出一根骨针及数条放射桁，具一个环（常为 D 形），或呈帽型结构，常分若干壳节单列排序。

编网虫亚目 Suborder PLECTOIDEA Haeckel, 1881

壳为发育不全的原始三角形，由长自中央点或棒的放射骨针组成，骨针简单或分叉，在分叉的末端可汇合成一个疏松枝编状的不完整格孔壳。骨骼中无环形物。

编网虫科 Family Plectaniidae Haeckel, 1881

具一编织状的骨架，由放射骨针的分叉交汇连接组成，所有骨针自一中央点或中央棒生出。

编网虫属 Genus *Plectophora* Haeckel, 1881

具 3 根放射骨针，从一个中央点生出，对应于三面棱锥体的边缘。放射骨针的邻近分叉相互连接形成疏松的骨架。

（211）三棘编网虫 *Plectophora triacantha* Popofsky

（图版 52，图 10，11）

Plectophora triacantha Popofsky, 1908, p. 262, 263, Taf. 29, Fig. 1, Taf. 30, Fig. 1.

壳体呈简单三侧面骨架形，在基底的中心生长出 3 根三棱状放射骨针，在一个平面上互成角度近等往外延伸，并在距中心点不远处有侧分枝，可将 3 根放射骨针相互连接形成一个平坦的环状基座，同时在垂直基座的方向上还生出另一些侧枝（略向外倾斜），次级骨针的数量和大小不定，它们可在基座的上方中间处再次相互连接成次生环，或自由生长，次级骨针棘刺状，一般较短。整个骨架的初级与次级骨针数量不多，结构简单。

标本测量：基座上的主骨针长 50 μm，基环宽 20 μm，次环宽 35 μm。

地理分布　南极海区，白令海。

奡编虫属 Genus *Plectaniscus* Haeckel, 1887

具 4 根大小不等的放射骨针，自中央伸长出来，包括 1 根垂直的顶针与 3 根辐射状的基针。

（212）帷奡编虫 *Plectaniscus cortiniscus* Haeckel

（图版 52，图 12，13）

Plectaniscus cortiniscus Haeckel, 1887, p. 925, pl. 91, fig. 9.

骨针为直的三片棱柱形，具 3-4 个垂直的短分叉，末端简单，垂直的分叉部分又再次分叉并由细线状的蛛网所连接；直顶针（或顶角）长不超过基部骨针（或脚）的 1/3

或 1/2，而且相互之间的角度较小。

标本测量：顶针长 50-100 μm，三个基刺长 180-200 μm。

地理分布　北太平洋表层水，白令海。

棘编虫属 Genus *Plectacantha* Joergensen, 1905

具 4 根初始骨针，分别为矢向的、背部的、基部的和 D 环，并发育出具五角形孔的三大网格，腹网、左侧网和右侧网的壳体。

（213）悬柳棘编虫 *Plectacantha cremastoplegma* Nigrini

（图版 52，图 14-16）

Plectacantha cremastoplegma Nigrini, 1968, p. 55, pl. 1, figs. 3a-c, text-figure 2（=*Rhizoplecta trithyris* Frenguelli　三孔根网虫?）.

壳由一基针连接着一个不规则的格架，桁条细直而光滑，孔亚角形或亚圆形，大小不等；骨架结构中有初级与次级侧桁、中央条、角形轴棒和顶针；初级侧桁在远端分叉，每一处形成 2 或 3 根结实的三片状骨针；次级侧桁发育为粗壮的三片状骨针，两侧各有一根侧顶针；在初级侧桁、分叉、侧顶针和次级侧桁之间相互连接形成骨架的拱形结构。

标本测量：头长 72-113 μm，头宽 81-108 μm。

地理分布　据 Nigrini（1968）报道，未见该种在低纬度的太平洋表层沉积中出现，仅见于柱状样的地层中。白令海。

（214）房棘编虫 *Plectacantha oikiskos* Jørgensen

（图版 52，图 17-21）

Plectacantha oikiskos Jørgensen, 1905, p. 131, 132, pl. 13, figs. 50-58; Bjørklund, 1976, pl. 6, figs. 8-10; Bjørklund *et al.*, 1998, pl. 2, figs. 28, 29; Bjørklund and Kruglikova, 2003, pl. 4, figs. 18-29.

顶针的轮生分叉为二分叉，向上和向外，在背针、基针和侧针之间形成一个角度，二分叉与中枝突起或延伸物一起形成 3 个未分开的尖状物，长度近等；初网之外的次网发育较好，大小变化明显，它们与连接桁共同构成一个较为坚实的网状格架壳体。

标本测量：基针与背针的长约 55 μm。

地理分布　挪威西海岸，北冰洋，白令海。

环骨虫亚目 Suborder STEPHOIDEA Haeckel, 1881

无完整的格孔壳。骨骼由一个或更多的简单环组成，其间可由疏松并被大开口分隔的网状物相连。有一个矢环，控制着壳体的两侧。

单环虫科 Family Stephanidae Haeckel, 1881

具一简单矢环，无任何格孔状骨骼网。

轭环虫属 Genus *Zygocircus* Butschli, 1882

环具简单的肋或两侧对称的翼，平滑或有棘刺，无分枝骨针和基足。

（215）小棘轭环虫 *Zygocircus acanthophorus* Popofsky

（图版 52，图 22-24）

Zygocircus acanthophorus Popofsky, 1913, p. 286, Textfig. 14.

骨环呈宽卵形，在基部生出的两肋几近互成直角，使整个环近呈 D 形；脊部较直，其末端延伸出一根较长的顶针，在弯凸形的腹部边缘上有一些单独生长的小骨针或棘刺，不同标本的数量不等，骨针一般呈简单圆锥形，末端削尖。

标本测量：环直径 80 μm，环边宽 5 μm。

地理分布　印度洋，白令海。

（216）长棘轭环虫 *Zygocircus longispinus* Tan et Tchang

（图版 53，图 1）

Zygocircus longispinus Tan et Tchang，谭智源、张作人，1976，269 页，图 41a-c；谭智源、陈木宏，1999，270，271 页，图 5-187。

门孔斜卵形，环为不规则卵形，有 3 条突出棱边和长锥状棘刺；背杆平直，有 2-3 个背棘和 1 个顶棘，顶棘常二分叉；腹杆弯曲，具 5-6 个腹棘，其中靠近腹杆中间的棘常为 2-3 根，并集合成束，基杆很短，常有 4 个小棘。

标本测量：骨环直径 42-67 μm，棘刺长 13-55 μm。

地理分布　东海西部，白令海。

（217）鱼尾轭环虫 *Zygocircus piscicaudatus* Popofsky

（图版 53，图 2-7）

Zygocircus piscicaudatus Popofsky, 1913, p. 287, Taf. XXVIII, Fig. 3.
Zygocircus productus piscicaudatus Popofsky, Goll, 1979, p. 382, pl. 2, figs. 1, 2.

骨骼环的形状为倾斜的椭圆形或梨形，几乎像梯形，环骨为棱边形或横截面三角形，较粗壮坚实；顶部有两对骨针，侧环上各有一对向外的圆形骨针，基部有 3-4 根大小和形状不同的骨针，所有骨针均呈圆锥形，具圆形的横截面，个别较长的骨针末端分叉。

标本测量：环直径（宽与高）多数为 40-90 μm，个别达 120 μm，环骨宽 6-9 μm，骨针长多数为 10-30 μm，个别达 54 μm。

地理分布　南极海区，白令海。

（218）轭环虫 *Zygocircus productus* (Hertwig)

（图版 53，图 8-11）

Lithocircus productus Hertwig, 1879, p. 197, Taf. 7, Fig. 4.
Zygocircus productus (Hertwig), Bütschli, 1882, p. 496, Taf. 28, Fig. 9；Haeckel, 1887, p. 948；Petrushevskaya, 1971, p. 281, pl. 145, figs. 10, 11.
Zygocircus productus capulosus Popofsky, Goll, 1979, p. 381, pl. 2, figs. 4, 5 (not 6-9).

骨骼环和门孔呈斜卵形，具 3 条明显的棱边，自棱边上长出一些简单不分叉的短圆锥形骨针，在环基出常有一些小骨针。

标本测量：环直径 100-200 μm，骨针长 5-20 μm。

地理分布　地中海，大西洋，太平洋，白令海。

（219）三棱轭环虫 *Zygocircus triquetrus* Haeckel

（图版 53，图 12）

Zygocircus triquetrus Haeckel, 1887, p. 947, pl. 81, fig. 3.

门孔斜卵形，骨骼环呈斜六角形，具 3 条锐利的边缘，在每一个角上有 3 根短圆锥形骨针，因此每一条棱边上有 6 根短的放射骨针，骨针大小近等。

标本测量：环直径 40-80 μm，针长 10-20 μm。

地理分布　地中海，大西洋，太平洋，白令海。

篓虫亚目 Suborder SPYROIDEA Haeckel, 1881

壳具完整格架，头部被一矢缢分为双叶室，有一矢环。

双眼虫科 Family Zygospyridae Haeckel, 1887

无头盔与胸部，壳仅由双室的头及其骨突构成。

鹿篮虫属 Genus *Giraffospyris* Haeckel, 1881, emend. Goll, 1969

有 2 对侧脚和 3 个角（1 个顶角和 2 个前角），脚简单不分叉。

（220）角鹿篮虫 *Giraffospyris angulate* (Haeckel)

（图版 53，图 13-15）

Eucoronis angulata Haeckel, 1887, p. 978, pl. 82, fig. 3.
Eucoronis challengeri Haeckel, 1887, p. 978, pl. 82, fig. 4.
Eucoronis nephrospyris Haeckel, 1887, Pl. 82, fig. 5.
Acanthodesmia vinculata (Müller, 1858), Benson, 1966, p. 304-306, pl. 21, figs. 6-8；Itaki, 2009, p. 48, pl. 13, figs. 2, 3 (not fig. 1).
Giraffospyris angulata (Haeckel), Goll, 1969, p. 331, pl. 59, figs. 4, 6, 7, 9；Renz, 1976, p. 167, pl. 8, fig. 5；Nigrini and Moore, 1979, p. N11, pl. 19, figs. 2a-d, 3a, b；陈木宏、谭智源，1996，201，202 页，图版 24，图 12-15，图版 47，图 1，2，4。

额环提琴型，宽是高的 2 倍，在中部具一明显的矢向勒缢；矢环呈 D 字型，高约为额环的 2/3；基环被矢环底桁分隔成两近等边六角形或亚圆形的环骨，其宽约为额环的 1/2；各环骨略呈侧扁，矢环上有棱脊，各环侧缘棘刺为角锥状，大小不等，数量不定，分叉或不分叉。

标本测量：额环宽 96-179 μm，额环高 80-110 μm。

地理分布　分布于地中海、白令海大西洋、印度洋和太平洋表层及各种水深，我国南海中、北部有分布。在东海西部，谭智源和张作人（1976）报道有 *E. nephrospyris* Haeckel 和 *E. challengeri* Haeckel 的分布。

讨论：该种与 *Acanthodesmia vinculata* Müller 主要区别在于后者的环具有次级网格物，且后者基环为单一圆环，不被矢环分隔成两个。Müller（1859, p. 30, Taf. i, figs. 4-7）的 Taf. i, figs. 4-6 完全符合 *Acanthodesmia vinculata* Müller 的基本描述特征（Müller, 1859,

p. 30)，但 fig. 7 的标本明显不具有次级网状物，被 Haeckel（1887, p. 975）认为不属此种。Benson（1966）将 Müller（1859）的 Taf. i, fig. 7（不具网格次级结构）作为 *Acanthodesmia vinculata* 种的鉴定图版并忽略该属种基本描述特征是错误的。因此，我们的标本特征应属 *Giraffospyris angulate* (Haeckel) 而不是 *Acanthodesmia vinculata* Müller。

三柱篓虫属 Genus *Tristylospyris* Haeckel, 1881

具 3 个基脚，无顶角。

（221）白令三柱篓虫（新种）*Tristylospyris beringensis* sp. nov.

（图版 53，图 16-19；图版 54，图 1-4）

Triceraspyris sp., Ling *et al*., 1971, p. 713, pl. 2, figs. 1-3.

壳双室由矢环分隔，呈肾形或桃形，侧扁；壳壁中等厚度或有变化，壁孔大小差异较明显，类圆形或不规则形，分布无规律或较杂乱，孔间桁的各交叉点上有短的凸起或棘刺，表面粗糙；3 个基脚较短，三棱角锥状，基部较宽，脚基常有一个以上的穿孔，脚末端缩尖，无分叉。该未定种的臂孔类型多样，变化较大。未见任何顶角。

标本测量：壳宽 120-190 μm，壳（矢环）高 90-140 μm，基脚长 35-62 μm。

模式标本：BS-R15（图版 53，图 18，19），来自白令海的 IODP 323 航次 U1344D-5H-cc 样品中，保存在中国科学院南海海洋研究所。

地理分布　白令海。

Ling 等（1971）首次报道该种为未定种，认为在白令海是一个常见种类型。该新种特征与 *Triceraspyris antarctica* (Haecker) 较接近，但后者的壳表光滑，臂孔大小相近，排列较规则，而且基脚较长，末端或有分叉。

（222）三柱篓虫 *Tristylospyris triceros* (Ehrenberg)

（图版 54，图 5，6）

Ceratospyris triceros Ehrenberg, 1873, p. 220；1875, pl. 21, fig. 5.

Tristylospyris triceros (Ehrenberg), Haeckel, 1887, p. 1033；Riedel, 1959, p. 292, pl. 1, figs. 7, 8；Nigrini and Sanfilippo, 2001, p. 456, 457.

Dorcadospyris triceros (Ehrenberg), Moore, 1971, p. 739, pl. 6, figs. 1-3；Ling, 1975, p. 726, pl. 6, figs. 1-6.

壳呈坚果形或近半球形，壁厚，矢缝不明显或不发育，壁孔为类圆形，较少，排列不规则，壳表似有一些小疣凸；壳底部有 4 个较大的基孔，3 个基脚为长圆柱形，外伸，稍内弯，最长可达壳长的 3-4 倍，次级脚常不发育，如有为较小的 1-7 个（常为 3 个），一般无顶针；少数标本在壳的基脚之间有 3 个大的和 6 个小的领孔。

标本测量：壳长 50-88 μm，壳宽 70-105 μm，脚长 150-200 μm。

地理分布　加勒比海巴巴多斯，中低纬度各大洋的晚中始新世—早渐新世，白令海。

白令海的标本壁厚中等，表面的疣凸不明显，孔间桁稍细，基脚之间发育有少量壁孔，似乎为较年轻的类型。

（223）三柱篓虫（未定种）*Tristylospyris* sp.

（图版 54，图 7，8）

壳近腰形，结构较细弱，表面有小棘刺；壳壁较薄，壁孔少而稀疏，不规则形，大小差异很大，不规则分布，孔间桁较细，在一些节点上长出小棘刺；3 个基脚较长，约为壳长的 1.5 倍，具 3 条棱边，有一些近对称发育的三角形侧刺，基脚末端缩尖；无顶角。

标本测量：壳宽 75 μm，壳长 50 μm，基脚长 90 μm。

地理分布 白令海。

脊篮虫属 Genus *Liriospyris* Haeckel, 1881, emend. Goll, 1968

壳无胸，仅由一个双室的头部及其骨突组成。有 6 个基脚和 3 个棒状顶角，或已退化。

（224）脊篮虫（未定种）*Liriospyris* sp.

（图版 54，图 9，10）

个体较小，双室壳近长椭球形，壁厚中等，矢缝不明显，顶底平直，两端圆弧；壳表平滑无刺，壁孔中等或较小，大小不等，排列不规则，在两个室壳上呈不对称分布，孔间桁稍宽；顶角和基脚均基本消失。

标本测量：壳宽 97 μm，壳高 60 μm。

地理分布 白令海。

角蜡虫属 Genus *Ceratospyris* Ehrenberg, 1847

骨针简单，不分枝，壳孔常为多角形或类圆形，并具多角形框架。孔间桁棱柱形。

（225）北方角蜡虫 *Ceratospyris borealis* Bailey

（图版 54，图 11-23）

Ceratospyris borealis Bailey, 1856, p. 31, pl. 1, fig. 3；Kruglikova, 1969, figs. 4-15.
Triceraspyris? sp. Ling *et al.*, 1971, p. 713, pl. 2, figs. 1-3.
Tholospyris spinosus Kruglikova, 1974, p. 193, pl. 2, figs. 10, 11.

壳为扁平半球形，边缘平滑，顶部无凹陷或微凹，壳表网格孔多角形或类圆形，孔数较少，大小不一，多数呈两侧不对称，在各孔间桁的节点上常见圆锥形的小刺，基部（基环）有网格结构，有一些较长的刺，数量不定。

标本测量：壳宽 120-190 μm，壳高（矢环高）90-140 μm。

地理分布 白令海，北太平洋亚北极区。

讨论：该种的壳体格孔结构较为多样化，略显不规则特征，因此其分类位置尚存疑。该种与 *Triceraspyris Antarctica* (Riedel, 1958) 很相似，主要区别在于后者具有更长而明显的基刺；与 *Clathrospyris camelopardalis*（Haeckel, 1887；Goll, 1978）的区别是后者矢环略收缩，壳顶部凹陷。

盔篮虫科 Family Tholospyridae Haeckel, 1887

壳盔帽形，无胸，由双室状的头部组成。

盔篮虫属 Genus *Corythospyris* Haeckel, 1881

壳具两对侧脚，一根顶针和一对前缘顶针。脚分枝或分叉状。

（226）鬃盔篮虫榄亚种 *Corythospyris jubata sverdrupi* Goll et Bjørklund

（图版 55，图 1，2）

Corythospyris jubata sverdrupi Goll et Bjørklund, 1989, p. 731, pl. 4, figs. 1-8.

壳体仅由一个简单的头部构成，壁较厚，类圆形孔较小，大小相近，孔间桁无外部隆脊或棘刺，但在各节点上有较宽的膨胀特征，一些标本上呈微刺状。三根基刺较短，简单不分叉（我们的标本基刺不明显，壳壁非常厚），或为较长的无序状末端分叉。该亚种的主要特征是壳表上具有许多小结瘤。

标本测量：壳（头）宽 75-120 μm，壳高 65-98 μm。

地理分布 挪威海早中新世，白令海。

（227）盔篮虫（未定种）*Corythospyris* sp.

（图版 55，图 3，4）

壳肾形，矢缝明显，壁厚中等，表面光滑；壁孔较大，类圆形，大小有些差异，分布较规则，在矢环两侧各有 3 孔，其外侧的孔较小，数量也较少，孔径为孔间桁的 2-3 倍；标本的顶角和基脚较短小或不明显；表面无刺。

标本测量：壳宽 127 μm，壳高 84 μm。

地理分布 白令海。

角篮虫属 Genus *Lophospyris* Haeckel, 1881, emend. Goll, 1977

具 3 个基脚和 1 个顶角。

（228）鹅角篮虫 *Lophospyris cheni* Goll

（图版 55，图 5-7）

Lophospyris cheni Goll, 1976, p. 402, pl. 11, fig. 4, pl. 12, figs. 1-7；陈木宏、谭智源，1996，204 页，图版 25，图 16，17。

壳呈双叶形，侧桁较少而简单；矢环亚多角形，与格孔壳的前、后及顶部连接，具明显的矢缝；垂直骨针短而宽，自矢环背部的中点长出；第一侧桁与基环相连，矢环两侧有两对大环孔；无其他基部连接桁，无轴针，基环卵形、光滑。

标本测量：壳高 95-134 μm，壳宽 110-170 μm。

地理分布 南海中、北部，大西洋和太平洋的南部过渡带区域。

葡萄虫亚目 Suborder BOTRYODEA Haeckel, 1881

具完整的格孔壳，头部多室，呈一叶状，由缩缢分为 3 个或更多的头叶。

管葡萄虫科 Family Cannobotryidae Haeckel, 1881, emend. Riedel, 1967

壳为叶状的头部，无胸和腹。

疑蜂虫属 Genus *Amphimelissa* Jørgensen, 1905

无胸和腹，该属外表与 *Lithomelissa* 相似，但其结构基本不同。4 根初始骨针自 D 刺生出，1 根矢针、2 根侧针和 1 根背针，形成一个不完全的内格架头部，其外包围了一个格架壳，向下延续为胸。

（229）疑蜂虫（未定种）*Amphimelissa* sp.

（图版 55，图 8，9）

壳体较小，近呈圆筒形，壁很薄；壳内不很规则，内部 D 刺生长出的 4 根骨针较明显，形成 1 根顶针和 3 根侧向伸出的骨针，将壳体分为上部与下部，上部近半球形，下部圆筒形；整个壳体的壁孔不规则，大小不等，差异较大，孔间桁很细，呈细枝状，壁孔较稀疏，有一些较大型的孔不规则分布；开口简单。该未定种特征与 *Amphimelissa stenostoma* (Meunier)（Schröder, 1905, p. XVII 107, fig. 67）接近，主要区别是后者的壁孔小而多，为类圆形，孔间桁不呈细枝状。

标本测量：壳长 73 μm，壳宽 49 μm。

地理分布　白令海。

双头虫属 Genus *Bisphaerocephalus* Popofsky, 1908

无胸和腹，头部被缩缢不完整地分隔，基部开口。

（230）双头虫（未定种）*Bisphaerocephalus* sp.

（图版 55，图 10）

个体较小，壳壁很薄；头的上部被分隔为大小近等的两叶，缩缢较浅；头的下部无缩缢，略缩窄，阔开口，口缘不完整；头部壁孔相对较大，类圆形或不规则形，大小差异较大，分布不规律，孔间桁较细。

标本测量：壳高 48 μm，壳宽 43 μm。

地理分布　白令海。

袋葡萄虫属 Genus *Botryopera* Haeckel, 1887

壳简单，仅由一个叶状头组成，无管状或放射状的附属物。

（231）五叶袋葡萄虫 *Botryopera quinqueloba* Haeckel

（图版 55，图 11）

Botryopera quinqueloba Haeckel, 1887, p. 1109, pl. 96, fig. 2.
Antarctissa cylindrica Petrushevskaya, 1975, p. 591, pl. 11, figs. 19, 20.

头呈五叶状，头叶的数量与形状有一定的变化，少的仅见三叶，壳体边缘圆弧状，近呈封闭，类似于抱球虫的外形；一般的枕叶为头盔形，长是两个半球形前叶的 2 倍和亚球形侧叶的 3 倍；壳壁较厚，孔稀少，较小，类圆形，无棘刺。

标本测量：壳长 70-94 μm，壳宽 50-78 μm。

地理分布　北太平洋，南极海区，白令海。

门葡萄虫科 Family Pylobotrydidae Haeckel, 1881

具三丘脑，壳由头、胸、腹三节构成。

门葡萄虫亚科 Subfamily Pylobotrydinae Haeckel, 1881, emend. Campbell, 1954

壳的基部有开口。

葡萄篮虫属 Genus *Botryocyrtis* Ehrenberg, 1860

头无小管，腹口开放。

（232）石葡萄篮虫 *Botryocyrtis lithobotrys* Ehrenberg

（图版 55，图 12）

Botryocyrtis lithobotrys Ehrenberg, 1872a, p. 302.

壳体小，形态发育不规则，为 3 节或 4 节；头部明显呈三叶形，壁孔小，亚圆形，或常呈规则圆形；胸部与腹部大小不同，形态变异，胸节稍胖，腹节明显变窄并呈歪斜半透明状，壁孔细小，不规则散布，口部略收窄开放。

标本测量：壳长 78-108 μm，壳宽 45-53 μm，口宽 25-28 μm。

地理分布　加勒比海巴巴多斯，白令海。

（233）五葡萄篮虫 *Botryocyrtis quinaria* Ehrenberg

（图版 55，图 13-17）

Botryocyrtis quinaria Ehrenberg, 1873, p. 302.

壳体较小，头具许多（4 个以上）瘤状体，前额室较大位于顶部中间，其他小室不规则堆积在旁侧，或向下扩展至胸节的上部，胸部壁薄，壁孔稍大，类圆形，孔间桁一般较细，胸的下部常断缺（我们的标本均不完整）。

标本测量：壳长 58-68 μm，壳宽 45-55 μm。

地理分布　巴巴多斯，白令海。

石葡萄虫科 Family Lithobotryidae Haeckel, 1881

壳体由头部和胸部组成两节壳。

葡萄门虫属 *Botryopyle* Haeckel, 1881

头无管，胸口开放。

（234）棘葡萄门虫 *Botryopyle setosa* Cleve

（图版 55，图 18-23）

Botryopyle setosa Cleve, 1899, p. 27, pl. 1, figs. 10 a, b；谭智源、张作人，1976，272 页，图 45；谭智源、陈木宏，1999，286 页，图 5-207。

Amphimelissa setosa (Cleve) Jørgensen, 1905, p. 137, pl. 18, fig. 109；Itaki, 2009, p. 55, pl. 23, 40, 41.

Botryocyrtis elongatum Takahashi 1991, p. 135, pl. 46, figs. 8, 9.

头分三叶，各叶略呈球形，大小几乎相等，具圆形或不规则形孔，表面有时具少量的刺；胸部呈圆筒形，末端稍窄并略透明，胸口开放，头胸之间有明显勒缝；胸长为头长的 2 倍多；全身具大小相异、排列不规则的小孔；头胸二部披满棘刺，头棘稍长于胸棘。

标本测量：壳长 65 μm，壳宽 50 μm。

地理分布　挪威西海岸，大西洋西北部，东海，白令海。

Amphimelissa 属的基本特征是无胸和腹，仅有一个包覆内部骨针的头。因此，该种因具有头和胸二节，归入 *Botryopyle* 属较为合理。

笼虫亚目 Suborder CYRTOIDEA Haeckel, 1862, emend. Petrushevskaya, 1971

壳呈圆锥形或帽形，如多节壳的各节单一直线形排列。

三足壶虫科 Family Tripocalpidae Haeckel, 1887

壳简单，不分节，为 1 个头部和 3 个辐射脚。

原帽虫属 Genus *Archipilium* Haeckel, 1881

具 3 条侧肋或翼，口端截平，无末端脚，无顶角。

（235）直翼原帽虫 *Archipilium orthopterum* Haeckel

（图版 55，图 24）

Archipilium orthopterum Haeckel, 1887, p. 1139, pl. 98, fig. 7.

壳呈卵形或近圆柱形，顶部圆弧形，无顶角，两侧平直，表面光滑，阔开口；壁孔类圆形或椭圆形，大小不等，排列不规则，孔径是孔间桁宽的 1-3 倍，壳的纵向 6-8 孔，横向 5-7 孔；3 条侧翼从壳中间或偏上处伸出，斜下生长，挺直或略内弯，呈实心圆柱形，末端缩尖，较粗壮，有一些纵纹，长度约为壳长的 2 倍。

标本测量：壳长 80-86 μm，壳宽 60-64 μm，翼长 110-150 μm。

地理分布　太平洋中部，白令海。

（236）谭氏原帽虫（新种）*Archipilium tanorium* sp. nov.

（图版 55，图 25；图版 56，图 1-4）

壳呈卵形或胖圆锥形，顶部似有丘状突起，向下渐扩展，阔开口，口端截平或不平整，无顶角，壳表有一些角锥形棘刺；壁孔为类圆形或椭圆形，大小不等，一般自顶部向口端略增大，亚规则或不规则排列，孔径是孔间桁宽的 1.5-4 倍，两侧翼之间的壳壁有 5-6 孔；3 条侧翼自壳下部斜下生长，呈细长柱状，末端稍往外弯曲，实心翼长约为壳长的 1.5 倍。

标本测量：壳长 62-80 μm，壳宽 90-98 μm，侧翼长 92-120 μm，棘刺长 8-15 μm。

模式标本：BS-R16（图版 56，图 3，4），来自白令海的 IODP 323 航次 U1339C-12H-cc 样品中，保存在中国科学院南海海洋研究所。

地理分布　白令海。

该新种与 *Dictyophimus histricosus* Jørgensen（1905, pl. 16, fig. 89）的主要区别在于后者侧翼形成于口端，且较短，翼长仅为壳长的 1/2-2/3。

三帽虫属 Genus *Tripilidium* Haeckel, 1881

无侧肋，有 3 个简单或分叉的末端脚，1 个顶角。

（237）三帽虫（未定种）*Tripilidium* sp.

（图版 56，图 5）

个体很小，壳呈近球形，结构简单，壳表光滑无刺，中等厚度，壁孔类圆形，大小不等，孔径是孔间桁宽的 1-2 倍，壳壁在底部向内缩窄，或有少量孔间桁向中间发育，形成半封闭状的底板；1 个顶角和 3 个末端脚均呈三棱角锥状。

标本测量：壳高 65 μm，壳宽 70 μm，末端脚长 48 μm，顶角长 30 μm。

地理分布　白令海。

三脚虫属 Genus *Tripodiscium* Haeckel, 1881

无侧肋和顶角，具 3 个简单或分叉的末端脚。

（238）三脚虫？（未定种）*Tripodiscium* sp.?

（图版 56，图 6）

壳体非常小，头近圆球形，壁较薄，壁孔稍大，类圆形，规则排列，孔径是孔间桁宽的 3-4 倍；三个末端脚从头的下部长出，简单三棱片状，较短；在头的侧边似有一向上生长的骨针。

标本测量：壳长 37 μm，壳宽 32 μm，脚长 25 μm。

地理分布　白令海。

美帐虫属 Genus *Euscenium* Haeckel, 1887

具一游离简单内柱，内柱延长成一顶角，三基足游离，末端不分叉，无侧翼。

（239）箭形美帐虫（新种）*Euscenium sagittarium* sp. nov.

（图版 56，图 7-9；图版 57，图 1）

壳的头部呈圆锥形或半球形，无明显外凸，壳壁非常疏松，呈不规则网格状，壁孔多角形，大小不等，分布无规律，孔间桁很细，孔径是孔间桁宽的 2-8 倍；壳表棘刺状，在一些孔间桁节点上长出细角锥形的棘刺，口部不平整，口缘上的孔间桁向下延伸为较长骨针；顶角直挺，细长棱角锥状，末端缩尖，无分叉，长度是头长的 1.5 倍；脚细长，棱角锥状，在壳外部分平伸后即斜下弯曲，在弯曲处有个别侧刺，其他部位均光滑无刺。

标本测量：头长 90-98 μm，头宽 126-145 μm，顶角长 146-154 μm，基脚长 146-155 μm，口缘针长 43-73 μm。

模式标本：BS-R17（图版 56，图 9；图版 57，图 1），来自白令海的 IODP 323 航次 U1341B-2H-cc 样品中，保存在中国科学院南海海洋研究所。

地理分布 白令海。

该新种特征与 *Euscenium tricolpium* Haeckel（1887, p. 1147, pl. 53, fig. 1）和 *Cladoscenium tricolpium* Bjørklund（1976, p. 1124, pl. 7, figs. 5-8）较接近，但后者的顶角与基脚上有锯齿状侧刺，壳表面较为光滑。*Cladoscenium* 属的特征是顶角与基脚的末端有分叉。它们之间存在着明显的特征差异。

（240）三胸美帐虫 *Euscenium tricolpium* Haeckel

（图版 56，图 10，11）

Archiscenium tricolpium Haeckel, 1881, S. 429.
Euscenium tricolpium Haeckel, 1887, p. 1147, pl. 53, fig. 12; Petrushevskaya, 1981, p. 66, fig. 28; 谭智源、陈木宏，1999，288，289 页，图 5-211。

壳呈帽形，几乎半球形，于三足与顶角相连的弓状骨架之间有 3 个拱胸状壳壁；网架十分不规则，网孔呈多角形，大小不一，形状各异；基板上有 3 个较大的主领孔和若干小而不规则的次领孔；顶角瘦弱略弯曲，其长为内柱的 2 倍；三足的长度相同，瘦弱，向外分散、末端内弯；顶角与三足无明显的齿状缘。

标本测量：头宽 50 μm，头高 40 μm，足长 57 μm，顶角长 12 μm。

地理分布 冲绳海槽，中太平洋，白令海。

小袋虫属 Genus *Peridium* Haeckel, 1881

壳具简单的腔，无自由的柱。有 3 个自由的基足，1 个顶角。

（241）长棘小袋虫 *Peridium longispinum* Jørgensen

（图版 57，图 2-9）

Peridium longispinum Jørgensen, 1900, p. 75, 76; 1905, p. 135, pl. 15, figs. 75-79, pl. 16, fig. 80; Bjørklund, 1976, pl. 7, figs. 9-15;

Schröder-Ritzrau, 1995, pl. 6, figs. 3, 4；Bjørklund *et al.*, 1998, pl. 2, figs. 26, 27；Dolven, 1998, pl. 12, fig. 5；Bjørklund and Kruglikova, 2003, p. 245 (not figured).

　　格孔壳仅具一个发育较为完整的头部，头的最宽处在其中部，向上呈圆顶形，向下则收缩为倒圆锥形，基部窄小；壁孔的大小变化很大，从较小的圆形孔到较大的椭圆形或多角形孔；主骨针明显外伸，较长而细的骨针仅见于未成年体上，在壳的左、右旁侧有较大的辅针，此外，一些小辅针散布在整个壳体的表面上，在基本开口处却有几根较强壮的骨针，在头顶上的骨针较细小。该种的未成年体的壁孔一般较大和更不规则，孔间桁更细，格孔壳不太完整，主骨针长而细，而且头部的形状更呈圆球形，往往宽度大于高度。

　　标本测量：壳长约 45-92 μm，壳宽约 40-63 μm。

　　地理分布　挪威西海岸，北冰洋，加利福尼亚湾，白令海。

（242）小袋虫（未定种 1）*Peridium* sp. 1

（图版 57，图 10，11）

　　壳近呈圆球形，表面粗糙，略显凹凸，有一些棘刺，壁孔类圆形或椭圆形，大小不等，一般孔径是孔间桁宽的 2-3 倍，靠近基部的明显增大，基足简单，短小，向下。

　　标本测量：壳高 68 μm，壳宽 78 μm，足长 21 μm。

　　地理分布　白令海。

（243）小袋虫（未定种 2）*Peridium* sp. 2

（图版 57，图 12-14）

　　壳近半球形或头盔形，很小，壁孔近椭圆形或类圆形，大小差异较大，不规则分布，孔间桁较宽，壳表零散分布有一些小棘刺，口缘有一平滑的环状物；3 个基足自壳内基部的中心长出，经口环向外呈近水平状延伸，基足细棒状，长度约为壳径的 2 倍，有一些侧分枝，足末端缩尖，在口缘环上还可见生出个别较细的长刺。

　　标本测量：壳宽 40-45 μm，壳高 35-38 μm，足长 70-85 μm。

　　地理分布　白令海。

（244）小袋虫（未定种 3）*Peridium* sp. 3

（图版 57，图 15）

　　个体很小，头部近球形，底部缩小，壳壁较薄，壁孔六角形，大小近等，亚规则排列；3 个基足自头腔底部的中央棒生出，向下斜长，较直，细棒状；在头的近底部处生出另一渐扩大的圆锥形格孔壳下部，包围着基足的上部，其底部宽约与头宽相等，使整个壳体似呈两节。

　　标本测量：头长 38 μm，头宽 40 μm，下部长 30 μm，下部宽 45 μm，基足长 35-40 μm。

　　地理分布　白令海。

（245）小袋虫（未定种 4）*Peridium* sp. 4

（图版 57，图 16，17）

壳的上部呈亚球形，下部扩大，顶部壁孔较小，类圆形，中下部的壁孔较大，不规则形，分布不均匀；壳表具细长的放射骨针，在末端有一些侧枝相互连接形成一个近似不规则的枝条架外壳；3 个基足细长棒状，末端缩尖。

标本测量：头长 46-48 μm，头宽 54-56 μm，壳长 80-88 μm，壳宽 105-110 μm，足长 87-112 μm。

地理分布　白令海。

（246）小袋虫（未定种 5）*Peridium* sp. 5

（图版 57，图 18，19）

个体较小，头圆球形，表面光滑无刺，壁孔近六角形或亚圆形，大小相近，亚规则排列；三足较长，挺直向下生长，细棒状，末端缩尖；在三足之间发育有格孔网，网孔较小，大小相近，网状物近占足长的一半，下部边缘不平整，无口缘。

标本测量：头径 33 μm，足长 85 μm。

地理分布　白令海。

（247）小袋虫（未定种 6）*Peridium* sp. 6

（图版 58，图 1-3）

头近球形，最大宽度在中部，下部缩窄，壁孔类圆形或椭圆形，大小差异较大，分布凌乱，孔间桁较细，在一些节点上生出骨针，各针的末端分叉相互交接形成一个疏松网格状的外围壳；头侧有一顶针，细圆柱形，长度约为头长的一半；3 个基足较长，呈细棒状，近水平状散开，微下倾，长度大于头长；基足的内半段之间及与头壁之间常有网格状的连接物，形成不完整的胸状物，其下为阔开口。

标本测量：头长 103-105 μm，头宽 98-107 μm，顶针长 20-48 μm，基足长 86-140 μm。

地理分布　白令海。

袋虫属 Genus *Archipera* Haeckel, 1881

壳单节，无内柱（或内杆），具两个或多个顶角。

（248）双肋袋虫 *Archipera dipleura* Tan et Tchang

（图版 58，图 4-13）

Archipera dipleura Tan et Tchang，谭智源、张作人，1976，274 页，图 48a-f；谭智源、陈木宏，1999，291 页，图 5-215。

壳呈卵形或梨形，具大小相异、排列不规则的壳孔；孔呈圆形、椭圆形或类圆形，基板孔有 4 个，其中两个较大的位于后足两侧，两个小孔位于左右足之间；顶角自基板与后足相会处生出，并沿头壁向上延伸，至头上部然后游离外生；额角自两小基板孔之间生出，其生长情形与顶角相似；额角与顶角位置相对，侧面观呈双头肋状；3 个足粗细长短不一，另一些足较短，分枝较多并且相连成网状。

标本测量：头长 100-138 μm，头宽 88-125 μm，足长 12-32 μm。

标本采集地：东海。

地理分布　东海西部、白令海。

本种与 *Peridium piriforme*（Popofsky, 1908, S. 273, Taf. 31, Fig. 9）十分相似，但后者仅具一顶角，无额角。

（249）六角袋虫 *Archipera hexacantha* Popofsky

（图版 58，图 14-18）

Archipera hexacantha Popofsky, 1913, p. 329, Textfigs. 35-39.

头呈梨形或亚球形，较小，下部常缩窄，壁孔亚圆或多角形，孔的大小与数量均变化较大，孔间桁的宽窄也因不同标本而异；壳体基部有一个格孔状骨架，基孔一般为 4 个或 6 个，成对排列；从基部骨架常沿头壁向上、向外或向下生出一些骨针（4 根以上），斜下长的骨针（基刺）较长，有时在外侧向内弯曲，在不同标本中这些骨针的数量与排列方式有所差异；在壳的表面有时还可见到一些较短的细刺。

标本测量：壳长 40-60 μm，壳宽 35-48 μm，基部骨针长 65-80 μm。

地理分布　印度洋，大西洋，白令海。

开甕虫科 Family Phaenocalpidae Haeckel, 1881

壳单节无缩缢，仅有简单的头部，口部开阔，或有格板封闭，口缘具 4-9 根或更多的放射辅枝（脚）。

显甕虫属 Genus *Calpophaena* Haeckel, 1881

具一个顶角，头腔简单，内无轴柱，脚简单，末端不分叉。

（250）五棒显甕虫（新种）*Calpophaena pentarrhabda* sp. nov.

（图版 59，图 1-4）

个体较小，壳亚球形，或头盔状，表面光滑，壁孔亚圆形或多角形，大小不等，亚规则排列，孔间桁较细，壳表可见个别小刺；顶部有一斜上生长的顶针，细棒状，末端不收尖，与壳长近等；壳口开放，口端的缘环不很明显，有 5 个发育不很规则的末端脚，细棒状，生长方向不太一致，侧向或斜下发育，同一标本的末端脚长度接近，小于壳长，不分叉。

标本测量：壳长 36-38 μm，壳宽 46-49 μm，顶针长 37-39 μm，末端脚长 22-33 μm。

模式标本：BS-R18（图版 59，图 1-4），来自白令海的 IODP 323 航次 U1340A-1H-cc 样品中，保存在中国科学院南海海洋研究所。

地理分布　白令海。

该新种基本特征与 *Calpophaena tetrarrhabda* Haeckel 和 *Calpophaena hexarrhabda*

Haeckel（1887, p. 1176, pl. 53, figs. 17, 18）较接近，主要区别是末端脚的数量与生长方向不同，后两者的末端脚数量分别为 4 个和 6 个，壳口处有一交叉结构的基盘，基盘发育 4-6 个格孔，而我们的标本并未观察到类似结构的基盘。

（251）显甕虫（未定种）*Calpophaena* sp.

（图版 59，图 5、6）

壳近半球形或头盔形，表面光滑，仅见个别（2-3 根）棘刺，壁孔近方形、类圆形或类椭圆形，大小不等，排列不规则，孔径是孔间桁宽的 1-5 倍；顶部有向上微斜的顶针，细棒状，较直，长度大于头腔的高度；壳口开放，口缘平整光滑，自口缘的不同位置分别生出 6 根角锥状末端脚，其中 4 根近乎垂直向下发育，一根近水平向伸展，另一根斜上生长，末端脚长与壳（头部）高近等，基脚的长短略有差异。

标本测量：壳高 41 μm，壳宽 52 μm，顶针长 66 μm，基脚长 39-54 μm。

地理分布　白令海。

该未定种特征与 *Tetracorethra tetracorethra* (Haeckel)（Petrushevskaya, 1971d, p. 234, 235, fig. 121）的主要区别是后者的顶针或基脚末端有分叉，且细长而弯曲。Haeckel（1881）将 *Tetracorethra* 视为 *Tatraspyris* 属中的一个亚属，主要特征是针与脚均有分叉现象，而该属的头壳分为二室。Petrushevskaya（1971）对亚属 *Tetracorethra* 做了修订并视为不同于 *Tatraspyris* 的属使用，实际上产生了分类学的混乱。

瓮笼虫科 Family Cyrtocalpidae Haeckel, 1887

具一简单而无节的壳，有一简单的头，无放射脊骨突。

小角虫属 Genus *Cornutella* Ehrenberg, 1838, emend. Nigrini, 1967

壳圆锥形，向着口的一边逐渐扩大，有头角。

（252）环小角虫 *Cornutella annulata* Bailey

（图版 59，图 7-11）

Cornutella annulata Bailey, 1856, p. 3, pl. 1, figs. 5a, b；Ehrenberg, 1872, p. 287, Taf. ii, fig. 16；Haeckel,1887, p. 1182；Suzuki et al., 2009, pl. 42, figs. 6a-c.
Lithomitra lineata (Ehrenberg) group，谭智源、陈木宏，1999，351 页，图 5-294。

壳为细长圆锥形，近呈圆柱状，壳体挺直，头部近圆球形，具一刚毛状顶角；壁孔小，圆或亚圆形，大小近等，横向有 10-15 排孔，排列规则，各排相互平行，每排有 4-6 孔。

标本测量：壳长 100-130 μm，壳宽 30-40 μm。

地理分布　大西洋，太平洋表层，白令海。

（253）双缘小角虫 *Cornutella bimarginata* Haeckel

（图版 59，图 12-14）

Cornutella bimarginata, Haeckel, 1879.
Sethoconus bimarginatus Haeckel, 1887, p. 1295, pl. 54, fig. 12.

头很小，亚球形，透明无孔，有一头角或已退化；胸呈细长圆锥形，长为宽的 3-4 倍，时有小波状起伏的外轮廓，孔不规则或类圆形，双轮廓，显六角形框架，纵向规则排列，共有 8-9 排（单面观 4-5 排），孔间桁较宽，近呈板状，孔径向口端明显增大；整个壳体光滑无刺。

标本测量：头径 10 μm，胸长 160 μm，胸宽 50 μm。

地理分布　南太平洋，白令海。

（254）棒小角虫 *Cornutella clava* Petrushevskaya et Kozlova

（图版 59，图 15-19）

Cornutella clava Petrushevskaya et Kozlova, 1972, p. 551, pl. 30, figs. 11, 12；谭智源、陈木宏，1999，295，296 页，图 5-219。

壳笔直、瘦长、圆锥状；壳壁表面略坎坷，头胸部连成一体，故头胸部外轮廓平直，仅从内部才可见到有一细小的头腔，头上有一顶角；胸壁略厚，具六角形开孔，孔直径自顶部向口端逐渐增大，孔纵向为 3 列，排列规则。

标本测量：壳长 163-210 μm，宽 53-62 μm。

地理分布　南海，白令海。

（255）六角小角虫 *Cornutella hexagona* Haeckel

（图版 59，图 20）

Cornutella hexagona Haeckel, 1887, p. 1180, Pl. 54, fig. 9.

壳呈长圆锥形，外形挺直；壁孔亚规则排列，类六角形，向开口端逐渐增大，纵列有 10-12 排孔，在靠近顶端处的孔很小；头很小，亚球形，有一根较长的圆锥状顶角，顶角挺直或微斜；口部开阔，但常有破损或折断 [我们的标本与 Haeckel（1887）的标本均在口端不完整]。

标本测量：壳长 100-150 μm，壳宽 40-60 μm，顶针长约 50-80 μm。

地理分布　太平洋中部，表层至各个不同深度的水层，白令海。

（256）深小角虫 *Cornutella profunda* Ehrenberg

（图版 59，图 21-25；图版 60，图 1-6）

Cornutella clathrata profunda Ehrenberg, 1854, S. 241, Taf. 35b, Fig. 21.
Cornutella profunda Ehrenberg, 1858, S. 31；Riedel, 1958, p. 232, pl. 3, figs. 1, 2；Nigrini, 1967, p. 60-63, pl. 6, figs. 5a-c；陈木宏、谭智源，1996，207，208 页，图版 27，图 7，图版 49，图 1。
Cornutella hexagona Haeckel, 1887, p. 1180, pl. 54, fig. 9.
Cornutella sethoconus Haeckel, 1887, p. 1180, pl. 54, fig. 11.
Sethoconus orthoceras (Haeckel), Haeckel, 1887, p. 1294, pl. 54, fig. 11.
Sethoconus bimarginatus (Haeckel), Haeckel, 1887, p. 1295, pl. 54, fig. 12.

壳笔直，细长，呈圆锥状，表面光滑无刺；头部近圆球形、很小，顶部有一圆锥形头角，为头的 2-3 倍长；颈缢不明显，胸部向口端渐阔大，胸壁薄或厚，因不同标本而异；壁薄者孔呈六角形，孔间桁较细，孔数较多，纵向 6-7 排，壁厚者孔呈圆形或椭圆形，孔数较少，纵向 3-4 排；各类标本的壳孔径均自顶部向口端逐渐增大，排列规则。

标本测量：SIOAS-R298，壳长 197 μm，壳宽 70 μm，头径 7.5 μm，孔径 13 μm。

地理分布　分布于南海中、北部，地中海，白令海，大西洋，印度洋，太平洋，菲律宾海等地各种水深。

（257）杖小角虫 *Cornutella stiligera* Ehrenberg

（图版 60，图 7）

Cornutella staligera Ehrenberg, 1854, Taf. xxxvi, fig. 1；1875, p. 68, Taf. ii, fig. 3；Haeckel, 1887, p. 1181；Petrushevskaya and
　　Kozlova, 1972, p. 551, pl. 30, figs. 14, 15.
Cornutella scalaris Ehrenberg 1873, p. 221；1875, p. 68, Taf. ii, fig. 1.

壳呈拉长圆锥形，外形挺直；孔近方形或长方形，亚规则排列，向开口处逐渐增大，纵向有 6-7 排，孔间桁较细，横排相连或交互，纵排孔间桁连续，在各节点上有瘤状小突起；头圆球形，顶角为长圆锥状或刚毛状，细而小。

标本测量：壳长 160-220 μm，壳宽 40-60 μm。

地理分布　加勒比海巴巴多斯，大西洋，白令海。

蓝壶虫属 *Cyrtocalpis* Haeckel, 1860

简单的壶形或卵形壳体，向口端收缩，顶部无角，头部结构消失。

（258）钝蓝壶虫 *Cyrtocalpis obtusai* Rüst

（图版 60，图 8，9）

Cyrtocalpis obtusai Rüst, 1892, p. 180, Taf. xxvi, Fig. 15.

个体较小，简单，半球形或头盔形，表面平滑，口部开阔截平，略收缩或收缩不明显；中等壁厚，壁孔亚圆形或类椭圆形，大小相近，亚规则排列，孔径为孔间桁宽的 1-1.5 倍，纵向有 7-8 孔，横向 9-10 孔；在孔间桁的各交叉处有一些很小的尖凸，使壳表略显棘刺状。

标本测量：壳长 73 μm，壳宽 92 μm。

地理分布　白令海。

我们的标本与 *Cyrtocalpis obtusai* Rüst（1892, p. 180, Taf. xxvi, Fig. 15）的基本形态结构较接近，但后者的个体稍大，壳较长，且在中下部略收缩，暂归入该种。

（259）蓝壶虫（未定种 1）*Cyrtocalpis* sp. 1

（图版 60，图 10）

单一椭球形格孔壳，内腔无头部结构；壁较厚，壁孔类圆形或椭圆形，较小，大小略有差异，亚规则排列，横跨赤道有 14-16 孔，内孔径一般小于孔间桁宽，往外渐变大，使孔间桁往外缩小为棱状，在各节点处形成三角锥状的丘形凸起；壳表呈棘刺状（有的标本棘刺不明显），较粗糙；壳口呈圆筒形，较短，末端不平整，或呈不规则齿状，口宽约为壳宽的 1/4。

标本测量：壳长轴 200-218 μm，短轴 163-195 μm，口宽 50-63 μm，口长 20-26 μm。

地理分布　白令海。

该未定种的基本特征与 *Cyrtocalpis gromia* Haeckel（1887, p. 1188, pl. 51, fig. 11）较相似，主要区别是后者壁孔稍大，孔间桁相对较细，孔间的角锥形凸起不很明显，而且口部较窄，仅为壳宽的 1/6。未定种的个体明显较大。

（260）蓝壶虫（未定种 2）*Cyrtocalpis* sp. 2

（图版 60，图 11-15）

个体大，形态差异较大，主要为封闭的枕形、柱形或长卵形，中空，两侧对称，完整壳体分为 3 节，常见脱离分开的单节壳；枕形标本的第一节呈礼帽形，侧面垂直，顶部向一边斜升，最高处在侧缘形成一个类球形凸起，在小球上的壁孔很小并向末端变细；壳表的一半可见 10-12 条较细的纵脊，各脊之间有 2-3 排亚圆形或长方形的壁孔，规则或亚规则排列；长卵形标本的第一节呈子弹形，顶部为内部致密的半球形结构，下部壳壁上的纵肋之间有 2-3 排小孔；第二节（中间节）的壳壁一般较薄，圆筒形，长度近等或小于其他两节，无肋纹，表面平滑，壁孔排列非常规则；第三节的形状与第一节基本对称。这是一种很特殊的放射虫类型，其分类位置尚不清楚，暂归入此属。

标本测量：完整的壳长 220-460 μm，壳宽 100-290 μm（长卵形仅 70 μm），壳高矮侧 98 μm，高侧 166 μm，壳宽 218 μm。

地理分布　白令海。

三肋笼虫科 Family Tripocyrtidae Haeckel, 1887, emend. Campbell, 1954

具 2 节壳，由一个横缢分为头和胸，有 3 条放射肋（部分有不完整的第三节壳）。

小孔帽虫亚科 Subfamily Sethopilinae Haeckel, 1881, emend. Campbell, 1954

壳的基部为阔开口。

网杯虫属 Genus *Dictyophimus* Ehrenberg, 1847

具 3 条完整的胸肋，在口缘上延长变成 3 个实心而分散的脚，头具一顶角。

（261）中肋网杯虫 *Dictyophimus archipilium* Petrushevskaya

（图版 61，图 1，2）

Dictyophimus? *archipilium* Petrushevskaya, 1975, p. 583, pl. 25, figs.1, 2;
Pterocorys hirundo Haeckel, Ling *et al.*, 1971, pl. 2, figs. 8-10.
Dictyophimus hirundo (Haeckel), Motoyama, 1996, pl. 6, figs. 6, 7.

壳光滑，壁稍薄，亚球形的头部有一根较细小的顶针；颈部明显，胸的上部渐扩大为半球形，下部等宽，呈圆桶形；胸部的壁孔亚圆形、大小近等、横向规则排列，具六角形框架，孔间桁较细；三肋在胸的中部向外延伸为 3 个细长、直挺或内弯的圆锥形脚。

标本测量：壳长 150-163 μm，壳宽 100-105 μm，头径 30-32 μm，脚长 162-175 μm，顶针长 78-95 μm。

地理分布　南极海区中新世，北太平洋亚极区，白令海。

（262）布朗网杯虫 *Dictyophimus brandtii* Haeckel

（图版 61，图 3-5）

Dictyophimus brandtii Haeckel, 1887, p. 1198, pl. 60, fig. 6；陈木宏、谭智源，1996，208 页，图版 27，图 9。

壳光滑、扁平，呈三棱角锥状，具深而清晰的领缢，两节之比长为 1:3，宽为 2:7；头部半球形，具一细长的圆锥形顶角，顶角比头长；胸平拱形，具不规则的多角形孔，桁细；三肋向外延伸形成 3 个很长的三棱角锥形脚，三脚略向外弯曲，长度是胸肋的 2-3 倍；领隔基部有两个小领孔和两个大基孔。

标本测量：SIOAS-R300，头长 40 μm，头宽 69 μm，胸宽 131 μm，顶针长 47 μm，脚长 270 μm。

地理分布　南海中、北部，太平洋北部，白令海。

（263）泡网杯虫 *Dictyophimus bullatus* Morley et Nigrini

（图版 61，图 6，7）

Dictyophimus bullatus Morley et Nigrini, 1995, p. 79, pl. 4, figs. 5, 9, 10.

壳分 2 或 3 节（第三节常不完整，或为第二节的衍伸物），3 条胸肋延伸为实心翼；头半球形，表面有一些小圆孔或凹坑，具 2 根短小的细顶针；领缢不清楚；胸呈膨胀圆锥形或洋葱形，壁孔亚圆形或亚六角形，向末端逐渐增大，在最宽处有 7-12 孔；胸的表面有时棘刺状；胸肋在其末端向外延伸为圆柱状的翼，翼长一般可达 50 μm，最长者达 95 μm；胸壳末端略收缩，有一光滑的口缘，或在有些标本中存在一个不规则圆桶状的、或末端缩小的腹部，腹孔的形状、大小与排列均呈不规则状。受硅化作用程度的影响，壁孔大小与壳体厚度的发育变化很大。

标本测量：头长 15-22 μm，胸长 75-130 μm，腹长可达 50 μm，头宽 24-32 μm，最大胸宽 100-135 μm。

地理分布　北太平洋中部的晚中新世—早上新世地层（5.6-4.2 Ma），白令海。

该种与该属其他种的主要区别是胸壳明显呈膨胀状，而不是圆锥状。

（264）布斯里网杯虫 *Dictyophimus bütschlii* Haeckel

（图版 61，图 8）

Dictyophimus bütschlii Haeckel, 1887, p. 1201, pl. 60, fig. 2.

壳呈扁平角锥状，领缢较深，表面有棘刺，头与胸的长和宽之比分别为 1-1.5:2 和 1:4-5；头为亚球形，壁孔类圆形，较小，具一些刚毛状骨针或一个分枝状的角；胸呈扁拱形，壁孔六角形，亚规则排列，自里往外渐变大，孔间桁较细；3 条胸肋延伸为较长的细棱柱形辐射脚，脚长可达胸长的 2-4 倍。我们的标本个体较小，壳表棘刺发育不明显或已折断。

标本测量：头长 25-40 μm，头宽 34-40 μm，胸长 42-80 μm，胸宽 122-200 μm。

地理分布　南太平洋表层，白令海。

（265）可氏网杯虫 *Dictyophimus clevei* Jørgensen

（图版 61，图 9-12）

Dictyophimus clevei Jørgensen, 1899, p. 80, pl. 5, fig. 26；Petrushevskaya, 1962, p. 337, fig. 7；谭智源、陈木宏，1999，297，298 页，图 5-222。

　　头呈半球形，有一向上生出的头角，头角短（可能未完全长成）；胸宽，钟罩形，由于尚未长成，故仅有胸的上部；头胸两部开孔呈不规则圆形，大小不一；足 3 条，由头腔内部的内骨骼桁生出，足呈三片棱状。

　　标本测量：头长 45-50 μm、宽 57-70 μm，胸长 40-55 μm、宽 80-118 μm，足长 75-88 μm，头角长 20-33 μm。

　　地理分布　南海中、北部，白令海。

（266）克莉丝网杯虫 *Dictyophimus crisiae* Ehrenberg

（图版 61，图 13）

Dictyophimus crisiae Ehrenberg, 1854, p. 241；Benson, 1966, p. 412-414, pl. 28, figs. 4-6；Nigrini, 1967, p. 66, pl. 6, figs. 7a, 7b；Kling, 1973, p. 636, pl. 4, figs. 11-15, pl. 10, figs. 18-20；Petrushevskaya, 1975, pl. 25, fig. 8；Nigrini and Moore, 1979, p. N33-N34, pl. 22, figs. 1a, 1b；Johnson and Nigrini, 1980, p. 127, pl. 3, fig. 9；Takahashi and Honjo, 1981, p. 153, pl. 9, figs. 1, 2；Takahashi, 1991, p. 115, pl. 37, fig. 2.
Pterocorys hirundo Haeckel, Casey, 1971a, pl. 23.1, figs. 6, 7；Molina-Cruz, 1977, p. 338, pl. 8, fig. 9.

　　头近半球形，有分散的小圆形孔或坑，头壁厚度依不同个体有所变化，表面光滑或粗糙；顶针一般呈长圆锥形，可达头长的 3 倍，也有的较为短小，垂直骨针较细小或消失；头与胸之间的领隔清楚；胸壳的长度、宽度与厚度有一定变化，呈钟罩形或圆锥形，壁孔较大，呈亚圆形或多角形，孔径自上而下渐增大，孔间桁相对较细，胸壁光滑或粗糙，棘刺状；胸壳上发育出来的 3 个外伸侧翼较长，可达胸长的 3 倍，呈圆柱形或三片棱柱形，末端缩尖；腹部大小依发育状况而不同，圆桶形，壁薄，孔的形状与胸壁孔相似，末端口不定形或不完整。

　　标本测量：顶针长 15-81 μm，垂直针长 5-10 μm，头长 18-31 μm，头宽 23-46 μm，胸长 45-117 μm，胸宽 86-185 μm，腹长可达 27-119 μm，腹宽 81-191 μm，侧翼长 37-148 μm。

　　地理分布　加利福尼亚湾，印度洋中、低纬度海区，白令海，东南太平洋。

　　该种的一些基本结构特征与 *Pterocorys aquila* Haeckel（1887, p. 1317, 1318, Pl. 71, fig. 5）和 *P. hirundo* Haeckel（1887, p. 1318, Pl. 71, fig. 4）很接近，人们在鉴定中常常难以将 *Dictyophimus crisiae* Ehrenberg 与 *Pterocorys hirundo* Haeckel 区分，它们的主要区别是前者的个体相对较为粗大，而后者却具有完整的腹缘，但这些标本的腹部往往缺失或不完整。

（267）细脂网杯虫 *Dictyophimus gracilipes* Bailey group

（图版 62，图 1-9）

Dictiophimus gracilipes Bailey, 1856, p. 4, Taf. I, Fig. 8；Haeckel, 1887, p. 1197；Cleve, 1899, p. 29, pl. 2, fig. 2；Popofsky, 1908,

SS. 274, 275, Taf. 31, fig. 15；Petrushevskaya, 1967, p. 67, textfigs. 38I-VIII, 39I-III.
Pseudodictyophimus gracilipes (Bailey), Petrushevskaya, 1971d, p. 93, pls. 47, 48；
Pseudodictyophimus sp. aff. *P. gracilipes* (Bailey), Bjørklund, 1976, p. 1124, pl. 9, figs. 1-5, pl. 11, figs. 6-7（无描述说明）.

　　壳呈压扁的三面角锥状，宽大于长，个体较小；领缢较深，头与胸的长度之比为1:2-4，宽度之比为 1:2-6；头呈半球形，顶针较为短小或粗壮，三棱角锥形；胸壁上的三肋弯曲，向外伸长为 3 个细长或较粗的三棱角锥形、略内弯的脚，长度变化不定，最长可达壳长的 3 倍；壁孔为类圆形或多角形，大小不等，排列不规则，口缘时有末端刺。

　　标本测量：头长 17-25 μm，头宽 26-48 μm，胸长 50-80 μm，胸宽 76-110 μm，脚长 49-146 μm。

　　地理分布　北太平洋，堪察加海，加利福尼亚湾，地中海，南大西洋，北极海区，白令海。

　　经历较长时期，不同作者对该种的理解与使用差异很大，造成种的概念与定义非常混乱，包含了许多不同类型的标本（我们的照相标本是其中的两类）。Petrushevskaya（1971d）建立新属 *Pseudodictyophimus* 并将不同类型的标本归入该种，Bjørklund（1976）更是捉摸不定地采用 aff. *P.* 方式。这里，我们只能将之视为一个种群。

（268）燕网杯虫 *Dictyophimus hirundo* (Haeckel) group

（图版 62，图 10-16）

Pterocorys hirundo Haeckel, 1887, p. 1318, pl. 71, fig. 4；Riedel, 1958, p. 238, pl. 3, fig. 11, pl. 4, fig. 1, textfig. 9；Petrushevskaya, 1967, p. 115, pl. 67, figs. 1-5；Petrushevskaya, 1971b, pl. 111, figs. 4, 5；陈木宏、谭智源，1996，217 页，图版 31，图 2-4，图版 52，图 2.
Dictyophimus hirundo (Haeckel) group, Petrushevskaya and Kozlova 1972, p. 553, pl. 27, figs. 16, 17；Petrushevskaya, 1975, p. 583；Nigrini and Moore, 1979, p. N35, pl. 22, figs. 2-4.
Dictyophimus sp. aff. *D. hirundo* (Haeckel), Petrushevskaya and Kozlova, 1975, p. 553, pl. 27, figs. 16, 17.

　　壳分 3 节，二勒缢明显，但腹部常破碎或保持不完整；头亚球形，较大，表面光滑或有小刺，一些小孔被充填；顶角尖小，与头近等长，有时另有一斜长的次生角，顶角有的较粗长，可达头长的 2 倍；胸壳为截平圆锥形或钟罩形，壁孔较大，亚圆形或椭圆形，亚规则或不规则排列，表面光滑或有一些短刺；腹部较短，宽度比胸节小，常退化消失或仅残留 1-2 排亚圆形的壁孔，无明显的口缘；胸壁上有 3 个肋，并在腰缢上延伸发育成向下斜生的 3 个侧翼，侧翼为三棱柱状，直或微弯，比胸长。

　　标本测量：顶角长 7-36 μm（最长达 85 μm），头长 16-27 μm，胸长 30-70 μm，胸宽 50-90 μm，侧翼长 35-125 μm。

　　地理分布　南海中、北部，太平洋和印度洋的热带到南极海域，大西洋，白令海。中新世—现代。

　　很显然这一种群的特征范围较广，其中的不少类型特征是介于 *Dictyophimus hirundo* (Haeckel) 和 *Dictyophimus triserratus* Haeckel（1887, p. 1200, pl. 61, fig. 17）之间，尤其是许多标本的"第三节（腹部）"已明显消失，应该将之归入后一种较合理，考虑到传统的习惯用法，人们还是认同前一种名，并视为一个种群，实际上可能还包括了后一种的含义。

（269）伊斯网杯虫 *Dictyophimus histricosus* Jørgensen

（图版 63，图 1）

Dictyophimus histricosus Jørgensen, 1905, p. 138, pl. 16, fig. 89.
Helotholus histricosa (Jørgensen), Benson, 1966, p. 462, pl. 31, fig. 6 (not figs. 4, 5, 7, 8)；Kling, 1977, p. 215, pl. 2, fig. 6.
Helotholus histricosa (Jørgensen) group, Benson, 1983, p. 504, pl. 8, fig. 1 (not figs. 2, 3).

　　头半球形，胸圆锥形或钟罩形，领缢不明显，胸壁上部有时在 3 条主针之间呈现 3 个略膨突的拱曲状；D 环上的顶针在头腔内上长并延伸为顶角，顶角较小，与周围的辅针区别不大；中央棒上的基针在胸壁内下延并伸出下部胸口形成 3 个末端缩尖的细棒状基脚；所有的主骨针和基脚均无三棱状的边缘；头与胸的表面均有一些针状的辅针，头上的辅针相对略长；整个壳体的壁孔大小与形状都不均匀，排列不规则，头部的壁孔仅略小于胸部壁孔，呈类圆形或多角形。

　　标本测量：壳宽 85 μm，壳长 68 μm，头宽 34 μm，头高 22 μm。

　　地理分布　　北半球高纬度海区，加利福尼亚湾，白令海。

（270）宽头网杯虫 *Dictyophimus platycephalus* Haeckel

（图版 63，图 2）

Dictyophimus platycephalus Haeckel, 1887, p. 1198, pl. 60, figs. 4, 5；陈木宏、谭智源，1996，208 页，图版 27，图 8、10。

　　壳呈三棱角锥状，表面光滑，领缢明显，头胸长之比为 1:3，宽之比 3:9。头为帽状，具不规则的类圆形孔，大小不等，顶部有一圆锥形头角，与头等长；胸呈稍平的乳头状，孔为多角形或不规则圆形；3 条胸肋在领隔处相交，形成 4 个大孔，并向外延伸形成 3 个等长的末端脚；脚为细长圆锥形，光滑，近与胸肋等长。

　　标本测量：SIOAS-R299，头长 35 μm，头宽 68 μm，胸长 105 μm，胸宽 210 μm。

　　地理分布　　南海中、北部，大西洋北部，加那利群岛，白令海。

（271）碗网杯虫 *Dictyophimus pocillum* Ehrenberg

（图版 63，图 3-5）

Dictyophimus pocillum, Ehrenberg, 1873, p. 223；1875, p. 68, Taf. 5. fig. 6；Haeckel, 1887, p. 1200；Petrushevskaya and Kozlova, 1972, p. 553, pl. 29, fig. 5.

　　壳表棘刺状，领缢清楚，头与胸的长度之比为 1:5，宽度之比为 1:5；头近球形，有许多小圆锥形骨针；胸呈三面角锥状或钟罩形，壁孔较大，为不规则类圆形或多角形，孔间桁相对较细，壳壁中等厚度；3 条胸肋坚实，在口缘处延伸为 3 个棱柱状或圆柱状基脚，基脚较短小，向下或略外斜，不很规则。

　　标本测量：头长 30 μm，头宽 30 μm，胸长 150-230 μm，胸宽 150-255 μm。

　　地理分布　　加勒比海巴巴多斯始新世-渐新世？白令海。

（272）稠脾网杯虫 *Dictyophimus splendens* (Campbell et Clark)

（图版 63，图 6，7；图版 64，图 1-7）

Pterocorys (Pterocyrtidium) splendens Campbell et Clark, 1944a, p. 46, pl. 6, figs. 16, 19, 20.

Dictyophimus splendens (Campbell et Clark), Petrushevskaya, 1975, pl. 25, figs. 3, 4；Caulet, 1986, p. 852；Morley and Nigrini, 1995, p. 79, pl. 7, figs. 3, 4.

Dictyophimus sp. Motoyama, 1996, p. 248, pl. 6, figs. 3-5.

　　壳体较大，具较长的顶角，为细棒状或角锥状（长短在不同海区的标本有差异，或有些标本因过长而被折断），末端缩尖，挺直或弯曲；头半球形，相对较小；胸壳呈圆锥形，自上而下渐变宽，壁很厚，表面粗糙或有小棘刺，壁孔亚圆形，不规则排列；胸肋在末端处向外直挺地伸出长成 3 个较长坚实的棱片状或圆柱状的侧翼，末端缩尖，胸口平滑或不规则，或显腹壳的过渡处；腹壳不规则，具不同发育状态特征，腹壁相对略薄，一般呈圆筒形，壁孔与胸壳的相似，孔间桁稍细，腹部末端不平整或无完整口缘。从采自不同地区的标本资料看，该种的壳体结构与形态特征变化较大。

　　标本测量：头长 15-22 μm，头宽 18-30 μm，胸长 55-100 μm，胸宽 65-100 μm，腹长 45 μm，腹宽 65-95 μm，侧翼长 50-120 μm，顶角最长可达 270 μm。

　　地理分布　加利福尼亚南部中新世，北太平洋中新世—更新世，南极海区新生代，白令海。

　　我们在白令海的岩心样品中找到较多的该种类标本，它们的形态特征等有较大的变化，甚至有的具双顶角，或呈粗牛角状，可能这些标本中包含了部分未定种。在此，我们暂且将之归入同一种。

（273）四棘网杯虫 *Dictyophimus tetracanthus* Popofsky

（图版 65，图 1）

Dictyophimus tetracanthus Popofsky, 1913, S. 791, Taf. 18, Fig. 11；Renz, 1974, p. 333, textfig. 42；谭智源、陈木宏，1999，297 页，图 5-221。

　　壳光滑，具一浅的颈缢，头长约为胸长的 1/3，头呈亚球形，具一强壮三片棱的顶棘，其长为头长的 2-3 倍；壳孔类圆形，亚规则排列。腹口处壳孔较大，延向头部逐渐变小，3 根肋沿胸部下延形成 3 根游离胸口外的三片棱柱形粗骨针，骨针近末段向内弯曲，末端削尖。

　　标本测量：壳长 85 μm、壳宽 120 μm，头直径 20 μm，顶棘长 88 μm，足长 68 μm。

　　地理分布　南海，印度洋，南太平洋。

（274）网杯虫（未定种 1）*Dictyophimus* sp. 1

（图版 65，图 2-4）

　　壳头部近球形，未见胸的部分，壳壁稍薄，壁孔类圆形，大小差异明显，不规则分布，表面有少量棘刺；有一稍长顶针，细棒状，由位于基部中央棒向上生长的垂直桁穿过壳壁形成；壳口边缘向下长出 3 个细棒状的基脚，末端微弯、缩尖，侧面有少量棘凸，脚长约为壳长的 2 倍。

标本测量：壳长 45–50 μm，壳宽 53–56 μm，顶针长 22–25 μm，脚长 75–90 μm。

地理分布　白令海。

（275）网杯虫（未定种 2）*Dictyophimus* sp. 2

（图版 65，图 5，6）

头半球形，表面光滑，壁孔类圆形，稍大，孔径为孔间桁的 1–1.5 倍，顶针细小；胸部圆锥形，胸肋之间的壳壁明显膨凸，壁孔亚圆形或椭圆形，数量较少，大小相近，孔径是孔间桁宽的 2–3 倍，在靠近口端的孔变化较大，胸壳上的壁孔亚规则排列，横向有 3–5 排；3 条胸肋在胸的中部向外发育成三棱角锥状的基脚，基脚一般向下弯曲，个别在中间外曲，末端缩尖，个别标本还可见 4 个基脚；口部阔开，边缘不整齐，或有稀疏的尖刺。

标本测量：头径 22–26 μm，胸长 45–50 μm，胸宽 75–80 μm，顶针长 10–18 μm，基脚长 68–85 μm。

地理分布　白令海。

明岸虫属 Genus *Lamprotripus* Haeckel, 1881

壳棘刺状，在 3 个胸肋的边缘上有明显的小刺。头上常有一个较大的角和几个较小的刺。

（276）明岸虫（未定种 1）*Lamprotripus* sp. 1

（图版 65，图 7–9）

壳呈斗笠状，头半球形，壁孔小，顶角细长；胸部渐扩展，疏松格孔状，在 3 条胸肋之间由一些桁枝相互不规则交连，形成大小差异很大的不规则形格孔，孔较大，孔间桁很细；口部边缘不整齐，胸肋部分延伸出壳外，近口缘的一些纵桁向外延伸为细长骨针。

标本测量：头径 33–36 μm，胸高 61–65 μm，胸宽 170–200 μm，顶角长 78–110 μm。

地理分布　白令海。

该未定种与 *Lamprotripus quinqueradiatus* Dogiel（Petrushevskaya, 1971d, p. 97, fig. 50, II-V）的主要区别是后者的头呈球形，领隔明显，顶部棘刺较多。

（277）明岸虫（未定种 2）*Lamprotripus* sp. 2

（图版 65，图 10）

壳呈斗笠状，头扁球形，位于胸壳内，壁孔疏松，顶角细小，在头与胸之间的两侧斜上伸出两个很长的针，细棒状；胸部渐扩展，格孔不规则状，各孔大小有些差异，孔间桁很细，3 条胸肋伸出壳外不明显；口缘上有些骨针，针的末端缩尖。

标本测量：头径 40 μm，胸高 100 μm，胸宽 210 μm，顶针长 12 μm，斜针长 100–150 μm。

地理分布　白令海。

石蜂虫属 Genus *Lithomelissa* Ehrenberg, 1847

具 3 个自胸壁生出的游离侧翼或实心骨针。无末端足。头具 1 个或多个角。

（278）钟石蜂虫 *Lithomelissa campanulaeformis* Campbell et Clark

（图版 65，图 11-13；图版 66，图 1-3）

Lithomelissa campanulaeformis Campbell et Clark, 1944a, p. 41, pl. 6, fig. 1；Riedel *et al.*, 1974, p. 711, pl. 60, figs. 1, 2, pl. 62, fig. 11；谭智源、宿星慧，1982，170 页，图版 16，图 2；陈木宏、谭智源，1996，209 页，图版 28，图 7，图版 49，图 6，7。

Sethoconus dogieli Petrushevskaya, 1967, p. 94, Textfigs. 53, I–IV.

头呈亚球形，透明，具稀疏小孔。头腔内有 1 根向头顶直生的小轴杆和 3 根横向生长的内骨骼桁，这些内骨骼桁自颈缝处生出并沿胸壁下延，末端游离壁外形成小刺，头棘数根（有时折断）；胸部呈钟罩形，开孔类圆形或多角形，到下方逐渐或迅速变大，排列不规则；胸壁上有一些角锥形或末端分枝的小尖刺。

标本测量：头直径 35-40 μm，胸长大于 150 μm，胸宽 100-120 μm。

地理分布 东海西部，冲绳海槽，南海中、北部，加利福尼亚南部地层，地中海西西里岛，南极海区，白令海。

（279）豪猪石蜂虫 *Lithomelissa hystrix* Jørgensen

（图版 66，图 4，5）

Lithomelissa hystrix Jørgensen, 1900, p. 83；1905, pl. 16, fig. 85；Schröder, 1914, fig. 63；Petrushevskaya, 1975, pl. 19, fig. 3；Bjørklund, 1976, pl. 8, figs. 14–18；Schröder-Ritzrau, 1995, pl. 7, fig. 4；Bjørklund *et al.*, 1998, pl. 2, figs. 15, 16；Cortese *et al.*, 2003, pl. 4, figs. 20–22.

个体较小，头呈宽半球形，露出部分不太高，另一半陷入胸壳中，颈部外拱；胸上部钟罩形、下部圆柱形，在胸的上部有两个明显缺口；年轻个体的颈部有大孔，后来被头下部与胸上部的外拱物所封闭，颈部上的孔类圆形，大小不定，头顶的孔最小；有与 *L. setosa* 一样的骨针，但很少伸出壳外；在胸壳上部和颈部也有类似于 *L. setosa* 的斜下生长的一些粗实辅针，此外还有一些针状的辅针，头胸之间的这些骨针发育完好时，可形成连接桁将颈部的开口覆盖，并将头部的一半或全部包围陷入在胸内。

标本测量：头宽 22 μm，胸宽 45-50 μm，胸高 34-40 μm。

地理分布 挪威西海岸，南极海区，白令海。

（280）棘刺石蜂虫 *Lithomelissa setosa* Jørgensen

（图版 66，图 6-8）

Lithomelissa setosa Jørgensen, 1900, p. 81, pl. 4, figs. 21, 22；1905, p. 135, 136, pl. 16, figs. 81–83, pl. 18, figs. 108a, b；Bjørklund, 1973, pl. 2, fig. j；1974, fig. 8；1976, pl. 8, figs. 1–13, pl. 11, figs. 19–23；Takahashi, 1991, p. 97, pl. 25, figs. 16–22；Schröder-Ritzrau, 1995, pl. 7, figs. 1–3；Bjørklund *et al.*, 1998, pl. 2, figs. 12–14；Dolven, 1998, pl. 12, fig. 1.

辅针较发育，但在不同阶段的形态或程度有差异，在胸的上部右侧常有一坚实的钉状针，在左侧有 1-2 个类似的骨针，头顶有 1 对；胸的下部钉状针数量与形态不定，依发育程度而变化，可随胸的发展过程而消失，壁孔形成于这些骨针之间。Jørgensen（1905）对该种仅做上述的骨针发育状况进行描述，并未涉及其他壳体特征的定义，而后来的作者虽然发表了不少该种的图版，但也未曾给予详细描述，所以呈现的标本形态与壁孔特征变化较大。由于各类骨针的发育与保存程度差异较大，难以作为鉴定该种的可靠依据。因此，该种的定义仍存疑，种征的界线也尚无法完全确定。综合 Jørgensen 的及各类已有标本，该种的头部呈半球形或类球形，颈部常具一个或多个侧拱状结构，胸部钟罩形或圆桶形，长短不一，有的腹口略收缩或开阔，壳壁有的光滑、壁孔小，有的粗糙或棘刺状、壁孔较大，甚至有的在口缘也见有一些骨针；个体较小，多数标本的头宽约为胸宽的一半。

标本测量：整个壳长 60-80 μm，壳宽 40-50 μm。

地理分布 挪威西海岸，北冰洋，白令海，大西洋，太平洋，加利福尼亚湾。

（281）石蜂虫 *Lithomelissa thoracites* Haeckel

（图版 66，图 9-14）

Lithomelissa thoracites Haeckel, 1862, S. 301, Taf. 6, Fig. 2-8；Hertwig, 1879, S. 76, Taf. 8, Fig. 1；Popofsky, 1913, S. 337, Abb. 44-47；谭智源、宿星慧，1982，170 页，图版 15，图 12-14；陈木宏、谭智源，1996，209 页，图版 28，图 1-4，图版 49，图 3-5。

头形变化较多，卵形、球形以至圆罩形。头壁有稀疏的小刺或无；一些标本头开孔圆形，大小不一，排列不规则；胸部略呈钟罩形，头胸之间有较深的缢勒，胸壁上开孔与头部类似；顶棘生长情况不一，有的局限于头腔内，有的露出头外或较长，顶棘一般瘦弱，贴头壁斜向上方生出，其中一棘向前生出，另有两侧棘向左右生出，一背棘向后生出，各棘于头部下方相会成内骨骼桁。

标本测量：SIOAS-R303，头长 56 μm，宽 60 μm，胸长 42 μm，宽 75 μm。

地理分布 南海中、北部，东海西部，地中海，白令海，大西洋，印度洋，太平洋表层。

（282）石蜂虫（未定种 1）*Lithomelissa* sp. 1

（图版 66，图 15）

个体较小，头呈倒置梨形，近一半陷入胸中，壁孔较大，亚圆形，大小相近，亚规则排列，孔间桁稍宽，为孔径的 1/3-1/2，头顶有一些小棘刺；胸壳由头下部的各孔间桁节点处生出的枝桁及分支相互连接而成，外形圆筒状，上部壁孔较大，下部壁孔变小且孔间桁较细；胸肋发育不明显；壳的口缘不整齐。

标本测量：头长 50 μm，头宽 42 μm，壳长 75 μm，壳宽 63 μm。

地理分布 白令海。

（283）石蜂虫（未定种 2）*Lithomelissa* sp. 2

（图版 66，图 16，17）

壳似人形上身，中等壁厚；头近球形，下部缩窄，颈部较短；胸的上部迅速向外扩大，形似肩膀，外侧呈圆弧状，下部略缩窄，口缘截平，亚规则锯齿状；整个壳壁孔亚圆形，头部壁孔大小相近，胸部壁孔大小差异明显，分布不规则；在头上部的壳表发育一些三角形的片状刺，部分刺的末端还相互交连；3 条胸肋实心，较短，位于肩上。

标本测量：壳长 133 μm，壳宽 90 μm，头长 50 μm，头宽 56 μm，刺长 5-8 μm。

地理分布　白令海。

（284）石蜂虫（未定种 3）*Lithomelissa* sp. 3

（图版 66，图 18-20）

个体较小，表面棘刺状，为一些角锥状骨针；头近半球形，壁孔类圆形或长椭圆形，大小不等，头侧有一个较细长的三棱角锥状顶角，表面还有一些短小的三棱角锥状骨针；胸呈钟罩形，向下渐扩大，最大宽度在口端，壁孔与头壁壁孔类似，或为不规则形，排列不规则，一般往下孔径渐增大，近口端处的壁孔大而稀疏；口缘上参差不齐，由胸肋和孔间桁的延伸共同形成一些较为细长的末端刺。

标本测量：头长 20-34 μm，头宽 32-48 μm，胸长 50-63 μm，胸宽 78-83 μm，顶角长 30-53 μm。

地理分布　白令海。

海绵蜂虫属 Genus *Spongomelissa* Haeckel, 1887

3 个实心侧翼从胸节的侧面长出，无末端脚，有 1 个或更多头角。

（285）小瓜海绵蜂虫 *Spongomelissa cucumella* Sanfilippo et Riedel

（图版 66，图 21-24）

Spongomelissa cucumella Sanfilippo et Riedel, 1973, p. 530, pl. 19, figs. 6, 7, pl. 34, figs. 7-10；陈木宏、谭智源，1996，210 页，图版 28，图 8。

Pseudodictyophimus bicornis (Ehrenberg), Okazaki *et al.*, 2005, p. 2250, pl. 9, fig. 6.

壳略压扁，壁厚，领缢清楚。顶针和 3 个胸翼形状相似，均较短小；头大，半球形。内部骨针构造含有一短的中间桁，在头腔内自由生长的顶桁，及向上斜生的垂直桁、主侧桁、背桁和短的轴针；顶桁与主侧桁在接近内壁时分叉，背桁之上有一退化膜，由少量格孔网组成；胸部末端收缩，口缘较厚实，但多数标本的口缘被一薄的格孔板所封闭；头部和胸部的壁孔相似，均呈圆形，大小不等，壳的表面一般光滑。

标本测量：头径 29 μm，壳长 80 μm，壳宽 66 μm，顶针长 15 μm，胸翼长 44 μm。

地理分布　南海中、北部，墨西哥湾，白令海。

该种与 *Corythomelissa horrida* Petrushevskaya 的主要区别在于后者的个体相对较小，而且其壳体表面明显呈棘刺状。

美帽虫属 Genus *Lampromitra* Haeckel, 1881

胸壁呈扁锥形或角锥形，有 3 条放射状侧肋。头常具一棘。口缘有一花冠形骨针环。

（286）围织美帽虫 *Lampromitra circumtexta* Popofsky

（图版 67，图 1）

Lampromitra circumtexta Popofsky, 1913, p. 346, Taf. 32, Fig. 1.

头较宽呈近倒梯形，顶部近平截或类圆弧状，头侧较直，往下向内倾斜，无顶角；勒缢明显，其下的胸壁向外微斜伸长，边缘向下弯曲并在口端略收缩，口缘常有一些小刺，胸壳较短；头与胸腔之间的 A，D，I，F 骨针从一点或中央棒生出，在壳内延伸但不突出壁外；头与胸的壁孔类似，类圆形或多角形，大小不等，排列不规则，孔间桁很细，孔径较大；整个壳体的表面光滑或有些小刺。

标本测量：头顶宽 58-63 μm，头基宽 50-52 μm，胸宽 90-120 μm，胸长 45-52 μm，骨针（如有最长）25 μm。

地理分布　热带大西洋，白令海。

（287）美帽虫（未定种）*Lampromitra* sp.

（图版 67，图 2-4）

头近半球形，壁孔很少，类圆形，有一顶针；头与胸之间有一颈部，胸壳呈角锥形，壁孔不规则形或多角形，大小差异明显，排列不规则，孔间桁较细，孔径约为孔间桁宽的 2-6 倍；标本的壳口破碎不完整；壳表光滑无刺。

标本测量：壳长 113-130 μm，壳宽 138-220 μm，头长 18-25 μm，头宽 28-36 μm，顶针长 13-56 μm。

地理分布　白令海。

巾帽虫属 Genus *Callimitra* Haeckel, 1881

具 3 个垂直格孔状翼，延长于垂直的头角和 3 个胸肋之间。无额角。

（288）巾帽虫（未定种）*Callimitra* sp.

（图版 67，图 5，6）

头呈圆锥钟罩形，具不规则多角形孔，桁条很细，头角三棱片状，较细小，长度小于头长，头角的棱边生出侧枝发育成 3 个侧翼，三翼的蛛状网形似，由一些平行桁组成，网孔长方形；在头腔内有一短中央棒，自此向上生出垂直桁并延伸为头角，向下生出 3 条胸肋；胸肋向斜下伸展，微弯曲，它们的侧枝进一步分叉形成相互连接的胸部网状物，网孔为多角形或不规则形，大小差异明显，分布较杂乱；整个壳体上的各类桁条或孔间桁均较细弱。

标本测量：头长 82 μm，头宽 76 μm，胸长 113 μm，胸宽 200 μm，顶角长 46 μm。

地理分布　白令海。

格帽虫属 Genus *Clathromitra* Haeckel, 1881

具 3 个垂直的格孔状翼，自胸部 3 个辐射侧肋与垂直头角之间的部位伸出，位于前端的头角较大。

（289）翼筐格帽虫 *Clathromitra pterophormis* Haeckel

（图版 67，图 7-11）

Clathromitra pterophormis Haeckel, 1887, p. 1219, pl. 57, fig. 8.

头很大，半球形，头长与胸长相等，头宽为胸宽的一半，胸呈三面锥形；头与胸均具不规则的多角形网孔；顶角长为前角和 3 个基脚的 3-4 倍，所有的 5 根骨针为三面棱柱形，边缘近光滑；3 个侧翼的宽度是头部的一半。

标本测量：头长 50 μm，宽 100 μm；胸长 50 μm，宽 150 μm。

地理分布　中太平洋，白令海。

我们的标本与 *Cladoscenium limbatum* Jørgensen（1905, pl. XV, fig. 74）较相似，但后者头部表面光滑，顶针与 3 个基脚均具齿缘，标本的头部表面有许多小刺相似于 *C. tricolpium* (Haeckel) Jørgensen，且后者的顶针和基脚边缘均有齿状特征。

（290）格帽虫（未定种 1） *Clathromitra* sp. 1

（图版 68，图 1-3）

头较大，半球形，由一些较粗的桁条杂乱交接而成，形成数量不多的形状各异、大小不同的孔，排列不规则，在壳表还有一些针片状或不规则状的棘刺交错相连形成一个无序的表刺层；顶角三棱角锥状，与头长近等，在棱的边缘上有尖齿；3 个基脚呈三棱片角锥状，稍有扭曲和弯曲，各棱边上有一些较长的侧尖刺。

标本测量：头长 57 μm，头宽 82 μm，顶角长 60 μm，基脚长 100 μm。

地理分布　白令海。

（291）格帽虫（未定种 2） *Clathromitra* sp. 2

（图版 68，图 5，6）

头圆锥形，壁孔类圆形或不规则形，大小相差很大，分布无规律，在壳表孔间桁中间有一些不规则片状或尖刺状的脊凸；顶角直挺，三棱角锥状，长度大于头长，还有数根较短的侧向三棱角锥状骨针；胸呈圆筒形，较短，与头部直接相连，壁孔与头部壁孔相似，但一般更大；在口端边缘有一些向下的圆锥形末端刺；3 个基脚从壳中部侧向伸出后向下弯曲，较短，三棱角锥状，棱边上可见个别侧刺。

标本测量：头长 63 μm，头宽 125 μm，胸长 50 μm，胸宽 137 μm，顶角长 105 μm，基脚长 70 μm。

地理分布　白令海。

笠虫属 Genus *Helotholus* Jørgensen, 1905

具 1 个头棘和 4 个胸棘，胸腔内有一中央杆。

（292）笠虫 *Helotholus histricosa* Jørgensen

（图版 68，图 4，7-11）

Helotholus histricosa Jørgensen, 1905, p. 137, pl. 16, figs. 86-88；Popofsky, 1908, pl. 32, figs. 1-5, pl. 36, fig. 2；Benson, 1966, p. 459-464, pl. 31, figs. 4, 5 (not figs. 6-8)；谭智源、张作人，1976，278 页，图 53；Benson, 1983, p. 504, pl. 8, fig. 2 (not figs. 1-3)；Welling, 1996, pl. 16, figs. 9, 10；谭智源、陈木宏，1999，307 页，图 5-235。
Ceratocyrtis histricosa Jørgensen, Petrushevskaya, 1971d, pl. 52, figs. 2-4；Bjørklund, 1976, pl. 8, figs. 19-24, pl. 11, figs. 4, 5；Itaki, 2003, pl. I, fig. 21.

　　壳分头胸两节，头胸之间有一勒缢，头具一棘，其基底下延至头腔内骨骼，4 根胸棘在壳内汇合，末端游离外延成棘；胸腔内有一中央杆，杆端分叉成许多小枝。头上半部拱顶形，胸部阔钟罩形；头胸壁上有小刺和大小相异排列不规则的开孔；胸部口缘成棘刺状。

　　标本测量：头长 20-30 μm，头宽 25-40 μm，胸长 100-110 μm，胸宽 125-220 μm，头棘长 12-16 μm。

　　地理分布　东海西部，大西洋的挪威沿海，白令海。

网灯虫属 Genus *Lychnodictyum* Haeckel, 1881

口缘上生出 3 个具格孔的末端足，无胸肋，有一头角。

（293）网灯虫 *Lychnodictyum challengeri* Haeckel

（图版 68，图 12，13）

Dictyophimus (vel *Tripocyrtis*) *challenger* Haeckel, 1878, p. 47, fig. 35.
Lychnodictyum challengeri Haeckel, 1887, p. 1231；谭智源、张作人，1976，279 页，图 54；谭智源、陈木宏，1999，311，312 页，图 5-241。

　　体分头胸两节，大小之比为长 1:3，宽 1:4；头呈亚球形，头顶斜生一角，为头长的 2-3 倍，头侧常具一小棘；胸部有 3 个不明显的肋和 3 个胸凸，具 3 个有格孔的角锥形足，三足延伸方向几相平行，其长相当于胸长；胸壁开孔为圆形，呈规则或亚规则排列，胸口较窄，宽度约为胸宽之半。

　　标本测量：头长 20-25 μm，头宽 25-36 μm，胸长 50-58 μm，胸宽 80-85 μm，头角长 35 μm，足长 50 μm。

　　地理分布　东海西部，大西洋热带海域，白令海。

　　我们标本与该种特征有些区别：三足无格孔，头的下部可能另有 2 个球状体，其他特征很相似。

双孔编虫属 Genus *Amphiplecta* Haeckel, 1881

具 3 条内胸肋，被包围在胸部的网格内。头顶为一大开口，由一冠状刺所环绕。

（294）顶口双孔编虫 *Amphiplecta acrostoma* Haeckel

（图版 68，图 14）

Amphiplecta acrostoma Haeckel, 1887, p. 1223, pl. 97, fig. 10；Benson, 1966, pl. 32, fig. 2；Petrushevskaya, 1971d, pl. 54, figs.

2-7；Kruglikova, 1977, pl. 112, fig. 9；Welling, 1996, pl. 16, fig. 11.

Amphiplecta cylindrocephala Dumitrica, 1973, pl. 24, figs. 4, 5；Benson, 1983, p. 500, pl. 8, fig. 5.

Amphiplecta sp. A Schröder-Ritzrau, 1995, pl. 5, fig. 5.

　　头呈长圆管状或烟筒状，顶部开放，开口的边缘上常有一些向上的小骨针；胸较宽而短，呈压扁圆锥状；壳表常有一些刚毛状骨针或光滑；头与胸的壁孔均较大，呈网格状，为亚规则六角形或多角形，不规则排列，孔径是孔间桁宽的 6-8 倍；基部阔开口，常发育不完整，边缘有一些放射骨针，或为锯齿状。

　　标本测量：头长 70-89 μm，头宽 42-62 μm，胸长 68-80 μm，胸宽 123-188 μm。

　　地理分布　加利福尼亚湾，太平洋热带、温带海区，北大西洋，白令海。

　　Haeckel（1887, pl. 97, fig. 10）的图像中呈现一些扭曲状的骨针，这一特征在其他已发现的各海区标本中均不存在，由于无 Haeckel 的原标本可供验证，我们无法说明是否有差异，而这类标本的基本形态与结构均基本相似（Benson, 1966）。

隐虫属 Genus *Eucecryphalus* Haeckel, 1860

　　壳具 3 条领翼或实心骨针从头与胸之间的领缝处向外伸出，有头角，胸圆锥形。

（295）小鹰隐虫（新种）*Eucecryphalus penelopus* sp. nov.

（图版 69，图 1，2）

　　个体较小，头与胸的长和宽之比分别约为 1:6 和 1:2；头呈半球形，领缝较浅，壁稍厚，表面略粗糙，有一些小棘凸，壁孔较少，为长椭圆形，头上有一细棒状的顶针，与头近等长；3 根较粗壮的三棱角锥侧翼（骨针）从胸壳上部生出，向下圆弧形渐弯曲，长度约为胸长的 1.5 倍；胸呈胖圆锥形或腰鼓形，较短，中间略膨凸，口端稍收缩，壁孔为类圆形与长椭圆形，大小不等，不规则排列，孔径为孔间桁的 1-4 倍，表面光滑，口缘无冠状物，不平整，无末端刺。

　　标本测量：壳长 78 μm，壳宽 62 μm，口宽 30 μm，顶针长 18 μm，侧翼长 74 μm。

　　模式标本：BS-R19（图版 69，图 1，2），来自白令海的 IODP 323 航次 U1344A-5H-cc 样品中，保存在中国科学院南海海洋研究所。

　　地理分布　白令海。

　　该新种与 *Eucecryphalus corocalyptra* Haeckel（1887, p. 1221，无图示）的主要区别是后者个体较大，顶针为圆锥形，较长，壁孔六角形，排列规则，口缘冠状。

灯犬虫属 Genus *Lychnocanoma* Haeckel, 1887, emend. Foreman 1973

　　具 3 个实心的末端脚，无胸肋，头有一顶角，3 个基脚向下延伸轻微外弯，腹部不完整或不发育。Haeckel（1887, p. 1224）将原定属 Genus *Lychnocanium* Ehrenberg, 1847 分为 3 个亚属 Subgenus 1. *Lychnocanella* Haeckel，Subgenus 2. *Lychnocanissa* Haeckel 和 Subgenus 3. *Lychnocanoma* Haeckel。然而，在没有原则说明的情况下，Foreman（1973, p. 437）则将后一亚属视为属级 Genus *Lychnocanoma*，并沿用至今。这是放射虫分类历史的一个典型混乱范例。实际上，*Lychnocanoma* 属应等同于 *Lychnocanium* 属。

（296）圆锥灯犬虫 *Lychnocanoma conica* (Clark et Campbell)

（图版 69，图 3）

Lychnocanium conicum Clark et Campbell, 1942, p. 71, pl. 9, fig. 38.
Lychnocanella conica Petrushevskaya, 1975, p. 583, pl. 12, figs. 2, 11–15.
Lychnocanoma sphaerothorax Weaver, 1976, p. 581, pl. 5, figs. 4, 5.
Lychnocanium grande Clark et Campbell, Bjørklund, 1976, pl. 15, fig. 5.
Lychnocanoma conica (Clark et Campbell), Abelmann, 1990, p. 697, pl. 7, figs. 1a, b.

　　个体稍小，头较大，膨凸圆锥形，壁孔类圆形，较小，顶角细圆锥形，与头近等长，头与胸之间的领缢较深；胸呈截平圆锥形或半球形，中部膨凸，表面粗糙，胸壁孔亚圆形，大小略有不同，有六角形框架，纵向排列或亚规则分布，3 个末端角较粗，很短，三棱角锥状，略外倾。

　　标本测量：头长 30-50 μm，头宽 35-49 μm，胸长 50-70 μm，胸宽 90-110 μm，顶角长 30-60 μm，基脚长 30-60 μm。

　　地理分布　加利福尼亚，南大洋，东北太平洋，白令海。

（297）瘦小灯犬虫（新种）*Lychnocanoma gracilenta* sp. nov.

（图版 69，图 5，6）

　　壳细长，个体较小，壁厚；头近球形，表面光滑，有许多圆形小孔，顶针细小；胸呈半球形，壁很厚，壁孔大而少，圆形，大小相近，具六角形框架，亚规则排列，横向 2-3 排，纵向 5-6 排，在各孔间桁的节点处有较短的圆锥形骨针，胸肋实心，可形成长三角形的侧翼；3 个基脚向下接近垂直生长，较为粗壮挺直，呈三棱角锥状，末端缩尖；有一发育不完整的腹部，壁厚稍薄，不规则形孔大小差异较大，口部边缘破碎状。

　　标本测量：头直径 30 μm，胸长 38 μm，胸宽 63 μm，顶针长 5 μm，基脚长 112 μm。

　　模式标本：BS-R20（图版 69，图 5，6），来自白令海的 IODP 323 航次 U1344A-5H-cc 样品中，保存在中国科学院南海海洋研究所。

　　地理分布　白令海。

　　该新种与 *Lychnocanoma nipponica sakaii* Morley et Nigrini 的主要区别是后者的胸壳较宽，壁孔较小，数量较多，而且 3 个基脚明显向外倾斜。

（298）大灯犬虫 *Lychnocanoma grande* (Campbell et Clark) group

（图版 69，图 4，7-11）

Lychnocanium grande Campbell et Clark, 1944a, p. 42, pl. 6, figs. 3, 4, 6；Petrushevskaya and Kozlova, 1972, p. 553, pl. 29, fig. 6.
Lychnocanium grande Campbell et Clark group, Petrushevskaya, 1975, p. 583, pl. 12, figs. 5, 6.

　　个体稍大，顶针一般较短，细棒状，末端缩尖；头呈胖圆锥形或半球形，壁薄光滑，壁孔亚圆形，较浅；胸为亚圆锥形，中部膨凸，壁较厚，表面粗糙，壁孔亚圆形或椭圆形，亚规则纵向排列，每两个脚之间有 7-9 孔，阔开口，口部微缩窄，截平，口缘上有小孔；3 个基脚较长，斜下生长，互不平行，近挺直或微外弯，呈三棱角锥状，末端缩尖。

　　标本测量：壳总长 250-280 μm，头长 22-24 μm，头宽 34-36 μm，胸长 60-70 μm，

胸宽 88-100 μm，顶针长 15-70 μm，基脚长 100-180 μm。

地理分布　加州南部，南极海区，白令海。

（299）日本灯犬虫萨恺亚种 *Lychnocanoma nipponica sakaii* Morley et Nigrini

（图版 69，图 12-14；图版 70，图 1，2）

Lychnocanium nipponicum Nakaseko, 1963, p. 168, text-fig. 2, pi. 1, figs. la, b.
Lychnocanoma nipponica (Nakaseko) Sakai, Morley and Nigrini, 1995, p. 80, 81, pl. 6, figs. 1, 4；Kamikuri *et al*., 2004, p. 225, pl. 9, 10a, b；Ikenoue *et al*., 2011, p. 6, figs. 4a, b.
Lychnocanoma sp., Sakai, 1980, p. 711, pi. 9, figs. la, b.
Lychnocanoma sp. cf. *L. grande* (Campbell et Clark), Reynolds, 1980, p. 766, pl. 1, figs. 21, 22.
Lychnocanoma grande (Campbell et Clark), Morley, 1985, p. 412, pi. 6, figs. 4A, B.

头半球形，有一些亚圆形小孔或小坑；顶针细长圆柱形，基部可呈三棱状，末端缩尖；领缢清楚；胸部半球形，壁较厚，表面粗糙，亚圆形孔纵向排列，横跨赤道 8-12 排；胸的末端明显收缩，有一光滑的口缘；自口缘处长出 3 个粗壮的三棱片状脚，三脚可向外延伸或向内弯曲，时有 1-2 排近端孔；有些标本中，在近口缘处的三脚之间常不同程度地发育有一不规则网格状的围裙或腹部，或仅存为小刺状的痕迹。

标本测量：顶针长可达 55 μm，头长 20-30 μm，头宽 28-30 μm，胸长 45-65 μm，胸宽 90-115 μm，脚长可达 220 μm。

地理分布　北太平洋，白令海，鄂霍次克海，日本海。

Nakaseko（1963）首先在研究日本茨城县的 Isozaki 组的放射虫时建立了新种 *Lychnocanoma nipponica* Nakaseko，随后 Sakai（1980）将西北太平洋大洋钻探 DSDP56 岩心样品的该类标本划分为两个亚种 *Lychnocanoma nipponica magnacornuta* Sakai 和 *Lychnocanoma nipponica nipponica* (Nakaseko)，在类似的北太平洋高纬度海区，Morley 和 Nigrini（1995）又建立一个具有地层年代意义的新亚种 *Lychnocanoma nipponica* (Nakaseko) *sakaii* Morley et Nigrini。这样就分别产生了三个亚种。

Lychnocanoma nipponica sakaii Morley et Nigrini 与 *Lychnocanoma nipponica magnacornuta* Sakai 的主要区别在于后者具有较长而粗壮的顶针（顶针长可达头长的 2.5-4 倍），前者的顶针短而细。此外，亚种 *L. nipponica nipponica* (Nakaseko) 因其一般的个体较小、无网格状物、脚内弯而区别于其他两个亚种。

L. nipponica sakaii 仅出现于上新世和更新世，其末现面在各海区的年龄分别为：在北太平洋是 49 ka（Morley *et al*., 1982）和 50 ka（Morley *et al*., 1995），在白令海为 46-52 ka（Tanaka and Takahashi, 2005；Itaki *et al*., 2009），在日本海为 54 ka（Itaki *et al*., 2007），在鄂霍次克海为 ca. 50 ka（Takahashi *et al*., 2000；Okazaki *et al*., 2005）。

（300）日本灯犬虫大角亚种 *Lychnocanoma nipponica magnacornuta* Sakai

（图版 70，图 3）

Lychnocanium nipponicum Nakaseko, Nakaseko and Sugano, 1973, pi. 3, figs. la, lb.
Lychnocanium sp., Ling, 1973, p. 781, pl. 2, figs. 10, 11.
Lychnocanoma nipponica magnacornuta Sakai, 1980, p. 710, pl. 9, figs. 3a, 3b.

此亚种的壳体基本特征与 *Lychnocanoma nipponica sakaii* Morley et Nigrini 很相似，主要区别是本亚种具有较为粗壮的顶角，顶角基部的宽度占头宽的 40%-70%，长度是头长的 2.5-4 倍。

标本测量：顶角长 60-100 μm、宽 15-25 μm，头长 20-25 μm、宽 35-45 μm，胸长 85-95 μm、宽 110-130 μm，基脚长 130-180 μm，胸壁孔径 8-15 μm。

地理分布　北太平洋，白令海。

筛囊虫亚科 Subfamily Sethoperinae Haeckel, 1881, emend. Campbell, 1954

壳的基部封闭有窗孔。

石囊虫属 Genus *Lithopera* Ehrenberg, 1847

3 条放射肋包藏在胸腔内，头具一角。

（301）新石囊虫 *Lithopera neotera* Sanfilippo et Riedel

（图版 70，图 4）

Lithopera (Lithopera) neotera Sanfilippo et Riedel, 1970, p. 454, pl. 1, figs. 24-26, 28；Riedel and Sanfilippo, 1971, pl. 1F, figs. 14, 15, pl. 2E, fig. 19；1978, pl. 6, fig. 10；Nigrini and Sanfilippo, 2001, p. 308.

两节壳亚椭球形，胸为椭球形体的主要构成；头呈圆球形，常光滑无孔，近半陷入胸壳内，有一小顶角；外表一般无领隔；胸腔内的初始侧针与背针生于头的基部，连接形成壳上部的内表；一些标本的中下部壳壁内有一条固定的线状物将壳体分隔，似可分别为胸部与腹部；壁孔亚圆形，大小相近，排列不规则或不成排。

标本测量：壳体总长 95-150 μm，最大壳宽 75-130 μm。

地理分布　中、低纬度区的中中新世地层，西热带太平洋，白令海。

该种与 *L. bacca* 的主要区别在于后者体型较宽，表面光滑，壁孔多而细小，排列较规则；与 *L. baueri* 的主要区别在于后者个体较大，有海绵状壁。

花篮虫科 Family Anthocyrtidae Haeckel, 1887

壳两节，由一横缢使壳分成头胸二部，具 4-9 条或更多的放射肋。

罩篮虫属 Genus *Sethophormis* Haeckel, 1881

胸部呈阔钟罩形或盘形，胸壁有很多放射肋。头扁而宽，帽状，无角。

（302）轮罩篮虫 *Sethophormis rotula* Haeckel

（图版 70，图 5）

Enneaphormis rotula, Haeckel, 1881, pl. lvii, fig. 9；Nishimura and Yamauchi., 1984, p. 50, pl. 26, figs. 7-9.
Sethophormis rotula Haeckel, 1887, p. 1246, pl. 57, fig. 9.

头很大，扁平帽状，三叶（或类三角）型，具不规则多角形孔的网格；水平领环结实，六角形，由 3 个较大与 3 个较小的面交替组成，为长度的一半；自 3 个大面的中部生出 3 条水平状的同心放射桁，它们在领隔中央交汇，形成 3 条主桁，并向外延伸成为胸的 3 条主肋；自领隔的 6 个角上又各生出 6 条次级胸肋，各胸肋的大小相等，形状相似，直线形地向末端略增粗，并有 5 对等距直交的侧分叉，这些相向成对分叉的邻近骨针相互连接，水平状地在一个平面上，使扁平盘状的胸部就像一个 9 角盘，具 9 个等距的轮边、5 个 9 角的同心环。

标本测量：头直径 120 μm，胸直径 360 μm。

地理分布　中太平洋，白令海。

筛锥虫属 Genus *Sethopyramis* Haeckel, 1881

角锥形的胸壁上有很多直或微弯的放射肋。织网结构简单。无头角。

（303）方筛锥虫 *Sethopyramis quadrata* Haeckel

（图版 71，图 1）

Sethopyramis quadrata Haeckel, 1887, p. 1254, pl. 54, fig. 2；谭智源、宿星慧，1982，173 页，图版 16，图 6，7；陈木宏、谭智源，1996，212 页，图版 29，图 2，3，图版 50，图 9。

头呈小球形，头胸近颈缝处可见有内生的小桁；胸部为瘦角锥形，有 9 条直放射桁（或肋），有 7 条以上水平环桁与之相连；直桁与横桁相交形成许多方形孔，孔规则排列，无次生网。

标本测量：壳高 205-350 μm，壳宽 130-189 μm。

地理分布　南海中、北部，东海西部，太平洋北部，白令海。

织锥虫属 Genus *Plectopyramis* Haeckel, 1881

壳呈角锥状，无直肋，有次生的格孔网架，网孔多。

（304）十二眼织锥虫 *Plectopyramis dodecomma* Haeckel

（图版 71，图 2）

Plectopyramis dodecomma Haeckel, 1887, p. 1258, pl. 54, fig. 6；陈木宏、谭智源，1996，213 页，图版 29，图 4，图版 50，图 11。

壳细长角锥状，表面光滑。头圆锥形，头与胸之间的领隔处明显具 4 个领孔；胸呈角锥状，具 9 根粗壮而笔直的放射桁，并由 10-15 排横桁连接，形成方格孔状胸壳；每个规则大方形孔中由各 2-3 根纵横线状细桁相交分格，形成约 12 个规则或亚规则的小方形次生网孔。整个壳体结构清晰。

标本测量：壳长 284-340 μm，壳宽 134-185 μm。

地理分布　南海中、北部，太平洋中部，白令海。

（305）多肋织锥虫 *Plectopyramis polypleura* Haeckel

（图版 70，图 6-10）

Plectopyramis polypleura Haeckel, 1887, p. 1260, pl. 56, fig. 8；谭智源、陈木宏，1999，315–316 页，图版 14，图 14。

壳呈瘦角锥形，轮廓平直，壳壁平滑；头小，竖卵形，上部壳有孔，基部有点状小孔，头壁厚，向上会合成一根粗大表面略微粗糙的针棘；棘长比壳长略长，胸部有许多分散的肋，其中 12 根以上为较强的主肋；主肋之间有较弱的、常为不连接的次生间肋，胸肋与 18 个水平骨环相交；壳壁孔方形，部分充满十分精细的次生网，网孔方形。

标本测量：头长 10-15 μm、宽 13-16 μm，胸长 140-246 μm、宽 125-176 μm。

地理分布　南海，中太平洋，白令海。

裹锥虫属 Genus *Peripyramis* Haeckel, 1881

具双层细长的锥形壳，有一些放射桁。格孔壳被外部的蛛网状或海绵状物所包围。

（306）围裹锥虫 *Peripyramis circumtexta* Haeckel

（图版 71，图 3-8）

Peripyramis circumtexta Haeckel, 1887, p. 1162, pl. 54, fig. 5；Riedel, 1958, p. 231, pl. 2, figs. 8, 9；Petrushevskaya, 1967, p. 111, fig. 64, I-III, fig. 65, I-III；Nigrini and Moore, 1979, p. N29, pl. 21, figs. 4a, b；陈木宏、谭智源，1996，213 页，图版 29，图 5-7，图版 50，图 10，12，13。

壳呈角锥状，头部为球形；胸部有 6-9 条强壮的放射桁，与 12-20 条水平横桁相交连接形成亚规则的方形格孔壳，横桁之间连续或间断；壳表在各桁的交叉节点上生出分叉的小刺，并相互连接形成纤细的蛛网状外套（我们的标本蛛网状结构已破碎，因此壳表仅残留一些小刺）。

标本测量：壳长 145-250 μm，壳宽 100-145 μm。

地理分布　南海中、北部，太平洋中部，白令海。

梯锥虫属 Genus *Bathropyramis* Haeckel, 1881

壳简单，呈细长或宽阔的角锥体，头小或退化消失，有一些放射桁，网孔简单，方形，较大。

（307）间裂梯锥虫 *Bathropyramis interrupta* Haeckel

（图版 71，图 9，10）

Bathropyramis interrupta Haeckel, 1887, p. 1160, pl. 55, fig. 7.

壳光滑，扁平角锥状，近圆盘形，在顶部有 4 个网状孔，9-10 根结实的放射桁由 8-16 个断续的环骨所连接，这些环在靠近顶部的区域发育较为连续完整，在远端处有些不规则或不整齐地被中断或错开。

标本测量：壳长 120 μm，壳宽 360 μm。

地理分布　北大西洋，白令海。

（308）伍德口梯锥虫 *Bathropyramis (Acropyramis) woodringi* Campbell et Clark

（图版 71，图 11）

Bathropyramis woodringi Campbell et Clark, 1944a, p. 39, pl. 5, figs. 21, 22；Kling, 1973, pl. 2, figs. 20-23, pl. 9, figs. 5, 7, ?figs. 4, 6.
Peripyramis circumtexta Casey, 1971a, pl. 23.1, fig. 11；1972, pl. 2, fig. 4.

壳体呈宽角锥状（30°-28°），口开端较宽（直径有时达 67 μm），头圆形，呈近光滑的圆球状，清晰地位于角锥体之上；胸部 8 条挺直的放射桁成为胸壳 9 个平坦面的边缘，放射桁较细，边缘有龙脊，水平棒 9-11 排，稍粗，相互平行状，由放射桁与水平棒交接形成的各孔规则排列，呈亚矩形或长方形，拐角处圆滑，孔内有一粗蛛网将每一孔分为若干小区域（我们的标本未见此特征）；整个壳体很光滑平整，骨骼透明。

标本测量：壳长 110-210 μm，口宽可达 100-140 μm，最大孔 17.6 μm×15.4 μm。

地理分布 加利福尼亚南部中新世，东北太平洋，白令海。

（309）梯锥虫（未定种）*Bathropyramis* sp.

（图版 72，图 1，2）

壳呈角锥状，头部不明显，壳顶圆弧形，有一些类圆形或多角形的小孔；胸部有 12-14 条放射桁，向口端扩展，水平环的各桁多数为交错状，放射桁与水平桁均较细，近同形；孔较大，一般呈方形，个别不规则；口缘不平整，尖刺状；壳顶部的内基杆向外生长成 2-3 根水平状的细长胸翼，壳表光滑无刺。

标本测量：壳长 170 μm，壳宽 220 μm，翼（骨针）长 25-134 μm。

地理分布 白令海。

该未定种的壳体结构与 *Bathropyramis* 属较接近，但由于在壳顶具有向外水平延伸的胸翼（细长骨针）而明显区别于后者，因此该归属尚存质疑。

格锥虫属 Genus *Cinclopyramis* Haeckel, 1881

壳简单，具复网。

（310）大格锥虫 *Cinclopyramis gigantea* Haecker

（图版 72，图 3）

Cinclopyramis gigantea Haecker, 1908, S. 458, Taf. 85, Fig. 599, Abb. 91a-c; Petrushevskaya, 1971c, p. 191, fig. 107-III；谭智源、陈木宏，1999，293 页，图版 XII，图 7，8。

壳呈细长的角锥状，具 6-8 条主放射肋，中下部有若干次级放射肋，16 个以上较完整的水平环与之相连，网孔长方形，接近顶部逐渐变成方形以至圆形，亚规则排列，网孔间有一些精细的网线。有的标本在靠近壳顶壁可见一些小棘刺，顶角一般为二分叉，呈圆柱形，基部包覆着细小的球形头（顶角常部分折断）。

标本测量：壳长 240-330 μm 或更长，壳宽 140-170 μm 或更宽。

地理分布 南海中、北部，大西洋，白令海。

（311）格锥虫（未定种）*Cinclopyramis* sp.

（图版 72，图 4-7）

壳呈喇叭形，下部迅速扩大，表面光滑无刺；头球形，光滑，无壁孔，头角很小（可能已折断）；胸部的半侧上有 8-9 条放射肋，水平环连续，在壳的中下部发育有次级放射肋，网孔呈近正方形，排列规则整齐；壳的下部或口缘处常不同程度破损。

标本测量：壳长大于 150-290 μm，壳宽（喇叭口）105-320 μm，头直径 16-18 μm。

地理分布 白令海。

该未定种与 *Plectopyramis polyple ura* Haeckel（1887, p. 1260, pl. 56, fig. 8）较相似，主要区别是后者的壳体呈角锥形，下部无喇叭状结构，两侧完全笔直，且在壳的上部表面有一些小棘刺（Haecker, 1908, p. 457, Taf. LXXXIV, Fig. 592）。

石网虫属 Genus *Litharachnium* Haeckel, 1860

具扁平圆锥形、帐幕形或几近盘形的壳，壳壁上有很多简单的放射梁。

（312）帐篷石网虫? *Litharachnium tentorium* Haeckel?

（图版 72，图 8，9）

Litharachnium tentorium Haeckel, 1861, p. 836; 1862, pl. 4, figs. 7-10; 1887, p. 1163; Jørgensen, 1905, p. 138, 139, pl. 16, figs. 90, 91; Popofsky, 1913, p. 331, 332, text fig. 40; Benson, 1966, p. 427-430, pl. 29, figs. 5, 6; Petrushevskaya, 1971d, p. 227, fig. 108, I-III, fig. 109, I-IV; Renz, 1974, p. 793, pl. 17, fig. 19; Takahashi and Honjo, 1981, p. 152, pl. 8, figs. 15, 16.

头近球形，很小，光滑，在基部有个别小孔，无顶角；胸呈圆锥形，向边缘扩大，并在外缘处向上弯曲翻卷，使壳呈带沿的帽子形；自上部开始有 20 条以上的纵肋均匀分布的延伸至壳缘，往下在各主肋之间逐渐增加一些次级肋，末端处每两条主肋之间的次级肋可达 5-8 条，各水平桁相互平行垂直于纵肋，且分布密度与纵肋相似，构成整个壳体的均匀分布且大小近等的方形网孔；各纵肋与水平桁均较细，壳表光滑。

标本测量：壳长 120-150 μm，壳宽 340-643 μm，头直径 8-9 μm。

地理分布 白令海。

根据前人的历史沿革，可能该种特征的变化范围较大。我们的白令海标本与 Jørgensen（1905, pl. XVI, fig. 90）所描述的标本较接近，但后者胸下部在往外扩展时呈弧形朝下，而标本却为朝上往内翻转；Haeckel（1862, 1887）描述的标本则较平坦，三者之间有一定区别，Jørgensen 将其归入该种。我们的标本在边缘向上内卷并形成一条较宽的卷折带与以往类型有明显区别，或可定为新种。

筛笼虫科 Family Sethocyrtidae Haeckel, 1881

壳上有一横勒缢使身体分为头、胸两节，无放射肋。

筛圆锥虫属 Genus *Sethoconus* Haeckel, 1881

具圆锥形或钟形、逐渐拓宽的胸部和阔开口。头具一角或多角。

（313）佐贞筛圆锥虫 *Sethoconus joergenseni* (Petrushevskaya)

（图版 72，图 10，11）

Artostrobus jörgenseni Petrushevskaya, 1967, p. 99, 100, figs. 57(1-10); 1971d, p. 176, fig. 92-IX; Bjørklund, 1976, p. 1124, pl. 11, figs. 12, 13; Dolven, 1998, pl. 10, fig. 2.

个体较小，壳分 2 节；第一节（头）近半球形，表面壁孔有小孔，不规则散布，在与第二节交接处有一些膨胀物，头壁伸入第二节壁内；第二节（胸）的外形不太规则，向下稍扩大，呈长钟罩形或近圆筒形，壁孔为圆形、椭圆形或六角形，大小不等或近等，不规则或亚规则地横向排列；内骨针发育，A 针形成顶角，D 针，Lr 针和 Ll 针形成侧向的细刺（常破掉）。

标本测量：第一节长 12-15 µm，宽 20 µm，第二节长 90 µm，宽 45-50 µm。

地理分布 南大洋，北冰洋，挪威海，白令海。

该种壳体与 *Artostrobus annulatus* 均属伸长小壳形，主要区别是前者头部有孔而后者无，前者第二节的壁孔相对较大而密集，后者的壳体更加细长。

（314）四孔筛圆锥虫 *Sethoconus quadriporus* (Bjørklund)

（图版 72，图 12，13）

Artostrobus quadriporus Bjørklund, 1976, p. 1125, pl. 23, figs. 15-21.

壳分两节，壁较厚或稍薄，上部有一些小棘刺，壁薄的标本表面光滑；头近球形，略陷入胸内，领缢较浅，表面散布类圆形小孔，常有一细棒状顶针；胸上部渐扩大呈圆锥形，胸肋有的发育为 3 个较小的角锥状侧翼，壳的中下部圆筒状；整个胸壳壁孔明显呈横向规则或亚规则排列，横向有 13-15 排孔，每一排上有 5-7 孔，顶部的较小，为类圆形，其余的壁孔较大，为方形、六角形或类圆形。

标本测量：头径 22-29 µm，壳长 90-168 µm，壳宽 40-95 µm，顶针长 10-12 µm。

地理分布 挪威海，白令海。

我们的白令海标本个体相对较大，壳壁稍薄，表面光滑，其他基本特征与 Bjørklund（1976）的挪威海标本相同。Bjørklund（1976）认为该种的壳体具有头、胸、腹，但根据所有标本观测则描述为胸与腹之间无横隔或缩缢，因此，该种实为两节壳。

（315）板筛圆锥虫 *Sethoconus tabulata* (Ehrenberg)

（图版 73，图 1-10）

Cycladophora tabulata, Ehrenberg, 1872, p. 306, Taf. 4, fig. 18.
Sethoconus tabulatus (Ehrenberg), Haeckel, 1887, p. 1293；Cleve, 1899, p. 33, pl. 4, fig. 2；Bjørklund and Kruglikova, 2003, pl. 6, fig. 10；Cortese *et al.*, 2003, p. 69 (not figured).
Sethoconus? tabulates Petrushevskaya, 1967, p. 94-96, figs. 54 (1-5)；Cortese and Abelmann, 2002, pl. 2, figs. 14, 15.
Artostrobus? pretabulatus Petrushevskaya, 1975, p. 580, pl. 10, figs. 2, 3.

壳呈长圆柱形，分两节，壳壁中等厚度或稍薄；头亚球形，领缢浅，有一些小孔，无角，或有一个小顶角；第二节（胸壳）上部圆锥形，中下部圆筒形，外形两侧笔直，较长，一般无胸肋，个别标本发育有较小的胸肋，壁孔类圆形或椭圆形，具六角形框架，纵向规则排列，单面观 5-6 排，表面光滑，或稍粗糙；口截平，或不完整。我们的标本明显有六角形框架，各节点有小锥状凸起，使壳表稍显粗糙。

标本测量：壳长 108-163 µm，壳宽 50-75 µm，头径 20-30 µm。

地理分布 北大西洋，北极海区，南大洋，南极海区，白令海。

该种壳体特征与 *Sethoconus quadriporus* (Bjørklund) 较相似，但后者的胸壁孔为横向排列，而前者呈纵向排列，两者的壁孔横向交错位置较相近。

（316）筛圆锥虫（未定种）*Sethoconus* sp.

（图版 73，图 11）

壳较小，近圆筒形，中等壁厚；头球形，较小，有一些类圆形小孔，两个头角角锥形，各自侧向斜伸；颈缢明显；胸的上部渐增大，中下部圆筒形，壁孔自上而下略变大，六角形，规则排列，横向有 6 排，孔径是孔间桁宽的 3-6 倍；口缘有由纵向孔间桁形成的尖刺冠。

标本测量：壳长 100 μm，壳宽 63 μm，头径 22 μm，头角长 10-20 μm。

地理分布 白令海。

角笼虫属 Genus *Ceratocyrtis* Bütschli, 1882

头稍大，头角 1 个或更多，领隔清楚，胸圆锥或钟罩形渐膨大，平滑，阔开口。

（317）扩角笼虫 *Ceratocyrtis amplus* (Popofsky)

（图版 73，图 12-15）

Helotholus? *amplus* Popofsky, 1908, p. 283, pl. 34, fig. 3.
Ceratocyrtis amplus (Popofsky) group, Petrushevskaya, 1975, p. 590, pl. 11, figs. 3-6, 13, pl. 19, fig. 2, pl. 44, fig. 4.

头较小，胸呈宽钟罩或圆锥形，阔开口；顶角粗短，有背、腹、侧刺，领缢不太明显，头与胸部有少量短辅针；壳壁格孔状，壁内无放射肋；类圆形孔较大，大小不等，排列不规则，壳宽处横向有 5-8 孔；口缘有些锯齿状，有的标本发育不完整，使胸的开口处呈不规则状。

标本测量：头长 10 μm，最宽 33 μm，胸长大于 40 μm，胸宽 74 μm，头角长 30 μm。

地理分布 南极海区，白令海。

（318）盔角笼虫 *Ceratocyrtis galeus* (Cleve)

（图版 73，图 16-19）

Sethoconus galea Cleve, 1899, p. 33, pl. 4, fig. 3.
Sethoconus? *galea* Cleve, Petrushevskaya, 1967, p. 90-92, fig. 52(II).
Ceratocyrtis galeus (Cleve), Bjørklund, 1976, pl. 11, figs. 1-3；Itaki, 2009, p. 52, pl. 19, figs. 3-10.
Lampromitra tricuspis Dogiel, Dogiel and Reshetnyak, 1952, p. 43, textfig. 6.

壳分两节，呈压扁圆锥状，头与胸之间的界线不明显，两者的壳壁几乎包连为一体；壳表稍不平坦，有一些棘刺；壁孔多角形，孔径较大，数量较少，纵向 3-4 孔，不规则排列，自上向下的开口端逐渐增大，孔间桁较细；口缘常不完整，有一些较长的末端刺；壳内的中央棒（MB）很短，A，D，L 骨针似乎长自同一个点，它们的生长方向有些变化差异，并不完全限定在某一固定模式；骨针 A 在头顶上向外形成粗大的顶角，其余骨针均较短小，壳表上还有一些辅针。

标本测量：壳高 100 μm，壳宽 140-160 μm，孔径最大 30 μm。

地理分布　北大西洋，南极海区，挪威海，日本海，白令海。

（319）强壮角笼虫 *Ceratocyrtis robustus* Bjørklund

（图版 73，图 20-22）

Ceratocyrtis robustus Bjørklund, 1976, p. 1125, pl. 17, figs. 6-10.
Ceratocyrtis sp. aff. *Cornutella cucullaris* Ehrenberg, Petrushevskaya, 1975, pl. 11, fig. 2.

　　头与胸组成的壳体较为粗糙，上部表面有一些棘刺；头半球形，有小孔，部分陷入胸壁内；顶棘与腹棘一般很短，但有时在头上的特征非常明显；胸壁很厚，具圆形、多角形或不规则圆形孔，大小不等（5-25 μm），胸壳圆锥形，向口端不收缩；有些标本的顶棘分叉，并几乎到达胸的下端，侧棘和背棘不穿透胸壁；胸上部的粗糙与棘刺使之难以辨认。

　　标本测量：头宽 35-43 μm，头高 20-25 μm，胸宽 115-166 μm，壳（头与胸）高 127-140 μm。

　　地理分布　北冰洋，白令海。

（320）思都角笼虫 *Ceratocyrtis stoermeri* Goll et Bjørklund

（图版 74，图 1-6）

Ceratocyrtis stoermeri Goll et Bjørklund, 1989, p. 731, pl. 5, fig. 5-9.

　　两个格孔壳的壁很厚；头小有孔，有许多小刺，部分嵌入胸腔内；胸壳在上部逐渐膨大，表面呈密集棘刺状，壁孔圆形，较小；胸壳的中部为最宽处，壁孔也最大，不规则排列；胸壳的下部稍微收缩，末端平直，有些标本的基口被一筛板所覆盖；胸壁上的孔间桁在外表有明显的龙脊，使各大孔的边缘形成多角形的框架。

　　标本测量：壳高 156-167 μm，胸宽 128-145 μm。

　　地理分布　挪威海的中中新世，白令海。

（321）角笼虫（未定种）*Ceratocyrtis* sp.

（图版 74，图 7，8）

　　壳呈圆锥形或钟罩形，壳表光滑，无刺；头半球形，近透明状，略为陷入胸的顶部，领缢较浅，顶部有两个很短的斜角；胸的上部较窄，与头近等宽，开始一小段变宽不太明显，之后迅速扩大或渐增宽，无放射肋，壁孔类型较杂，有类圆形、六角形或不规则形，上部孔径较小，下部孔径很大，排列无规律，接近口缘处的孔径为孔间桁宽的 4-6 倍，不规则状，壳壁较脆弱，使口缘常破碎或不完整。

　　标本测量：头径 12-22 μm，壳长 102-115 μm，壳宽 70-98 μm。

　　地理分布　白令海。

格头虫属 Genus *Dictyocephalus* Ehrenberg, 1860

　　壳圆锥或钟罩形，胸口截平或有环状物，无顶角。

（322）黎明格头虫 *Dictyocephalus* (*Dictyoprora*) *eos* Clark et Campbell

（图版 74，图 9-12）

Dictyocephalus (*Dictyoprora*) *eos* Clark et Campbell, 1945, p. 42, pl. 6, fig. 8.

　　壳呈拉长的对称纺锤形，两端缩窄，外壁很厚，几乎包覆头与胸部，外表平滑；头相对较短（约 40 μm 长），钝圆锥形，顶部为圆弧，基部有一横隔（或横带）；胸部较长，由内隔环分为 4-5 节，规则地渐膨胀，在距头顶约 60 μm 处的壳宽最大，往下壳体收缩，呈截平的倒圆锥形，开口为一圆管，管口截平；头壁孔较小，圆形，放射状排列；胸壁孔 5-8 排，横向排列较规则，最宽处有 20 孔以上，类圆形；口缘的管状物近透明状，管壁较厚。

　　标本测量：壳长 120-140 μm，壳宽 50-60 μm，管长 20-25 μm，管口宽 20-25 μm。

　　地理分布　加利福尼亚晚始新世，白令海。

（323）乳格头虫 *Dictyocephalus papillosus* (Ehrenberg)

（图版 74，图 13-22）

Eueyrtidium papillosus Ehrenberg, 1872, S. 310, Taf. 7, Fig. 10.
Carpocanium calycothes Stöhr, 1880, S. 96, Taf. 3, Fig. 8.
Dictyocephalus papillosus (Ehrenberg), Haeckel, 1887, p. 1307；Riedel, 1958, p. 236, pl. 3, fig. 10, textfig. 8；陈木宏、谭智源，
　　1996，216 页，图版 30，图 11，12。
Dictyocephalus bergontianus Carnevale, 1908, p. 32, pl. 4, fig. 20.
Dictyocryphalus papillosus (Ehrenberg), Nigrini, 1967, p. 63, pl. 6, fig. 6；Renz, 1976, p. 139, pl. 6, fig. 9.
Dictyocephalus? *papillosus* (Ehrenberg)，Petrushevskaya, 1967, p. 112, 113, Fig. 66, I-III.
Carpocanarium papillosum (Ehrenberg) group, Nigrini and Moore, 1979, p. N27, pl. 21, fig. 3.

　　壳分两节，头呈半球形，格孔状，领缝明显，头侧常见一很小的顶针；胸为卵形，壳壁较厚，一般光滑，壁孔内径小而外径较大，亚圆形或六角形，大小近等，孔间桁与孔径约等宽，孔壁排列规则，纵向一般有 5-6 排孔；常有 3 条胸肋发育于胸壳的上部，至壳中最宽处往外延伸为 3 个较小的实心角锥形侧翼；胸壳末端的开口有一收缩环，呈短圆筒形，无孔，透明，口径为壳宽的 1/2-1/5。

　　标本测量：壳长 80-100 μm，壳宽 60-66 μm，头径 16-30 μm。

　　地理分布　南海中、北部，太平洋热带西部区域，太平洋南部，白令海。

　　该种与 *Dictyophimus bullatus* Morley et Nigrini（1995, p. 79, pl. 4, figs. 5, 9, 10）的区别在于后者的 3 个侧翼较长，位于胸的下部与腹部之间，且口管明显增长。

　　该种特征涵盖一定的变化范围，最早的初始描述认为既无顶针，也无外伸的胸肋，后来的更多标本发现实际上顶针与胸肋有时是存在的，Riedel（1958）和 Petrushevskaya（1967）分别描述和记录了这些特征，并基于它们其他完全相同的特征将之归为同一种类。我们认为应分为两个不同种较为合理，况且具顶针与胸肋（侧翼）的归属也存质疑。考虑历史沿革等因素，在此暂用为同一个种。

（324）格头虫（未定种 1）*Dictyocephalus* sp. 1

（图版 74，图 23）

个体较小，头半球形，光滑透明，表面有一些小凹坑，领缢不明显；胸的上部圆锥形，渐扩大，下部呈圆筒形，壳壁较薄，壁孔亚圆形，大小不等，亚规则排列，纵向有7-8 排；口部收缩不明显，口缘环发育不完整，末端齿细长，有 7-8 个。

标本测量：头直径 18 μm，壳长 63 μm，壳宽 45 μm，口宽 33 μm，齿长 8-12 μm。

地理分布 白令海。

（325）格头虫（未定种 2）*Dictyocephalus* sp. 2

（图版 74，图 24，25）

头呈半球形，光滑，有少量很小的圆形孔，领缢明显；胸呈卵形，中等壁厚，表面光滑，壁孔大小差异较大，类圆形或椭圆形，大孔径是小孔径的 3-5 倍，孔的内径与外径一致，无六角形框架，孔的排列无规则；口部收缩，有一窄的透明缘环，口径为壳宽的 1/2-3/4。

标本测量：头径 26-28 μm，壳长 86-93 μm，壳宽 68-70 μm。

地理分布 白令海。

该未定种与 *Dictyocephalus papillosus* (Ehrenberg) 的主要区别是后者的壁孔大小与形状形似，且排列规则。

（326）格头虫（未定种 3）*Dictyocephalus* sp. 3

（图版 74，图 26）

头呈球形，光滑，有一些细凹坑，无顶针；头胸之间的领缢很明显，深而长，形成一颈部；胸呈圆筒状，无侧翼，中等壁厚，表面光滑，壁孔细小，大小不等，无规律散布；在壳的下部约 2/3 处有一较细的内隔环，似乎分隔出腹部，但在壳表无任何缩缢结构，为平滑过渡，腹部向口端的宽度略变小；口缘不平整，无缘环或刺状物。

标本测量：壳长 105 μm，壳宽 53 μm，头径 23 μm，口宽 38 μm。

地理分布 白令海。

足篮虫科 Family Podocyrtidae Haeckel, 1887

壳分 3 节，由两个横缢分为头、胸、腹，具 3 个辐射状骨突。

翼盔虫属 Genus *Pterocorys* Haeckel, 1881

胸侧具 3 个简单自由侧翼。

（327）铃翼盔虫 *Pterocorys campanula* Haeckel

（图版 74，图 27，28）

Pterocorys campanula Haeckel, 1887, p. 1316, pl. 71, fig. 3；谭智源、张作人，1976，283 页，图 60 a, b；Petrushevskaya, 1976,

pl. 3, fig. 5; Caulet, 1979, p. 133, pl. 3, figs. 2, 3, 5, 6; Caulet and Nigrini, 1988, p. 226, pl. 1, figs. 2-5.
Pterocorys sp. aff. *P. campanula* (Haeckel), Sanfilippo and Riedel, 1974, pl. 4, fig. 1.

壳圆锥形、卵形，壁薄，光滑，胸壳上的纵脊间距不定，少见一单脊延伸至腹壁；头三室，有许多亚圆形孔；头角较短，三棱片状，比头稍长；主侧棘和背棘与三肋在胸壁内相连；胸呈膨胀圆锥形，壁孔亚圆形或圆形，纵向排列，受不规则纵脊影响；一些标本中胸肋发育成小刺，或为具孔的三角翼；腰缢明显；太平洋沉积物中一些较早期的类型腹壳显著膨胀，使其比胸壳更宽，但壁孔的排列方式与胸壳相似，晚期标本的腹壳膨胀较少，呈圆筒形；印度洋沉积物的早期类型腹壳较窄，而晚期的则更膨大（Caulet and Nigrini, 1988）；腹部的末端（或开口处）常破损或不完整。

标本测量：顶角长 28-43 μm，头长 26-37 μm，头宽 24-29 μm，胸长 77-115 μm，胸宽 90-110 μm，腹宽 110-140 μm；总壳长（不含顶角）139-217 μm。

地理分布 常见于热带印度洋和太平洋，南海中、北部，东海西部，白令海。

Caulet 和 Nigrini（1988, p. 229）认为该种在上新世早期从 *P. clausus* 演化而来，又是 *Pterocorys hertwigii* 的祖先。

神脚虫属 Genus *Theopodium* Haeckel, 1881

具 3 条实心肋，在胸和腹的壳壁内，并延伸为 3 条实心的末端角。

（328）神脚虫（未定种）*Theopodium* sp.

（图版 74，图 29）

头近球形，壁孔类圆形，表面有少量的小棘刺，顶角挺直，角锥形，长度是头长 2 倍；领缢明显；胸呈圆锥形，壁孔圆形，具六角形框架，大小相近，亚规则排列；腹部发育不完整，仅见 1-2 排的孔壁，腹壁较薄；3 条胸肋沿着原角度一直延伸形成三棱角锥状的末端脚，脚在下部向内微弯曲。

标本测量：头径 23 μm，胸长 50 μm，胸宽 83 μm，顶角长 52 μm，基脚长 103 μm。

地理分布 白令海。

里曼虫属 Genus *Lipmanella* Loeblich et Tappan, 1961

具一顶角，胸壳上有 3 个格孔状的侧翼，无放射肋延伸至腹壁，无末端脚。

（329）小角里曼虫 *Lipmanella dictyoceras* (Haeckel)

（图版 75，图 1-3）

Lithornithium dictyoceras Haeckel, 1860, p. 840.
Dictyoceras virchowii Haeckel, 1862, p. 333, pl. 8, figs. 1-5.
Dictyoceras acanthicum Jørgensen, 1900, p. 84; 1905, p. 140, pl. 17, fig. 101a, pl. 18, fig. 101b; Benson, 1966, p. 417, pl. 28, figs. 8-10.
Dictyoceras xiphephorum Jørgensen, 1900, p. 84, pl. 5, fig. 25; 1905, p. 140.
Lithopilium sphaerocephalum Popofsky, 1913, p. 380, pl. 35, figs. 2, 3; Renz, 1976, p. 123, pl. 4, fig. 8.
Lipmanella virchowii (Haeckel), Petrushevskaya, 1971, p. 220, fig. 100.
Lipmanella dictyoceras (Haeckel), Kling, 1973, p. 636, pl. 4, figs. 24-26; 1977, p. 217, pl. 2, fig. 2; 1979, p. 309, pl. 2, fig. 8; Petrushevskaya and Kozlova, 1979, p. 137; Takahashi, 1991, p. 121, pl. 40, fig. 17.

头圆球形，光滑或粗糙，一般无辅针，具大小近等的圆形小孔，六边形排列；领缝明显，将头与钟罩形的胸壳分隔；顶角源自内柱的顶棒延伸而成，从头的顶端生出，垂直或弯曲，细小圆角锥状，一些标本的顶角有三棱边，个别标本的顶角末端分叉；垂直骨针源于领缝，三棱片或圆锥形；4 个小圆形领孔被一领环所围绕；胸呈圆锥形，表面有分散的细刺，背与主侧棒在胸壁内延伸为胸肋，并在胸壳的中部向外生长为 3 根翼状刺，翼刺一般三棱片状，较粗，有格孔，直或弯，可水平、向上、向下生长，方向不定；腰缝较深，明显，有一内隔环；腹壳近圆筒形，或略为膨胀，表面一般光滑，阔开口，口端边缘不完整；胸与腹壳的壁孔相似，大小相近，圆形、椭圆形或亚六角形，近横向排列，或排列无规律。

标本测量：头长 25-34 μm，头宽 26-36 μm，胸长 53-80 μm，胸宽 79-114 μm，腹长 37-89 μm，腹宽 82-123 μm，顶角长 18-55 μm，胸翼（实体）刺长 22-52 μm。

地理分布 加利福尼亚湾，地中海，北冰洋，南大西洋，北大西洋，东北太平洋，中太平洋，白令海。

翼篮虫属 Genus *Pterocanium* Ehrenberg, 1847

具 3 个辐射状肋，肋由胸部延至腹部并延长变成 3 个格孔状足。

（330）双角翼篮虫 *Pterocanium bicorne* Haeckel

（图版 75，图 4）

Petrocanium bicorne Haeckel, 1887, p. 1332, pl. 73, fig. 5；Renz, 1974, p. 795, pl. 17, fig. 6；谭智源、陈木宏，1999，334 页，图 5-273。

壳的外形近似三面角锥体，体形较瘦，壳面平滑。壳的三节长度比例为 1:2:?，宽度比例为 1:4:?；头呈半球形，有两个斜生的角锥形头角，两角长度接近相等，比头长稍长；胸部膨凸，具 3 根胸肋。胸壳具亚规则排列的六角形孔。Haeckel（1887）描述该种腹部长，有许多较小的不规则类圆形孔，在三足之间形成 3 个凸叶，但在一些标本中腹部残缺，仅留痕迹；足粗壮，三棱角锥状，向外散开，其末端内弯，中部略外凸。

标本测量：头长 20-23 μm，宽 18-32 μm，胸长 58-70 μm，宽 54-70 μm，头角长 20-23 μm，足长 90 μm。

地理分布 南海，北太平洋，白令海。

（331）短脚翼篮虫（新种）*Pterocanium brachypodium* sp. nov.

（图版 75，图 5-8）

壳体较小，头半球形，透明状，壁孔少，大小不等，顶角针棒状，细长，为头长的1-2 倍；胸呈圆锥形或头盔形，三肋间的胸壁膨凸，壁较薄，壁孔类圆形或六角形，大小相近或不等，排列亚规则，孔径为孔间桁宽的 1-3 倍；口部略收缩，截平；胸肋延伸为 3 个较短的末端脚，呈三棱角锥状，长度约仅为胸长的 1/2；整个壳体表面光滑无刺。

标本测量：头长 23-30 μm，头宽 35-40 μm，胸长 58-73 μm，胸宽 83-92 μm，顶角长 34-56 μm，基脚长 32-36 μm。

模式标本：BS-R21（图版 75，图 6），来自白令海的 IODP 323 航次 U1340C-3H-cc 样品中，保存在中国科学院南海海洋研究所。

地理分布　白令海。

该新种特征与 *Lychnocanium conicum* Clark et Campbell（1942, p. 71, pl. 9, fig. 38）有些相似，主要区别是后者无胸肋，基脚从口端直接长出，壳壁较厚，表面粗糙。

（332）大孔翼篮虫 *Pterocanium grandiporus* Nigrini

（图版 75，图 10，11）

Pterocanium grandiporus Nigrini, 1968, p. 57, pl. 1, fig. 7.

Nigrini（1968）对该种的描述认为大小和形状与 *P. trilobum* 较相似，但与后者相比壳体更加厚重和粗糙，头部的壁孔更加清晰，顶角常更长，胸壁孔更大，横跨最宽处有 9-11 孔；腹部发育较好，呈格孔状与三脚相连，孔大、亚圆形，无规则排列，近脚处的孔比其他孔大，末端不完整；三脚近下垂或略外斜。我们的标本三脚明显向外倾斜的角度较大，较直，与该种略有区别。

标本测量：顶角长 45-81 μm，头长 14-27 μm，头宽 23-27 μm，胸长 63-90 μm，胸宽 90-127 μm，脚长 108-240 μm。

地理分布　东热带太平洋，白令海。

该种三脚间具翼膜，脚近下垂，而标本的三脚外伸较明显，也可能是另一种类。

（333）寇咯翼篮虫 *Pterocanium korotnevi* (Dogiel)

（图版 75，图 9，12-16）

Pterocorys korotnevi Dogiel, Dogiel and Reshetnjak, 1952, p. 17, fig. 11.
Pterocanium korotnevi (Dogiel), Nigrini, 1970, p. 170, pl. 3, figs. 10, 11；Ling *et al.*, 1971, p. 714, pl. 2, fig. 4；Kling, 1973, pl. 4, figs. 1-4, ?pl. 10, figs. 6-9.

胸呈圆屋或圆壶状，壁孔圆形，较小，大小近等，口缘平滑规整，在三脚间近呈直线状，无其他附属物；胸壳壁的 3 个面稍外凸，光滑，或有短圆锥节点（六角形框架上的交叉处）；3 个基脚从胸的口缘处外倾伸出，呈具三棱片的角锥状，挺直或微弯，相互间隔呈 120° 角度，基脚的长度略大于胸长与顶角的总和；胸壳的水平方向上有 5-6 排孔，近口缘处孔径略变小；头呈圆球形，或为圆屋状的胸壳之上的小圆顶结构，领缘较深，头壁孔三角形或四角形，孔间桁较细，孔数不超过 8 孔；头上的顶角比基脚总体较短，棱角锥状，有的标本顶角较短小，呈圆锥形。我们的标本有具第四脚的，可能为个体变异所致，其他特征与该种相符。

标本测量：最大头宽 32-40 μm，最大胸宽 65-98 μm，最大顶角长 50-75 μm，总长 200-260 μm。

地理分布　北太平洋，白令海。

（334）长脚翼篮虫亚种 *Pterocanium praetextum praetextum* (Ehrenberg)

（图版 76，图 1-3）

Lychnocanium praetextum Ehrenberg, 1872, S. 316.

Pterocanium praetextum (Ehrenberg), Haeckel, 1887, p. 1330, pl. 73, fig. 6；谭智源、张作人，1976，287 页，图 66。

Pterocanium praetextum praetextum (Ehrenberg), Nigrini, 1967, p. 68, pl. 7, fig. 1；陈木宏、谭智源，1996，219 页，图版 31，图 11，12，图版 52，图 6，7。

　　壳表光滑或具小棘刺，壁中等厚度；头呈亚球形，密布小孔或小凹坑，顶角斜生，为细长圆锥形，近等于头长的 2 倍；胸近半球形，但在每两胸肋之间的壳壁部分强烈隆凸，形似三角僧帽，三肋位于隆凸之间的凹槽处，胸壁孔六角形或亚圆形，亚规则排列，纵向有 15-17 排孔；三脚为三棱角锥状，基部有窗孔，自胸肋外伸时往外弯曲，而后向下垂直伸展，近互相平行或略外斜；腹部壁薄，具大小不等的不规则形孔。

　　标本测量：头长 10-26 μm，头宽 22-36 μm，胸长 44-60 μm，胸宽 74-90 μm，腹长 55 μm，腹宽 98 μm，顶角长 29-36 μm，脚长 110-126 μm。

　　地理分布　南海中、北部，东海西部，太平洋中部，印度洋 35°S 以北的低纬度区，白令海。

　　Nigrini（1967）将长脚翼篮虫分成两亚种，即 *P. praetextum praetextum* (Ehrenberg) 和 *P. praetextum eucolpum*，两者之间的主要区别在于后者：① 胸部较圆，膨凸不甚明显；② 顶角呈三棱角锥状；③ 腹部常发育不全；④ 壳壁一般较前者薄。在地理分布上，两亚种也有所区别：前者仅被发现于暖水区域，而后者主要出现于中纬度区（30°-45°S），因而后者可能比前者适温广。

（335）三叶翼篮虫 *Pterocanium trilobum* (Haeckel)

（图版 76，图 4-7）

Dictyopodium trilobum Haeckel, 1860, S. 839；1862, S. 340, Taf. 8, Fig. 6-10.

Pterocanium trilobum (Haeckel), Haeckel, 1887, p. 1333；Popofsky, 1913, S. 390, Textfigs. 104-109；Nigrini, 1967, p. 71, pl. 7, figs. 3a, b；Ling, 1972, p. 171, pl. 2, fig. 14；谭智源、张作人，1976，288 页，图 67；陈木宏、谭智源，1996，219 页，图版 31，图 13-15，图版 52，图 8-12。

　　头小球形，头壁有许多小孔，头上有一强大顶角，长约为头长 1.5 倍，顶角基部有游离至头内的内骨骼；胸部膨起为四面形，表面常生许多小刺，胸壁有圆或亚圆形孔，孔亚规则排列，类圆形或多角形；足由胸部 3 个突起的肋延长而成，有的标本胸肋不显著，仅在胸的基部明显地突起；足向外分散，并有突起背脊，足端逐渐削尖，基部有格孔。

　　标本测量：头长 25-28 μm，头宽 26-30 μm，胸长 50-72 μm，胸宽 95-110 μm，顶角长 20-40 μm，脚长 105-115 μm。

　　地理分布　南海中、北部，东海西部，太平洋，印度洋，地中海墨西拿，白令海。

（336）翼篮虫（未定种）*Pterocanium* sp.

（图版 76，图 8）

　　头呈半球形，壁孔圆形，大小相近，表面有一些圆锥形的小棘刺，顶针角锥状，较细小，与头近等长；胸呈圆锥形，较窄小，膨凸不明显，壁孔圆形或椭圆形，大小略有差异，亚规则排列，3 个基脚的生长方向与胸肋同在一条直线上，向下略外斜，呈三棱角锥状，末端缩尖，无侧刺；胸的口缘上有少量棘刺或桁凸，似为腹部的初痕。

标本测量：头长 25 μm，头宽 35 μm，胸长 46 μm，胸宽 72 μm，顶角长 25 μm，基脚长 83 μm。

地理分布 白令海。

假网杯虫属 Genus *Pseudodictyophimus* Petrushevskaya, 1971

壳体第一节较小，第二节明显增大并常在其底部封闭，具 1 个顶针和 3 个侧脚，壁孔大小不等，上部小，下部大，排列不规则。

（337）洁假网杯虫 *Pseudodictyophimus amundseni* Goll et Bjørklund

（图版 76，图 9，10）

Pseudodictyophimus amundseni Goll et Bjørklund, 1989, p. 732, pl. 5, figs. 1-4.

头壳大，膨胀圆锥形，壁较厚，光滑或有小棘刺，头壁呈疏松格孔状，孔较大，壳内具 4 个大十字交叉的刺，呈 A、D 和 LL 棒；领缢较浅；顶角三棱角锥状，一般大于头长，较粗，直或扭曲状；胸壳不规则或不完整，发育于侧脚之间，壁孔类圆形或不规则形，大小不等，排列不规则，基部阔开口，口缘常破碎状；侧脚从头与胸之间的肩部伸出，较长而粗大，为三棱片角锥状，常呈明显的弯曲状，末端缩尖。

标本测量：头长 40-55 μm，头宽 64-75 μm。

地理分布 挪威海，白令海。

（338）假网杯虫？（未定种）*Pseudodictyophimus* sp.？

（图版 76，图 11，12）

头近球形，壁孔大小差异较大，类圆形或椭圆形，顶针很细小，领缢明显；胸呈圆筒形，中等壁厚，壁孔形状与头部壁孔类似且相对较大，排列不规则，孔间桁较宽，口部封闭；3 个侧脚从胸的上部伸出，向下弯曲，呈角锥状；整个壳体表面光滑，无其他棘刺。

标本测量：头径 30 μm，胸长 75 μm，胸宽 60 μm，顶针长 3 μm，侧脚长 45 μm。

地理分布 白令海。

辫篓虫科 Family Phormocyrtidae Haeckel, 1887

三节壳由两个横缩环分为头、胸、腹。具 4-9 个或更多的辐射肋，自头基部的领缩环长出，沿着胸部和腹部下伸，常发育为末端脚。

神编虫属 Genus *Theophormis* Haeckel, 1881

胸与腹壁内有数条放射肋，腹部扁平膨大，具阔开口。

（339）美毛神编虫 *Theophormis callipilium* Haeckel

（图版 76，图 13）

Theophormis callipilium Haeckel, 1887, p. 1367, pl. 70, figs. 1–3.

　　壳扁平帽形，有两个收缩环；头大，扁平帽形，具不规则的方形小网孔；领隔由 4 个交叉而成的水平细桁组成，细桁三分叉在领隔处插入，从领隔中心生出一根垂直棒，并在头顶有 5 个分叉（1 个中央和 4 个侧分叉）；三节长之比 1:3:2，宽之比 2:6:11；胸扁平钟罩形，有 4 个初始肋和一些（20-30 条）次级肋，胸部和腹部的网孔为亚规则六角形，桁较细；腹部扁平状膨大，有时弯曲状，像帽缘，早期部分的宽为后期部分的一半；腹部的 20-30 条放射肋延伸自胸部，有时在口缘处形成突起，并构成优美的各个凹状边缘。

　　标本测量：三节的长分别为 20-30 μm、60-80 μm、30-60 μm，宽分别为 50-80 μm、200-300 μm、400-500 μm。

　　地理分布　中太平洋，白令海。

圆蜂虫属 Genus *Cycladophora* Ehrenberg, 1847, emend. Lombari et Lazarus, 1988

　　腹部具 4-6 个或更多放射肋，末端口截平，无脚。

（340）双角圆蜂虫 *Cycladophora bicornis* (Hays)

（图版 76，图 14-16）

Clathroyclas bicornis Hays, 1965, p. 179, pl. 3, fig. 3.
Cycladophora pliocenica (Hays), Lombari and Lazarus, 1988, p. 104.
Cycladophora pliocenica Lazarus, 1990, p. 715, pl. 4, figs. 6, 7.
Cycladophora bicornis amphora Lombari et Lazarus, 1988, p. 110, pl. 4, figs. 6-12.

　　壳呈钟形，分为头、胸、腹三节，腹节变化较大，常不完整或缺失，表面粗糙；头半球形，部分陷入胸顶部，壁厚，具稀疏的圆形小孔，头上有两根坚实的三棱片骨针，一根为顶针，长度约是头长的 3 倍，另一根为斜长的侧针，头与胸之间的领缢不明显；胸呈钟形，顶部有一很短的狭窄区，宽度与头宽近等或略大，其下壳体呈圆弧形迅速阔大，至中下部呈圆筒形，两侧平行，胸的壳壁稍厚或中等，圆或亚圆形孔，具六角形框架，自上而下孔径渐增大，横向有 4-5 排孔，口部开放，但由于内隔环影响使口缘略收缩；腹节变化较大，一般由 1-2 排圆形孔组成，或基本消失，常呈现为一个向外扩展的齿冠状口缘。

　　标本测量：头长 15-30 μm，头宽 20-37 μm，胸长 80-150 μm，胸宽 100-140 μm，顶针长 15-40 μm。

　　地理分布　南极海区，北大西洋，北太平洋，白令海。

　　该种与 *Cycladophora golli* Group（Lombari and Lazarus, 1988, p. 124, pl. 11, figs. 1-12）和 *Cycladophora golli regipileus* (Chen) Lombari et Lazarus（Abelmann, 1990, p. 697, pl. 8, figs. 2a, b）较相似，主要区别是后两者的胸顶狭窄部较宽而长些，呈腰鼓状，宽度约为头径

的 1.5-2 倍，而本种的胸顶部较短，宽度与头径近等。Lombari 和 Lazarus（1988）对此类标本做了较详细划分，定为若干种与亚种，实际上相互间的界线并不清晰，造成复杂化及难以适用。本书遵循优先律，采用 Hays（1965）的最早鉴定及定种。

尽管 Lombari 和 Lazarus（1988, p. 104, 105）认为 Hays（1965）在一篇文章中同时对两个不同属征的种命名了两个一样的种名 *Clathrocyclas bicornis* 和 *Theocalyptra bicornis*，因此在采纳定种概念时将种名 *Clathrocyclas bicornis* 改为 *Cycladophora pliocenica* (Hays)，还新增亚种 *Cycladophora bicornis amphora*，其实也是同物异名，属不符规范的做法。本书不予采纳，认为仍然采用原种名相对合理些。

（341）乌塔角圆蜂虫 *Cycladophora cornuta* (Bailey)

（图版 77，图 1-6）

Halicalyptra? *cornuta* Bailey, 1856, p. 5, pl. 1, figs. 13, 14；Itaki and Bjørklund, 2006, p. 456, pl. 3, figs. 5-10 (lecotype and paralectotypes).

Cycladophora cornuta (Bailey), Kruglikova, 1975, figs. 3, 5；Itaki, 2009, p. 53, pl. 21, fig. 14.

壳圆顶钟罩形，头圆球形，一般有两个头角（棘刺，也有缺失的），胸壳顶部的侧刺不发育；第二节壳孔大，呈横向交叉排列，规则或不规则，单面观每横排有 4-5 孔，亚圆形或椭圆形，大小近等或不等；阔开口，口缘常不完整。

标本测量：壳长 100-150 μm，壳宽（底部）76-100 μm，孔径（含桁）约 25 μm。

地理分布　西北太平洋，日本海，白令海。

该种与 *Cycladophora cornutoides* (Petrushevskaya) 非常相似（或近乎同一种），主要区别可能是后者在胸壳顶部的侧刺较发育，并呈分叉状。

（342）似角圆蜂虫 *Cycladophora cornutoides* (Petrushevskaya)

（图版 77，图 7-13）

Cycladophora davisiana var. *cornutoides* Petrushevskaya, 1967, p. 124, pl. 70, fig. I-III；Morley, 1980, p. 206, pl. 1, figs. 6-10；Goll and Bjørklund, 1989, p. 728.

Theocalyptra davisiana cornutoides (Petrushevskaya), Kling, 1977, p. 217, pl. 1, fig. 20；1979, p. 311, pl. 2, fig. 3；Nigrini and Lombari, 1984, p. N141, pl. 26, fig. 3；Takahashi, 1991, p. 123, pl. 41, figs. 12-16.

Cycladophora cornutoides (Petrushevskaya), Motoyama, 1997, p. 56, pl. 1, figs. 1-3.

头部小圆球形，表面常粗糙；胸部与腹部融合在一起，呈圆锥形，相互间的界线无法辨别，表面光滑；壁孔呈横向规则排列，自上而下孔径明显增大，亚圆形或六角形，具六角形框架，孔间桁较细，为孔径的 1/4-1/2，最宽处的横排上共有 12-13 孔（1 个壳圈）；内骨骼较细，向外伸长的骨针较长，D，Lr 和 Ll 骨针常在胸壁外侧向发育，并可形成分叉状；有些标本壳体的底部有时似乎呈现出第四节壳的雏形。

标本测量：头径 15-20 μm，胸与腹总长 100 μm 或以上，胸宽 55-65 μm，腹宽（下部）约 80 μm。

地理分布　印度洋和太平洋靠近南极的海域，挪威海，西北太平洋，热带东太平洋，白令海。

（343）宙圆蜂虫宙亚种 *Cycladophora cosma cosma* Lombari et Lazarus

（图版 77，图 14，15）

Cycladophora cosma cosma Lombari et Lazarus, 1988, p. 104, Pl. I, figs. 1-6；Morley and Nigrini, 1995, pl. 4, fig. 2.

　　头简单，中等大小，亚球形，有一些亚圆形孔，两个棱片状顶角，长度为头径的 1.5-2 倍；头略陷入胸的顶部，使边界处稍显凹痕，侧刺有时外伸；胸的上部似压扁状，微扩展，孔呈不规则形或亚圆形，大小不一，近头处为不规则的横向排列；往下胸的壁孔渐增大，亚圆形或六角形，孔间桁较细，具六角形框架，呈较规则的横向排列；胸上部的衔接处不收缩，下部拉长，稍扩展，外形平坦光滑，无附属物；腹部或末节由一排六角形大孔组成，略向外倾斜，口缘上有短刺，但无基板；腹节或末端常显示不完整。

　　标本测量：头长 25-27 µm，头宽 33-35 µm，胸长 105-138 µm，胸宽 112-118 µm，顶角长 15-18 µm。

　　地理分布 北太平洋，北大西洋，南极海区，白令海。

　　该种与 *Cycladophora cornutoides* 和 *Cycladophora cornuta* 较相似，主要区别似乎是前者的口缘略外倾，后两者的口缘保持下垂状，以及侧刺特征的差异。

（344）戴维斯圆蜂虫 *Cycladophora davisiana* Ehrenberg group

（图版 77，图 16-28）

Cycladophora? davisiana Ehrenberg, 1862, p. 297；1873, pl. 2, fig. 11.
Pterocodon davisianus Ehrenberg, 1862, p. 300, 301；1873, pl. 2, fig. 10.
Pterocanium davisianus Haeckel, 1862, p. 332.
Eucyrtidium davisianum Haeckel, 1862, p. 328, 329.
Theocalyptra davisiana (Ehrenberg), Riedel, 1958, p. 239, pl. 4, figs. 2, 3, textfig. 10; Benson, 1966, pl. 29, figs. 14-16; Nigrini and Moore, 1979, p. N57, pl. 24, figs. 2a, b；陈木宏、谭智源，1996，223 页，图版 33，图 1，2，图版 53，图 9。
Cycladophora davisiana Ehrenberg, Petrushevskaya, 1967, p. 120-122, pl. 69, figs. 1-7; Abelmann and Gowing, 1997, p. 22; Bjørklund *et al.*, 1998, pl. 2, fig. 6; Boltovskoy, 1998, fig. 15.131；Itaki *et al.*, 2004, pl. I, figs. 18-20.

　　壳圆锥形或钟罩形，壁稍厚，分 2-4 节，依次迅速变宽，使壳体侧面呈阶梯状；头亚球形，具稀疏小孔和两个短的头角，一个位顶部直生，另一个在侧面斜生，领缘浅；胸腹间有一内隔环，胸壁孔小，圆或多角形，横向排列 4-7 行，腹壁孔向口端变大，为六角形，横向 2-4 行；末端阔开口。

　　标本测量：SIOAS-R352，头径 15-23 µm，壳长 63-110 µm，壳宽 62-102 µm，顶角长 1-18 µm。

　　地理分布 该种属世界性分布，范围非常广，包括南海中、北部，加利福尼亚海湾，太平洋中、高纬度及亚极区，北大西洋，大西洋—印度洋海盆，热带太平洋与印度洋，南极海域，白令海。

（345）壮圆蜂虫 *Cycladophora robusta* Lombari et Lazarus

（图版 78，图 1，2）

Cycladophora robusta Lombari et Lazarus, 1988, p. 105, pl. 2, figs. 1-14；Alexandrovich, 1992, pl. 5, figs. 11, 12.

头亚球形，中等大小，有 2 个三棱片状顶角，散布一些小圆形孔；胸的上部呈圆锥形，壁孔小，亚圆形，不规则分布；胸壳的上、下部之间突显一个肩状的转角特征，使壳体明显增大，胸下部的壳径约为胸上部的 2 倍；胸壳下部略为膨胀，孔较大，不规则，孔间桁较粗，平滑；胸的基部有坚实的内隔板；腹壳的发育（不同标本）变化较大，一般为向末端逐渐增大，但往往末端口不规则或不完整，腹壳的壁孔与胸下部类似；整个壳体的表面较为光滑。

标本测量：头径 18-25 μm，胸长 62-70 μm，宽 62-66 μm，腹长 50-62 μm，宽 100-138 μm。

地理分布　北太平洋的早上新世，南极海区的晚中新世，白令海。

该种特征与 *C. davisiana* 非常相近，主要区别似为后者的下胸壳较大，而孔间桁较细，前者的腹壳发育较好（Lombari and Lazarus, 1988）。实际上，两者很难清楚地辨别，可能应属同一种。

窗袍虫属 Genus *Clathrocyclas* Haeckel, 1881, emend. Foreman, 1968

具一简单花冠形末端足，环绕在张大的口部。腹部张大，截角圆锥状或盘状。壳壁无肋。

（346）缘窗袍虫 *Clathrocyclas craspedota* (Jørgensen)

（图版 78，图 3-6）

Theocalyptra craspedota Jørgensen, 1900, p. 85.
Clathrocyclas craspedota (Jørgensen), Jørgensen, 1905, pl. 17, figs. 98-100.
Corocalyptra craspedota (Jørgensen), Bjørklund, 1976, pl. 9, figs. 11-15.

头半球形，壁孔圆形，大小不等，有两个细长的三棱角锥状顶角；胸部呈阔圆锥形，自上而下逐渐扩大，或在壳体的中间略有膨突，壁孔亚圆形或六角形，排列较规则，孔径往下逐渐增大，孔间桁较细，为孔径的 1/2-1/4，具清晰的六角形框架，表面光滑；胸的顶部内 3 根基针向外伸出为刺；腹部较窄而平坦，壁薄，有 2-3 排孔，孔为方形，边缘锯齿状。该种随不同发育阶段有一定的形态变化，腹部也较难以保存，或壳口不完整。

标本测量：头高 19 μm，头宽 31 μm，胸高 90 μm，胸底宽 153 μm，孔径最大 11 μm。

地理分布　挪威海，白令海。

（347）小窗袍虫 *Clathrocyclas lepta* Foreman

（图版 78，图 7）

?*Clathrocyclas lepta* Foreman, 1968, p. 47, pl. 5, figs. 5a, b.

壳分两节，头半球形，胸在近头处呈圆锥形，向末端膨大；头壁无孔，有一细长的水平或微下倾的管和一个坚实的三棱锥状顶角，个别标本在顶角侧旁还有另一小角；在领缝处有 6 个很小的孔和 1 个细小的轴刺；胸顶部有两个长自领缝第二侧刺外伸的长三棱状骨针；胸顶部的壁孔较小，亚圆形或椭圆形，大小不一，排列不规则，有时孔边缘上有小尖叉并相连形成细网状物；向胸下部壁孔迅速变大，亚圆形或类角形，梅花状排列成 7-8 横排；胸壳上 1 或 2 个缩缢，似乎将胸分成 2-3 节，在缩缢之下的壳体明显增大；末端口缘不完整。壳壁的厚度在不同标本上有明显变化。

标本测量：头长 30-35 μm，最大胸长 150 μm，顶角长 45-60 μm，胸宽（第一节）45-60 μm。

地理分布　加利福尼亚古近纪，白令海。

（348）单变窗袍虫筒亚种 *Clathrocyclas universa cylindrica* Clark et Campbell

（图版 78，图 8-10）

Clathrocyclas universa cylindrica Clark et Campbell, 1942, p. 87, 88, pl. 7, figs. 12, 17.

壳具较长的亚圆筒形腹部和很短的顶角，头窄圆锥形或亚球形，侧面微凸；胸迅速增大，中间肿胀，侧凸，胸部相对较短；腹部圆筒形，有时为截平的倒圆锥形，口缘处有一些小齿；壳体表面光滑，胸壁孔亚圆形、六角形或不规则形，腹壁有 2-3 排（我们的标本有 4 排）亚规则排列的大孔，第一、二排为不规则长方形或类三角形，第一排的一些孔跨越胸与腹之间的过渡带，第三排为稍小的不规则孔，大小不等。

标本测量：壳长 183 μm，壳宽 137 μm，顶角长 61 μm。

地理分布　加利福尼亚始新世，白令海。

瘤窗袍虫属 Genus *Clathrocycloma* Haeckel, 1887

壳简单圆锥形，常呈扩钟罩形或近平圆形。头部一般有两个或更多的角。

（349）贫瘤窗袍虫 *Clathrocycloma parcum* Foreman

（图版 78，图 11，12）

Clathrocycloma parcum Foreman, 1973, p. 434, 435, pl. 2, fig. 13, pl. 11, fig. 12；陈木宏、谭智源，1996，221 页，图版 32，图 5。
Theocalyptra davisiana cornutoides (Petrushevskaya), Takahashi and Honjo, 1981, p. 153, pl. 9, fig. 18.

头亚球形，有许多圆形孔，具向上直生的圆锥形头角和一个斜生的头管；头胸之间有内隔环，具 4 个领孔；胸部较长，钟罩形或在下部为圆筒形，胸的上部有背、侧两个较小的实心翼；胸壁孔在靠近领缢处较小，为圆形，向末端渐变大，并呈椭圆形或近方形；末端阔开口，口缘有少量细齿。

标本测量：头径 27 μm，壳长 70-102 μm，壳宽 65-80 μm，孔径（大）14 μm。

地理分布　南海中、北部，大西洋热带西部，白令海。

丽篮虫属 Genus *Lamprocyrtis* Kling, 1973

头近圆柱形，具三棱角锥状顶角，壳的早期为 3 节，晚期为 2 节，阔开口。

（350）棍爪丽篮虫 *Lamprocyrtis gamphonycha* (Jørgensen)

（图版 78，图 13，14）

Pterocorys gamphonyxos Jørgensen, 1900, p. 86.
Androcyclas gamphonycha (Jørgensen), Jørgensen, 1905, p. 139, pl. 17, figs. 92, 93；Schröder, 1914, figs. 95-97；Hays, 1965, p. 178, pl. 3, fig. 2；Bjørklund, 1976, pl. 10, figs. 2-6；Nigrini and Moore, 1979, pl. 25, fig. 3；Schröder-Ritzrau, 1995, pl. 5, fig. 11.

Lamprocyclas gamphonycha (Jørgensen), Petrushevskaya, 1971d, pl. 117, figs. 1-3；Anderson *et al.*, 1988, textfig. 1, pl. 1, fig. 6, pl. 2, fig. 6, pl. 4, figs. 1-4.

　　壳呈圆锥形，分为 3 节；头近圆柱形，瘦长，壁孔类圆形，较小，顶角为三棱角锥状，与头近等长，角基与头的接触部近等宽，头与胸之间无明显的缩缢，为逐渐过渡型；胸呈圆锥状，无胸肋或侧翼，壁孔类圆形，自上而下渐增大，排列亚规则，胸与腹之间的缩缢较明显，有内隔环；腹节近圆筒形，渐扩大，阔开口，无末端脚或齿环，有的标本末端略缩窄，表面有一些辅刺，发育较成熟的类型一般表面无刺（部分也有刺），腹部壁孔为类圆形或六角形，较大，一般大小相近，亚规则排列，腹长变化较大，随年龄而不同。

　　标本测量：壳长 158-190 μm，壳宽 98-110 μm，头长 38-41 μm，头宽 26-34 μm，顶角长 26-64 μm。

　　地理分布　挪威西海岸，南极海区，白令海。

　　Jørgensen（1905）建立的新属 *Androcyclas* 定义较为模糊，Moore（1954）在专著中将其等同于 *Pterocodon*（Ehrenberg, 1847）属，该属的特征是具有 3 个侧翼和一些末端脚，显然与本种特征不符，而 *Lamprocyclas* 属一般有花冠形末端足，也不甚合适。因此，本书将该种归入 *Lamprocyrtis* 属。

神篓虫科 Family Theocyrtidae Haeckel, 1887, emend. Nigrini, 1967

　　壳三节，由两个横缢环分为头、胸、腹，无放射肋。

盔冠虫属 Genus *Lophocorys* Haeckel, 1881

　　壳的胸腹部卵形，口端收缩。头具两角，或具一分叉顶角。

（351）盔冠虫（未定种）*Lophocorys* sp.

（图版 78，图 15）

　　头呈半球形，有纵缢，具圆形小孔，顶角很细小，领缢明显；胸壳近呈圆筒状，肩部倾斜扩展，至侧缘为圆弧形，向下渐收缩，壳体下部变窄，壁孔六角形，排列规则，纵向有 6-7 排孔，孔径是孔间桁宽的 2-3 倍，胸的上部表面有一些小棘刺；壳壁较薄，口缘不平整，胸与腹的界限不明显。

　　标本测量：头径 23 μm，胸长 80 μm，胸宽 57 μm，口宽 45 μm。

　　地理分布　白令海。

冈瓦纳虫属 Genus *Gondwanaria* Petrushevskaya, 1975

　　头球形，有一头颈，胸呈冲天炉形（近圆筒），往下略扩大，腹部发育程度不定。

（352）多吉冈瓦纳虫 *Gondwanaria dogieli* (Petrushevskaya)

（图版 78，图 16-23）

Sethoconus? *dogieli* Petrushevskaya, 1967, p. 94, pl. 53, figs. 1, 2.

Gondowanaria dogieli (Petrushevskaya), Petrushevskaya, 1975, p. 585；Nishimura and Yamauchi, 1984, p. 51, pl. 33, fig. 15.

　　头球形或亚球形，表面光滑，有许多很小的圆孔或坑，具 1 个较细小的圆锥形头角，颈缢清楚；壳体无胸与腹之分，呈钟罩形，往下略增大，外形的侧缘直线状，中间无膨突或凹陷，壳壁稍薄，壁孔自上而下渐增大，多角形或近六角形，孔间桁相对较细，亚规则或不规则排列；壳表一般光滑，或在胸的上部有一些小刺；壳口开阔，常不完整或破损。

　　标本测量：头径 35-40 μm，胸长约 150 μm，胸宽 100-120 μm。

　　地理分布　印度洋和太平洋的南极附近海域深水沉积物中，白令海。

三居虫属 Genus *Tricolocampe* Haeckel, 1881

　　具圆筒状腹部，阔开口，口端截平。头无角。

（353）筒三居虫 *Tricolocampe cylindrica* Haeckel

（图版 79，图 1，2）

Tricolocampe cylindrica Haeckel, 1887, p. 1412, pl. 66, fig. 21.

　　壳近圆筒状，光滑。三节长之比 2:3:15，宽之比 3:4:5；头半球形，有一些很小的孔；胸部和腹部圆筒形，近等宽，具一样的圆孔常呈横向规则排列，胸有 3-4 排孔，腹有 10-12 排孔；口阔开，无收缩。

　　标本测量：三节长分别为 20 μm，30 μm，150 μm；宽分别为 30 μm，40 μm，50 μm。

　　地理分布　中太平洋，白令海。

毛虫科 Family Podocampidae Haeckel, 1887

　　壳呈环状，由 3 个或更多的横缢将壳体分为 4 节或更多节，有 3 个辐射状肋骨。

节帽虫属 Genus *Stichopilium* Haeckel, 1881

　　具开放壳口和 3 个实心侧肋或翼。无足，头具一角。

（354）高节帽虫？ *Stichopilium anocor* Renz?

（图版 79，图 3）

Stichopilium anocor Renz, 1976, p. 124, 125, pl. 5, fig. 10；陈木宏、谭智源，1996，226 页，图版 34，图 1，2，图版 54，图 5，6。

　　壳呈塔形，具 4 个勒缢，勒缢较深而圆滑，使各壳节外表呈波形；各节近等长，向口端略变宽；头亚球形，较大，具小孔，有 5-6 根约等长的冠状小刺；3 个实心骨针或侧翼与头刺等长，自领缢伸出；壳孔圆形，大小近等，排列规则。

　　标本测量：SIOAS-R360，头径 60 μm，壳长 183 μm，壳宽 91 μm，孔径 7-7.5 μm。

　　地理分布　南海中、北部，太平洋中部，白令海。

（355）斜节帽虫 *Stichopilium obliqum* Tan et Su

（图版 79，图 4）

Stichopilium obliqum Tan et Su，谭智源、宿星慧，1982，180 页，图版 20，图 5，6；陈木宏、谭智源，1996，226 页，图版 34，图 3。

壳呈细长钟罩形，6 节，具 5 道清楚的横缢，头小，尖卵形，无角，具不规则散布的小孔，头腔内有直生的内杆；胸部呈钟罩形，从颈缢出生出三肋，其中两肋沿胸壁向下生长，末端游离于胸壁外形成小翼；4 个腹节呈圆筒形，中部膨胀，第一、二腹节长度相近，比第三、四腹节稍长；胸腹两部均具大小约相等、排列亚规则的圆孔。

标本测量：头长 17-20 μm，头宽 18-26 μm，壳长 150-166 μm，壳宽 92-100 μm。

地理分布　南海中、北部，东海西部，白令海。

（356）苍节帽虫 *Stichopilium phthinados* Tan et Chen

（图版 79，图 5）

Stichopilium phthinados Tan et Chen，谭智源、陈木宏，1999，346，347 页，图 5-288。

壳呈瘦圆锥形，具明显的 4 个缢，5 节壳长度比例为 1:2:3:3:3；头呈半球形，具一小头角，头角为头长之半；领缢处生出 3 条分散的肋，肋嵌在胸壁上并延至第一腹节；壳孔亚规则排列，六角形。

标本测量：壳长 175-211 μm，宽 78-88 μm。

地理分布　东海，白令海。

该种与 *Stichopilium thoracopterum* Haeckel（谭智源、张作人，1976，290 页，图 70）相似，但后者具较短和较多的腹节。

（357）节帽虫（未定种 1）*Stichopilium* sp. 1

（图版 79，图 6，7）

壳呈塔形或圆锥形，分 4 节，第二至四节的节高相近，壳壁较薄；头近球形，具大小不等的圆形小孔，一个顶角为角锥形，较短，头表面还有少量短棘刺，颈缢清楚；胸呈圆锥形，向下渐扩大，壁孔类圆形或多角形，大小不等，分布无规律；3 个侧翼细直，基部有孔，位于胸下部和第一腹节上部；腹部分 2 节，向下略变宽，近圆筒状，缩缢圆弧形，较深，节中膨凸，壁孔类圆形，大小相近，规则或亚规则排列；口阔开，边缘不平整。

标本测量：壳长 120 μm，壳宽（末节）95 μm，头径 28 μm，顶角长 12 μm。

地理分布　白令海。

（358）节帽虫（未定种 2）*Stichopilium* sp. 2

（图版 79，图 8，9）

壳呈钟罩形，分为 4 节，壳壁较薄，孔间桁较细，具六角形孔，大小相近，排列规则，表面光滑无刺；头近圆球形，壁孔类圆形，孔间是孔间桁宽的 1-2 倍，有一个较短的角锥状顶角，领缝明显；胸呈圆锥形，较长，上部渐扩大，下部宽度不变，3 条细棒状实心肋发育在胸壳的上部，横向壁孔有 8-9 排，与腹节间的横缝较浅，微缩，胸长约为第一腹节长的 2.5 倍；腹部有 2 节，节间横缝很浅，近圆筒状，向口端微缩窄，第一腹节横向有 3-4 排孔，第二腹节破碎，仅见 1 排孔或残迹。

标本测量：壳长 142 μm，壳宽 98 μm，头长 25 μm，头宽 32 μm，顶角 15 μm。

地理分布　白令海。

多节虫属 Genus *Stichocampe* Haeckel, 1881

3 个侧肋延伸为 3 个末端足，足实心。有一个头角。

（359）锯多节虫 *Stichocampe bironec* Renz

(图版 79，图 13，14)

Stichocampe bironec Renz, 1974. P. 797, pl. 17, fig. 3；谭智源、陈木宏，1999，348，349 页，图 5-291。

壳体角锥形，壁较薄，表面光滑，具 4 条缢勒；头近球形，顶部有 1-2 个或更多的头角，圆锥形；胸以下各节的壳宽逐渐明显增加，壳长近等或略变大，每节的中部膨突，呈圆弧状；壳壁孔呈六角形，规则排列，每节有 5-8 行；3 条侧肋自颈部延伸至末节壳口并发育为 3 个长圆柱形的末端脚，末端脚与侧肋近于在同一直线上，斜下生长并略显内弯。

标本测量：壳长 162 μm（每节长约 45 μm），宽 140 μm。

地理分布　南海，印度洋，白令海。

我们的白令海标本特征与锯多节虫 *Stichocampe bironec* Renz（作者在文中并未给予具体描述）较相似，主要区别在于后者的壳体偏瘦，仅有两个头角（似为三棱角锥状），且三脚较短而末端缩尖、向下，而我们的标本较宽，头角更多，为 3-4 个，圆锥形，末端脚相对较长，延伸较远。

篮袋虫属 Genus *Cyrtopera* Haeckel, 1881

具 3 个格孔状的侧翼，或为 3 纵排的格孔翼。头部有一角。

（360）小壶篮袋虫 *Cyrtopera laguncula* Haeckel

(图版 79，图 10-12，15-21)

Cyrtopera laguncula Haeckel, 1887, p. 1451, pl. 75, fig. 10；Renz, 1976, p. 120, pl. 4, fig. 7；陈木宏、谭智源，1996，226 页，图版 34，图 4，图版 54，图 7。

壳呈细高圆塔形，具 7-11 个明显的横缝，将壳体分成 8-12 节，第一至十一节长度近相等，宽度缓慢增加，末节为大圆球状（我们的标本已破碎）；头呈亚球形，光滑，有少数圆形凹坑，顶部侧面向上长出一根粗壮而弯曲的顶角，长度约为壳长的 1/3；整个壳体的侧面纵向有 3 排细骨针，分别由 3 条纵桁所连接，形成 3 排纤细的窗孔状纵肋；壳壁孔圆形，大小相等，规则或亚规则排列，第二至七节分别有 3 排孔，第八至十一节每节有 4 排孔。

标本测量：SIOAS-R362，壳长 165 μm，壳宽 68 μm，顶角长 50 μm。

地理分布　南海中、北部，太平洋中部和南部，白令海。

石毛虫科 Family Lithocampidae Haeckel, 1887

壳多节环形，由 3 个以上的横缢分隔为 4 个以上的环形节，无放射肋。

石螺旋虫属 Genus *Lithostrobus* Bütschli, 1882

壳圆锥形，向扩开口端逐渐膨胀。头部有一角。

（361）串笼石螺旋虫 *Lithostrobus botryocyrtis* Haeckel

（图版 80，图 1）

Lithostrobus botryocyrtis Haeckel, 1887, p. 1475, pl. 79, figs. 18, 19；Nakaseko, 1963, p. 185, pi. 3, figs. lla, b；Petrushevskaya, 1967, p. 142, fig. 81.

壳体圆锥形，表面光滑，有 3 个较深的缩缢，将壳分为 4 节（第一节为头部），各节长度不等，中间膨突，宽度逐渐增大，第四节的长度约为其宽度的 2/3；第二和三节各有 3 横排四角形的小孔，第四节的小孔为 6 排；头呈不规则叶状，有 4-6 叶，具两个很小的散开头角。

标本测量：总壳长 100 μm，第四节长 40 μm，宽 60 μm。

地理分布　中太平洋，南极海区，日本，白令海。

（362）卡斯匹石螺旋虫 *Lithostrobus cuspidatus* (Bailey)

（图版 80，图 2-4）

Eucyrtidium cuspidatum Bailey, 1856, p. 5, pl. 1, fig. 12.
?*Eucyrtidium cuspidatum* (Bailey), Ehrenberg, 1872, p. 291, pl. 2, fig. 15；van de Paverd, 1995, pl. 73, fig. 15.
Lithostrobus cuspidatus (Bailey), Bütschli, 1882, p. 529；Haeckel, 1887, p. 1473；Schröder-Ritzrau, 1995, pl. 6, fig. 17.
Lithostrobus tristichus Haeckel, 1887, p. 1469.

壳呈细长圆锥形，表面光滑，头圆球形，具一弯曲的刚毛状顶角；有 8-16 个较深的收缩环，将壳体分为许多节，各节长度近等，或向末端略增大；壁孔六角形或亚圆形，排列较规则，每一节上有 3-4 横排的孔，孔间桁较细；末端为阔开口，末节壳常破碎或不完整。

标本测量：壳长（计 8 节）110-160 μm，每节长 14-20 μm，第四节宽 20-40 μm，第八节宽 25-80 μm。

地理分布　北太平洋，北冰洋，白令海。

（363）串石螺旋虫 *Lithostrobus lithobotrys* Haeckel

（图版 80，图 5-7）

Lithostrobus lithobotrys Haeckel, 1887, p. 1475, 1476, pl. 79, fig. 17；Molina-Cruz, 1977, p. 336, pl. 7, fig. 17.

壳长圆锥形，表面光滑，有 4 个较深的缩缢，将壳分为 5 节（第一节为头部）；各节的长度与宽度向口端逐渐增大，第五节的长度为其宽度的一半，每一节上有 4-5 个或更多横排的圆形小孔；头呈不规则叶状，有 4-6 叶和相同数量的小锥形角。

标本测量：总壳长 120 μm，第五节长 40 μm，宽 80 μm。

地理分布　中太平洋，白令海。

网帽虫属 Genus *Dictyomitra* Zittel, 1876

具圆锥形壳，壳向宽的口部逐渐扩大，头无角。

（364）丽高网帽虫？*Dictyomitra caltanisettae* Dreyer？

（图版 80，图 8）

Dictyomitra caltanisettae Dreyer, 1889, p. 48, pi. 6, fig. 31；Sanfillippo *et al*., 2007, p. 756.

壳壁中等厚度，表面光滑；头球形或亚球形，有一些分散的小孔；胸呈钟罩形，顶部圆弧状，往下稍扩大，横向有 4-5 排类圆形孔；第一腹节呈腰鼓形，最宽处在中间部位，上部与下部明显缩窄，该节的宽度在整个壳体中最大；第二腹节较长，约为第一腹节长度的 1.5 倍，自上而下略变宽或变化不大，有 7-8 排排列近规则的圆形孔；整个壳体的壁孔形状与大小变化不大；第三腹节不明显，末端阔开口，口缘近截平或破损不完整。

标本测量：壳长 153 μm，壳宽 65 μm。

地理分布　地中海，白令海。

（365）费民网帽虫 *Dictyomitra ferminensis* Campbell et Clark

（图版 80，图 9）

Dictyomitra ferminensis Campbell et Clark, 1944a, p. 51, 52, pl. 7, fig. 7.

壳体小，亚圆锥形或宽胶囊形；头偏大，长球形，顶部浑圆，近颈部缩窄，表面光滑或略粗糙；壳体分 3 节，各节长度近等或渐增大，宽度渐变大，各节的长与宽相近，或宽略大于长，每节的中部稍膨突；完整的标本口部截平，有一透明状细环，具 16-18 个三角形的小尖齿（我们的标本口缘残破不清）；壳壁较厚，头壁孔细圆坑状，其他各节的孔为方形或椭圆形，在每节上纵向有 3-7 孔，横向有 12-16 孔，排列较规则紧凑。

标本测量：壳长 100 μm，壳宽（最大处）60 μm，孔径（大）约 4.4 μm。

地理分布　加利福尼亚南部中新世，白令海。

该种以较少的缩缢环（或壳节）区别于该属的其他各种（Campbell and Clark, 1944a）。

（366）网帽虫（未定种）*Dictyomitra* sp.

（图版 80，图 10）

壳呈圆锥形，分 4-5 节；头半球形，有一些小孔，顶角不发育；第二至四节较规则地逐渐增加壳宽与节长，壁孔较小，下部略增大，类圆形，亚规则横向排列，第四节有

6-7 排孔；各节壳之间有明显的缩缢，第五节壳宽最大，但发育不完整，仅保留 2-3 排孔，口部破损。

标本测量：壳长 114 μm，壳宽 76 μm。

地理分布　白令海。

列盔虫属 Genus *Stichocorys* Haeckel, 1881

壳的中部有一缩缢，在其上半部为圆锥形，下半部为圆筒形，口部截平。头有一个角。

（367）明山列盔虫 *Stichocorys delmontensis* Campbell et Clark

（图版 80，图 11-19）

Stichocorys delmontensis Campbell et Clark, 1944a, p. 120, figs. 8-10；陈木宏、谭智源，1996，227 页，图版 34，图 8-10。
Lithocampe (=Eucyrtidium) teuscheri (Haeckel), Petrushevskaya, 1971d, p. 175, figs. 4-6.

壳壁较厚，表而光滑；头呈亚球形，具一些亚圆形小孔，有一较小的圆锥形顶角；胸呈圆锥形，腹部呈近圆筒形，第一腹节最长，也是整个壳体的最宽处，第二和三腹节略收窄，较短，常破损不完整，各节之间的横缢较清楚；壳的壁孔为六角形、亚圆形和不规则形，第一腹节孔较大，其他各节稍小，胸壳孔排列较规则，而各腹节呈不规则状；口端截平。

标本测量：壳长 100-130 μm，壳宽 52-60 μm。

地理分布　南海中、北部，太平洋，白令海。

（368）排串列盔虫 *Stichocorys seriata* (Jørgensen)

（图版 80，图 20-22）

Eucyrtidium seriatum Gran, 1902, p. 150, 151.
Stichocorys seriata (Jørgensen), 1905, p. 140, pl. 18, figs. 102-104；Schröder, 1914, figs. 111, 112；Bjørklund, 1976, pl. 10, figs. 7-12；Dolven, 1998, pl. 11, fig. 3.
Spirocyrtis gyroscalaris Benson, 1983, p. 508.

多节壳，节数有所变化（可能与年龄有关）；头为宽半球形，壁孔小，圆形，较分散，头上有一短而宽的顶角；壳上部各节呈圆锥形，外缘膨突，壳宽逐渐增加，使第五或四节的壳宽为第一节的 3-4 倍，壳体的壁孔类圆形或矩形，清晰，规则，水平状排列；壳下部近呈圆筒形，略缩窄，下部的各节壳之间难以相互辨认或区别，壁孔的形状、大小和排列均不太规则；完整标本的口缘有锯齿（Jørgensen 1905, fig. 102），而其他已找到标本的下部均不完整或部分残缺。该种的壳体形态变化较大，其最宽处可在第四或五节，下部常不规则收缩。

标本测量：壳高 128-145 μm，壳宽 60-72 μm，孔径（最大）6 μm。

地理分布　北冰洋，加利福尼亚湾，挪威海，白令海。

（369）列盔虫（未定种1）*Stichocorys* sp. 1

（图版81，图1-4）

壳分4节，个体较小；头呈圆弧拱顶形，短而宽，均匀分布一些圆形小孔，顶角位置偏侧，短小稍宽，领缢不明显；胸呈圆锥形，顶部与头同宽，往下渐增大，与第一腹节之间的缩缢较深；壳体的最宽处在第一腹节（壳的第三节），呈圆筒状，中部弧形膨胀，第二腹节开始壳体明显缩小；壳的末端是一个圆筒形的透明口管，在口管中间有一排圆形小孔，口缘截平；整个壳体各节的壁孔均为圆形小孔，大小相等，排列规则。

标本测量：壳长88-130 μm，壳宽（第三节）50-65 μm，口管长13-20 μm，口管宽32-33 μm。

地理分布　白令海。

（370）列盔虫（未定种2）*Stichocorys* sp. 2

（图版81，图5，6）

壳分4-5节，第四节较短；头呈半球形，有圆形小孔，顶角不发育；胸圆锥形，壁孔类圆形，与腹节间的缩缢明显；第一腹节的宽度和长度均明显增加，壁孔自上而下变大，六角形，排列规则，孔间桁较细，孔径可达孔间桁宽的2倍；第二腹节（第四节）变短，壁孔仅2横排，方形，大小不同；第五节（如有）突然变宽和加长，向口部收缩，壁孔类圆形，亚规则排列；口缘简单截平，无口管或饰物。

标本测量：壳长113-138 μm，壳宽57-60 μm，口宽38-50 μm。

地理分布　白令海。

（371）列盔虫（未定种3）*Stichocorys* sp. 3

（图版81，图7，8）

壳呈圆锥形，分4节，末节缸状最宽，壳壁较薄；头很小，半球形，有圆形小孔，顶角细小，刚毛状，领缢清楚；胸呈圆锥形，渐扩大；腹近圆筒状，长度明显增加，与第二腹节（末节）之间的缩缢较深；末节呈缸状，上部迅速增宽，之后锐角状过渡向口端迅速缩小，口部简单无饰物；头部以下的壳体壁孔稍大，孔间桁较细，第二和三节的壁孔均呈六角形，大小相近，排列规则，孔径是孔间桁宽的3-4倍，末节壳的壁孔不规则，大小差异较大，孔径是孔间桁宽的2-5倍；壳体表面光滑无刺。

标本测量：壳长120 μm，第三节宽62 μm，第四节宽85 μm，口宽62 μm，顶角长12 μm。

地理分布　白令海。

（372）列盔虫（未定种4）*Stichocorys* sp. 4

（图版81，图9）

壳分5节，上部圆锥形，末节的下部缩窄呈圆筒形，有一头角；头近半球形，具类圆形小孔，领缢清楚；第二至四节圆锥形，壳宽与壳长逐渐增加，缩缢明显，壁孔较小，形状各异，不规则分布；第五节（末节）的上部加宽，并迅速缩窄呈倒锥形，下部圆筒形，该节的壁孔形状大小与其他各节相似，但未亚规则横向排列，口部阔开。

标本测量：壳长 136 μm，壳宽 75 μm，头角长 10 μm，口宽 55 μm。

地理分布 白令海。

窄旋虫属 Genus *Artostrobus* Haeckel, 1887

壳呈圆筒状，上部圆形，下部截平，头部有一角。

（373）环窄旋虫 *Artostrobus annulatus* (Bailey)

（图版 81，图 10-12）

Cornutella annulata Bailey, 1856, p. 3, pl. 1, figs. 5a, b.
Eucyrtidium annulatum Haeckel, 1862, p. 327.
Artostrobus annulatus (Bailey), Haeckel, 1887, p. 1481；Cleve, 1899, p. 27, pl. 1, fig. 6.

壳体细长圆筒形，光滑，无外部收缩环，但在壳内有 10-20 个环隔；每节的宽度约为长度的 4 倍，在每一壳节上仅有一横排的小孔；头半球形，具 1 或 2 个小角。

标本测量：壳长（具 20 节）为 200 μm，节长 10 μm，节宽 40 μm。

地理分布 北冰洋，堪察加海盆，格陵兰，白令海。

细篮虫属 Genus *Eucyrtidium* Ehrenberg, 1847, emend. Nigrini, 1967

具卵形或纺锤形壳，壳口缢缩，但不延长成管。头具一实心的角。

（374）环节细篮虫 *Eucyrtidium annulatum* (Popofsky)

（图版 81，图 13-22）

Stichopilium annulatum Popofsky, 1913, p. 403, 404, pl. 37, figs. 2, 3.
Lithostrobus hexastichus Benson, 1966, p. 506–508, pl. 34, figs. 13, 14.
Eucyrtidium sp. Petrushevskaya, 1971d, figs. 99, I, II.
Eucyrtidium? *hexastichum group* Benson, 1983, p. 503, pl. 9, fig. 10.

头近圆球形，壁有孔，领缢明显，有 1 个三棱状顶角；壳分 5-7 节，上部 2-4 节呈偏长圆锥状，逐渐扩大，下部壳体近圆筒形，各节之间的内隔环清楚，外表平滑；各节上的壁孔形状和形状较为相似，均为六角形，较大，孔间桁较细，横向规则排列，每节一般有 3-4 排孔，末节可能稍多；胸内的背部与主侧肋发育，或为翼状，可延伸至第一腹节的上部；壳体末端无收缩环。

标本测量：壳长 96-221 μm，壳宽 62-101 μm，头长 15-18 μm，头宽 15-23 μm，顶角长 6-25 μm。

地理分布 热带太平洋、大西洋和印度洋，白令海。

该种特征与 *Eucyrtidium acuminatum* (Ehrenberg) 较接近，主要区别在于后者的壁孔呈纵向排列，且口端收缩。

（375）丽转细篮虫 *Eucyrtidium calvertense* Martin

（图版 81，图 23，24）

Eucyrtidium calvertense Martin, 1904, p. 450, 451, pl. CXXX, fig. 5；Hays, 1965, pl. III, fig. 4；1970, p. 213, 214, pl. 1, fig. 6.

壳光滑，近纺锤形，壁中等厚度，分 5 或 6 节（第六节常破损），各节之间由内隔环分开，壳的表面有一些纵脊；头亚球形，有一很短的小角，壁孔稀少；胸呈圆锥形，约为头长的 2 倍，壁孔圆形，不规则分布，第三、四和五节的长度相近，至少为胸长的 2 倍，壳壁增厚，表面有 24-30 条纵沟，壁孔位于沟中，圆形，大小是胸壁孔的 2-3 倍，每节纵向有 6-7 孔；壳体的最宽处一般在第四节，下部明显收缩，末端不形成管状，常已破碎。

标本测量：总壳长 175-220 μm，最宽处 90-110 μm，头长 10-17 μm。

地理分布 日本中-晚中新世，北太平洋早中新世—现代，白令海。

（376）克里特细篮虫 *Eucyrtidium creticum* Ehrenberg

（图版 81，图 25）

Eucyrtidium creticum Ehrenberg, 1859, p. 32.

壳分 3 节，呈胖葫芦形或近卵形，壁厚中等或略薄，表面光滑；头亚球形，部分陷入胸内，领缝较深，有少量圆形壁孔，顶角短小圆锥形；胸呈膨胀钟罩形，迅速扩大，壁孔六角形或亚圆形，孔径略大于孔间桁，大小均匀，排列较规则；胸与腹在接合处各自明显收缩，形成很深的缩缢或陷沟；腹壳呈亚球形或略拉长的两端截平的腰鼓形，壳宽明显增大，腹壳长约为胸壳长的 1.5 倍，壁孔类圆形或卵形，大小不等，排列不规则；壳体下部圆滑缩窄，口开放，口径为胸宽的 1/2-1/3，口缘常破损。

标本测量：壳长 105 μm，壳宽 68 μm。

地理分布 白令海，加勒比海巴巴多斯，冰岛。

该种与 *Eucyrtidium cryptocephalum* Ehrenberg（1872, p. 227；1876, pl. 11, fig. 11）很相似，主要区别是后者的胸与腹壳壁孔均较规则，较统一呈纵向排列，壳壁也许更厚或粗糙。

（377）六列细篮虫 *Eucyrtidium hexastichum* (Haeckel)

（图版 81，图 26，27）

Lithostrobus hexastichus Haeckel, 1887, p. 1470, pl. 80, fig. 15；Benson, 1966, p. 506-508, pl. 34, figs. 15, 16 (not 13, 14).
Stichopilium thoracopterum Popofsky, 1913, p. 401-403, text-figs. 123-125.
Eucyrtidium hexastichum (Haeckel), Petrushevskaya, 1971d, p. 220-223, fig. 99, III-X；Renz, 1974, p. 792, pl. 16, fig. 6；1976, p. 132, 133, pl. 5, fig. 9；Boltovskoy and Riedel, 1980, p. 124, 125, pl. 5, fig. 10；Takahashi and Honjo, 1981, p. 153, pl. 9, fig. 12；Takahashi, 1991, p. 125, pl. 42, fig. 22；陈木宏、谭智源，1996，228 页，图版 34，图 18。
Eucyrtidium? hexastichum (Haeckel) group, Benson, 1983, p. 503, pl. 9, figs. 9, 11 (not 10).

壳呈圆锥形，由内隔环将壳体分成多节，壁较薄，壳表光滑；头亚球形，有一些类圆形的小坑，具 1 个三棱角锥形顶角，直管不明显；胸为圆锥形，胸壁内有 3 条细肋自领隔下伸，但不达胸下部，也不往外延伸为骨针或侧翼；腹部各横缢很浅，内有隔环，各节长度近相等，宽度一般自上而下渐增大，有的下部不继续增大，阔开口，口部不缩窄；整个壳体有 5-9 节，多数为 6-7 节壳，壁孔很小，为六角形或亚圆形，横向规则或亚规则排列，每节有横列 5-7 排孔。

标本测量：壳长 96-220 μm，壳宽 62-100 μm，头长 15-20 μm，头宽 15-23 μm，顶角长 6-25 μm。

地理分布　南海中北部，中太平洋，西北太平洋，加利福尼亚湾，地中海，热带西大西洋，南大西洋，南极海区，白令海。

该种与 *Eucyrtidium hexagonatum* Haeckel 较相似，主要区别是后者的胸节较短，一般呈环形，整个壳壁孔呈纵向排列，末端口常明显缩窄。

（378）北杵细篮虫 *Eucyrtidium hyperboreum* Bailey

（图版 82，图 1-3）

Eucyrtidium hyperboreum Bailey, 1856, p. 4, pl. 1, fig. 10；Itaki and Bjørklund, 2006, p. 452, 453, pl. 2, figs. 9-23；Suzuke *et al.*, 2009, pl. 44, figs. 8a, b.
Lithomitra hyperborea Haeckel, 1862, p. 315；1887, p. 1486.
Eucyrtidium pachyderma Ehrenberg, 1876, pl. 11, fig. 21.

壳近圆柱状，头半圆球形，壳体分 3-5（或更多）节，表面以具有细颗粒状纵脊为特征，壁孔横向排列，每节上有 3-4 排小孔，常不清晰；各节的壳宽约为壳长的 2 倍。

标本测量：壳长 100-120 μm，壳宽 30-40 μm。

地理分布　北冰洋，北太平洋，堪察加海峡，白令海。

E. hyperboreum 与 *Lithomitra arachnea* (Ehrenberg)（emended by Riedel, 1958）或 *Siphocampe arachnea* (Ehrenberg) group（Nigrini, 1977）很相似，Ling 等（1971）报道 *L. arachnea* 经常出现于白令海的沉积物中。Bailey（1856）注意到 *E. hyperboreum* 与 *E. lineatum* 一些种征的相似性，认为主要区别在于前者的分节不太明显（可能指外形），且壳壁较厚，表面由纵脊上的突起细颗粒形成的网纹较清晰。

（379）玛图雅细篮虫 *Eucyrtidium matuyamai* Hays

（图版 82，图 4-9）

Eucyrtidium matuyamai Hays, 1970, p. 213, pl. 1, figs. 7-9；Kling, 1971, p. 1088, pl. 1, fig. 4；Ling, 1973, p. 780, pl. 2, figs. 5, 6；Foreman, 1975, p. 620, pl. 9, fig. 15；Sakai, 1980, p. 710, pl. 7, figs. 1a, b；Morley, 1985, pl. 5, figs. 7A, B；Kamikuri *et al.*, 2004, p. 216, fig. 9-9；张强等，2014，图 2-5.

个体较大，壁厚；头球形或半球形，有一短的角状顶针，表面无孔或有零散分布的小孔；胸膨胀，表面粗糙，壁孔圆形，纵向排列分布在浅沟纹中；整个壳体逐渐扩大，第四节一般为最宽处，该节的长度也最长，大小不一的圆形或椭圆形孔纵向分布在各条小隆脊之间，隆脊直或略弯曲；第五节开始向末端收缩，圆形或不规则形孔纵向排列并逐渐变小；第六节较短，常为末端节，壳壁稍薄，孔的大小和排列均不规则。

发育较成熟的标本还可见第七节（有第八节残迹），其最大宽度在第五节，第六节缩窄，第七节壳壁明显变薄，且各节的长度相似。（见 Kamikuri *et al.*, 2004, p. 216, fig. 9-9 和本书的 1340A-23H-cc 标本照片）

标本测量：壳长 156-300 μm，壳宽 118-150 μm，头长 15-23 μm，胸长 17-30 μm，第三节长 35-50 μm，第四节长 36-68 μm，第五节长 30-70 μm，第六节长 23-60 μm，头宽 20-35 μm，第四节顶宽 72-110 μm、中部宽 118-150 μm。

地理分布 北太平洋亚北极和亚热带区，白令海，2-0.95 Ma 地层。

该种与 *Eucyrtidium calvertense* Martin 的基本形态特征很相似，主要区别是后者的个体明显偏小，壳壁相对较薄。前者为约 2 Ma 时由后者演变而成的一种类型。

（380）托伊舍细篮虫 *Eucyrtidium teuscheri* Haeckel

（图版 82，图 10）

Eucyrtidium teuscheri Haeckel, 1887, p. 1491, pl. 77, fig. 5；Caulet, 1986, p. 851, pl. 5, figs. 1-8.
Stichopilium variabilis Popofsky, 1908, pl. 35, figs. 4-7.
Calocyclas cf. *semipolita* Clark et Campbell, Abelmann, 1990, p. 697, pl. 7, fig. 4.

壳呈长瓶形，分为 4-5 节，各节长度不等，壁厚中等，壳表光滑；头近半球形，有一个圆锥形的顶针，长度与头近等；第二节圆锥形，较短；第三节较长，约与第一、二节等长；第四节与第三节长度相近或稍短，略缩窄；有些标本存在第五节，较短；整个壳体的最大宽度在第三节，壳壁孔较大，为类圆形或六角形，大小不等，规则或亚规则纵向排列。

标本测量：壳长 160-200 μm，壳宽 80-85 μm。

地理分布 太平洋中部与西南部，南极海区，白令海。

（381）细篮虫（未定种）*Eucyrtidium* sp.

（图版 82，图 11-13）

壳呈卵形或近子弹形，个体较小，壳分 5 节，壳壁较薄；头半球形，脑丘状，有类圆形小孔，头角不发育，领缝不明显；胸圆锥形，壁壳类圆形或椭圆形，分布无规律，胸与腹间的缩缝明显，有一个稍宽的透明环；第一、第二腹节明显增大，圆筒状，壁孔类圆形，大小略有差异，横向排列分别有 3-4 排，第三腹节下部略扩大变形，横切面为椭圆或圆三角形，壁孔类圆形或长椭圆形，横向斜排列有 4-5 排；自上而下各节的长度稍有增加；阔开口，口缘简单。

标本测量：壳长 90-113 μm，壳宽（末节）62-70 μm。

地理分布 白令海。

石帽虫属 Genus *Lithomitra* Butschli, 1881

壳呈圆筒形，头圆形，腹口平截，头无角。

（382）线石帽虫 *Lithomitra lineata* (Ehrenberg)

（图版 82，图 14-20）

Lithocampe lineata Ehrenberg, 1838, S. 130 (partim)；1854, Taf. 22, Fig. 26, Taf. 36, Fig. 16.
Lithomitra lineata (Ehrenberg) Haeckel, 1887, p. 1484；Schröder, 1914, p. 137, fig. 113.
Lithomitra lineata (Ehrenberg) group Riedel et Sanfilippo, 1971, p. 1600, pl. 1I, figs. 1-11, pl. 21, figs. 14-16, pl. 3E, fig. 14；

Petrushevskaya and Bjørklund, 1974, fig. 3；Bjørklund *et al.*, 2014, p. 88, pl. 9, figs. 12-14；谭智源、陈木宏, 1999, 351 页, 图 5-294。

Eucyrtidium lineatum Ehrenberg, Suzuki *et al.*, 2009, pl. 44, figs. 5a, b, 6a, b.

　　壳呈圆柱形，平滑，表面有一些纵肋条纹，4-8 个横向缩缢将壳体分成若干节；头呈小亚圆球形，有少量小孔；胸部宽度逐渐增大，有 2-3 横排的孔；腹部各节上一般仅有简单的一横排小孔，各个腹节的大小与宽度可基本相同，也有不同程度的变化，不同标本之间的形态差异较大。

　　标本测量：壳长 80-120 μm，壳宽 10-30 μm。

　　地理分布　Haeckel（1887）认为该种属世界性广泛分布，可见于地中海、白令海、大西洋、印度洋、太平洋的现代各个深度水层。

　　该种的历史用名较为复杂，不同作者甚至划分出若干亚种，分布范围也较为广泛，但对其进一步的详细观察与描述仍有欠缺，可能与该种的形态特征变异明显较大有关，因此也影响其分类归属。

管毛虫属 Genus *Siphocampe* Haeckel, 1881

　　壳呈卵形或纺锤形。壳口缢缩，但不延长成管状。头具一斜生开口的顶管。

（383）蛛管毛虫 *Siphocampe arachnea* (Ehrenberg)

（图版 83，图 1-3）

Eucyrtidium lineatum arachneum Ehrenberg, 1862, p. 299.

Lithomitra arachnea (Ehrenberg), Riedel, 1958, p. 242, pl. 4, figs. 7, 8.

Siphocampe arachnea (Ehrenberg), Nigrini, 1977, p. 255, pl. 3, figs. 7, 8；Abelmann, 1990, p. 698, pl. 8, figs. 4A, B；1992, p. 382, pl. 5, fig. 15.

　　壳体小，子弹形，壁较厚，由头、胸、腹组成；腹部一般有 5-7 个圆弧状缩缢，各缩缢间的壳壁上有一横排亚圆形孔；壳的表面可见纵横交错的纹线，这些纹线是该种的典型特征；头球形，有少量不规则散布的壁孔，无顶角，垂直管较短，圆柱形，斜向上约 45°，领缢不清楚；胸部膨胀，有 2-4 横排的亚圆形孔，腰缢不很发育；腹部以具若干缺口状的边缘分节为标志，但在末端不如上部明显，每节上均有壁孔；末端可能有一无孔状的口缘，或由于沿着排孔上破碎使口缘呈粗糙或不规则状。

　　标本测量：壳长 110-160 μm，壳宽 47-60 μm。

　　地理分布　南大洋，热带太平洋，白令海。

（384）烟囱管毛虫 *Siphocampe caminosa* Haeckel

（图版 83，图 4-10）

Siphocampe caminosa Haeckel, 1887, p. 1500, pl. 79, fig. 12.

　　壳稍细长或略胖，壁厚中等或较厚，近圆柱形或长纺锤形，具 4-6 个深横缢，5-7 个壳节的长度近等，壳体的最宽处在第四节，两端略渐缩窄；头呈半球形，有一斜长的圆柱状耳管（有时破碎）；整个壳体的壁孔小，圆形，横向排列，数量变化不定，一般在第一节和末节上有 3 排孔，第四节上有 4-5 排孔，其他各节 3-4 排孔；口部收缩，有一管状口缘，口宽近为壳宽的 1/3。我们的标本壳壁较厚，各节的内缩缢明显，但外表不清晰。

标本测量：壳长 145-180 μm，壳宽 55-75 μm。

地理分布　中太平洋，白令海。

（385）筐管毛虫 *Siphocampe corbula* (Harting)

（图版 83，图 11）

Lithocampe corbula Harting, 1863, S. 12, Taf. 1, Fig. 21.

Tricolocampe polyzona Haeckel, 1887, p. 1412, pl. 66, fig. 19.

Siphocampe corbula (Harting), Nigrini, 1967, p. 85, pl. 8, fig. 5, pl. 9, fig. 3; 谭智源、宿星慧，1982，181 页，图版 20，图 1；陈木宏、谭智源，1996，229 页，图版 34，图 20, 21，图版 54，图 15。

壳似虫蛹形，分 4 节，第四节最宽；头接近球形，头壁上有亚圆形小孔，头侧有一侧管，侧管贴靠胸壁向下生长，领缢不明显；胸部截圆锥形，具 3-4 横排圆或亚圆形孔，腰缢清楚；第一腹节（第三节）呈酒桶形，有 6 横排圆孔，靠近第三与第四节的腰缢处圆孔纵向延长为长卵形；第二腹节（第四节）呈长圆筒形，中部略有缢缩，延至下部逐渐收窄，腹口截平，口缘无孔，平滑；末节开孔有 15 横排，孔呈圆形，大小相似，部分孔略有差别。

标本测量：SIOAS-R371，壳长 139-168 μm，壳宽 73-80 μm，口宽 42 μm。

地理分布　南海中、北部，东海西部，太平洋北部，白令海，加勒比海巴巴多斯，印度洋尼科巴群岛。

（386）蠋管毛虫 *Siphocampe erucosa* Heackel

（图版 83，图 12-18）

Siphocampe erucosa Heackel, 1887, p. 1500, 1501, pl. 79, fig. 11.

壳近纺锤形，长约是宽的 2 倍，最宽处在中偏下部，壁稍厚，具 4-5 个浅缩缢，第五、六节各自长度近等；第一、二节融合在一起形成半球状的头胸部，有一个斜向的圆柱形短管；壁孔规则圆形，双轮廓，横向规则排列，第一节和末节有 2 排孔，其余中间各节有 4 排；口部收缩，类短管状，口径近为壳宽的 1/3。

标本测量：壳长 140 μm，壳宽 70 μm。

地理分布　中太平洋，白令海。

（387）管毛虫（未定种）*Siphocampe* sp.

（图版 83，图 19，20）

壳分 4 节，下部略加宽，口部缩窄，壁稍薄；头呈半球形，有一些圆形小孔，顶管斜生，透明，很短，领缢清楚；胸为圆锥形，壁孔圆形，大小相近，规则排列，横向 4-5 排；腹部圆筒形，分为 2 节，缩缢较深，第一腹节较短，长度是第二腹节的 1/3，后者的壳宽在中下部为渐增为最大，在接近口缘处迅速缩小，腹部的壁孔类圆形或椭圆形，大小不等，横向有 8-11 排；口部缩窄，口缘有一些小齿。

标本测量：壳长 120-135 μm，壳宽 60-72 μm，口径 45-50 μm。

地理分布　白令海。

该未定种特征与 *Siphocampe corbula* (Harting) 较相似，主要区别是后者的腹壳完全圆筒形，上下一样无加宽，且口缘平滑。

石毛虫属 Genus *Lithocampe* Ehrenberg, 1838

壳呈卵形或纺锤形。壳口缢缩，但不延长成管状，头无角也无管。

（388）莫德石毛虫长亚种? *Lithocampe* (*Lithocampium*) *modeloensis longa* Campbell et Clark?

（图版 83，图 21-23）

Lithocampe (*Lithocampium*) *modeloensis longa* Campbell et Clark, 1944a, p. 59, pl. 7, fig. 31.

壳近长圆柱形，壁薄或中等厚度；头呈亚半球形，顶部亚角状，两侧圆滑，表面不规则；上部 3 节的侧缘略膨突为圆弧状，勒缢清楚，节长不等，或第二、三节的长度与宽度相近，最短为第一节，第四节的壳宽缩窄，呈圆筒状，长度接近或超过宽度的一半，口缘略收缩，无齿；整个壳壁有孔，亚圆形，除了头部为散布外，其他各节均呈横向规则排列；表面似有近垂直肋。

标本测量：壳长 105-140 μm，壳宽 38-50 μm。

地理分布　加利福尼亚南部中新世，白令海。

该亚种与 *Lithocampe* (*Lithocampium*) *modeloensis* Campbell et Clark, 1944 的主要区别是前者的壳体下部缩窄，明显伸长，呈长圆筒状，而后者呈膨胀形，前者个体明显大于后者。

（389）八宿石毛虫 *Lithocampe octocola* Haeckel

（图版 83，图 24, 25）

Lithocampe octocola Haeckel, 1887, p. 1508, pl. 79, fig. 6.
Artostrobium miralestense (Campbell et Clark), Riedel and Sanfilippo, 1971, pl. 1H, figs. 9 (not others), pl. 2I, fig. 9；Kling, 1973, p. 639, pl. 5, figs. 31-35.

壳呈纺锤形，中部膨大，两端缩窄，壳壁很厚，表面光滑，各壳节间无明显的外部缩缢，仅有 6-7 个内隔环，分为 7-8 节，各节长度不等，中间的第二至五节较长，其余的头与末节较短；口部收缩，似呈管状，很短，口宽仅为中间节宽度的 1/2-1/3；整个壳体各节均有一些很小的壁孔，类圆形，亚规则排列，个体大的孔数较多，每节横向有 3-5 排，个体小的仅 2-3 排；头部半球形，完全被包裹在较厚的壳壁内，外表平滑，无任何针刺或管状物。

标本测量：壳长 146-190 μm，壳宽 76-90 μm。

地理分布　中太平洋深水，白令海。

该种与 *Dictyocephalus miralestensis* Campbell et Clark（1944, p. 45, pl. 6, figs. 12-14）较相似，但后者壳壁稍薄，外表有横缢，可有头管。

（390）石毛虫（未定种）*Lithocampe* sp.

（图版 84，图 1，2）

壳呈长卵形或串珠形，分 3-4 节，个体较小，壁较薄；头为亚球形，内有十字形骨针，将头腔均等分隔，表面光滑，无顶角；头胸之间无领缝，有内隔细环，胸腹之间也有一内隔环；第二至四节的大小与形状相近，表面有一些纵纹，各节仅有横向 1-2 排圆形小孔；口部收缩，具一很薄的透明状口缘环，环上有一些纵肋。

标本测量：壳长 60-75 μm，壳宽 35-37 μm，口宽 22-25 μm。

地理分布　白令海。

该种特征与 *Lithomitra lineata* (Ehrenberg) 较接近，但后者壳体分节较多，胸的壁孔数量明显较多，无口缘环，一般个体也相对略大（长）。

旋篮虫属 Genus *Spirocyrtis* Haeckel, 1881

壳具螺旋状缝，头有一角。

（391）梯盘旋篮虫 *Spirocyrtis scalaris* Haeckel

（图版 84，图 3-8）

Spirocyrtis scalaris Haeckel, 1887, p. 1509, pl. 76, fig. 14; Popofsky, 1913, S. 406, Textfigs. 128–130; Nigrini, 1967, p. 88–90, pl. 8, fig. 7, pl. 9, fig. 4; 陈木宏、谭智源，1996，229 页，图版 35，图 2，3，图版 54，图 13，16。

壳光滑，壁薄，呈圆锥形或塔形，末端部分近呈圆筒形，体分 6-10 节；头近半球形，有一些亚圆形孔，具 2-3 个短的顶针，在头侧有一大耳管，管壁薄，半透明状；领缝不明显，头略陷入胸内，腰缝清楚；腹部各节呈短圆筒状，直径和长度向开口端逐渐大，形成阶梯状壳壁构造；壁孔为直角方形，横列每节有 2-6 排孔；壳末端为阔开口。

标本测量：头径 14-30 μm，壳长 130-153 μm，壳宽 92-102 μm。

地理分布　南海中、北部，太平洋中部，印度洋低纬度区域（尤其在赤道东部含量较高），白令海。

管葡萄虫科 Family Cannobotryidae Haeckel, 1881, emend. Riedel, 1967

壳体由头叶和头室组成，具两个侧叶和一个后叶，胸部无或有。

囊篮虫属 Genus *Saccospyris* Haecker, 1908, emend. Petrushevskaya, 1965

无顶针，壳口缘有细齿冠。

（392）南极囊篮虫 *Saccospyris antarctica* Haecker

（图版 84，图 9）

Saccospyris antarctica Haecker, 1907, p. 124, figs. 10a, b; 1908, p. 447, 448, pl. 84, figs. 584, 589, 590; Petrushevskaya, 1965, p. 96–98, fig. 10; 1968, p. 149, 150, figs. 85, 11; Weaver, 1983, pl. I, fig. 4; Abelmann, 1992a, p. 777.

Botryopyle antarctica (Haecker), Riedel, 1958, p. 224–226, textfig. 13, pi. 4, fig. 12 (in part).

壳呈不规则圆柱形，直或歪斜，表面有些脊纹，壁孔不规则；第一节头部的房室不规则肿胀，前房与主房的壳壁结构近于相同，类球形，后者稍大，形成两个明显的头部大房室；骨针 D，Lr 和 Ll 在壳内与骨针 MB 微斜交，基板完整；第二节胸壳相对第一节的表面较光滑，尤其在下部的孔较多较大，成年体有囊状末端，口部明显缩窄。

标本测量：第一节长 30-50 μm，第二节长 80-120 μm，总壳长 110-160 μm，壳宽 70-100 μm。

地理分布　南极海区，南大洋，白令海。

吊葡萄虫属 Genus *Artobotrys* Petrushevskaya, 1971

头部的前、后叶及第二室较发育，但前、后叶不伸长为管状。

（393）北方吊葡萄虫 *Artobotrys borealis* (Cleve)

（图版 84，图 10，11）

Theocorys borealis Cleve, 1899, p. 83, 84, pl. 3, fig. 5；Schöder, 1914, fig. 104.
Artobotrys borealis Petrushevskaya, 1971d, p. 238, p. 160, pl. 82, figs. 7-12；Petrushevskaya and Bjørklund, 1974, fig. 10；Bjørklund, 1976, pl. 11, figs. 24-27；Molina-Cruz, 1991, figs. 2 (6-7)；Takahashi, 1991, pl. 44, fig. 24, pl. 45, figs. 1-3；Schröder-Ritzrau, 1995, pl. 7, figs. 10, 11；Bjørklund *et al.*, 1998, pl. 2, figs. 4, 5, 11.

头半球形，有一短的三角形顶角，圆形孔较大，不规则散布；胸呈梨形，壁孔规则，圆形，孔径与孔间桁近等，呈五点形（或梅花状）排列；腹部很短，缩窄，散布有一些不规则壁孔；口部收缩，有时可见一透明状的口缘。

标本测量：头长 15 μm，胸长 30 μm，腹长 10-15 μm，胸宽 45 μm，口径 27 μm。

地理分布　挪威海，格陵兰海，鄂霍次克海，北冰洋，白令海。

陀螺虫科 Family Artostrobiidae Riedel, 1967, emend. Foreman, 1973

壳多节，具头角和侧管。

陀螺虫属 Genus *Artostrobium* Haeckel, 1887

壳的各节有若干横排小孔，排数可变。

（394）耳陀螺虫 *Artostrobium auritum* (Ehrenberg) group

（图版 84，图 12-17）

Lithocampe aurita Ehrenberg, 1844, S. 84.
Eucyrtidium auritum Ehrenberg, 1854, Taf. 22, Fig. 25.
Artostrobus auritus Haeckel, 1887, p. 1482.
Artostrobium auritum (Ehrenberg) group, Riedel and Sanfilippo, 1971, p. 1599, pl. 1H, figs. 5-8；谭智源、宿星慧，1982，182 页，图版 20，图 11；陈木宏、谭智源，1996，232 页，图版 35，图 21-23.
Botryostrobus auritus australis (Ehrenberg) group, Nigrini, 1977, p. 246-248, pl. 1, figs. 2-5.

体呈多缢的亚圆筒形，具 4 道以上鲜明的腰带状横缢；头圆形，头侧有一透明耳管；胸部呈角锥形，胸壁孔圆形；腹节圆筒形，向下部逐渐扩大，各腹节中部膨凸，因此具弧形的孔横列 4-5 排，末节有折断桁条的痕迹，表明腹节可继续增长。

标本测量：SIOAS-R383，壳长 138 μm，壳宽 64 μm，头长 12 μm，头宽 16 μm，缢环宽 6-7 μm。

地理分布　南海中、北部，东海西部，太平洋热带区西部，白令海，地中海西西里岛。

旋葡萄虫属 Genus *Botryostrobus* Haeckel, 1887

壳圆锥形，具直的轴线，各壳节长度不等。头部叶状，有一些不规则的缩缢。

（395）阿吉旋葡萄虫 *Botryostrobus aquilonaris* (Bailey)

（图版 84，图 18-24）

Eucyrtidium aquilonaris Bailey, 1856, p. 4, pl. 1, fig. 9.
Eucyrtidium tumidulum Bailey, 1856, p. 5, pl. 1, fig. 11.
Lithocampe aquilonaris (Bailey), Haeckel, 1887, p. 1504.
Lithocampe tumidula (Bailey), Haeckel, 1887, p. 1506.
Siphocampe aquilonaris (Bailey), Ling *et al.*, 1971, p. 716, pl. 2, fig. 12.
Artostrobium miralestense Riedel et Sanfilippo, 1971, p. 1599, pl. 1H, figs. 9-13；Kling, 1973, p. 639, pl. 5, figs. 31-34.
Botryostrobus tumidulus (Bailey), Petrushevskaya and Bjørklund, 1974, p. 42, fig. 9.
Botryostrobus aquilonaris (Bailey), Nigrini, 1977, p. 246, pl. 1, fig. 1；Takahashi, 1991, p. 128, pl. 44, figs. 9-13, pl. 76, figs.
　　10-12；陈木宏、谭智源，1996，232 页，图版 35，图 24-26；Boltovskoy, 1998, fig. 15.164.
Tricolocampe aquilonaris (Bailey), van de Paverd, 1995, p. 254.

壳圆锥形，壁很厚；横缢排列不均匀，缢环通常在外表面模糊不清；头呈半球形，具很小的不规则形孔；头侧有一透明耳管，不甚完整，顶角小针状，常被折断；头之下有 4-5 节，约第三节处最宽；胸部膨胀，具 2-3 横排亚圆形或六角形小孔；腹部各节壁孔较大，为亚圆形，横向亚规则排列，数目不定；壳末端收窄，口缘光滑，有一排类圆形孔。

标本测量：壳长 111-162 μm，壳宽 60-80 μm，顶针长 0-12 μm，侧管长 6-15 μm，口缘宽 39-49 μm。

地理分布　南海中、北部，加利福尼亚湾，太平洋，大西洋，白令海。

Bailey（1856）建立了 *Eucyrtidium aquilonaris* 和 *Eucyrtidium tumidulum* 这两个种，实际上它们之间并没有根本性的区别，过渡类型的标本形态特征有一定的共同变化范围，现在人们已经将之归并为同一种。

（396）布拉旋葡萄虫 *Botryostrobus bramlettei* (Campbell et Clark)

（图版 84，图 25-28）

Lithomitra (Lithomitrissa) bramlettei Campbell et Clark, 1944a, p. 53, Pl. 7, figs. 10-14.
Botryostrobus bramlettei (Campbell et Clark), Nigrini, 1977, p. 248, Pl. 1, figs. 7, 8；Alexandrovich, 1989, Pl. 3, fig. 5.
Botryostrobus bramlettei pretumidulus Caulet, 1979, p. 129, pl. 1, fig. 5.

个体略小，壳壁较厚，表面粗糙；头半球形，有少量亚圆形孔，耳管（或垂直管）近圆柱形，末端收缩，呈约 45°斜向上生长，有时可见顶角；领缢不清楚；胸壳膨胀，有 3 横排的亚圆形孔；胸与腹之间存在腰缢，但不是很显著；各腹节的形状与胸节相似，逐渐增大，勒缢较深，第三节壳有 4 横排的亚圆形孔，第四节壳的长度与宽度为整个壳体的最大处，有 3-6 排孔；第一至四节壳构成一个圆锥形，第五节开始的壳体迅速缩窄为近圆柱体，有时呈对称弯曲；末端为无孔环，有或无末端小齿，一些标本的口缘环中间有一排亚方形孔。

标本测量：壳长 105-150 μm，壳宽 60-70 μm。

地理分布　热带太平洋，加利福尼亚南部地层，白令海。

该种与 *B. aquilonaris* 的主要区别在于前者具有明显的腰缢及其他缩缢，使壳体的分节更加清楚，后者的个体一般更大。

筐列虫属 Genus *Phormostichoartus* Campbell, 1951, emend. Nigrini, 1977

壳分 4 节，圆柱形，口端略收缩，口缘清楚，垂直管在胸壳上，无顶角。

（397）匹形筐列虫 *Phormostichoartus pitomorphus* Caulet

（图版 85，图 1-7）

Phormostichoartus pitomorphus Caulet, 1986, p. 850, pl. 3, figs. 3, 4, 9, 10, 12.

壳表光滑，梭形，分为 4 节；头圆锥形，无孔，纵管位于头、胸之间外壁上；壳壁孔为圆形，具六角形框架，水平状规则排列；无顶角。

标本测量：总长 75-105 μm，最大宽 25-50 μm.

地理分布　在西南太平洋一般出现于早上新世—早更新世，白令海。

Caulet（1986）认为该种与 *P. fistula* 和 *P. platycephala* 的主要区别在于前者的胸部（实际应为第一腹节）总是长于腹部（应为第二腹节，末节）。我们对比相关种类的特征，认为这一区别并不明显，如 Caulet（1986, pl. 3, fig. 3）标本与白令海的标本类似，各节的长度变化不大。认为壳体的形态区别更加明显，该种的壳体一般呈近圆筒状，中部不膨突，而 *Phormostichoartus fistula* Nigrini, 1977 的壳体中部则有膨胀，两端略缩窄。

参 考 文 献

陈木宏. 2009a. 国际综合大洋钻探计划 IODP323 白令海航次介绍. 地球科学进展, 24(12): 6-10

陈木宏. 2009b. 中国新生代海洋微体古生物学研究现状与发展. 古生物学报, 48(3): 577-588

陈木宏, 谭智源. 1989. 南海沉积物中放射虫 1 新属 12 新种. 热带海洋, 8(1): 1-9

陈木宏, 谭智源. 1996. 南海中、北部沉积物中的放射虫. 北京: 科学出版社. 1-271

陈木宏, 张兰兰, 张丽丽, 向荣, 陆钧. 2008a. 南海表层沉积物中放射虫的组合特征与海洋环境. 地球科学: 中国地质大学学报, 33(6): 775-782

陈木宏, 张兰兰, 张丽丽, 向荣, 陆钧. 2008b. 南海表层沉积物中放射虫多样性与丰度的分布与环境. 地球科学: 中国地质大学学报, 33(4): 431-442

程振波, 石学法, 高爱国, 鞠小华. 2000. 白令海表层沉积物中的放射虫与海洋环境. 极地研究, 12(1): 24-31

菅野利助. 1937. 日本沿海放射虫类目录(第一报). 水产学杂志, 41: 54-72

刘玲, 张强, 陈木宏, 张兰兰, 向荣. 2017. 西北太平洋边缘海的放射虫生物地理特征. 中国科学: 地球科学, doi: 10.1360/N072016-00179

斯特列尔科夫 A A, 列雪特尼阿克 B B. 1962. 中国南海海南岛南端地区的群体放射虫类——泡沫放射虫. 海洋科学集刊, 1: 121-139

谭智源. 1993. 西沙群岛的泡沫放射虫. 海洋科学集刊, 34: 181-226

谭智源. 1998. 中国动物志, 原生动物门肉足虫纲, 等辐骨虫目, 泡沫虫目. 北京: 科学出版社. 1-315

谭智源, 陈木宏. 1999. 中国近海的放射虫, 北京: 科学出版社. 1-404

谭智源, 宿星慧. 1982. 东海大陆架沉积物中的放射虫. 海洋科学集刊, 19: 129-216

谭智源, 张作人. 1976. 东海放射虫的研究 II. 泡沫虫目、罩笼虫目、稀孔虫目和棒矛虫目. 海洋科学集刊, 11: 217-314

王汝建, Abelmenn A. 1999. 南海更新世的放射虫生物地层学. 中国科学(D 辑), 29(2): 137-143

王汝建, 陈荣华, 2004. 白令海表层沉积物中硅质生物的变化及其环境控制因素. 地球科学: 中国地质大学学报, 29(6): 685-690

王汝建, 陈荣华. 2005. 白令海晚第四纪的 *Cycladophora davisiana*: 一个地层学工具和冰期亚北极太平洋中层水的替代物. 中国科学(D 辑), 35(2): 149-157

王汝建, 陈荣华, 肖文申. 2005. 白令海表层沉积物中放射虫的深度分布特征及其海洋学意义. 微体古生物学报, 22(2): 127-135

杨丽红, 陈木宏, 王汝建, 陆钧, 郑范. 2003. 南海南部 1 百万年以来的放射虫动物群特征. 热带海洋学报, 22(5): 8-15

张兰兰, 陈木宏, 陆钧, 郑范. 2005. 南海南部上层水体中多孔放射虫的组成与分布特征. 热带海洋学报, 24(3): 55-64

张丽丽, 陈木宏, 张兰兰, 陆钧. 2007. 南海南部晚第三纪放射虫缺失事件及古海洋学意义. 自然科学进展, 17(9): 1244-1250

张强, 陈木宏, 张兰兰, 王汝建, 向荣, 胡维芬. 2014. 白令海南部上新世以来的放射虫生物地层. 中国科学: 地球科学, 44(2): 227-238

邹建军, 石学法, 白亚之, 朱爱美, 陈志华, 黄元辉. 2012. 末次冰消期以来白令海古环境及古生产力演化. 地球科学: 中国地质大学学报, 37(增刊): 1-10.

Abelmann A. 1990. Oligocene to Middle Miocene radiolarian stratigraphy of southern high latitudes from Leg 113, Sites 689 and 690, Maud Rise. In: Barker P F, Kennett J P, Connell S O (eds). Proceedings of the Ocean Drilling Program, Scientific Results, Volume 113. Ocean Drilling Program, College Station, TX. 675-708, pls. 1-8

Abelmann A. 1992a. Early to Middle Miocene radiolarian stratigraphy of the Kerguelen Plateau, Leg 120. In: Wise S W Jr, Schlich R, Palmer A A (eds). Proceedings of the Ocean Drilling Program, Scientific Results, Volume 120. Ocean Drilling Program, College Station, TX. 757-783

Abelmann A. 1992b. Radiolarian taxa from Southern Ocean sediment traps (Atlantic sector). Polar Biology, 12(3-4): 373-385

Abelmann A. 1992c. Radiolarian flux in Antarctic waters (Drake Passage, Powell Basin Bransfield Strait). Polar Biology, 12(3-4): 357-372

Abelmann A, Gowing M M. 1997. Spatial distribution pattern of living polycystine radiolarian taxa-baseline study for paleoenvironmental reconstructions in the Southern Ocean (Atlantic sector). Marine Micropaleontology, 30(1): 3-28

Abelmann A, Nimmergut A. 2005. Radiolarians in the Sea of Okhotsk and their ecological implication for paleoenvironmental reconstructions. Deep Sea Research Part II: Topical Studies in Oceanography, 52(16): 2302-2331

Abelmann A, Gersonde R, Spiess V. 1990. Pliocene-Pleistocene paleoceanography in the Weddell Sea—Siliceous microfossil evidence. In: Bleil U, Thiede J (eds). Geological History of the Polar Oceans: Arctic Versus Antarctic. Dordrecht: Kluwer. 729-759

Afanasieva M S. 1999. New variant of systematics of Paleozoic radiolarians. Proceedings of the 13th Geological congress of Komi Republic on geology and mineral resources of the Northeastern European Russia: new results and new prospects. Institut Geologii Komi Nauchnyi Tsentra UB RAS, Syktyvkar. 253-256 (in Russian)

Aitchison J C, Stratford J M C. 1997. Middle Devonian (Givetian) Radiolaria from eastern New South Wales, Australia: A reassessment of the Hinde (1899) fauna. Neues Jahrbuch für Geologie und Paläontologie, Abhandlungen, 203: 369-390

Alexandrovich J M. 1989. Radiolarian biostratigraphy of ODP Leg 111, Site 677, eastern equatorial Pacific, Late Miocene through Pleistocene. In: Becker K, Sakai H, Merrill R B (eds). Proceedings of the Ocean Drilling Program, Scientific Results, Volume 111. Ocean Drilling Program, College Station, TX. 245-262

Alexandrovich J M. 1992. Radiolarians from Sites 794, 795, 796, and 797 (Japan Sea). In: Pisciotto K A, Ingle J C Jr, von Breymann M T, Barron J (eds). Proceedings of the Ocean Drilling Program, Scientific Results, Volume 127-128 Part I. Ocean Drilling Program, College Station, TX. 291-307

Andersen M B, Stirling C H, Potter E K, Halliday A N, Blake S G, McCulloch M T, Ayling B F, O'Leary M J. 2010. The timing of sea-level high-stands during Marine Isotope Stages 7. 5 and 9: Constraints from the uranium-series dating of fossil corals from Henderson Island. Geochimica et Cosmochimica Acta, 74(12): 3598-3620

Anderson C. 1997. Transfer function vs. modern analog technique for estimating Pliocene sea-surface temperatures based on planktonic foraminiferal data, western equatorial Pacific Ocean. Journal of Foraminiferal Research, 27(2): 123-132

Anderson O R. 1980. Radiolaria. In: Levandowsky M, Hutner S (eds). Biochemistry and Physiology of Protozoa, Second Edition. New York: Academic Press. 1-40

Anderson O R. 1983. Radiolaria. New York: Springer-Verlag New York Inc. 1-355

Ayling B F, McCulloch M T, Gagan M K, Stirling C H, Andersen M B, Blake S G. 2006. Sr/Ca and $\delta^{18}O$ seasonality in a Porites coral from the MIS 9 (339-303ka) interglacial. Earth and Planetary Science Letters, 248(1): 462-475

Bailey J W. 1856. Notice of miocroscopic forms found in the soundings of the Sea of Kamtschacka. American Journal of Science and Arts, 2nd Series, 22: 1-6

Balco G, Rovey C W. 2010. Absolute chronology for major Pleistocene advances of the Laurentide Ice Sheet. Geology, 38 (9): 795-798

Bandy O L, Casey R E, Wright R C. 1971. Late Neogene planktonic zonation, magnetic reversals, and radiometric dates, Antarctic to the tropics. Antarctic Oceanology I, 1-26. doi: 10.1029/AR015p0001

Barron J A. 1992. Paleoceanographic and tectonic controls on the Pliocene diatom record of California. In: Tsuchi R, lngle J C Jr (eds). Pacific Neogene-Environment, Evolution, and Events. Tokyo: Tokyo University Press

Behl R J, Kennett J P. 1996. Brief interstadial events in the Santa Barbara Basin, NE Pacific, during the past 60 kyr. Nature, 379: 243-246

Benson R N. 1964. Preliminary report on radiolaria in recent sediments of Gulf of California. In: van Andel Tj H, Shor G G (eds). Marine Geology of the Gulf of California (Memoir 3). Tulsa: American Association of Petroleum Geologists. 398-400

Benson R N. 1966. Recent radiolaria from the Gulf of California. Ph. D. Thesis. Twin Cities: Minnesota University

Benson R N. 1972. Radiolaria: Leg 12 of Deep Sea Drilling Project. In: Laughton A S, Berggren W A (eds). Initial Reports of the Deep Sea Drilling Project, Volume 12. Washington: US Government Printing Office. 1085-1113

Benson R N. 1983. Quaternary Radiolarians from the Mouth of the Gulf of California, Leg 65 of the Deep Sea Drilling Project. In:

Lewis B T R, Robinson P et al. (eds). Initial Reports of the Deep Sea Drilling Project, Volume 65. Washington: US Government Printing Office. 491-523

Berggren W A, Kent D V, Swisher C C, Aubry M P. 1995. A revised Cenozoic geochronology and chronostratigraphy. In: Berggren W A, Kent D V, Aubry M P, Hardenbol J (eds). Geochronology, Time Scales and Global Stratigraphic Correlation. Oklahoma: SEPM Special Publication. 129-212

Bjørklund K R. 1973. Radiolarians from the surface sediment in Lindåspollene, western Norway. Sarsia, 53(1): 71-75

Bjørklund K R. 1974. The seasonal occurrence and depth zonation of radiolarians in Korsfjorden, Western Norway. Sarsia, 56(1): 13-42

Bjørklund K R. 1976. Radiolaria from the Norwegian Sea, Leg 38 of the Deep Sea Drilling Project. In: Talwani M, Udintsev G et al. (eds). Initial Reports of the Deep Sea Drilling Project, Volume 38. Washington: US Government Printing Office. 1101-1168, pls. 1-24

Bjørklund K R, Kruglikova S B. 2003. Polycystine radiolarians in surface sediments in the Arctic Ocean basins and marginal seas. Marine Micropaleontology, 49 (3): 231-273

Bjørklund K R, Cortese G, Swanberg N, Schrader H J. 1998. Radiolarian faunal provinces in surface sediments of the Greenland, Iceland and Norwegian (GIN) Seas. Marine Micropaleontology, 35(1): 105-140

Bjørklund K R, Itaki T, Dolven J K. 2014. Per Theodor Cleve: a short résumé and his radiolarian results from the Swedish Expedition to Spitsbergen in 1898. Journal of Micropalaeontology, 33(1): 59-93, pls. 1-11

Blueford J. 1988. Radiolarian biostratigraphy of siliceous Eocene deposits in central California. Micropaleontology, 34(3): 236-258, pls. 1-7

Blueford J R. 1982. Miocene actinommid radiolaria from the equatorial Pacific. Micropalaeontology, 28(2): 189-213, pls. 1-7

Blueford J R. 1983. Distribution of Quaternary Radiolaria in the Navarin Basin geologic province, Bering Sea. Deep Sea Research Part A. Oceanographic Research Papers, 30(7): 763-781

Boltovskoy D. 1998. Classification and distribution of South Atlantic Recent polycystine Radiolaria. Palaeontologia Electronica, 1(2): 1-116

Boltovskoy D, Riedel W R. 1980. Polycystine radiolaria from the southwestern Atlantic Ocean plankton. Revista Espanola de Micropaleontologia, 12(1): 99-146, pls. 1-5, text figs. 1-8, 1 table

Borisenko N N. 1958. Radiolyarii paleotsena zapadnoi Kubani [Paleocene Radiolaria of Western Kubanj]. Voprosy geologii, bureniya i ekspluatatsii skvashin [Problems in geology, drilling and exploitation of wells]. In: Krylov A P (ed). Trudy Vsesoyuznyi Neftegazovyi Nauchno-Issledovalelskii Institut [VNII], Krasnodarskii Filial, (17): 81-100

Bowen D Q, Rose J, McCabe A M, Sutherland D G. 1986. Correlation of Quaternary Glaciations in England, Ireland, Scotland, and Wales. Quaternary Science Reviews, 5: 299-340

Brandt K. 1885. Die Kolonibildenden Radiolarien des Golfes von Neapel. und der angrenzenden Meeresabschnitte. Monogr Fauna und Flora d. Golfes V. Neapel, 13: 1-275, Taf. 1-8

Brandt K. 1905. Zur Systematik der Kolonibebildenden Radiolarien. Zool Jahrg Suppl, 8: 311-352

Butschli O. 1882. Beiträge zur Kenntnis der Radiolarienskelette, insbesondere der der Cyrtida. Zeitschr f wiss Zool, 36: 485-541, Taf. 1-33

Campbell A S. 1954. Radiolaria. In: Moore R C (ed). Treatise on Invertebrate Paleontology. Part D, Protista 3. Lawrence: University Press of Kansas. D11-D163

Campbell A S, Clark B L. 1944a. Miocene radiolarian faunas from southern California. Geological Society of America Special Paper, 51: 1-76

Campbell A S, Clark B L. 1944b. Radiolarian from the Upper Cretaceous of middle California. Geological Society of America Special Paper, 57: 1-61

Cande S C, Kent D V. 1995. Revised calibration of the geomagnetic polarity timescale for the Late Cretaceous and Cenozoic. Journal of Geophysical Research: Solid Earth, 100(B4): 6093-6095

Candy I, Coope G R, Lee J R, Parfitt S A, Preece R C, Rose J, Schreve D C. 2010. Pronounced warmth during early Middle Pleistocene interglacials: Investigating the Mid-Brunhes Event in the British terrestrial sequence. Earth-Science Reviews,

103(3): 183−196

Carnevale P. 1908. Radiolarie Silicoflagellati di Bergonzano (Beggio Emilia). Reale Istituto Veneto di Scienze Lettreed Arti, Memorie, 28(3): 1−46, Taf. 1−4

Carter R M. 2005. A New Zealand climatic template back to c. 3.9 Ma: ODP Site 1119, Canterbury Bight, south-west Pacific Ocean, and its relationship to onland successions. Journal of the Royal Society of New Zealand, 35(1−2): 9−42

Casey R E. 1971a. Distribution of polycystine radiolaria in the oceans in relation to physical and chemical conditions. In: Funnell B, Riedel W R (eds). The Micropalaeontology of Oceans. Cambridge: Cambridge University Press. 151−159

Casey R E. 1971b. Radiolarians as indicators of past and present water-masses. In: Funnell B, Riedel W R (eds). The Micropalaeontology of Oceans. Cambridge: Cambridge University Press. 331−337

Casey R E. 1972. Neogene radiolarian biostratigraphy and paleotemperatures: southern California, the experimental Mohole, Antarctic core E14−8. Palaeogeography, Palaeoclimatology, Palaeoecology, 12(1−2): 115−130

Casey R E. 1977a. The ecology and distribution of recent radiolaria. In: Ramsay A T S (ed). Oceanic Micropaleontology, Volume 2. London: Academic Press. 809−845

Casey R E. 1977b. Distribution of polycystine Radiolaria in the oceans in relation to physical and chemical conditions. In: Funnell B M, Riedel W R (eds). Themicropaleontology of the Oceans. Cambridge: Cambridge University Press. 151−159

Casey R E, Reynolds R A. 1980. Late Neogene radiolarian biostratigraphy related to magnetostratigraphy and paleoceanography with suggested cosmopolitan radiolarian datums. Cushman Foundation for Foraminiferal Research, special publication, 19: 287−300

Casey R, Spaw J, Kunze F, Reynolds R, Duis T, McMillen K, Pratt D, Anderson V. 1979. Radiolarian ecology and the development of the radiolarian component in Holocene sediments, Gulf of Mexico and adjacent seas with potential paleontological applications. Transactions Gulf Coast Association of Geological Societies, 29: 228−237

Caulet J P. 1971. Contribution a lëtude de quelques Radiolaries Nassellaries des boues de la Mediterranee et du Pacifique: Arch. oriq. Centre de Documentation C. N. R. S. , Cah. Micropaleont., ser. 2, 10(498): 1−10

Caulet J P. 1979. Les dépots à Radiolaires d'age pliocène supérieur à pléistocène dans l'Océan Indien central: nouvelle zonation biostratigraphique. In: Recherches océanographiques dans l'Océan Indien. Paris 20−22 Juin 1977. Mémoires du Muséum National d'Histoire Naturelle, Paris, série C, 43: 119−141

Caulet J P. 1986. Radiolarians from the southwest Pacific. In: Kennett J P, von der Borch C C et al. (eds). Initial Reports of the Deep Sea Drilling Project, Volume 90 (Part 2). Washington: US Government Printing Office. 835−861, pls. 1−6

Caulet J P. 1991. Radiolarians from the Kerguelen Plateau, Leg 119. In: Barron J, Larsen B et al. (eds). Proceedings of the Ocean Drilling Program, Scientific Results, Volume 119. Ocean Drilling Program, College Station, TX. 513−546

Caulet J P, Nigrini C. 1988. The genus Pterocorys (Radiolaria) from the tropical late Neogene of the Indian and Pacific Oceans. Micropaleontology, 34(3): 217−235, pls. 1−2

Chang F M, Zhuang L H, Li T G, Yan J, Cao Q Y, Cang S X. 2003. Radiolarian fauna in surface sediments of the northeastern East China Sea. Marine Micropaleontology, 48(3): 169−204

Chappell J, Omura A, Esat T, Mcculloch M, Pandolfi J, Ota Y, Pillans B. 1996. Reconciliation of late Quaternary sea levels derived from coral terraces Huon Peninsula with deep sea oxygen isotope records. Earth and Planetary Science Letters, 141(1−4): 227−236

Chen M H. 1991. Distribution of radiolarians in the southeastern area of the Nansha Sea area. In: the Multidisciplinary Oceanographic Expedition Team of Academia Sinica to the Nansha Islands (ed). Quaternary Biological Groups of the Nansha Islands and the Neighbouring Waters. Guangzhou: Zhongshan University Publishing House. 435−452

Chen M H, Tan Z Y. 1997. Radiolarian distribution in surface sediments of the northern and central South China Sea. Marine Micropaleontology, 32(1−2): 173−194

Chen M H, Wang R J, Yang L H, Han J X, Lu J. 2003. Development of East Asian summer monsoon environment revealed by Radiolarians in the late Miocene: evidence from site 1143 of ODP Leg 184. Marine Geology, 201(1−3): 169−177

Chen M H, Zheng F, Li Q Y, Tan X Z, Xiang R, Jian Z M. 2005. Variations of the Last Glacial Warm Pool: Sea surface temperature contrasts between the open western Pacific and South China Sea. Paleoceanography 20, PA2005, doi: 10.1029/2004PA001057

Chen M H, Zhang Q, Zhang L L, Carlos A Z, Wang R. 2014. Stratigraphic distribution of the radiolarian *Spongodiscus biconcavus* Haeckel at IODP Site U1340 in the Bering Sea and its paleoceanographic significance. Palaeoworld, 23(1): 90-104

Chen P H. 1975. Antarctic Radiolaria. In: Hayes D E, Frakes L A *et al.* (eds). Initial Reports of the Deep Sea Drilling Project, Volume 28. Washington: US Government Printing Office. 437-513

Chen W. 1987. Some new species of Radiolaria from surface sediments of the East China Sea and the South China Sea. Chinese Journal of Oceanology and Limnology, 5(3): 222-227, pls. 1-2

Cheng Y N. 1986. Taxonomic studies on Upper Paleozoic Radiolaria. National Museum of Natural Science (Taiwan), Special Publication Number 1, 1-311

Cienkowski L. 1871. Ueber Schwarmerbildung bei Radiolarien. Arch. f. mikrosk. Anat. , 7: 371-381, Taf. 20

Ciesielski P F, Grinstead G P. 1986. Pliocene variations in the position of the Antarctic Convergence in the southwest Atlantic. Paleoceanography, 1(2): 197-232

Clark B L, Campbell A S. 1942. Eocene radiolarian faunas from the Mount Diablo area, California. Geological Society of America, Special Paper, 39: 1-106

Clark B L, Campbell A S. 1945. Radiolaria from the Kreyenhagen Formation near Los Banos, California. Geological Society of America, Memoir, 10: 1-62, pls. 1-7

Clark P U, Archer D, Pollard D, Blum J D, Rial J A, Brovkin V, Mix A C, Pisias N G, Roy M. 2006. The middle Pleistocene transition: Characteristics, mechanisms, and implications for long-term changes in atmospheric pCO$_2$. Quaternary Science Reviews, 25(23): 3150-3184

Cleve P T. 1899. Plankton collected by the Swedish Expedition to Spitzbergen in 1898. Küngliga Svenska Vetenskaps Akademiens Handlingar, 32(3): 1-51, pls. 1-4

Cleve P T. 1900. Notes on some Atlantic planktonic organisms. Kgl. Svenska Ventensk Akad, Handl., 34(1): 1-22

Cleve P T. 1901. Plankton from the Indian Ocean and the Malay Archipelago. Kgl. Svenska Ventensk Akad. Handl., 35(5): 1-58, 8 pls.

Conkright M E, Locarnini R A, Garcia H E, O'Brien T D, Boyer T P, Stephens C, Antonov J I. 2002. World Ocean Atlas 2001: Objective Analyses, Data Statistics, and Figures: CD-ROM Documentation. Washington: US Government Printing Office

Cook M S, Keigwin L D, Sancetta C A. 2005. The deglacial history of surface and intermediate water of the Bering Sea. Deep-Sea Research Part II: Topical Studies in Oceanography, 52(16): 2163-2173

Cooper L W, Witledge T E, Grebmeier J M, Weingartner T. 1997. The nutrient, salinity, and stable oxygen isotope composition of Bering and Chukchi Seas waters in and near the Bering Strait. Journal of Geophysical Research: Oceans, 102(C6): 12563-12573

Cortese G, Abelmann A. 2002. Radiolarian-based paleotemperatures during the last 160 kyr at ODP Site 1089 (Southern Ocean, Atlantic Sector). Palaeogeography, Palaeoclimatology, Palaeoecology, 182(3): 259-286

Cortese G, Bjørklund K R. 1997. The morphometric variation of *Actinomma boreale* (Radiolaria) in Atlantic boreal waters. Marine Micropaleontology, 29(3): 271-282

Cortese G, Bjørklund K R. 1998a. Morphometry and taxonomy of *Hexacontium* species from western Norwegian fjords. Micropaleontology, 44(2): 161-172

Cortese G, Bjørklund K R. 1998b. The taxonomy of boreal Atlantic Ocean Actinommida (Radiolaria). Micropaleontology, 44(2): 149-160

Cortese G, Bjørklund K R, Dolven J K. 2003. Polycystine radiolarians in the Greenland-Iceland-Norwegian (GIN) Seas: Species and assemblage destribution. Sarsia, 88(1): 65-88

DeWever P, Dumitrica P, Caulet J P, Nigrini C, Caridroit M. 2001. Radiolarians in the Sedimentary Record. Amsterdam: Gordon and Breach Science Publishers. 533.

Dickson A J, Beer C J, Dempsey C, Maslin M A, Bendle J A, McClymont E L, Pancost R D. 2009. Oceanic forcing of the Marine Isotope Stage 11 interglacial. Nature Geoscience, 2(6): 428-433

Dogiel V A, Reschetnjak V V. 1952. Material on Radiolarians of the northwestern part of the Pacific Ocean. Investigation of the far east seas of the USSR. 3: 5-36

Dolven J K. 1998. Late Pleistocene to late Holocene Biostratigraphy and Paleotemperatures in the SE Norwegian Sea, based on Polycystine Radiolarians. Master's Degree Thesis. Oslo(Norway): University of Oslo

Dow R L. 1978. Radiolarian distribution and the late Pleistocene history of the southeastern Indian Ocean. Marine Micropaleontology, 3(3): 203–227

Dowsett H J, Cronin T M, Poore R Z, Thompson R S, Whatley R C, Wood A M. 1992. Micropaleontological evidence for increased meridional heat transport in the North Atlantic Ocean during the Pliocene. Science, 258(5085): 1133–1135

Dowsett H J, Barron J A, Poore R. 1996. Middle Pliocene sea surface temperatures: A global reconstruction. Marine Micropaleontology, 27(1–4): 13–15

Dreyer F. 1889. Die Pylombildungen in vergleichend-anatomischer und entwicklungsgeschichtlicher Beziehung bei Radiolarien und bei Protisten uberhaupt, nebst System und Beschreibung neuer und der bis jetzt bekannten pylomatischen Spumellarien. Jenaische Zeitschrift für Naturwissenschaft, Jena, 23(n. ser. 16): 1–138, Taf. 6–11

Dreyer F. 1890. Die Tripoli von Caltanisetta (Steinbruch Gessolungo) auf Sizilien. Jenaische Zeitschrift Naturwiss, 24: 471–548, Taf. 15–20

Dreyer F. 1913. Die polycystinen der plankton Expedition, Ergebn. Plankton Expedition Humboldt Stiftung, 3(L, d and e): 1–104, Taf. 1–3

Dumitrica P. 1968. Consideratii micropaleontologice asupra orizontului argilos cu radiolari din tortonianul regiunii Carpatice. Studii si Cercetari de Geologie, Geofizca Geografie, Bucharest, Serie Geologie, 13: 227–241

Dumitrica P. 1972. Cretaceous and Quaternary Radiolaria in deep sea sediments from the Northwest Atlantic Ocean and Mediterranean Sea. In: Ryan W B F, Hsü K J et al. (eds). Initial Reports of the Deep Sea Drilling Project, Volume 13. Washington: US Government Printing Office. 829–901, pls. 1–28

Dumitrica P. 1973. Cretaceous and Quaternary Radiolaria in deep sea sediments from the Northwest Atlantic Ocean and Mediterranean Sea. In: Ryan W B F, Hsü K J et al. (eds). Initial Reports of the Deep Sea Drilling Project, Volume 13. Washington: US Government Printing Office. 829–901

Dumitrica P. 1988. New families and subfamilies of Pyloniacea (Radiolaria). Revue de Micropaléntologie, 31(3): 178–195

Dumitrica P. 2014. On the status of the radiolarian genera Lonchosphaera Popofsky, 1908 and Arachnostylus Hollande and Enjumet, 1960. Acta Palaeontologica Romaniae, 9(2): 59–66

Dzhinoridze R N, Zhuze A P, Ignatova G V, Kozlova G E, Koltun V M, Golikova G S, Nagaeva G S, Likina T G, Petrushevskaya M G. 1979. The history of the microplankton of the Norwegian Sea (on the deep sea drilling materials). Issledovaniya Fauny Morei, 23(31): 3–190 [Zoological Record Volume 116]

Ehrenberg C G. 1838. Polycystna (Lithocampe, Coenutella, Haliomma) in Upper die Bildung der Kreidefelsen und des Kredemergels durch unsichtbare Organismen. Berlin: Konigliche Preussische Akademie der Wissenschaften zu Berlin, Abhandlungen, 1838: 1–117

Ehrenberg C G. 1844. Uber 2 neue Lager von Gebirgsmassen aus Infusorien als Meeres-Absatz in Nord-Amerika und eine Vergleichung derselben mit den organischen Kreide-Gebilden in Europa und Afrika. Berlin: Verhandlungen der Königl. Preufs. Akademie der Wissenschaften zu Berlin, Bericht, 1844: 57–97

Ehrenberg C G. 1854. Mikrogeology. Das Erden und Felsen Schaffende Wirken des unsichtbar Kleinen selbstandigen Lebens auf der Erde. Berlin: Verhandlungen der Königl. Preufs. Akademie der Wissenschaften zu Berlin, Bericht, 1854: 1–490, Taf. 1–41

Ehrenberg C G. 1858. Kurze Characteristik der 9 neuen Genera und der 105 neuen Species des ägäischen Meeres und des Tiefgrundes des Mittel-Meeres. Berlin: Königliche Preussische Akademie der Wissenschaften zu Berlin, Monatsberichte, 1858: 10–40

Ehrenberg C G. 1862. Über die Tiefgrund-Verhältnisse des Oceans am Eingange der Davisstrasse und bei Island. Königlichen Preufs. Berlin: Akademie der Wissenschaften zu Berlin, Monatsberichte, 1861: 275–315

Ehrenberg C G. 1872. Mikrogeologischen Studien über das kleinste Leben der Meeres-Tiefgrunde aller Zonen und dessen geologischen Einfluss. Berlin: Königliche Preussische Akademie der Wissenschaften zu Berlin, Monatsberichte, 1873: 131–399, Taf. 1–12

Ehrenberg C G. 1873. Mikrogeologische studien als Zusammenfassung seiner Beobachtungen des Kleinsten Lebens der Meeres

Tiefgrunde aller Zonen und dessen geologischen Einfluss. Berlin: Königliche Preussische Akademie der Wissenschaften zu Berlin, Monatsberichte, 1872: 265–322

Ehrenberg C G. 1875. Fortsetzung der mikrogeologischen Studien, als Gesammt-Uebersicht der mikroskopischen Palaontologie gleichartig analysirter Gebirgsarten der Erde: mit specieller Rücksicht auf den Polycystinen-Mergel von Barbados. Berlin: Königliche Preussische Akademie der Wissenschaften zu Berlin, Abhandlungen. 1–226, pl. 26

Ehrenberg C G. 1876. Fortsetzung der mikrogeologischen Studien als Gesammt-Übersicht der mikroskopischen Paläontologie gleichartig analysirter Gebirgsarten der Erde, mit specieller Rücksicht auf den Polycystinen-Mergel von Barbados. Berlin: Königliche Preussische Akademie der Wissenschaften zu Berlin, Abhandlungen, 1875: 1–226, pls. 1–30

Feely R A, Sabine C L, Lee K, Millero F J, Lamb M F, Greeley D, Bullister J L, Key R M, Peng T-H, Kozyr A, Ono T, Wong C S. 2002. In situ calcium carbonate dissolution in the Pacific Ocean. Global Biogeochemical Cycles, 16(4), doi: 10. 1029/2002GB001866

Foreman H P. 1968. Upper Maestrichtian Radiolaria of California. Special Papers in Palaeontology, 3: 1–82

Foreman H P. 1973. Radiolaria of Leg 10 with systematics and ranges for the families Amphipyndacidae, Artostrobiidae and Theoperidae. In: Worzel J L, Bryant W et al. (eds). Initial Reports of the Deep Sea Drilling Project, Volume 10. Washington: US Government Printing Office. 407–474, pls. 1–13, text figs. 1–7, tables 1–7

Foreman H P. 1975. Radiolaria from the North Pacific, Deep Sea Drilling Project, Leg 32. In: Larson R L, Moberly R et al. (eds). Initial Reports of the Deep Sea Drilling Project, Volume 32. Washington: US Government Printing Office. 579–676

Fowell S, Scholl D. 2005. The Bering Strait, Rapid Climate Change, and Land Bridge Paleoecology. Final Report of the JOI/USSSP/IARC Workshop Held in Fairbanks, Alaska on June 20–22. Fairbanks: Joint Oceanographic Institutions, Inc.

Funayama M. 1988. Miocene radiolarian stratigraphy of the Suzu area, northwestern part of the Noto Peninsula, Japan. Contributions of the Institute of Geology and Paleontology, Tohoku University, 91: 15–41 (in Japanese with English abstract)

Gallagher S J, Kitamura A, Iryu Y, Itaki T, Koizumi I, Hoiles P W. 2015. The Pliocene to recent history of the Kuroshio and Tsushima Currents: a multi-proxy approach. Progress in Earth and Planetary Science, 2(1): 1–23

Goll R M. 1968. Classification and phylogeny of Cenozoic Trissocyclidae (Radiolaria) in the Pacific and Caribbean Basins, Part 1. Journal of Paleontology, 42(6): 1409–1432

Goll R M. 1969. Classification and phylogeny of Cenozoic Trissocyclidae (Radiolaria) in the Pacific and Caribbean Basins, Part 2. Journal of Paleontology, 43(2): 322–339, pls. 55–60

Goll R M. 1972. Section on Radiolaria for synthesis chapter, Leg 9. In: Hays J D, Harry E C et al. (eds). Initial Reports of the Deep Sea Drilling Project, Volume 9. Washington: US Government Printing Office. 947–1058, pls. 1–87

Goll R M. 1976. Morphological intergradation between modern population of Lophosphaerid and Phormospyris (Trissocyclidae, Radiolaria). Micropaleontology, 22(4): 379–418, pls. 1–15

Goll R M. 1978. Five trissocyclid radiolaria from site 338. In: Talwani M, Udintsev G et al. (eds). Initial Reports of the Deep Sea Drilling Project, Volume 38. Washington: US Government Printing Office. 177–191, pls. 1–5

Goll R M. 1979. The Neogene evolution of Zygocircus, Neosemantis and Callimitra: Their bearing on Nassellarian classification: A revision of the Plagiacanthoidea. Micropaleontology, 25(4): 365–396

Goll R M, Bjørklund K R. 1971. Radiolaria in surface sediments of the South Atlantic. Micropaleontology, 17(4): 434–454

Goll R M, Bjørklund K R. 1974. Radiolaria in surface sediments of the South Atlantic Ocean. Micropaleontology, 20(1): 38–75

Goll R M, Bjørklund K R. 1989. A new radiolarian biostratigraphy for the Neogene of the Norwegian Sea: ODP Leg 104. In: Rldholm O, Thiede J, Taylor E et al. (eds). Proceedings of the Ocean Drilling Program, Scientific Results, Volume 104. Ocean Drilling Program, College Station, TX. 697–737, pls. 1–5

Gorbarenko S A. 1996. Stable isotope and lithologic evidence of late-glacial and Holoceneoceanography of the northwestern Pacific and its marginal seas. Quaternary Research, 46(3): 230–250

Gorbarenko S A, Basov I A, Chekhovskaya M P, Southon J R. 2005. Orbital and millennium scale environmental changes in the southern Bering Sea during Last Glacial-Holocene: Geochemical and paleontological evidence. Deep Sea Research Part II: Topical Studies in Oceanography, 52(16): 2174–2185

Gorbarenko S A, Wang P, Wang R, Cheng X. 2010. Orbital and suborbital environmental changes in the southern Bering Sea during the last 50 kyr. Palaeogeography, Palaeoclimatology, Palaeoecology, 286(1): 97–106

Gorbunov V S. 1979. Radiolaria of the middle and upper Eocene of the Dnieper-Donets Basin. Academy of Sciences of the USSR, Leningrad, 1–164, pls. 1–16 (in Russian)

Gradstein F M, Ogg J G, Schmitz M D. 2012. The Geological Time Scale 2012. Amsterdam: Elsevier. 979–1010

Gran H H. 1902. Das Plankton des Norwegischen Nordmeeres von biologischen und hydrographischen Gesichtspunkten behandelt. Report on Norwegian Fishery and Marine Investigations, 2 (5): 1–222

Guo Y J. 1994. Primary productivity and Phytoplankton in China Seas. In: Zhou D, Liang Y B, Zeng C K (eds). Oceanology of China Seas, Volume I. Netherlands: Springer. 227–242

Guo Z T, Berger A, Yin Q Z, Qin L. 2009. Strong asymmetry of hemispheric climates during MIS-13 inferred from correlating China loess and Antarctica ice records. Climate of the Past, 5: 21–31

Haeckel E. 1860. Fernere Abbildungen und Diagnosen neuer Gattungen und Arten von lebenden Radiolarien des Mittelmeeres. Königlichen Preufs. Akademie der Wissenschaften zu Berlin, Monatsherichte, 1860: 835–845

Haeckel E. 1862. Die Radiolarien (Rhizopoda Radiaria)-Eine Monographie. Berlin: Druck und Verlag von Georg Reimer, Monographie, 1–572, Taf. 1–35

Haeckel E. 1879. Ueber die Phaeodarien, eine neue Gruppe kieselschaliger mariner Rhizopoden. Sitzungsberichte der Medizinisch-Naturwissenschaftlichen Gesellschaft Jena, 13: 151–157

Haeckel E. 1881. Radiolarien-Systems auf Grund von Studien der Challenger-Radiolarien. Jenaische Zeitschrift fur Naturwissenschaften, 15: 418–472

Haeckel E. 1887. Report on the Radiolaria collected by the H. M. S. Challenger During the Years 1873–1876. Report on the Scientific Results of the Voyage of the H. M. S. Challenger, Zoology, Volume 18. London: Her Majesty's Stationary Office. 1–1803, pls. 1–140

Haecker V. 1904. Bericht über die Tripyleen Ausbeute der Deutschen Tiefsee Expedition. Verhandl. Deutsch Zool Ges, 14: 122–156, Textfigs. 1–21

Haecker V. 1907. Altertumliche Spharellarien und Cyrtellarien aus grossen Meerestiefen. Archiv fur Protistenkunde, 10: 114–126

Haecker V. 1908. Tiefsee Radiolarien Allg. 1. Form und Formbildung bei den Radiolarien. Wiss. Ergebn. Deutschen. Tiefsee Expedition, 14: 477–706, Taf. 86–87

Harting P. 1863. Bijdrage tot de kennis der mikroskopische faune en flora van de Banda Zee. Verhandelingen der Koninklijke Akademie van Wetenschappen, Amsterdam, 10(1): 2–54

Haug G H, Sigman D M, Tiedemann R, Pedersen T F, Sarnthein M. 1999. Onset of permanent stratification in the subarctic Pacific Ocean. Nature, 401: 779–782

Hays J D. 1965. Radiolaria and late Tertiary and Quaternary history of Antarctic Seas. In: Llano G A (ed). Biology of the Antarctic Seas II, Antarctic Research Series 5. Washington: American Geophysical Union, 125–184, pls. 1–3, text figs. 1–38, tables 1–4

Hays J D. 1970. Stratigraphy and evolutionary trends of Radiolaria in North Pacific deep sea sediments. In: Hays J D (ed). Geological Investigations of the North Pacific. Geological Society of America Memoirs, Volume126, Colorado: Geological Society of America. 185–218

Hays J D, Morley J J. 2004. The Sea of Okhotsk: A window on the ice age ocean. Deep Sea Research Part I: Oceanographic Research Papers, 51(4): 1481–1506

Heath G R. 1969. Mineralogy of Cenozoic deep Sea sediments from the equatorial Pacific Ocean. Geological Society of America Bulletin, 80(10): 1997–2018

Hertwig R. 1879. Der Organismus der Radiolarien. Jenaische Denkschr, 2: 129–277, Taf. 6–16

Heusser L E, Morley J J. 1996. Pliocene climate of Japan and environs between 4.8 and 2.8 Ma: A joint pollen and marine faunal study. Marine Micropaleontology, 27(1): 85–106

Hilmers C. 1906. Zur kenntnis der Collosphaeriden. Doctoral Dissertation, Kgl. Christain Albrecht Univ Kiel, 1–95, Taf. 1

Hinde G J. 1899. On the Radiolaria in the Devonian rocks of New South Wales. Quarterly Journal of the Geological Society of London, 55: 38–64

Hodell D, Kennett J P. 1986. Late Miocene-Early Pliocene stratigraphy and paleoceanography of the South Atlantic and southwest

Pacific Oceans: A synthesis. Paleoceanography, 1(3): 285–311

Hollande A, Enjumet M. 1960. Cytologie, évolution et systématique des Sphaeroidés (Radiolaires). Mus Natl Hist Nat, Paris, Arch., ser. 7, 7: 1–134

Hollis D H. 1976. International Stratigraphic Guide: A Guide to Stratigraphic Classification, Terminology, and Procedure. 2nd ed. New York: Wiley. 53–67

Hood D W. 1983. The Bering Sea. In: Ketchum B H (ed). Estuaries and Enclosed Seas. Amsterdam: Elsevier Science Publishing. 337–373

Hopkins D M. 1973. Sea level history in Beringia during the past 250, 000 years. Quaternary Research, 3(4): 520–540

Hu W F, Zhang L L, Chen M H, Zeng L L, Zhou W H, Xiang R, Zhang Q, Liu S H. 2015. Distribution of living radiolarians in spring in the South China Sea and its responses to environmental factors. Science China Earth Sciences, 58(2): 270–285

Huang L, Chen Q, Yuan W. 1989. Characteristics of Chlorophyll distribution and estimation of primary productivity in Daya Bay. Asian Marine Biology, 6: 115–128

Ikenoue T, Takahashi K, Sakamoto T, Sakai S, Iijima K. 2011. Occurrences of radiolarian biostratigraphic markers *Lychnocanoma nipponica sakaii* and *Amphimelissa setosa* in Core YK07–12 PC3B from the Okhotsk Sea. Memoirs of the Faculty of Sciences, Kyushu University, Series D. Earth and Planetary Sciences, 22(3): 1–10

Ikenoue T, Takahashi K, Tanaka S. 2012. Fifteen year time-series of radiolarian fluxes and environmental conditions in the Bering Sea and the central subarctic Pacific, 1990–2005. Deep Sea Research Part II: Topical Studies in Oceanography, 61: 17–49

Ikenoue T, Okazaki Y, Takahashi K, Sakamoto T. 2016. Bering Sea radiolarian biostratigraphy and paleoceanography at IODP Site U1341 during the last four million years. Deep Sea Research Part II: Topical Studies in Oceanography, 125–126: 38–55

Imbrie J, Kipp N G. 1991. A new micropaleontological method for quantitative paleoclimatology: Application to a late Pleistocene Caribbean core. In: Turekian K K (ed). The Late Cenozoic Glacial Ages. New Haven: Yale University Press. 71–181

Imbrie J, Van Donk J, Kipp N G. 1973. Paleoclimatic investigation of a late Pleistocene Caribbean deep-sea core: comparison of isotopic and faunal methods. Quaternary Research, 3(1): 10–38

Itaki T. 2003. Depth-related radiolarian assemblage in the water-column and surface sediments of the Japan Sea. Marine Micropaleontology, 47(3): 253–270

Itaki T. 2009. Last Glacial to Holocene Polycystine radiolarians from the Japan Sea. News of Osaka Micropaleontologists (NOM), Special Volume 14: 43–89, pls. 1–23

Itaki T, Bjørklund K R. 2006. Bailey's (1856) radiolarian types from the Bering Sea re-examined. Micropaleontology, 52(5): 449–463

Itaki T, Ikehara K. 2004. Middle to late Holocene changes of the Okhotsk Sea intermediate water and their relation to atmospheric circulation. Geophysical Research Letters, 31(24), L24309, doi: 10.1029/ 2004GL021384

Itaki T, Takahashi K. 1995. Preliminary results on radiolarian fluxes in the central subarctic Pacific and Bering Sea. Proceedings Hokkaido Tokai University Science and Engineering, 7: 37–47 (in Japanese with English Abstract)

Itaki T, Ito M, Narita H, Ahagon N, Sakai H. 2003. Depth distribution of radiolarians from the Chukchi and Beaufort Seas, western Arctic. Deep Sea Research Part I: Oceanographic Research Papers, 50(12): 1507–1522

Itaki T, Ikehara K, Motoyama I, Hasegawa S. 2004. Abrupt ventilation changes in the Japan Sea over the last 30 ky: evidence from deep-dwelling radiolarians. Palaeogeography, Palaeoclimatology, Palaeoecology, 208(3): 263–278

Itaki T, Komatsu N, Motoyama I. 2007. Orbital- and millennial-scale changes of radiolarian assemblages during the last 220 kyrs in the Japan Sea. Palaeogeography, Palaeoclimatology, Palaeoecology, 247(1): 115–130

Itaki T, Minoshima K, Kawahata H. 2008a. Radiolarian flux at an IMAGES site at the western margin of the subarctic Pacific and its seasonal relationship to the Oyashio Cold and Tsugaru Warm currents. Marine Geology, 255(3): 131–148

Itaki T, Khim B K, Ikehara K. 2008b. Last glacial-Holocene water structures in the southwestern Okhotsk Sea inferred from radiolarian assemblages. Marine Micropaleontology, 67(3): 191–215

Itaki T, Uchida M, Kim S, Shin H-S, Tada R, Khim B-K. 2009. Late Pleistocene stratigraphy and palaeoceanographic implications in northern Bering Sea slope sediments: Evidence from the radiolarian species *Cycladophora davisiana*. Journal of Quaternary Science, 24(8): 856–865

Itaki T, Kimoto K, Hasegawa S. 2010. Polycystine radiolarians in the Tsushima Strait in autumn of 2006. Paleontological research, 14(1): 19−32

Itaki T, Kim S, Rella S F, Uchida M, Tada R, Khim B-K. 2012. Millennial-scale variations of late Pleistocene radiolarian assemblages in the Bering Sea related to environments in shallow and deep waters. Deep Sea Research Part II: Topical Studies in Oceanography, 61−64: 127−144

Jaccard S L, Haug G H, Sigman D M, Pedersen T F, Thierstein H R, Röhl U. 2005. Glacial/interglacial changes in subarctic North Pacific stratification. Science, 308(5724): 1003−1006

Jansen J H F, Kuijpers A, Troelstra S R. 1986. A mid-Brunhes climatic event: Long-termchanges in global atmosphere and ocean circulation. Science, 232(4750): 619−622

Johnson D A, Nigrini C. 1980. Radiolarian biogeography in surface sediments of the western Indian Ocean. Marine Micropaleontology, 5 (2): 111−152

Jørgensen B B. 1982. Mineralization of organicmatter in the sea bed—the role of sulphatereduction. Nature, 296(5858): 643−645

Jørgensen E. 1899. Protophyten und Protozöen in Plankton aus der norwegischen Westküste. Bergens Museums Aarbog [1899], 6: 51−112 (+5 radiolarian plates)

Jørgensen E. 1905. The Protist plankton and the diatoms in bottom samples. VII. Radiolaria. In: Nordgaard O (ed). Hydrographical and Biological Investigations in Norwegian Fiords. Bergens Museum, Bergen, 114−142 (+11 radiolarian plates)

Kamikuri S, Nishi H, Motoyama I, Saito S. 2004. Middle Miocene to Pleistocene radiolarian biostratigraphy in the Northwest Pacific Ocean, ODP Leg 186. The Island Arc, 13(1): 191−226

Kamikuri S, Nishi H, Motoyama I. 2007. Effects of late Neogene climatic cooling on North Pacific radiolarian assemblages and oceanographic conditions. Palaeogeography, Palaeoclimatology, Palaeoecology, 249(3): 370−392

Keigwin L D. 1987. North Pacific deep water formation during the latest glaciation. Nature, 330(6146): 362−364

Keigwin L D. 1998. Glacial-age hydrography of the far northwest Pacific Ocean. Paleoceanography, 13(4): 323−339

Keigwin L D, Jones G A, Froelich P N A. 1992. 15, 000 year paleoenvironmental record from the Meiji Seamount, far northwestern Pacific. Earth and Planetary Science Letters, 111(2): 425−440

Khusid T A, Basov I A, Gorbarenko S A, Chekhovskaya M P. 2006. Benthic foraminifers in Upper Quaternary sediments of the Southern Bering Sea: Distribution and paleoceanographic interpretations. Stratigraphy and Geological Correlation, 14(5): 538−548

Kipp N G. 1976. New transfer function for estimating past sea-surface conditions from sea-bed distribution of planktonic foraminiferal assemblages in the North Atlantic. Geological Society of America Memoirs, 145: 3−42

Kling S A. 1971. Radiolaria. In: Fischer A G, Heezen B C et al. (eds). Initial Reports of the Deep Sea Drilling Project, Volume 6. Washington: US Government Printing Office. 1069−1117, pls. 1−11

Kling S A. 1973. Radiolaria from the eastern North Pacific, Deep Sea Drilling Project, Leg 18. In: Musich L F, Weser O E et al. (eds). Initial Reports of the Deep Sea Drilling Project, Volume 18. Washington: US Government Printing Office. 617−671, pls. 1−15

Kling S A. 1976. Relation of radiolarian distributions and subsurface hydrography in the North Pacific. Deep Sea Research and Oceanographic Abstracts, 23(11): 1043−1058

Kling S A. 1977. Local and regional imprints on radiolarian assemblages from California coastal basin sediments. Marine Micropaleontology, 2: 207−221

Kling S A. 1979. Vertical distribution of polycystine radiolarians in the central North Pacific. Marine Micropaleontology, 4: 295−318

Kling S A, Boltovskoy D. 1995. Radiolarian vertical distribution patterns across the southern California Current. Deep Sea Research Part I: Oceanographic Research Papers, 42(2): 191−231

Kozlova G E, Gorbovets A N. 1966. Radiolyarii verkhnemelovykh i verkhneeotsenovykh otlozhenii Zapadno-Sibirskoi Nizmennosti [Radiolaria of the Upper Cretaceous and upper Eocene of the west Siberian Lowland]. Trudy Vsesoyuznyi nauchno-issledovatel e skii geologorazyedocbnyi nef tyanoi institut, 248: 1−159

Kruglikova S B. 1969. Radiolarians in the surface layer of the sediments of the northern half of the Pacific Ocean. In: Kort P P (ed).

The Pacific Ocean, Microflora and Microfauna in the Recent of Pacific Ocean. Moscow: Nauka. 48–72 (in Russian)

Kruglikova S B. 1975. Radiolaria in the surface layer of sediments in the Sea of Okhotsk. Okeanologia, 15: 82–87

Kruglikova S B. 1977. Radiolaria. In: Jouse A P (ed). Atlas of Microorganisms in Bottom Sediments of the Oceans: Diatoms, Radiolaria, Silicoflagellates and Coccoliths. Moscow: Nauka. 13–17, pls. 86–145

Kunitomo Y, Sarashina I, Iijima M, Endo K, Sashida K. 2006. Molecular phylogeny of acantharian and polycystine radiolarians based on ribosomal DNA sequences, and some comparisons with data from the fossil record. European Journal of Protistology, 43(2): 143–153

Kuzlova G E, Gorbovetz A N. 1966. Radiolaria of the upper Cretaceous and Upper Eocene deposits of the west Siberian Lowland. Tr Vses Nauch-Issled Geo. Neft Inst, (16): 1–271

Ladd C, Hunt G L, Mordy C W, Salo S A, Stabeno P J. 2005. Marine environment of the eastern and central Aleutian Islands. Fisheries Oceanography, 14(s1): 22–38

Lang N, Wolff E W. 2011. Interglacial and glacial variability from the last 800 ka in marine, ice and terrestrial archives. Climate of the Past, 7(2): 361–380

Lazarus D B. 1990. Middle Miocene to Recent radiolarians from the Weddell Sea, Antarctica, ODP Leg 113. In: Barker P F, Kennett J P et al. (eds). Proceedings of the Ocean Drilling Program, Scientific Results, Volume 113. Ocean Drilling Program, College Station, TX. 709–727

Lazarus D B, Pallant A. 1989. Oligocene and Neogene radiolarians from the Labrador Sea, ODP Leg 105. In: Srivastava S P, Arthur M, Clement B et al. (eds). Proceedings of the Ocean Drilling Program, Scientific Results, Volume 105. Ocean Drilling Program, College Station, TX. 349–380

Lazarus D B, Faust K, Popova-Goll I. 2005. New species of prunoid radiolarians from the Antarctic Neogene. Journal of Micropaleontology, 24(2): 97–121

Lear C H, Rosenthal Y, Coxall H K, Wilson P A. 2004. Late Eocene to early Miocene ice sheet dynamics and the global carbon cycle. Paleoceanography, 19(4), PA4015, doi: 10.1029/2004PA001039

Lee J R, Rose J, Hamblin R J, Moorlock B S. 2004. Dating the earliest lowland glaciation of eastern England: A pre-MIS 12 early Middle Pleistocene Happisburgh glaciation. Quaternary Science Reviews, 23(14): 1551–1566

Li G X, Han X B, Yue S H, Wen G Y, Yang R M, Kusky T M. 2006. Monthly variations of water masses in the East China Seas. Continental Shelf Research, 26(16): 1954–1970

Li L, Li Q Y, Tian J, Wang P X, Wang H, Liu Z H. 2011. A 4-Ma record of thermal evolution in the tropical western Pacific and its implications on climate change. Earth and Planetary Science Letters, 309(1–2): 10–20

Li Q Y, Wang P X, Zhao Q H, Tian J, Chen X R, Jian Z M, Zhong G F, Chen M H. 2008. Paleoceanography of the Mid-Pleistocene South China Sea. Quaternary Science Reviews, 27(11): 1217–1233

Ling H Y. 1972. Polycystine radiolaria from surface sediments of the South China Sea and adjacent seas of Taiwan. Acta Oceanographica Taiwanica, 2: 159–178, pls. 1–2

Ling H Y. 1973. Radiolaria: Leg 19 of the Deep Sea Drilling Project. In: Creager J S, Scholl D W et al. (eds). Initial Reports of the Deep Sea Drilling Project, Volume 19. Washington: US Government Printing Office. 777–797

Ling H Y. 1975. Radiolaria: Leg 31 of the Deep Sea Drilling Project. In: Karig D E, Ingle J C Jr et al. (eds). Initial Reports of the Deep Sea Drilling Project, Volume 31. Washington: US Government Printing Office. 703–761, pls. 1–13

Ling H Y. 1980. Radiolarians from the Emperor Seamounts of the Northwest Pacific, Leg 55 of the Deep Sea Drilling Project. In: Jackson E D, Koizumi I et al. (eds). Initial Reports of the Deep Sea Drilling Project, Volume55. Washington: US Government Printing Office. 365–373

Ling H Y. 1992. Radiolarians from the Sea of Japan: LEG 128. In: Pisciotto K A, Ingle, J C Jr., von Breymann M T, Barron J et al. (eds). Proceedings of the Ocean Drilling Program, Scientific Results, Volume 127/128, Part I. Ocean Drilling Program, College Station, TX. 225–236

Ling H Y, Anikouchine W A. 1967. Some Spumellarian radiolaria from the Java, Philippine and Mariana Trenches. Journal Paleontology, 41(6): 1481–1491

Ling H Y, Stadum C J, Welch M L. 1971. Polycystine radiolaria from Bering Sea surface sediments. In: Farinacci A (ed).

Proceeding of the Second Planktonic Conference, Roma, Volume 2, 705–729, pls. 1–2

Lipman R K. 1952. Materials to Monographic Study of Radiolarians from Upper Cretaceous Sediments of Russian Platform. Paleontology and Stratigraphy. Moscow: Gosgeolizdat Publishing House. 24–51, pls. 1–3 (in Russian)

Lisiecki L E, Raymo M E. 2005. A Pliocene-Pleistocene stack of 57 globally distributed benthic $\delta^{18}O$ records. Paleoceanography, 20(1), PA1003. doi:10.1029/2004PA001071

Lombari G, Lazarus D B. 1988. Neogene cycladophorid radiolarians from the North Atlantic, Antarctic, and North Pacific deep-sea sediments. Micropaleontology, 34(2): 97–135

Lozano J A, Hays J D. 1976. Relationship of radiolarian assemblages to sediment types and physical oceanography in the Atlantic and western Indian Ocean sectors of the Antarctic Ocean. Geological Society of America Memoirs, 145: 303–336

Marlow J R, Lange C B, Weger G, Rosell-Mele A. 2000. Upwelling intensification as part of the Pliocene-Pleistocene climate transition. Science, 290(5500): 2288–2291

Martin G C. 1904. Radiolaria. In: Clark W B, Eastman C R, Glenn L C, Bagg R M, Bassler R S, Boyer C S, Case E C, Hollick C A (eds). Systematic Paleontology of the Miocene Deposits of Maryland. Baltimore: Johns Hopkins University Press. 447–459, pl. 130

Maruyama T. 2000. Middle Miocene to Pleistocene diatom stratigraphy of leg 167. In: Lyle M, Koizumi I, Richter C *et al.* (eds). Proceedings of the Ocean Drilling Program, Scientific Results, Volume 186. Ocean Drilling Program, College Station, TX. 63–110

Maslin M A, Haug G H, Sarnthein M, Tiedemann R. 1996. The progressive intensification of Northern Hemisphere glaciation as seen from the North Pacific. Geologische Rundschau, 85(3): 452–465

Mast H. 1910. Die Astrosphaeriden, Wissenschaftliche Ergebnisse der Deutschen Tiefsee Expedition auf dem Dampfer "Valdivia" (1898–1899). Jena Germany: Gustav Fischer. 123–190

Matsumoto K, Oba T, Lynch-Stieglitz J, Yamamoto H. 2002. Interior hydrography and circulation of the glacial Pacific Ocean. Quaternary Science Reviews, 21(14): 1693–1704

Matsuzaki K M, Nishi H, Suzuki N, Takashima R, Kawate Y, Sakai T. 2014. Middle to Late Pleistocene radiolarian biostratigraphy in the water mixed region of the Kuroshio and Oyashio currents, northeastern margin of Japan (JAMSTEC Hole 902-C90001C). Journal of Micropalaeontology, 33(2): 205–222

Matsuzaki K M, Suzuki N, Nishi H. 2015. Middle to Upper Pleistocene polycystine radiolarians from Hole 902-C9001C, northwestern Pacific. Paleontological Research, 19(s1): 1–77

Matul A G. 2011. The recent and Quaternary distribution of the Radiolarian species *Cycladophora davisiana*: A biostratigraphic and paleoceanographic tool. Oceanology, 51(2): 335–346

Matul A, Abelmann A. 2001. Quaternary water structure of the Sea of Okhotsk based on radiolarian data. Doklady Earth Sciences, 381(8): 1005–1007

Matul A, Abelmann A. 2005. Pleistocene and Holocene distribution of the radiolarian *Amphimelissa setosa* Cleve in the North Pacific and North Atlantic: Evidence for water mass movement. Deep Sea Research Part II: Topical Studies in Oceanography, 52(16): 2351–2364

Matul A, Abelmann A, Tiedemann R, Kaiser A, Nürnberg D. 2002. Late Quaternary polycystine radiolarian datum events in the Sea of Okhotsk. Geo-Marine Letters, 22(1): 25–32

McClymont E L, Rosell-Melé A, Haug G H, Lloyd J M. 2008. Expansion of subarctic water masses in the North Atlantic and Pacific oceans and implications for mid-Pleistocene ice sheet growth. Paleoceanography, 23(4), PA4214, doi: 10.1029/2008PA001622

Miao Q, Thunell R C. 1993. Recent deep-sea benthic foraminiferal distributions in the South China and Sulu Seas. Marine Micropaleontology, 22(1–2): 315–352

Mizobata K, Saitoh S I, Shiomoto A, Miyamura T, Shiga N, Imai K, Toratani M, Kajiwara Y, Sasaoka K. 2002. Bering Sea cyclonic and anticyclonic eddies observed during summer 2000 and 2001. Progress in Oceanography, 55(1–2): 65–75

Mizobata K, Wang J, Saitoh S. 2006. Eddy-induced cross-slope exchange maintaining summer high productivity of the Bering Sea shelf break. Journal of Geophysical Research: Oceans (1978–2012), 111(C10), C10017, doi: 10.1029/2005JC003335

Mizobata K, Saitoh S, Wang J. 2008. Interannual variability of summer biochemical enhancement in relation to mesoscale eddies at the shelf break in the vicinity of the Pribilof Islands, Bering Sea. Deep Sea Research Part II: Topical Studies in Oceanography, 55(16): 1717−1728

Molina-Cruz A. 1977. Radiolarian assemblages and their relationship to the oceanography of the subtropical southeastern Pacific. Marine Micropaleontology, 2: 315−352

Molina-Cruz A. 1991. Holocene palaeo-oceanography of the northern Iceland Sea, indicated by Radiolaria and sponge spicules. Journal of Quaternary Science, 6(4): 303−312

Moore T C. 1969. Treatise on Invertebrate Paleontology (Part D). Lawrence: University Press of Kansas. 166–180

Moore T C. 1971. Radiolaria from Leg 17 of the Deep Sea Drilling Project. In: Roth P H, Herring J R (eds). Initial Reports of the Deep Sea Drilling Project, Volume 17. Washington: US Government Printing Office. 797−869, pls. 1−18

Moore T C. 1973. Late Pleistocene-Holocene oceanographic Changes in the northeastern Pacific. Quaternary Research, 3(1): 99−109

Moore, T C. 1978. The distribution of radiolarian assemblages in the modern and ice-age Pacific. Marine Micropaleontology, 3(3): 229−266

Morley J J. 1979. A transfer function for estimating paleoceanographic conditions based on deep-sea surface sediment distribution of radiolarian assemblages in the South Atlantic. Quaternary Research, 12(3): 381−395

Morley J J. 1980. Analysis of the abundance variations of the subspecies of *Cycladophora davisiana*. Marine Micropaleontology, 5: 205−214

Morley J J. 1985. Radiolarians from the Northwest Pacific, Deep Sea Drilling Project Leg 86. In: Heath G R, Burckle L H *et al.* (eds). Initial Reports of the Deep Sea Drilling Project, Volume 86. Washington: US Government Printing Office. 399−422

Morley J J. 1989. Radiolarian-based transfer functions for estimating paleoceanographic conditions in the South Indian Ocean. Marine Micropaleontology, 13(4): 293−307

Morley J J, Hays J D. 1979. *Cycladophora davisiana*: A stratigraphic tool for Pleistocene North Atlantic and interhemispheric correlation. Earth Planetary Science Letter, 44(3): 383−389

Morley J J, Hays J D. 1983. Oceanographic conditions associated with high abundances of the radiolarian *Cycladophora davisiana*. Earth and Planetary Science Letters, 66: 63−72

Morley J J, Nigrini C. 1995. Miocene to Pleistocene radiolarian biostratigraphy of North Pacific sites 881, 884, 885, 886 and 887. In: Rea D K, Basov I A, Scholl D W, Allan J F (eds). Proceedings of the Ocean Drilling Program, Scientific Results, Volume 145. Ocean Drilling Program, College Station, TX. 55−91

Morley J J, Robinson S W. 1986. Improved method for correlating late Pleistocene/Holocene records from the Bering Sea: Application of a biosiliceous/geochemical stratigraphy. Deep Sea Research Part A, Oceanographic Research Papers, 33(9): 1203−1211

Morley J J, Hays J D, Robertson J H. 1982. Stratigraphic framework for the late Pleistocene in the northwest Pacific Ocean. Deep Sea Research Part A, Oceanographic Research Papers, 29(12): 1485−1499

Morley J J, Tiase V L, Ashby M M, Kashgarian M. 1995. A high-resolution stratigraphy for Pleistocene sediments from North Pacific Sites 881, 883, and 887 based on abundance variations of the radiolarian *Cycladophora davisiana*. In: Rea D K, Basov I A, Scholl D W, Allen J F (eds). Proceedings of the Ocean Drilling Program, Scientific Results, Volume145. Ocean Drilling Program, College Station, TX. 133−140

Motoyama I. 1996. Late Neogene radiolarian biostratigraphy in the subarctic Northwest Pacific. Micropaleontology, 42(3): 221−262

Motoyama I. 1997. Origin and evolution of *Cycladophora davisiana* Ehrenberg (Radiolarian) in DSDP Site 192, Northwest Pacific. Marine Micropaleontology, 30(1−3): 45−63

Motoyama I, Maruyama T. 1998. Neogene diatom and radiolarian biochronology for the middle-to-high latitudes of the Northwest Pacific region: Calibration to the Cande and Kent's geomagnetic polarity time scales (CK 92 and CK 95). Journal of the Geological Society of Japan, 104: 171−183 (in Japanese with English abstract)

Motoyama I, Nishimura A. 2005. Distribution of radiolarians in North Pacific surface sediments along the 175° E meridian. Paleontological Research, 9(2): 95−117

Mudelsee M, Schulz M. 1997. The Mid-Pleistocene climate transition: Onset of 100 ka cycle lags ice volume build-up by 280 ka. Earth and Planetary Science Letters, 151(1–2): 117–123

Müller J. 1855. Uber Sphaerozoum und Thalassicolla. Berlin: Verhandlungen der Königl. Preufs. Akademie der Wissenschaften zu Berlin, Bericht, 1855: 229–253

Müller J. 1859. Über die Thalassicollen, Polycystinen und Acanthemettren des Mittelmeeres. Berlin: Koniglichen Akademie der Wissenschaften zu Berlin, Abhandlungen, 1958: 1–54, Taf. 8, fig. 5

Nakaseko K. 1955. Miocene radiolarian fossil assemblage from the southern Tojama Prefecture in Japan. Science Reports, College of General Education, Osaka University, 4: 65–127

Nakaseko K. 1959. On superfamily Liosphaericae (Radiolaria) from sediments in the sea near Antarctica. Part 1. On Radiolaria from sediments in the sea near Antarctica. Special Publications from the Seto Marine Biological Laboratory, 1–13, pls. 1–3

Nakaseko K. 1963. Neogene Crytoidea (Radiolaria) from the Isozaki Formation in Ibaraki Prefecture, Japan. Science Reports, College of General Education, Osaka University, 12(2): 165–198, pls. 1–4

Nakaseko K. 1964. Liosphaeridae and Collosphaeridae (radiolarian) from the sediment of the Japan Trench. Science Reports, College of General Education, Osaka University, 13(1): 39–57, 1–4

Nakaseko K. 1971. On some species of the Genus *Thecosphaera* from the Neogene formations, Japan. Science Reports, College of General Education, Osaka University, 20(2): 59–66, pl. 1

Nakaseko K, Nishimura A. 1971. A new species of *Actinomma* from the Neogene formation, Japan. Science Reports, College of General Education, Osaka University, 20(2): 67–71

Nakaseko K, Nishimura A. 1982. Radiolaria from the bottom sediments of the Bellingshausen Basin in the Antarctic Sea. Report of the Technology Research Center, JNOC, 16: 91–244

Nakaseko K, Sugano K. 1973. Neogene radiolarian zonation in Japan. The Memoirs of the Geological Society of Japan, 8: 23–33

Nakatsuka T, Watanabe K, Handa N, Matsumoto E, Wada E. 1995. Glacial to interglacial surface nutrient variations to Bering deep basins recorded by $\delta^{13}C$ and $\delta^{15}N$ of sedimentary organic matter. Paleoceanography, 10(6): 1047–1061

Nigrini C. 1967. Radiolaria in pelagic sediments from the Indian and Atlantic Oceans. Bulletin of the Scripps Institution of Oceanography, University of California, 11: 1–125, pls. 1–9

Nigrini C A. 1968. Radiolaria from eastern tropical Pacific sediments. Micropaleontology, 14 (1): 51–63, pl. 1

Nigrini C A. 1970. Radiolarian assemblages in the North Pacific and their application to a study of Quaternary sediments in core V20–130. Geological Society of America Memoirs, 126: 139–183

Nigrini C A. 1971. Radiolarian zones in the Quaternary of the equatorial Pacific Ocean. In: Funnel B M, Riedel W R (eds). The Micropaleontology of Oceans. Cambridge: Cambridge University Press. 443–461, pl. 34

Nigrini C A. 1977. Tropical Cenozoic Artostrobiidae [Radiolaria]. Micropaleontology, 23(3): 241–269, pls. 1–4

Nigrini C A. 1991. Composition and biostratigraphy of radiolarian assemblages from an area of upwelling (northwestern Arabian Sea, Leg 117). In: Prell W L, Niitsuma N *et al.* (eds). Proceedings of the Ocean Drilling Program, Scientific Results, Volume 117. Ocean Drilling Program, College Station, TX. 89–126

Nigrini C A, Lombari G. 1984. A guide to Miocene Radiolaria. Cushman Foundation for Foraminiferal Research, Special Publication, 22: 1–320, pls. 1–33

Nigrini C A, Moore T C. 1979. A guide to modern radiolarian. Cushman Foundation for Foraminiferal Research, Special Publication, 16: 1–260, pls. 1–28

Nigrini C, Sanfilippo A. 2001. Cenozoic radiolarian stratigraphy for low and middle latitudes with descriptions of biomarkers and stratigraphically useful species. ODP Technical Note, 27. Ocean Drilling Program, College Station, TX. 1–486

Nimmergut A, Abelmann A. 2002. Spatial and seasonal changes of radiolarian standing stocks in the Sea of Okhotsk. Deep-Sea Research I: Oceanographic Research Papers, 49(3): 463–493.

Nishimura A. 2003. The skeletal structure of *Prunopyle antarctica* Dreyer (Radiolaria) in sediment samples from the Antarctic Ocean. Micropaleontology, 49(2): 197–200, text-figure 1, pl. 1, figs. 1–12

Nishimura A, Yamauchi M. 1984. Radiolarians from the Nankai Trough in the Northwest Pacific. News of Osaka Micropaleontologists, Special Volume 6: 1–148, pls. 1–56

O'Connor B M. 1993. Radiolaria from the Mahurangi limestone, Northland, New Zealand. Unpublished M. Sc. thesis. Auckland: University of Auckland

Odette V S, Margarita M S M, Giglio S. 2008. Polycystina Radiolaria (Protozoa: Nassellaria and Spumellaria) sedimented in the center-south zone of Chile (36°–43°S). Gayana, 72(1): 79–93

Ohkushi K, Itaki T, Nemoto N. 2003. Last Glacial-Holocene change in intermediate water ventilation in the Northwestern Pacific. Quaternary Science Reviews, 22(14): 1477–1484

Ohtani K. 1965. On the Alaskan Stream in summer. Bulletin of Faculty of Fisheries, Hokkaido University, 15(4): 260–273 (in Japanese)

Okazaki Y, Takahashi K, Yoshitani H, Nakatsuka T, Ikehara M, Wakatsuchi M. 2003a. Radiolarians under the seasonally sea-ice covered conditions in the Okhotsk Sea: Flux and their implications for paleoceanography. Marine Micropaleontology, 49(3): 195–230

Okazaki Y, Takahashi K, Nakatsuka T, Honda M C. 2003b. The production scheme of *Cycladophora davisiana* (Radiolaria) in the Okhotsk Sea and the northwestern North Pacific: Implication for the paleoceanographic conditions during the glacials in the high latitude oceans. Geophysical Research Letters, 30, doi: 10.1029/2003GL018070

Okazaki Y, Takahashi K, Itaki T, Kawasaki Y. 2004. Comparison of radiolarian vertical distributions in the Okhotsk Sea near Kuril Islands and the northwestern North Pacific off Hokkaido Island. Marine Micropaleontology, 51(3–4): 257–284

Okazaki Y, Takahashi K, Asahi H, Katsuki K, Hori J, Yasuda H, Tokuyama H. 2005a. Productivity changes in the Bering Sea during the late Quaternary. Deep Sea Research Part II: Topical Studies in Oceanography, 52(16): 2150–2162

Okazaki Y, Takahashib K, Onoderab J, Honda M C. 2005b. Temporal and spatial flux changes of radiolarians in the northwestern Pacific Ocean during 1997–2000. Deep Sea Research Part II: Topical Studies in Oceanography, 52(16): 2240–2274

Okazaki Y, Takahashi K, Katsuki K, Ono A, Hori J, Sakamoto T, Uchida M, Shibata Y, Ikehara M, Aoki K. 2005c. Late Quaternary paleoceanographic changes in the southwestern Okhotsk Sea: evidence from geochemical, radiolarian, and diatom records. Deep Sea Research Part II: Topical Studies in Oceanography, 52(16): 2332–2350

Okazaki Y, Seki O, Nakatsuka T, Sakamoto T, Ikehara M, Takahashi K. 2006. *Cycladophora davisiana* (Radiolaria) in the Okhotsk Sea: A key for reconstructing glacial ocean conditions. Journal of oceanography, 62(5): 639–648

Okazaki Y, Takahashi K, Asahi H. 2008. Temporal fluxes of radiolarians along the W-E transect in the central and western equatorial Pacific, 1999–2002. Micropaleontology, 54(1): 71–86

Okkonen S R, Schmidt G M, Cokelet E D, Stabeno P J. 2004. Satellite and hydrographic observations of the Bering Sea 'Green Belt'. Deep Sea Research Part II: Topical Studies in Oceanography, 51(10): 1033–1051

Perner J. 1892. O Radiolariich z Ceskeho Utvaru Kridoveho. Praze: Kralovske Ceske Spolecnosti Nauk, Rozpravy, 1890–1891, 255–269

Petrushevskaya M G. 1962. The importance of skeleton growth in Radiolaria for their systematics. Zoological Journal, 41(3): 331–341

Petrushevskaya M G. 1964. On homologies in the elements of the inner skeleton of some Nassellaria. Zoologicheskii Zhurnal, 43(8): 1121–1128

Petrushevskaya M G. 1965. Osobennosti konstruktsii skeleta radiolyarii Botryoidae (otr. Nassellaria). Tr Zool Inst, Leningrad, 35: 79–118

Petrushevskaya M G. 1967. Radiolaria of orders Spumellaria and Nassellaria of the Antarctic region. In: Andriyashev A P, Ushakov P V (eds). Studies of Marine Fauna, Biological Reports of the Soviet Antarctic Expedition (1955–1958), Volume3. Leningrad: Academy of Sciences of the USSR, 1–186, text-figs. 1–102, tables 1–5

Petrushevskaya M G. 1968. Gomologii v skeletakh radiolyarii Nassellaria. 2. Osnovnye skeletnye dugi slozhnoustroennykh tsefalisov Cyrtoidae i Botryoidae. Zool. Zhurn., 47: 1766–1776

Petrushevskaya MG. 1969. Radiolyarii Spumellaria i Nassellaria v donnykh osadkakh kak indikatory gydrologycheskikh uslovii[Spumellarian and Nassellarian radiolarians in bottom sedimentsas indicators of hydrological conditions]. In: Jouse A P (ed). Osnovnye Problemy micropaleontologii i organogennovo osadkonakopleniya v okeanakh i moryakh [Basic Problems of Micropaleontology and the Accumulation of Organogenic Sediments in Oceans and Seas]. Moscow: Nauka. 127–150

Petrushevskaya M G. 1971a. Spumellarian and Nassellarian radiolariai Plankton and bottom sediments of the central Pacific. In: Funnell B M, Riedel W R (eds). The Micropaleontology of Oceans. Cambridge: Cambridge University Press. 309–317

Petrushevskaya M G. 1971b. On the natural system of polycystine radiolaria (Class Sarcodina). Proceedings of the II Planktonic Conference, Roma. 981–992

Petrushevskaya M G. 1971c. Radiolaria in the plankton and recent sediments from the Indian Ocean and Antarctic. In: Funnel B M, Riedel W R (eds). The Micropalaeontology of Oceans. Cambridge: Cambridge University Press. 319–329

Petrushevskaya M G. 1971d. Radiolarii Nassellarida v Planktone Mirovogo Okeana. Radiolarii Microvogo Okeana po Materialam Sovetskikh Ekspeditsii, Issled. Fauni Morei. Leningrad: Nauka. 5–294

Petrushevskaya M G. 1975. Cenozoic radiolarians of the Antarctic, Leg 29, DSDP. Cenozoic Radiolarians of the Antarctic, Leg 29, DSDP. In: Kennett J P, Houtz R E et al. (eds). Initial Reports of the Deep Sea Drilling Project, Volume 29. Washington: US Government Printing Office. 541–675, pls. 1–44

Petrushevskaya M G. 1976. Bottom sediments of the Indian Ocean and Antarctic: radiolarian stratigraphy. Journal of the Marine Biological Association of India, 18(3): 626–631

Petrushevskaya M G. 1979. New Variants of the System of Polycystina. Leningrad: Akad Nauk SSSR. 103–118

Petrushevskaya M G, Bjørklund K R. 1974. Radiolarians in Holocene sediments of the Norwegian-Greenland Seas. Sarsia, 57(1): 33–46

Petrushevskaya M G, Kozlova G E. 1972. Radiolaria: Leg 14, Deep Sea Drilling Project, Initial Reports of the Deep Sea Drilling Project, Volume 14. Washington: US Government Printing Office. 495–648, pls. 1–41

Pisias N G. 1979. Model for paleoceanographic reconstructions of the California Current during the last 8, 000 years. Quaternary Research, 11(3): 373–386

Pisias N G, Moore Jr. T C. 1981. The evolution of Pleistocene climate: A time series approach. Earth and Planetary Science Letters, 52(2): 450–458

Popofsky A. 1908. Die Radiolarien der Antarktis. Deutschen Südpolar Expedition, 1901–1903, 10(3): 183–305, Taf. 20–38

Popofsky A. 1912. Die Sphaerellarien des Warmwassergebietes. Deutsche Südpolar Expedition, 1901–1903, 13: 73–159, Taf. 1–8

Popofsky A. 1913. Die Nasselarien des Warmwassergebietes. Deutschen Südpolar Expedition, 1901–1903, 14: 217–416, Taf. 28–38

Popofsky A. 1917. Die collosphaeriden der Deutschen Südpolar Expedition 1901–1903. Aarit Nachrag zu den Spumellarien und der Nassellarien. Deutschen Südpolar Expedition, 16: 236–278, Taf. 13–17

Popova E M. 1986. Transportation of radiolarian shells by current (calculation based on the example of the Kuroshio). Marine Micropaleontology, 11(1–3): 197–202

Principi P. 1909. Contributo allo studio dei Radiolari Miocenici Italiani [Contribution to the study of the Miocene Radiolaria of Italy]. Bollettino della Societa Geologica Italiana, 28: 1–22

Ravelo A C, Andreasen D H, Lyle M, Olivarez L A, Wara M W. 2004. Regional climate shifts caused by gradual cooling in the Pliocene epoch. Nature, 429(6989): 263–267

Raymo M E. 1994. The initiation of Northern Hemisphere glaciation. Annual Review of Earth and Planetary Sciences, 22(1): 353–383

Raymo M E, Oppo D W, Curry W. 1997. The Mid-Pleistocene climate transition: A deep sea carbon isotopic perspective. Paleoceanography, 12(4): 546–559

Raynaud D, Barnola J M, Souchez R, Lorrain R, Petit J R, Duval P, Lipenkov V Y. 2005. Palaeoclimatology: The record for marine isotopic stage 11. Nature, 436(7047): 39–40

Renz G W. 1974. Radiolaria from Leg 27 of the Deep Sea Drilling Poject. In: Veevers J J, Heirtzler J R et al. (eds). Initial Reports of the Deep Sea Drilling Project, Volume 27. Washington: US Government Printing Office. 769–841

Renz G W. 1976. The distribution and ecology of Radiolaria in the Central Pacific plankton and surface sediments. Bulletin of the Scripps Institution of Oceanography, University of California, 22: 1–267, pls. 1–8

Reshetnyak V V. 1955. Vertikalnoe raspredelenie radiolayarii Kurilo-Kamchatskoi vpadiny. Trudy Zool Inst Akad Nauk USSR, 21: 94–101

Reynolds R A. 1980. Radiolarians from the western North Pacific, Leg 57, Deep Sea Drilling Project. In: Scientific Party (ed).

Initial Reports of the Deep Sea Drilling Project 56/57, Part 2. Washington: US Government Printing Office. 735–769

Riedel W R. 1953. Mesozoic and late Tertiary radiolaria of Rotti. Journal of Paleontology, 27(6): 805–813

Riedel W R. 1957. Radiolaria: a preliminary stratigraphy. In: Pettersson H (ed). Reports of the Swedish Deep Sea Expedition, Volume 6(3). Goteborg: Elanders Boktryckeri Aktiebolag. 59–96, pls. 1–4

Riedel W R. 1958. Radiolaria in Antarctic sediments, B. A. N. Z. Antarctic Research Expedition Reports, Series B, 6(part 10): 217–255, pls. 1–4, text figs. 1–3

Riedel W R. 1959. Siliceous organic remains in pelagic sediments. In: Iseland H A (ed). Silica in Sediments. Special Publication, No. 7. Tulsa: Society of Economic Paleontologists and Mineralogists. 80–91, text figs. 1–3, table 1

Riedel W R. 1967. Class Actinopoda. Protozoa. In: Harland W B, Holland C H, House M R, Hughes N F, Reynolds A B, Rudwick M J S, Satterthwaite G E, Tarlo L B H, Willey E C (eds). The Fossil Record. London: Geological Society of London. 291–298

Riedel W R. 1971. Systematic classification of polycystine radiolaria. In: Funnell B M, Riedel W R (eds). The Micropaleontology of Oceans. Cambridge: Cambridge University Press. 649–661

Riedel W R, Sanfilippo A. 1970. Radiolaria, Leg 4, Deep Sea Drilling Project. In: Bader R G et al. (eds). Initial Reports of the Deep Sea Drilling Project, Volume 4. Washington: US Government Printing Office. 503–575, pls. 1–15, text figs. 1–3, tables 1–4

Riedel W R, Sanfilippo A. 1971. Cenozoic Radiolaria from the western tropical Pacific, Leg 7. In: Winterer E L, Riedel W R et al. (eds). Initial Reports of the Deep Sea Drilling Project, 7(Part 2). Washington: US Government Printing Office. 1529–1672

Riedel W R, Sanfilippo A. 1973. Cenozoic Radiolaria from the Caribbean, Deep Sea Drilling Project, Leg 15. In: Edgar N T, Saunders J B et al. (eds). Initial Reports of the Deep Sea Drilling Project, Volume 15. Washington: US Government Printing Office. 705–751

Riedel W R, Sanfilippo A. 1977. Cainozoic Radiolaria. In: Ramsay A T S (ed). Oceanic Micropalaeontology. New York: Academic Press. 847–912

Riedel W R, Sanfilippo A. 1978. Stratigraphy and evolution of tropical Cenozoic radiolarians. Micropaleontology, 24(1): 61–96

Riedel W R, Sanfilippo A, Cita M B. 1974. Radiolarians from the stratotype Zanclean (Lower Pliocens, Sicily). Rivista Italiana Paleontogiae Stratigrafia, 80(4): 699–734, pls. 54–62

Robertson J H. 1975. Glacial to interglacial oceanographic changes in the north-west Pacific, including a continuous record of the last 400, 000 years. Ph. D. Thesis. New York: Columbia University

Roden G I. 2000. Flow and water property structures between the Bering Sea and Fiji in the summer of 1993. Journal of Geophysical Research, 105(C12): 28595–28612

Rogachev K A. 2000. Recent variability in the Pacific western subarctic boundary currents and Sea of Okhotsk. Progress in Oceanography, 47(2): 299–336

Rogers J, De Deckker P. 2007. Radiolaria as a reflection of environmental conditions in the eastern and southern sectors of the Indian Ocean: A new statistical approach. Marine Micropaleontology, 65(3): 137–162

Rohling E J, Fenton M, Jorissen F J, Bertrand P, Ganssen G, Caulet J P. 1998. Magnitudes of sea-level lowstands of the past 500, 000 years. Nature, 394: 162–165

Rose J, Allen P, Kemp R A, Whiteman C A, Owen N. 1985. The early Anglian Barham soil of eastern England. In: Boardman J (ed). Soils and Quaternary Landscape Evolution. Chichester: Wiley. 197–230

Rüst Dr. 1892. Beiträge zur Kenntniss der fossilen Radiolarien aus Gesteinen der Trias und der palaeozoischen Schichten. Palaeontographica (Achtunddreissigster Band), 38: 107–200, Taf. VI–XXX

Sachs H M. 1973. North Pacific radiolarian assemblages and their relationship to oceanographic parameters. Quaternary Research, 3(1): 73–88

Sageman B B, Wignall P B, Kauffman E G. 1991. Biofacies models for oxygen-deficientfacies in epicontinental seas: Tool for paleoenvironmental analysis. In: Einsele, Gerhard, Ricken, Werner, Seilacher, Adolf (eds). Cycles and Events in Stratigraphy. Berlin: Springer-Verlag. 542–564

Saito T. 1999. Revision of Cenozoic magnetostratigraphy and the calibration of planktonic microfossil bio-stratigraphy of Japan against this new time scale. Journal of the Japanese Association for Petroleum Technology, 64(1): 2–15 (in Japanese with English abstract)

Sakai T. 1980. Radiolarians from Sites 434, 435, and 436, Northwest Pacific, Leg 56, Deep Sea Drilling Project. In: Langseth M, Hakuyu O et al. (eds). Initial Reports of the Deep Sea Drilling Project, Volumes 56–57, Part 2. Washington: US Government Printing Office. 695–733

Sambrotto R N, Goering J J, McRoy C P. 1984. Large yearly production of phytoplankton in the western Bering Strait. Science, 225: 1147–1150

Sancetta C. 1982. Distribution of diatom species in surface sediment of the Bering and Okhotsk Seas. Micropaleontology, 28(3): 221–257

Sancetta C. 1983. Effect of Pleistocene glaciation upon oceanographic characteristics of the North Pacific Ocean and Bering Sea. Deep Sea Research Part A. Oceanographic Research Papers, 30(8): 851–869

Sancetta, C, Robinson S W. 1983. Diatom evidence on Wisconsin and Holocene events in the Bering Sea. Quaternary Research, 20(2): 232–245

Sanfilippo A, Nigrini C. 1998. Code numbers for Cenozoic low latitude radiolarian biostratigraphic zones and GPTS conversion tables. Marine Micropaleontology, 33(1–2): 109–156

Sanfilippo A, Riedel W R. 1970. Post-Eocene "closed" theoperid radiolarians. Micropaleontology, 16(4): 446–462, pls. 1–2, textfigure 1, tables 1–2

Sanfilippo A, Riedel W R. 1973. Cenozoic Radiolaria (Exlusive of Theoperids, Artostrobiida and Amphipyndacids) from the Gulf of Mexico, DSDP Leg. 10, In: Worzel J L, Bryant W et al. (eds). Initial Reports of the Deep Sea Drilling Project, Volume 10. Washington: US Government Printing Office. 475–612, pls. 1–36

Sanfilippo A, Riedel W R. 1974. Radiolaria from the weat-central Indian Ocean and Gulf of Aden. In: Fischer R L, Bunce E T et al. (eds). Initial Reports of the Deep Sea Drilling Project, Volume 24. Washington: US Government Printing Office. 997–1035

Scholl D W, Creager J S. 1973. Geologic synthesis of Leg 19 (DSDP) results: Far north Pacific and Aleutian Ridge, and Bering Sea. In: Creager J S, Scholl D W et al. (eds). Initial Reports of the Deep Sea Drilling Project, Volume 19. Washington: US Government Printing Office. 897–913

Schröder O. 1909a. Die nordischen Spumellarien. Teil II. Unterlegion Sphaerellaria. Nordisches Plankton, 7(11): 1–66

Schröder O. 1909b. Die nordischen Nassellarien. Nordisches Plankton, 7(11): 67–146

Schröder-Ritzrau A. 1995. Aktuopaläontologische Untersuchung zu Verbreitung und Vertikalfluss von Radiolarien sowie ihre räumliche und zeitliche Entwicklung im Europäischen Nordmeer. Berichte aus dem Sonderforschungsbereich 313, Universität zu Kiel, 52: 1–99

Schumacher J D, Stabeno P J. 1998. The continental shelf of the Bering Sea. In: Robinson A R, Brink K J (eds). The Global Coastal Ocean: Regional Studies and Synthesis, The Sea, Volume XI. New York: Wiley. 789–823

Shackleton N J. 1987. Oxygen isotopes, ice volume and sea level. Quaternary Science Reviews, 6(3): 183–190

Shackleton N J, Opdyke N D. 1973. Oxygen isotope and palaeomagnetic stratigraphy of the Equatorial Pacific core V28–238: Oxygen isotope temperatures and ice volumes on a 105 and 106 year scale. Quaternary research, 3(1): 39–55

Shannon C E, Wiener W. 1949. The Mathematical Theory of Communication. Urbana: University of Illinois Press

Shilov V V. 1995. Miocene-Pleistocene radiolarians from Leg 145, North Pacific. In: Rea D K, Basov I A, Scholl D W, Allan J F (eds). Proceedings of the Ocean Drilling Program, Scientific Result, Volume 145. Ocean Drilling Program, College Station, TX. 93–116

Siddall M, Stocker T F, Blunier T, Spahni R, Schwander J, Barnola J M, Chappellaz J. 2007. Marine Isotope Stage (MIS) 8 millennial variability stratigraphically identical to MIS 3. Paleoceanography, 22: PA1208, doi: 10.1029/2006PA001345

Springer A M, McRoy C P, Flint M V. 1996. The Bering Sea Green Belt: Shelf-edge processes and ecosystem production. Fisheries Oceanography, 5(3–4): 205–223

Stabeno P J, Schumacher J D, Ohtani K. 1999. The physical oceanography of the Bering Sea. In: Loughlin T R, Ohtani K (eds). Dynamics of the Bering Sea: A Summary of Physical, Chemical, and Biological Characteristics, and a Synopsis of Research on the Bering Sea. Fairbanks: University of Alaska Sea Grant Press. 1–29

Stabeno P J, Kachel D G, Kachel N B. 2005. Observations from moorings in the Aleutian Passes: temperature, salinity and transport. Fisheries Oceanography, 14(s1): 39–54

Stöhr E. 1880. Die Radiolarienfauna der Tripoli von Grotte, Provinz Girgenti in Sicilien [The radiolarian fauna of the Tripoli of Grotte, Girenti Province, Sicily]. Palaeontographica, 26 (series 3, Volume 2): 71–124

Strelkov A A, Reshetnyak V V. 1971. Colonial spumellarian radiolarians of the World Ocean. In: Strelkov A A (ed). Radiolarians of the Ocean-Reports on the Soviet Expeditions, Explorations of the Fauna of the Seas, Academy of Sciences of the U. S. S. R., 9(7): 295–369 (in Russian, Translated to English by W R Riedel)

Suzuki N, Ogane K, Aita Y, Sakai T, Lazarus D. 2009. Reexamination of Ehrenberg's Neogene Radiolarian Collections and its Impact on Taxonomic Stability. In: Tanimura Y, Aita Y (eds). Joint Haeckel and Ehrenberg Project: Reexamination of the Haeckel and Ehrenberg Microfossil Collections as a Historical and Scientific Legacy. Tokyo: National Museum of Nature and Science Monographs. No. 40, 87–96, pls. 1–77

Takahashi K. 1983. Radiolaria: Sinking population, Standing stock and Production rate. Marine Micropaleontology, 8(3): 171–181

Takahashi K. 1991. Radiolaria: flux, ecology, and taxonomy in the Pacific and Atlantic. In: Honjo S (ed). Ocean Biocoenosis, Series No. 3. Massachusetts: Woods Hole Oceanographic Institution Press. 1–303, pls. 1–63

Takahashi K. 1997. Time-series fluxes of Radiolaria in the eastern subarctic Pacific Ocean. News of Osaka Micropaleonotlogists, Special Volume, 10: 299–309

Takahashi K. 1998. The Bering and Okhotsk Seas: modern and past paleoceanographic changes and gateway impact. Journal of Asian Earth Sciences, 16 (1): 49–58

Takahashi K. 1999a. The Okhotsk and Bering Seas: Critical marginal seas for the land-ocean linkage, land-sea link in Asia. In: Saito Y, Ikehara K, Katayama H (eds). Proceedings of an International Workshop on Sediment Transport and Storage in Coastal Sea-Ocean System. Tsukuba: JAMSTEC and Geological Survey of Japan. 341–353

Takahashi K. 1999b. Paleoceanographic changes and present environment of the Bering Sea. In: Loughlin T R, Ohtani K (eds). Dynamics of the Bering Sea: A Summary of Physical, Chemical, and Biological Characteristics, and a Synopsis of Research on the Bering Sea. Fairbanks: University of Alaska Sea Grant Press. 365–385

Takahashi K. 2005. The Bering Sea and paleoceanography. Deep Sea Research Part II: Topical Studies in Oceanography, 52(16): 2080–2091

Takahashi K, Honjo S. 1981. Vertical flux of Radiolaria: A taxon-quantitative sediment trap study from the western tropical Atlantic. Micropaleontology, 27 (2): 140–190, pls. 1–15

Takahashi K, Honjo S. 1983. Radiolarian skeletons: size, weight, sinking speed and residence time in tropical pelagic oceans. Deep Sea Research Part A. Oceanographic Research Papers, 30(5): 534–568

Takahashi K, Okazaki Y, Yoshitani H. 2000. Radiolarian fossils and paleoceanography: accumulation changes in the Okhotsk Sea. Chikyu Monthly, 22: 623–630 (in Japanese)

Takahashi K, Ravelo A C, Alvarez Zarikian C A, the IODP Expedition 323 scientists. 2011a. Proceedings of the Integrated Ocean Drilling Program, Volume 323 Expedition Reports Bering Sea Paleoceanography. Tokyo: Integrated Ocean Drilling Program Management International Inc., doi: 10.2204/iodp. proc. 323. 104. 2011

Takahashi K, Ravelo A C, Alvarez Zarikian C A, the IODP Expedition 323 scientists. 2011b. IODP Expedition 323—Pliocene and Pleistocene Paleoceanographic Changes in the Bering Sea. Scientific Drilling, 11: 4–13

Takahashi O, Mayama S, Matsuoka A. 2003. Host-symbiont associations of polycystine Radiolaria: epifluorescence microscopic observation of living Radiolaria. Marine Micropaleontology, 49(3): 187–194

Talley L D. 1993. Distribution and formation of North Pacific Intermediate Water. Journal of Physical Oceanography, 23(3): 517–537

Talley L D. 1995. Some advances in understanding of the general circulation of the Pacific Ocean with emphasis on recent US contributions. Reviews of Geophysics, 33(S2): 1335–1352

Tan Z Y, Chen M H. 1990. Some revisions of Pylonidae. Chinese Journal of Oceanology and Limnology, 8(2): 109–127

Tan Z Y, Tchang T R. 1976. Studies on the radiolarian of the East China Sea, II. Spumellaria, Nassellaria, Phaeodaria, Sticholonchea. Studia Marina Sinica, 11: 217–314

Tanaka S, Takahashi K. 2005. Late Quaternary paleoceanographic changes in the Bering Sea and the western subarctic Pacific based on radiolarian assemblage. Deep-Sea Research II: Topical Studies in Oceanography, 52(16): 2131–2149

Tanaka S, Takahashi K. 2008. Detailed vertical distribution of radiolarian assemblage (0–3000 m, fifteen layers) in the central subarctic Pacific, June 2006. Memories of the Faculty of Sciences, Kyushu University, Series D, Earth and Planetary Sciences, 32(1): 49–72

Thompson P. 1981. Planktonic foraminifera in the western north Pacific during the past 150, 000 year: comparison of modern and fossil assemblages. Palaeogeography, Palaeoclimatology, Palaeocology, 35: 241–279

Tian J, Pak D K, Wang P X, Lea D, Cheng X R, Zhao Q H. 2006. Late Pliocene monsoon linkage in the tropical South China Sea. Earth and Planetary Science Letters, 252(1–2): 72–81

Tomczak M, Godfrey J S. 1994. Regional Oceanography: An Introduction. New York: Elsevier. 1–422

van de Paverd P J. 1995. Recent Polycystine Radiolaria from the Snellius-II Expedition. Ph. D. thesis. Oslo (Norway): Center for Marine Earth Science (the Netherlands) and Paleontological Museum in Oslo

Vinassa de Regny P E. 1900. Radiolari Miocenici Italiani. [Miocene Radiolaria from Italy]. Memorie della R. Accademia delle scienze dell'Istituto di Bologna, Serie 5, 8: 565–595, pls. 1–3

Wang P X, Tian J, Cheng X R, Liu C L, Xu J. 2003. Carbon reservoir changes preceded major ice-sheet expansion at the mid-Brunhes event. Geology, 31(3): 239–242

Wang R J, Chen R H. 2005. *Cycladophora davisiana* (radiolarian) in the Bering Sea during the late Quaternary: A stratigraphic tool and proxy of the glacial Subarctic Pacific Intermediate Water. Science in China Series D: Earth Sciences, 48(10): 1698–1707

Wang R J, Xiao W S, Li Q Y, Chen R H. 2006. Polycystine radiolarians in surface sediments from the Bering Sea Green Belt area and their ecological implication for paleoenvironmental reconstructions. Marine Micropaleontology, 59(3): 135–152

Wang R J, Xiao W S, März C, Li Q Y. 2013. Late Quaternary paleoenvironmental changes revealed by multi-proxy records from the Chukchi Abyssal Plain, western Arctic Ocean. Global and Planetary Change, 108: 100–118

Wang W Z, Huang Q Z. 1994. Three-dimensional numerical modeling of the water circulation in South China Sea. In: Zhou D, Zhou D, Liang Y B, Zeng C K (eds). Oceanology of China Seas, Volume I. Netherlands: Springer. 91–100

Weaver F M. 1976. Antarctic Radiolaria from the southeast Pacific Basin, Deep Sea Drilling Project, Leg 35. In: Hollister C D, Craddock C *et al*. (eds). Initial Reports of the Deep Sea Drilling Project, Volume 35. Washington: US Government Printing Office. 569–603

Weaver F M. 1983. Cenozoic radiolarians from the Southwest Atlantic, Falkland Plateau region, Deep Sea Drilling Project, Leg 71. In: Ludwig W J, Krasheninnikov V A *et al*. (eds). Initial Reports of the Deep Sea Drilling Project, Volume 71. Washington: US Government Printing Office. 667–686

Weaver F M, Casey R E, Perez A M. 1981. Stratigraphic and paleoceanographic significance of early Pliocene to middle Miocene radiolarian assemblages from Northern to Baja California. In: Garrison R E, Douglas R G (eds). The Monterey Formation and Related Siliceous Rocks of California. Los Angeles: Society of Economic Paleontologists and Mineralogist. 71–86

Welling L. 1996. Environmental control of radiolarian abundance in the Central Equatorial Pacific and implications for paleoceanographic reconstructions. Ph. D. thesis. Corvallis: Oregon State University

Welling L A, Pisias N G, Johnson E S. 1996. Distribution of polycystine radiolaria and their relation to the physical environment during the 1992 El Niño and following cold event. Deep Sea Research Part II: Topical Studies in Oceanography, 43(4): 1413–1434

Yamashita H, Takahashi K, Fujitani N. 2002. Zonal and vertical distribution of radiolarians in the western and central Equatorial Pacific in January 1999. Deep Sea Research Part II: Topical Studies in Oceanography, 49(13): 2823–2862

Yanagisawa Y, Akiba F. 1998. Refined Neogene diatom biostratigraphy for the northwest Pacific around Japan, with an introduction of code numbers for selected diatom biohorizons. Journal of the Geological Society of Japan, 104(6): 395–414

Yang L H, Chen M H, Wang R J, Zhen F. 2002. Radiolarian record to paleoecological environment change events over the past 1.2 Ma BP in the southern South China Sea. Chinese Science Bulletin, 47 (17): 1478–1483

Yasuda I. 1997. The origin of the North Pacific Intermediate Water. Journal of Geophysical Research: Oceans, 102 (C1): 893–909

Yin Q Z, Guo Z T. 2008. Strong summer monsoon during the cool MIS-13. Climate of the Past, 4(1): 29–34

You Y Z. 2003. Implications of cabbeling on the formation and transformation mechanism of North Pacific Intermediate Water. Journal of Geophysical Research: Oceans, 108 (C5), doi: 10.1029/2001JC001285

Zhabin I A, Lobanov V B, Watanabe S, Wakita M, Taranova S N. 2010. Water exchange between the Bering Sea and the Pacific Ocean through the Kamchatka Strait. Russian Meteorology and Hydrology, 35 (3): 218–224

Zhang Lili, Chen M H, Xiang R, Zhang L L, Lu J. 2009. Productivity and continental denudation history from the South China Sea since the late Miocene. Marine Micropaleontology, 72(1–2): 76–85

Zhang Lanlan, Chen M H, Xiang R. 2009. Distribution of polycystine radiolarians in the northern South China Sea in September 2005. Marine Micropaleontology, 70(1–2): 20–38

Zhang Q, Chen M H, Zhang L L, Wang R J, Xiang R, Hu W F. 2014a. Radiolarian Biostratigraphy in the Southern Bering Sea since Pliocene. Science China Earth Sciences, 57(4): 682–692

Zhang Q, Chen M H, Zhang L L, Hu W F, Xiang R. 2014b. Variations in the radiolarian assemblages in the Bering Sea since Pliocene and their implications for paleoceanography. Palaeogeography, Palaeoclimatology, Palaeoecology, 410: 337–350

Zhang Q, Chen M H, Zhang L L, Su X, Xiang R. 2016. Changes and influencing factors in biogenic opal export productivity in the Bering Sea over the last 4.3 Ma: Evidence from the records at IODP Site U1340. Journal of Geophysical Research: Oceans, 121(8): 5789–5804

种 名 索 引

RADIOLARIA IN THE SEDIMENTS FROM THE NORTHWEST PACIFIC AND ITS MARGINAL SEAS

Summary

As a newest research result, this book shows the radiolarian species descriptions and their phylogenetic systematics in the high latitude areas of the northwestern Pacific, recording a total of 42 Families, 152 Genus and 397 species/subspecies of Spumellaria and Nassellaria, most of them belong to new records in this area and 21 new species were established. Total 85 plates provide cleared photo pictures of all 397 radiolarian species, which were arranged in sequence according to the order in species descriptions. In this book, we have first analysed the biogeographic features of modern radiolaria in the Bering Sea, the Sea of Okhotsk, the Japan Sea, the East China Sea, the Philippine Sea and the South China Sea. Referring to the circulation system and the western boundary currents (Kuroshio and Oyashio) in the North Pacific, influence factors of marine dynamic environments to ecological conditions in the marginal seas of different latitude were discussed, illustrating the likeness and otherness between different marginal seas and explaining their relations. Furthermore, the biostratigraphy and age framework of the Bering Sea since Pliocene have been established, and the evolutions of paleoceanography, character events and their responses to the global climatic changes were also revealed by radiolarian analysis.

DESCRIPTION OF NEW SPECIES

Cenosphaera cornospinula sp. nov.

(Pl. 1, Figs. 5‒8)

Single spherical lattice-shell, with very thick walled, rough, covered with short conical spine. Pores roundish or elliptical, different size, subregular or irregular arrange, 1‒3 times as broad as the bars, 11‒13 on the half equator; with thick hexagonal, pentagonal or quadrilateral frames, in which external pores enlarge and bars ridge, conic raises at the join points, forming pyramid spicules with three, four or five edges; broad at base of spicule, but sharp terminal.

Measurements: Diameter of the shell 175‒183 μm, pores 10‒16 μm, length of spines 8‒13 μm.

Locality of holotype: BS-R1 deposited in the South China Sea Institute, CAS, from sample U1344A-6H-cc of IODP 323 in the Bering Sea, pictured in Plate 1, Figs. 7, 8.

This new species is similar to *Cenosphaera cristata* Haeckel (1887, p. 66), but the latter has unclearly polygonal frame and thin spine without edges at pyramidal side.

Cenosphaera exspinosa sp. nov.

(Pl. 2, Figs. 6-10)

Shell small thin walled, smooth or rough with dispersive small spines or thorns. Pores quasi-circular or irregular in different sizes, no double-edged frame, irregular arranged, 10-14 on the half equator; bars lamelliform, as broad as most pores, with small conic raise at each joint, some extend as thin spicules, sparse pyramid spicules. Surface of smaller individual seems smooth. Shell size of this species is variable.

Measurements: Diameter of the shell 108-170 μm, pores 4-16 μm, length of spines 4-10 μm.

Locality of holotype: BS-R2 deposited in the South China Sea Institute, CAS, from sample U1339C-14H-cc of IODP 323 in the Bering Sea, pictured in Plate 2, Figs. 9, 10.

This species is similar to *Cenosphaera cristata* Haeckel, the main distinction between them is the latter with thick walled shell, polygonal crested frames and narrow bars.

Thecosphaera entocuba sp. nov.

(Pl. 4, Figs. 11-14)

Skeleton consists of 1 cortical and 2 medullary shells, with the approximately ratio of 1 ∶ 3 ∶ 7. Cortical shell thin walled, with some tiny thorns at joints on surface; pores roundish, similar size and 2-3 times as the bars, sub-regular distribution, about 9-11 pores on the half equator. Outer medullary obvious cube or rhombus, pores polygon with different sizes, irregular arranged, thin bars, 8 radial beams from the cube corner connect with cortical shell and other 8 beams from octahedral middle connect to inner medullary shells, which is a very small latticed polygon or like sphere. The beams that connect only two medullary shells not extend to cortical shell and beams that connect outer medullary and cortical shells never penetrate the cortical shell as radial spine on the surface.

Measurements: Diameter of the cortical shell 98-108 μm, outer medullary shell 39-45 μm, inner medullary shell 10-14μm, cortical pores 5-10 μm.

Locality of holotype: BS-R3 deposited in the South China Sea Institute, CAS, from sample U1344A-13H-cc of IODP 323 in the Bering Sea, pictured in Plate 4, Figs. 13, 14.

This new species is similar to *Actinomma henningsmoeni* Goll et Bjorklund (1989, p. 728, pl. 2, figs. 10-15), which has 2 medullary and 1 cortical shell with small size and no radial spine. The distinction is the latter with thick walled and spherical medullary shells. Feature of Genus *Actinomma* should be with radial spines on surface.

Acrosphaera arachnodictyna sp. nov.

(Pl. 7, Figs. 13–15; Pl. 8, Figs. 1–4)

Shell sphere or sub-sphere, sometimes outline slight irregular or near ellipsoidal, thin walled, brief smooth surface. Pore sizes and forms have great differences, the larger pores as forms of irregular triangle, quadrangle or polygon, the smaller pores distribute among larger pores, size differences of them may up to 8–10 times. Narrow bars between pores like slabby strip, which intertexture as irregular arachnoid formation. Surface has a few spines, sparse appearance at some converge areas of bars, thin pyramid or thin rodlike, short.

Measurements: Diameter of shell 215–235 μm, maximum pore 32 μm, length of spines 5–15μm.

Locality of holotype: BS-R4 deposited in the South China Sea Institute, CAS, from sample U1342D-1H-cc of IODP 323 in the Bering Sea, pictured in Plate 8, Figs. 3, 4.

This new species is similar to *Acrosphaera hirsuta* Perner, but the latter has regular spherical shell, more radial spines, most pores as quasi-circular and the surface spines as trilateral flake.

Lonchosphaera multispinota sp. nov.

(Pl. 12, Figs. 1, 2)

Lonchosphaera sp. C, Petrushevskaya, 1975, pl. 17, figs. 11–15.

Cortical shell large spheroidal, thick walled, surface rough with slight ups and downs; pores ellipse or circle, with great difference in size, very irregular distributed, 10–16 pores across equator, bars width in big difference. Medullary shell polygon or irregular form, composed of thick beams; some radial beams from corners of medullary shell connecting to cortical shell, these radial beams have side branches which joined each other and terminal furcations which connected to cortical shell. Main spicules 20–30 from the radial beam penetrations, coniform and strong, length less than radius of cortical shell; other by-spicules formed at bar joins or nodes, as short coniform or small spines.

Measurements: Diameter of cortical shell 203–208 μm, pore 10–30 μm, medullary shell 50–68 μm, length of main spicule 63–73 μm.

Locality of holotype: BS-R5 deposited in the South China Sea Institute, CAS, from sample U1339B-13H-cc of IODP 323 in the Bering Sea, pictured in Plate 12, Figs. 1, 2.

This new species is distinguished from other species of this Genus mainly by its thicked cortical shell, developed main spicules and rough surface.

Hexalonche calliona sp. nov.

(Pl. 12, Figs. 9, 10)

Cortical shell thin walled, surface smooth, pores circular with hexagon framwork, arranged very regular, size of pores 4 times as bar width, about 7–8 pores across equator. Medullary shell moderate thickness, near 1/2 size as cortical shell, with hexagon pores about similar size, sub-regular arranged, 7–8 pores across the equator, pore size 3 times as bar width. Six radial beams, triangular prism, connecting medullary and cortical shells, and extend outward as 6 spicules, thin coniform, short, which length generally less than diameter of medullary.

Measurements: Diameter of cortical shell 90 μm, pores 10 μm, medullary shell 43 μm, length of spicule 20–25 μm.

Locality of holotype: BS-R6 deposited in the South China Sea Institute, CAS, from sample U1344A-6H-cc of IODP 323 in the Bering Sea, pictured in Plate 12, Fig. 10.

This new species is similar to *Hexalonche aristarchi* Haeckel, but the latter has thicker wall and irregular pore forms, sizes and distributions, and the latter radial spicules show as pyramid form with three arrises.

Centrolonche furcata sp. nov.

(Pl. 14, Figs. 1–3)

Single lattice shell, spherosome, with some moundy risehigh on surface, as sags and crests, moderate or thin walled, pores sub-circle or irregularity, different sizes, irregular distribution, thin bar. About 6 radial beams rise from the central point, generally bifurcate at near shell wall and penetrate to form main radial spicules, which as three edges cone-shaped or triangular prism, the latter usually divaricating terminal, inconsistent with forms and sizes, with small pores around the base of spicules. Surface of shell rough, with some by-spines rise from the bars.

Measurements: Diameter of shell 130–138 μm, length of main spicule 48–52 μm, base width of spicule 32–42 μm, length of by-spines 17–28 μm.

Locality of holotype: BS-R7 deposited in the South China Sea Institute, CAS, from sample U1344A-1H-3 w22-23cm of IODP 323 in the Bering Sea, pictured in Plate 14, Figs. 1-3.

Features of this new species is near *Centrolonche hexalonche* Popofsky (1912, p. 89, Taf. 1, Fig. 1), which have the same as inner radial beams join at a central point. The distinctions are the latter shows a smooth surface, no moundy risehigh, same form and size of spicules, with no divaricating terminal, simple by-spine, and similar size of circle pores.

Haliomma asteroeides sp. nov.

(Pl. 15, Figs. 3, 4)

Cortical shell small spherical, slight thick walled; pores quasi-circular, slight large, approximately same sizes, sub-regular arrangement, 6-7 pores across equator, pores enlarged toward, with obvious hexagonal framwork. Medullary shell about half size as cortical shell, with sub-circular or polygonal pores, sub-regular arrangement, 5–6 pores across equator, thin bars. 20–24 radial beams connecting cortical and medullary shells, which not extend outside. The surface thorny, spines rise from join points of bars as three edges pyramidal, short, similar forms and sizes, some with terminal forfications.

Measurements: Diameter of cortical shell 80–93 μm, medullary shell 38–43 μm, inner diameter of cortical shell 7–10 μm, length of spine 7–10 μm.

Locality of holotype: BS-R8 deposited in the South China Sea Institute, CAS, from sample U1344A-1H-4 w42–43 cm of IODP 323 in the Bering Sea, pictured in Plate 15, Figs. 3, 4.

This new species is similar to *Haliomma entactinia* Ehrenberg, but the latter has relative thin cortical shell, not obvious thorny surface, but a few longer spine, and with smaller medullary shell, only about 1/3 size as cortical shell.

Actinomma pellucidata sp. nov.

(Pl. 21, Figs. 15, 23)

Echinomma leptodermum Jørgensen, Bjørklund, 1976, pl. 2, figs. 1–6 (not pl. 1, figs. 13, 14).

Shell spheroidal, rate of three shells as 1 : 3 : 9. Cortical shell thin walled, with large pores, circular or hexagon, similar sizes, regular or sub-regular distribution, 6–7 pores across equator, diameter of pores 2–4 times as bars, bars between pores very thin. Out medullary shell spheroidal or like sphere, with small pores, sub-regular, 6–7 pores across equator; inner medullary shell very small, like sphere; 12–18 radial beams connecting medullary and cortical shells and some penetrate cortical shell to extend as radial spines, these spines usually short and thin. Surface smooth, without any by-spine.

Measurements: Diameter of cortical shell 86–108 μm, outer medullary shell 42–46 μm, inner medullary shell 14–5 μm, pores of cortical shell 7–18 μm, length of spines 10–20 μm.

Locality of holotype: BS-R9 deposited in the South China Sea Institute, CAS, from sample U1344A-1H-cc of IODP 323 in the Bering Sea, pictured in Plate 21, Figs. 15, 16.

This new species is similar to *Actinomma leptodermum* (Jørgensen), the key distinction is by the latter with obvious more numbers, stronger and longer radial spines, but undeveloped spines for this new species.

Actinomma polyceris sp. nov.

(Pl. 22, Figs. 3–8)

Echinomma leptodermum Jørgensen, Bjørklund, 1976, pl. 1, figs. 13, 14.

Moderate individuals, ratio of three shells as 1 : 3 : 9. Configuration of cortical shell hexagon or polyhedral, thin walled, with invaginations at contact places of radial beams and cortical shell; pores circle or sexangle, similar sizes, sub-regular distribution, 12–14 pores across equator, 2–3 times as broad as bar, bar thin and fine. Outer medullary shell sub-global or polyhedral, medium wall thickness, pores small; inner medullary shell very small, near spherical, with a few pores. 14–20 radial beams, triangular prism, from outer medullary shell connect to cortical shell, most of them extend outside cortical shell as radial spines, short, three edges pyramid. Surface smooth, without any by-spine.

Measurements: Diameter of cortical shell 122–130 μm, outer medullary shell 46–48 μm, inner medullary shell 18–21 μm, length of spines 10–20 μm.

Locality of holotype: BS-R10 deposited in the South China Sea Institute, CAS, from sample U1345D-5H-cc of IODP 323 in the Bering Sea, pictured in Plate 22, Figs. 3, 4.

This new species is similar *Actinomma brevispiculum* Popofsky as thin wall and many small pores, but the latter has a spherical (not polyhedral) cortical shell and no invagination on surface.

Centrocubus alveolus sp. nov.

(Pl. 28, Figs. 1–4)

Cenosphaera? sp. aff. *C. perforata* Haeckel, Benson, 1966, p. 125, pl. 2, figs. 6, 7; 1983, p. 501, pl. 4, fig. 4.

Shell spheroidal, small, resemble spongy inner structure, honeycomb, with hexagonal or polygonal opens on surface; medullary shell very small, like a cube, from the vertex angles arise 8 or 16 main radial beams, slender prismatic, with a total of 60–80 side branches make up a regular framwork of cortical shell, between main radial beams there are thin horizontal beams, mutual paralleled, uniform distribution, and between every two radial beams there are 2–3 longitudinal second thin beams, they cross each other intersed many near quadrate inner pores; each deep holes surrounded by 5–6 radial beams and their connecting inner walls, hexagon or polygon, become enlarge outward; shell surface smooth, radial beams not extend outside, no other coverings.

Measurements: Diameter of cortical shell 113–125 μm.

Locality of holotype: BS-R11 deposited in the South China Sea Institute, CAS, from sample U1344A-1H-4 w42–43 cm of IODP 323 in the Bering Sea, pictured in Plate 28, Figs. 1–4.

This new species is similar to *Centrocubus cladostylus* Haeckel (1887, p. 278, pl. 18, fig. 1), but the latter has mussy spongy net between radial beams, which become thick terminal and extend outside.

Stylacontarium pachydermum sp. nov.

(Pl. 34, Figs. 1–4)

Shell ellipsoid or oval, very large, surface rough, ratio of three shells about 1 ∶ 3 ∶ 12. Cortical shell very thick walled, with obvious dimorphism structures, inner wall with hexagon or quasi-circular pores, large, sub-regular arrangement, 10–12 pores across equator, outer surface covered with small pore net, which formed by apophysis and lateral branches, surface pores small, different shapes and sizes, close together, irregular distribution. Two medullary shells spheroid, very small, outer medullany shell about a fourth or afifth of cortical shell in diameter, while three times of inner medullary shell, several thick radial beams connect medullary and cortical shells, two on the long axis extend as 2 pole spines, which are short and stout, similar forms, conical shape, width base and sharp terminal, about as long as diameter of outer medullary shell, or slight longer.

Measurements: Diameter of cortical shell long axis 225–248 µm, minor axis 185–195 µm, wall thickness 35–42 µm, outer medullary shell 45–50 µm, inner medullary shell 18 µm, length of pole spines 48–50 µm, base width of spines 20–25 µm.

Locality of holotype: BS-R12 deposited in the South China Sea Institute, CAS, from sample U1344A-76X-cc of IODP 323 in the Bering Sea, pictured in Plate 34, Figs. 3, 4.

This species is obviously distinguished from other species by its larger individuals, very thick wall and its special dimorphism structure of cortical shell.

Dictyocoryne inflata sp. nov.
(Pl. 43, Fig. 1)

Shell symmetry of two sides, three spongy arms very hairchested and lenience; included angles of arms as two similar and another obvious smaller, wide base of each arm and slight broader terminal, arm short, as length as width, or less length, the two arms (even arms) with smaller angle nearly joined together, only a narrow interspace at terminal between them; concentric rings in central area covered by compact spongy texture; patagiums undeveloped or very narrow, with clearly shell margin.

Measurements: Diameter of shell 360–390 µm, arm length 110–170 µm, arm width 190–240 µm.

Locality of holotype: BS-R13 deposited in the South China Sea Institute, CAS, from sample U1344A-35X-cc of IODP 323 in the Bering Sea, pictured in Plate 43, Fig. 1.

This new species is similar to *Dictyocoryne truncatum* (Ehrenberg) and *Dictyocoryne trimaculatum* Tan et Tchang, but the latter two are narrow base of arms near central area, similar included angles and with developed patagiums which may nearly cover all the shell.

Streblacantha globolata sp. nov.
(Pl. 51, Figs. 18, 19)

Outer shell sub-spherical, surface near enclosed, pores quasi-circular or oval, with different sizes, irregular arranged, 6–8 pores across equator, diameter of pore 1–3 times as bar width, which like broad flake. Inner shell composed of revolving structure that surrounding primary chamber, with loose irregular inner pores. 20–24 radial beams protrude outer shell, form pyramid radial spines, spine length less than half radius of shell; some other scattered small conic thorns on the surface.

Measurements: Diameter of shell 125–138 µm, outer pores 4–27 µm, bar width 5–

14 μm, length of radial spines 18–33 μm.

Locality of holotype: BS-R14 deposited in the South China Sea Institute, CAS, from sample U1339B-13H-cc of IODP 323 in the Bering Sea, pictured in Plate 51, Figs. 18, 19.

This new species is similar to *Streblacantha circumyexta* (Jørgensen), but the latter has irregular outline, more pores, fine bars, long and thin radial spines.

Tristylospyris beringensis sp. nov.
(Pl. 53, Figs. 16–19; Pl. 54, Figs. 1–4)

Triceraspyris sp., Ling *et al.*, 1971, p. 713, pl. 2, figs. 1–3.

Shell double chambers seperated by sagittal constriction, compressed; wall thickness medium or variable; pore sizes with great discrepancy, quasi-circular or irregular form, disarray distribution; short spines rised from every join points of bars, surface rough; three basal feet short, pyramid with three edges, broad at the base, where generally with one or more perforate, distal sharp and no forked. There is no any apex horn.

Measurements: Diameter of shell width 120–190 μm, shell high 90–140 μm, length of basal feet 35–62 μm.

Locality of holotype: BS-R15 deposited in the South China Sea Institute, CAS, from sample U1344D-5H-cc of IODP 323 in the Bering Sea, pictured in Plate 53, Figs. 18, 19.

This new species is similar to *Triceraspyris antarctica* (Haecker), but the latter is with smooth surface, similar pore size, sub-regular distribution, longer basal feet and may distal forked. Ling *et al.* (1971) firstly reported this species and regarded as a common species in the Bering Sea.

Archipilium tanorium sp. nov.
(Pl. 55, Fig. 25; Pl. 56, Figs. 1–4)

Shell near oval or fat conical, top as moundy, expand downward, wide open mouth, margin even or out of flatness, no apex horn, some conic spines on surface; pores quasi-circular or ellipse, different sizes, slightly amplify from top to mouth, sub-regular or irregular distribution, diameter of pores 1.5–4 times as width of bars, 5–6 pores between two side wings; three side wings develop from the lower or bottom shell, inclined downward extend, long and thin pillar, distal slight outward curve, length of the solid wings about 1.5 times as the shell.

Measurements: Diameter of shell length 62–80 μm, shell width 90–98 μm, wing length 92–120 μm, spine length 8–15 μm.

Locality of holotype: BS-R16 deposited in the South China Sea Institute, CAS, from sample U1339C-12H-cc of IODP 323 in the Bering Sea, pictured in Plate 56, Figs. 3–4.

This new species is similar to *Dictyophimus histricosus* Jørgensen (1905, pl. 16, fig. 89), the main distinction is the latter wings formed from mouth fringe and short, only 1/2–2/3 length as the shell.

Euscenium sagittarium sp. nov.

(Pl. 56, Figs. 7–9; Pl. 57, Fig. 1)

Cephalis conical or hemispherical, no obvious convex, wall very loose with irregular latticed, pores polygonal, different sizes, irregular distribution, bar very thin, diameter of pore 2–8 times as width of bar; surface thorny, slender pyramid spines rised from some join points of bars; mouth uneven, some bars of peristoma extend downward as long spines (or terminal feet). Apical horn pyramid edged, robust or slender, apical sharp and no fork, about 1.5 times length as the cephalis long. Apical horn is formed from the upright sagittal beam extending, it join at the shell basal central point with 3–4 horizontal beams, which extend outside as main feet, long pyramid edged, curve at the up section and then develop oblique down, rare lateral spine at place of curve and smooth elsewhere.

Measurements: Diameter of shell length 90–98 μm, width 126–145 μm, length of apical horn 146–154 μm, length of mian feet 146–155 μm, length of peristoma spines 43–73 μm。

Locality of holotype: BS-R17 deposited in the South China Sea Institute, CAS, from sample U1341B-2H-cc of IODP 323 in the Bering Sea, pictured in Plate 56, Fig. 9 and Plate 57, Fig. 1.

This new species is similar to *Euscenium tricolpium* Haeckel (1887, p. 1147, pl. 53, fig. 1) and *Cladoscenium tricolpium* Bjørklund (1976, p. 1124, pl. 7, figs. 5–8), but the latter two have both apical horn and main feet with lateral spines as serration, and smooth surface. Feature of Genus *Cladoscenium* is apical horn and feet with terminal bifurcate.

Calpophaena pentarrhabda sp. nov.

(Pl. 59, Figs. 1–4)

Shell small, sub-sphere or helmet, surface general smooth, pores sub-circle or polygon, with different sizes, sub-regular distribution, bars thin, a few small spine on shell surface; one apical spine oblique, slender rod like which has no distal sharp, approximately length as shell length; mouth open, with unobvious peristoma ring, where develop 5 irregular terminal feet, slender rod like, with different growing orientations, side or inclined directions, similar length of all feet in one specimen, less than shell length, no forfication.

Measurements: Diameter of shell length 36–38 μm, shell width 46–49 μm, length of apical spine 37–39 μm, length of terminal feet 22–33 μm.

Locality of holotype: BS-R18 deposited in the South China Sea Institute, CAS, from sample U1340A-1H-cc of IODP 323 in the Bering Sea, pictured in Plate 59, Figs. 1–4.

This new species is basically similar to *Calpophaena tetrarrhabda* Haeckel and *Calpophaena hexarrhabda* Haeckel (1887, p. 1176, pl. 53, figs. 17, 18), the main distinction is the number of terminal feet and their growing direction, the two latter species have 4 and 6 feet, respectively, and also a basal plate with a cross of 4 or 6 pores, but this similar structure does not appear in the new species.

Eucecryphalus penelopus sp. nov.

(Pl. 69, Figs. 1, 2)

Shell small, cephalis and thorax ratio of length and width as 1 ∶ 6 and 1 ∶ 2, with one apical spine of slender rod like, about as long as cephalis. Cephalis hemispherical, collar stricture unobvious, slight thick walled, surface slight rough with some small spines, a few pores long elliptical. Three robust wings arise from the upper thorax, three edged and distal sharp, curve arc downward, about 1.5 times length as the thorax. Thorax fat conical or waistdrum, middle slight swell, mouth contract, pores quasi-circular or long elliptical, with different sizes, irregular arrangement, pore diameter 1–4 times as bar width, surface smooth, no coronal on the peristoma, uneven and no terminal spines.

Measurements: Shell length 78 μm, shell width 62 μm, mouth breadth 30 μm, length of apical spine 18 μm, length of wings 74 μm.

Locality of holotype: BS-R19 deposited in the South China Sea Institute, CAS, from sample U1344A-5H-cc of IODP 323 in the Bering Sea, pictured in Plate 69, Figs. 1, 2.

This new species is similar to *Eucecryphalus corocalyptra* Haeckel (1887, p. 1221), but the latter has a larger shell, with long conical apical spine, hexagonal pores regularly arranged and coronal peristoma.

Lychnocanoma gracilenta sp. nov.

(Pl. 69, Figs. 5, 6)

Shell slender and small, thick walled; cephalis near spherical, surface smooth, with many small circular pores, apical spine very small; thorax hemispherical, very thick walled, a few and large pores, circular, similar sizes, with hexagonal framwork, sub-regular arranged, horizontal 2–3 rows and longitudinal 5–6 rows, some short conical spines arise from join points of bars, thorax rib solid, may extending as wings of long triangular; three basal feet grow nearly vertical downward, strong and straight, three edged pyramid, distal sharp; seemly a undeveloped abdomen, or incomplete, thin walled, irregular pores with great different sizes, the peristoma broken.

Measurements: Diameter of cephalis 30 μm, length of thorax 38 μm, width of thorax 63 μm, length of apical spine 5 μm, length of basal feet 112 μm.

Locality of holotype: BS-R20 deposited in the South China Sea Institute, CAS, from sample U1344A-5H-cc of IODP 323 in the Bering Sea, pictured in Plate 69, Figs. 5, 6.

This new species is similar to *Lychnocanoma nipponica sakaii* Morley et Nigrini, but the latter has wider thorax, more smaller pores, and three basal feet outward-dipping obviously.

Pterocanium brachypodium sp. nov.

(Pl. 75, Figs. 5–8)

Shell small; cephalis hemispherical, transparency, with a few pores, different sizes, apical horn needle-rod like, slender, 1–2 times as length of cephalis; thorax conical or helmet, swelled walls between the ribs, thin walled, pores quasi-circular or hexagonal, similar or different sizes, sub-regular arrangement, diameter of pores 1–3 times as width of bars; peristoma slight contracted, truncated mouth; three ribs in thorax extend outward, form three short terminal feet, three edged pyramid, robust, only half length of thorax; the whole surface smooth, without any spine or thorn.

Measurements: Cephalis length 23–30 μm, width 35–40 μm, thorax length 58–73 μm, width 83–92 μm, length of apical horn 34–56 μm, length of basal feet 32–36 μm.

Locality of holotype: BS-R21 deposited in the South China Sea Institute, CAS, from sample U1340C-3H-cc of IODP 323 in the Bering Sea, pictured in Plate 75, Fig. 6.

This new species is some similar to *Lychnocanium conicum* Clark et Campbell (1942, p. 71, pl. 9, fig. 38), but the latter has no ribs of thorax, the basal feet grow directly from the peristoma, thick walled and surface rough.

图版及说明

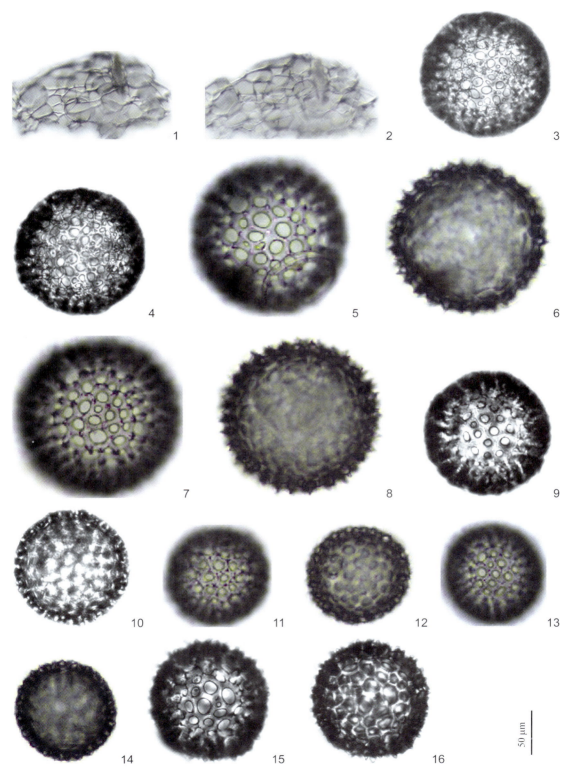

1, 2. 鹿角海黄虫 *Thalassoxanthium cervicorne* Haeckel; 3, 4. 南极空球虫 *Cenosphaera* (*Cyrtidosphaera*) *antarctica* Nakaseko; 5–8. 锥形针空球虫（新种） *Cenosphaera cornospinula* sp. nov.; 9, 10. 花冠空球虫 *Cenosphaera coronata* Haeckel; 11–14. 花冠状空球虫 *Cenosphaera coronataformis* Shilov; 15, 16. 冠空球虫 *Cenosphaera cristata* Haeckel

图版 2

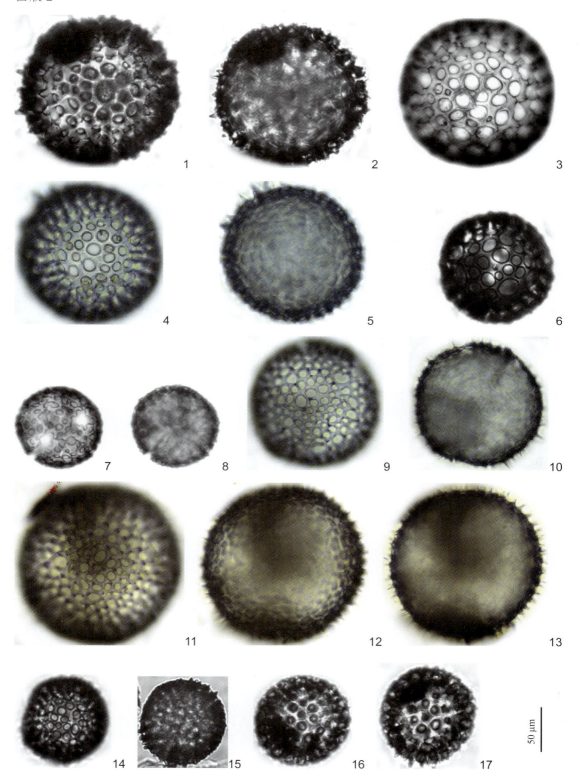

1-5. 冠空球虫 *Cenosphaera cristata* Haeckel；6-10. 表棘空球虫（新种）*Cenosphaera exspinosa* sp. nov.；11-13. 巢空球虫 *Cenosphaera favosa* Haeckel；14, 15. 狐空球虫 *Cenosphaera huzitai* Nakaseko；16, 17. 魔边空球虫 *Cenosphaera megachile* Clark et Campbell

图版 3

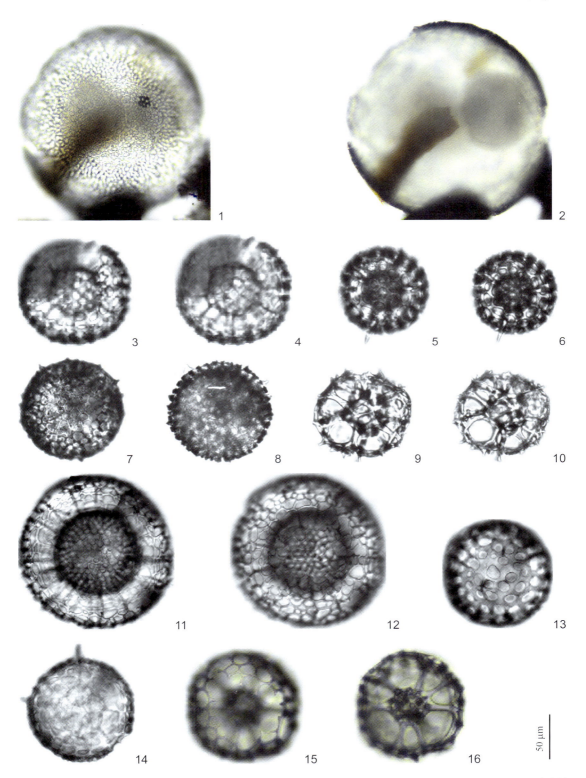

1, 2. 大洋空球虫 *Cenosphaera oceanica* Clark et Campbell；3, 4. 圆果球虫 *Carposphaera globosa* Clark et Campbell；5, 6. 大孔果球虫 *Carposphaera (Melittosphaera) magnaporulosa* Clark et Campbell；7, 8. 稀果球虫 *Carposphaera rara* Carnevale；9, 10. 果球虫（未定种 1） *Carposphaera* sp. 1；11, 12. 亚薄果球虫 *Carposphaera subbotinae* Borisenko；13, 14. 果球虫（未定种 2）*Carposphaera* sp. 2；15, 16. 果球虫（未定种 3）*Carposphaera* sp. 3

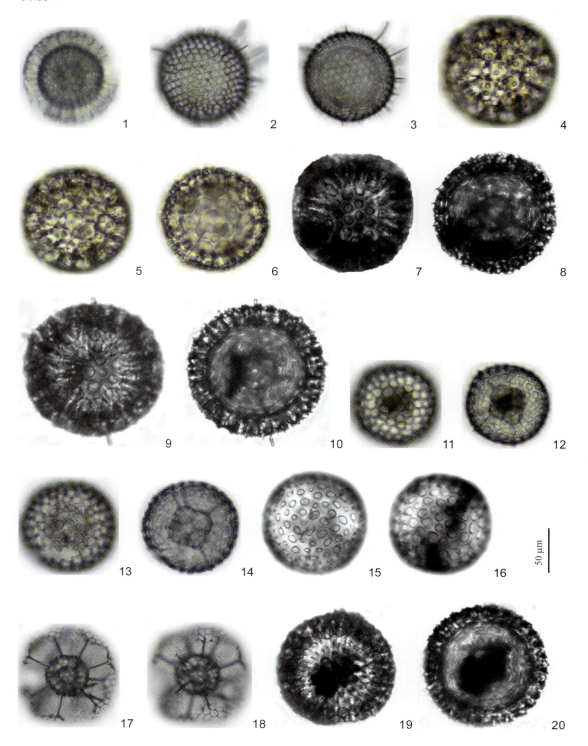

1–3. 六角光滑球虫 *Liosphaera hexagonia* Haeckel；4–6. 光滑球虫（未定种）*Liosphaera* sp.；7–10. 尖纹莢球虫 *Thecosphaera akitaensis* Nakaseko；11–14. 内方莢球虫（新种）*Thecosphaera entocuba* sp. nov.；15–18. 格里可莢球虫 *Thecosphaera grecoi* Vinassa de Regny；19, 20. 日本莢球虫 *Thecosphaera japonica* Nakaseko

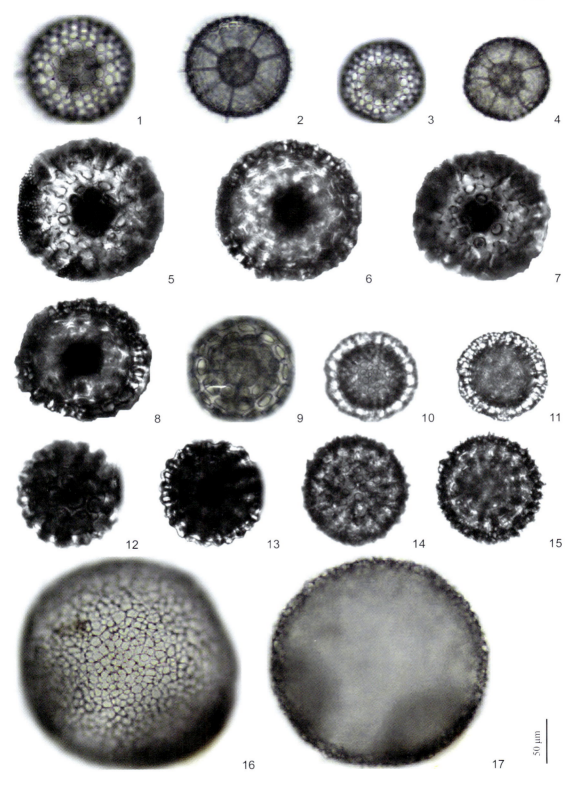

1-4. 桑氏荚球虫 *Thecosphaera sanfilippoae* Blueford；5-8. 兹特荚球虫 *Thecosphaera zittelii* Dreyer；9. 荚球虫（未定种）*Thecosphaera* sp.；10, 11. 适玫瑰球虫 *Rhodosphaera idonea* Ruest；12, 13. 玫瑰球虫（未定种 1）*Rhodosphaera* sp. 1；14, 15. 玫瑰球虫（未定种 2）*Rhodosphaera* sp. 2；16, 17. 空球编枝球虫 *Plegmosphaera coelopila* Haeckel

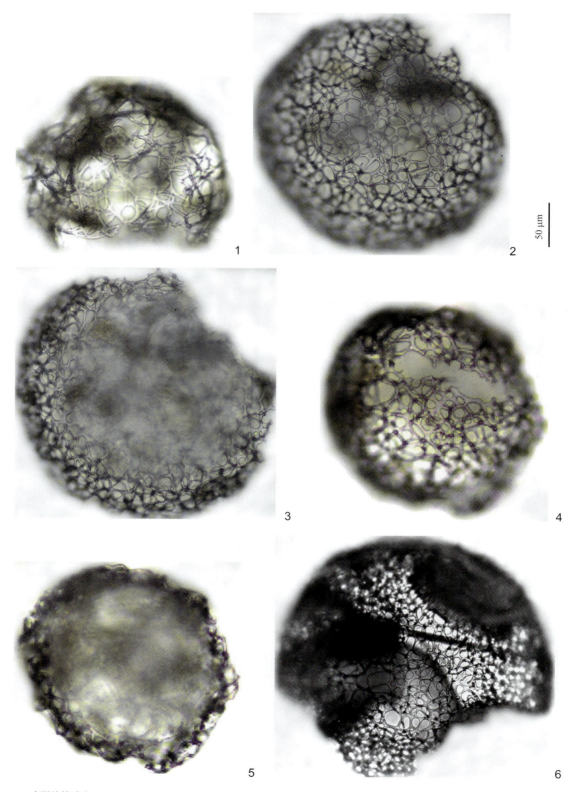

1. 内网编枝球虫 *Plegmosphaera entodictyon* Haeckel；2, 3. 细编枝球虫 *Plegmosphaera leptoplegma* Haeckel；4–6. 编枝球虫（未定种）*Plegmosphaera* sp.

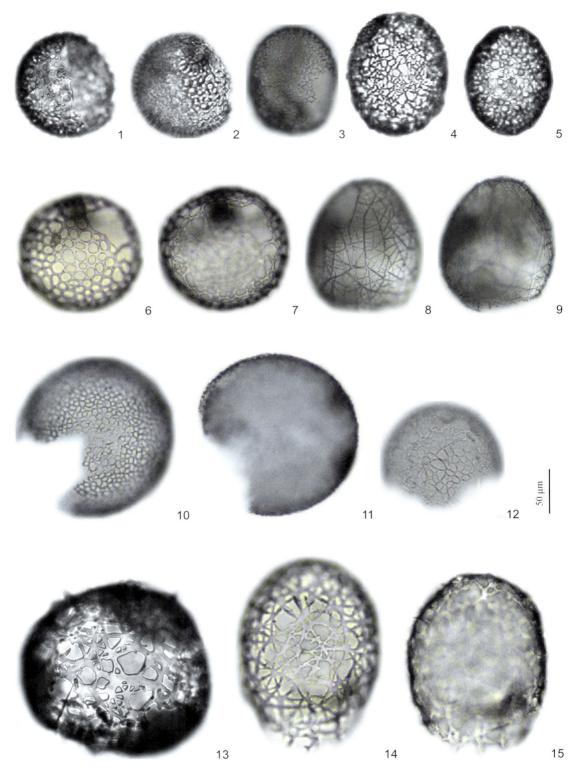

1, 2. 百孔胶球虫 *Collosphaera confossa* Takahashi；3–5. 卵胶球虫 *Collosphaera elliptica* Chen et Tan；6, 7. 胶球虫 *Collosphaera huxleyi* Müller；8, 9. 复卵胶球虫 *Collosphaera ovaiireialis* (Takahashi)；10, 11. 胶球虫（未定种 1）*Collosphaera* sp. 1；12. 胶球虫（未定种 2）*Collosphaera* sp. 2；13–15. 蛛网尖球虫（新种）*Acrosphaera arachnodictyna* sp. nov.

图版 8

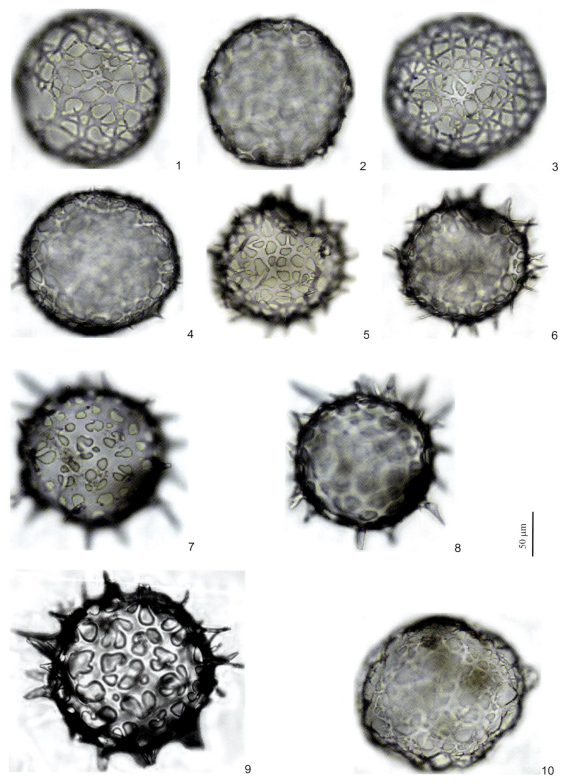

1–4. 蛛网尖球虫（新种）*Acrosphaera arachnodictyna* sp. nov.; 5–9. 阿克尖球虫 *Acrosphaera arktios* (Nigrini); 10. 丘尖球虫 *Acrosphaera collina* Haeckel

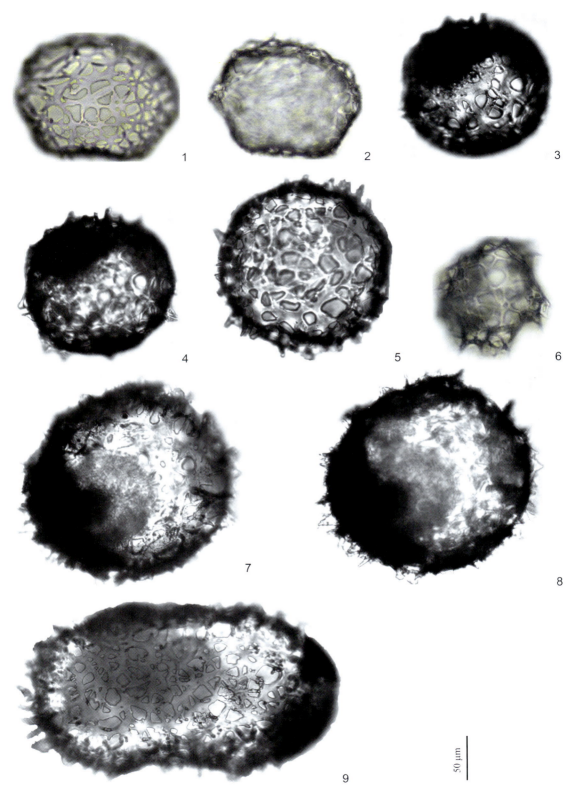

图版 9

1, 2. 丘尖球虫 *Acrosphaera collina* Haeckel；3–5. 松尖球虫 *Acrosphaera hirsuta* Perner；6. 胀尖球虫 *Acrosphaera inflata* Haeckel；
7, 8. 刺尖球虫 *Acrosphaera spinosa* (Haeckel)；9. 尖球虫（未定种）*Acrosphaera* sp.

图版 10

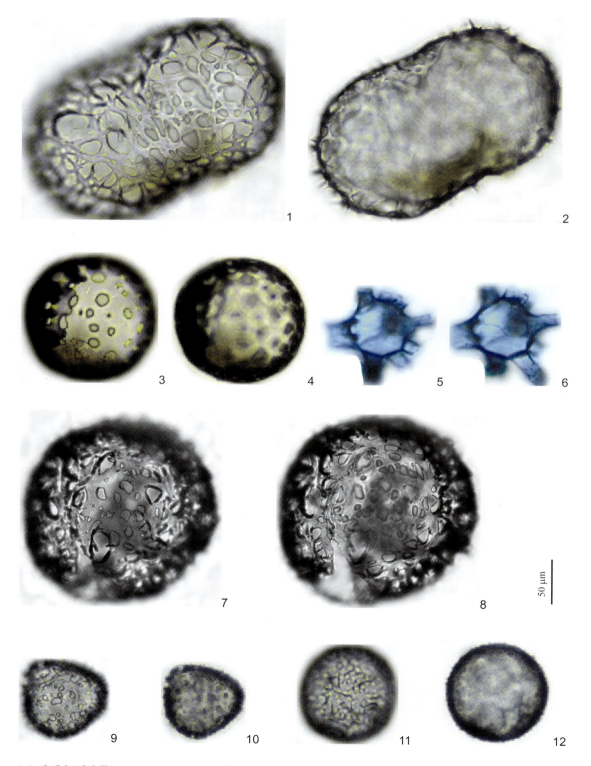

50 μm

1, 2. 尖球虫（未定种）*Acrosphaera* sp.；3, 4. 貂管球虫 *Siphonosphaera martensi* Brandt；5, 6. 筒管球虫 *Siphonosphaera tubulosa* Müller；7, 8. 管球虫（未定种 1）*Siphonosphaera* sp. 1；9, 10. 管球虫（未定种 2）\ *Siphonosphaera* sp. 2；11, 12. 管球虫（未定种 3）*Siphonosphaera* sp. 3；

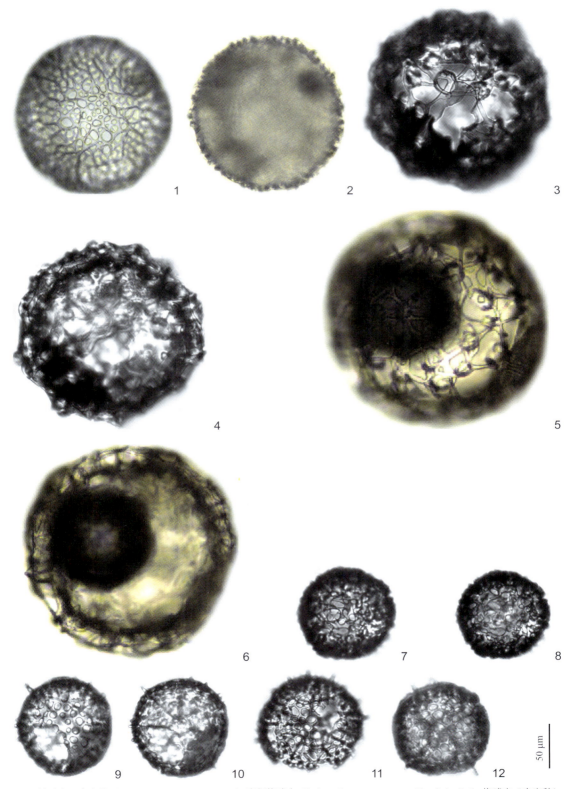

1, 2. 管球虫（未定种 4）*Siphonosphaera* sp. 4；3–6. 表织格球虫 *Clathrosphaera circumtexta* Haeckel；7, 8. 格球虫（未定种）*Clathrosphaera* sp.；9–12. 考勒矛球虫 *Lonchosphaera cauleti* Dumitrica

图版 12

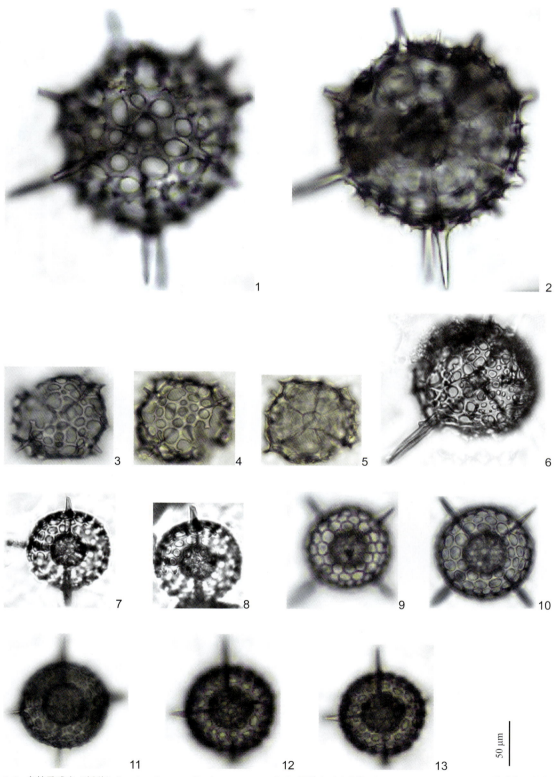

1, 2. 多棘矛球虫（新种）*Lonchosphaera multispinota* sp. nov.；3–5. 矛球虫（未定种 1）*Lonchosphaera* sp. 1；6. 矛球虫（未定种 2）*Lonchosphaera* sp. 2；7, 8. 芒六矛虫 *Hexalonche aristarchi* Haeckel；9, 10. 秀丽六矛虫（新种）*Hexalonche calliona* sp. nov.；11–13. 小针六矛虫 *Hexalonche parvispina* Vinassa

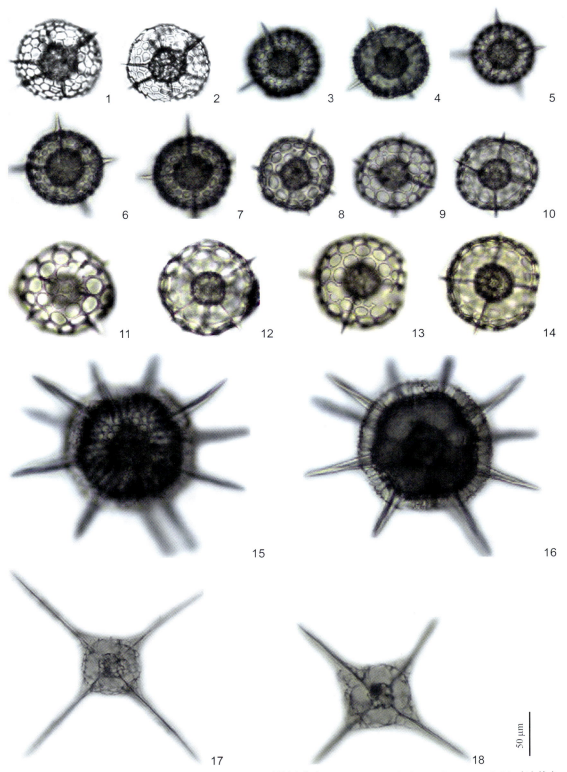

1, 2. 内棘六枪虫 *Hexacontium enthacanthum* Jørgensen；3–7. 厚棘六枪虫 *Hexacontium pachydermum* Jørgensen；8–14. 方六枪虫 *Hexacontium quadratum* Tan；15, 16. 美六葱虫 *Hexacromyum elegans* Haeckel；17, 18. 双羽六树虫 *Hexadendron bipinnatum* Haeckel

图版 14

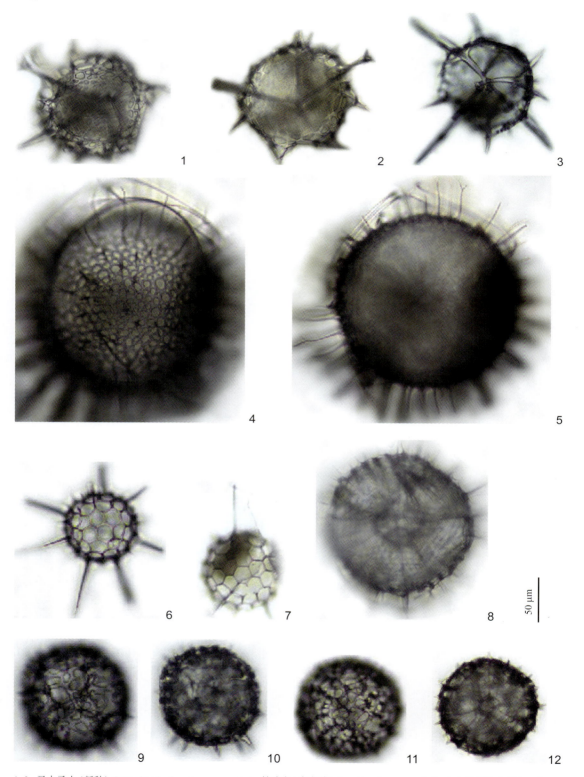

1–3. 叉中矛虫（新种）*Centrolonche furcata* sp. nov.；4, 5. 棘球虫（未定种）*Acanthosphaera* sp.；6, 7. 大六角日球虫 *Heliosphaera macrohexagonaria* Tan；8. 太阳星虫 *Heliaster hexagonium* Hollande et Enjumet；9–12. 棘动海眼虫 *Haliomma acanthophora* Popofsky

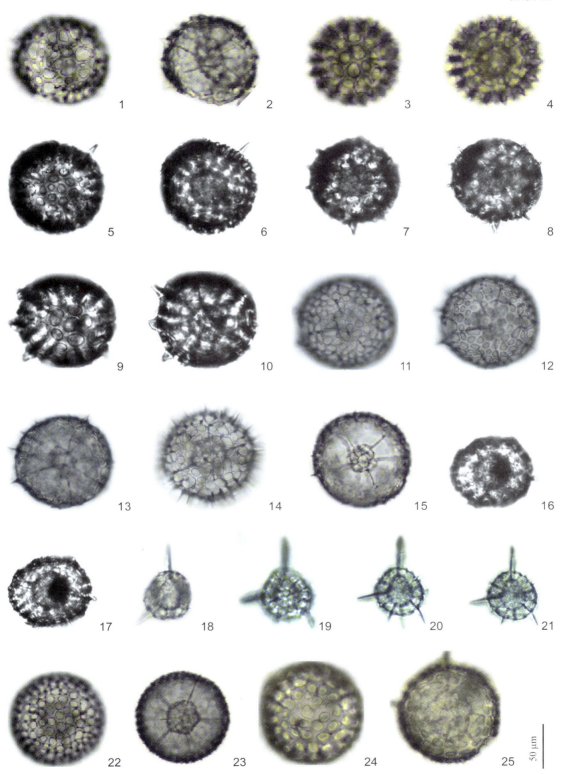

1, 2. 棘动海眼虫 *Haliomma acanthophora* Popofsky；3, 4. 星海眼虫（新种）*Haliomma asteroeides* sp. nov.；5–10. 内光海眼虫 *Haliomma entactinia* Ehrenberg；11–15. 猬海眼虫 *Haliomma erinaceus* Haeckel；16, 17. 卵海虫眼 *Haliomma ovatum* Ehrenberg；18–21. 梨形海眼虫 *Haliomma pyriformis* Bailey；22–25. 海眼虫（未定种）*Haliomma* sp.

图版 16

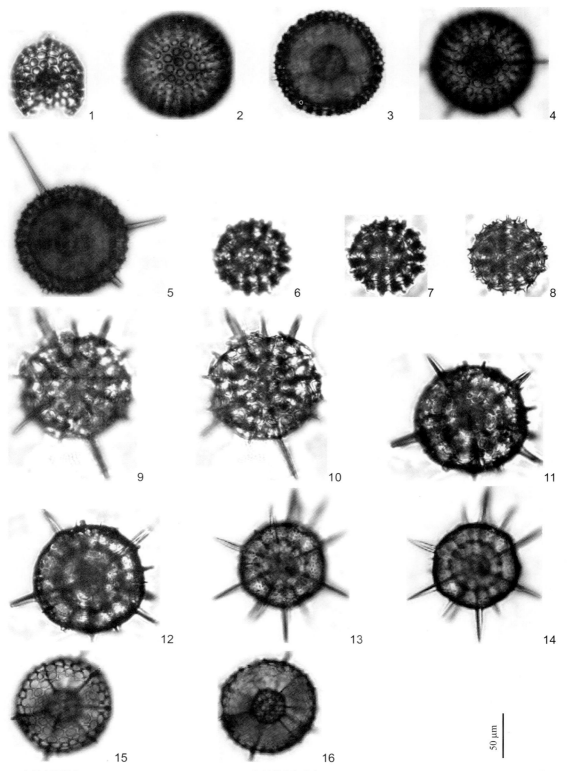

1. 水母小海眼虫 *Haliommetta medusa* (Ehrenberg); 2–5. 中新世小海眼虫 *Haliommetta miocenica* (Campbell et Clark) group; 6–8. 异太阳虫 *Heliosoma dispar* Blueford; 9–14. 北方光眼虫 *Actinomma boreale* Cleve; 15, 16. 短刺光眼虫 *Actinomma brevispiculum* Popofsky

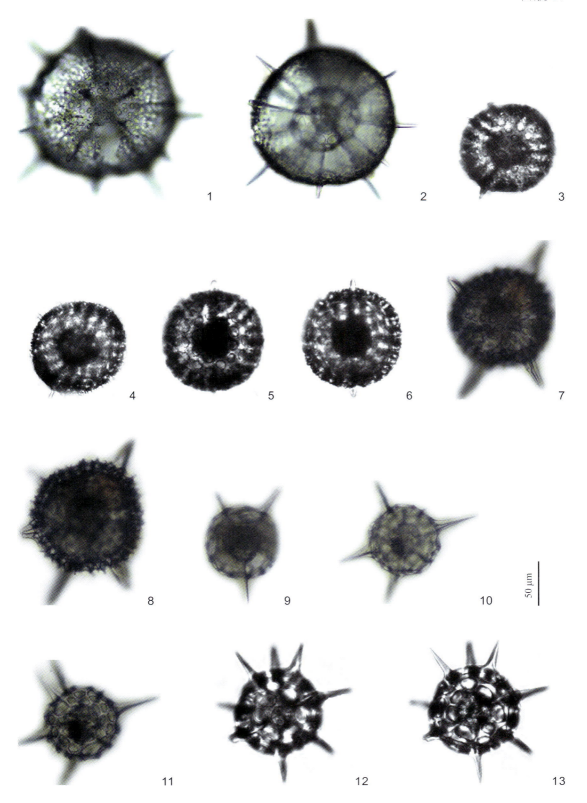

50 μm

1, 2. 北方光眼虫 *Actinomma boreale* Cleve；3–6. 亨宁光眼虫 *Actinomma henningsmoeni* Goll et Bjørklund；7, 8. 六针光眼虫 *Actinomma hexactis* Stohr；9–13. 瘦光眼虫 *Actinomma leptodermum* (Jørgensen)

图版 18

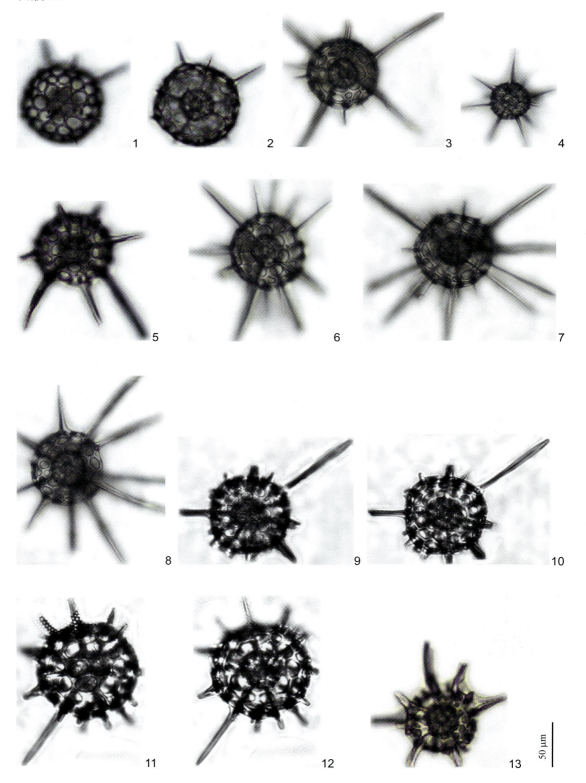

50 μm

1，2. 瘦光眼虫 *Actinomma leptodermum* (Jørgensen)；3–13. 瘦光眼虫长针亚种 *Actinomma leptoderma longispina* Cortese et Bjørklund group

50 μm

1—8. 瘦光眼虫长针亚种 *Actinomma leptoderma longispina* Cortese et Bjørklund group

图版 20

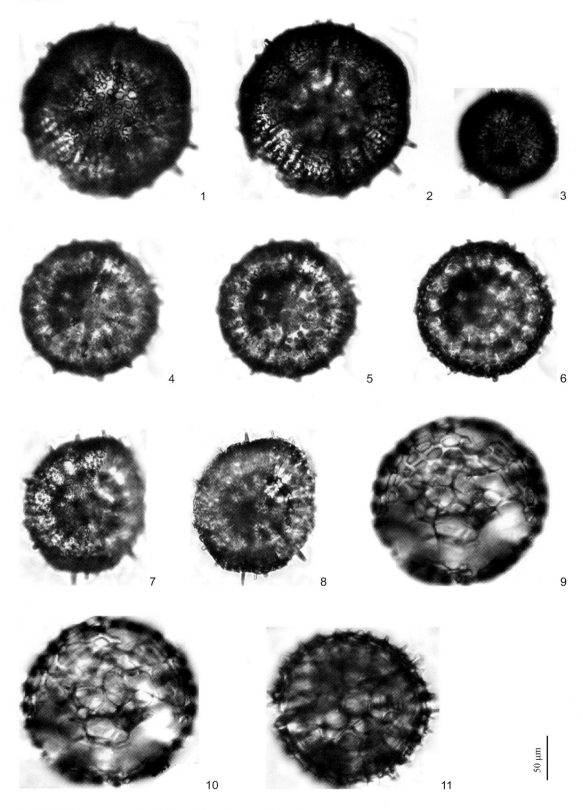

1—8. 灰光眼虫 *Actinomma livae* Goll et Bjørklund；9—11. 中央光眼虫 *Actinomma medianum* Nigrini

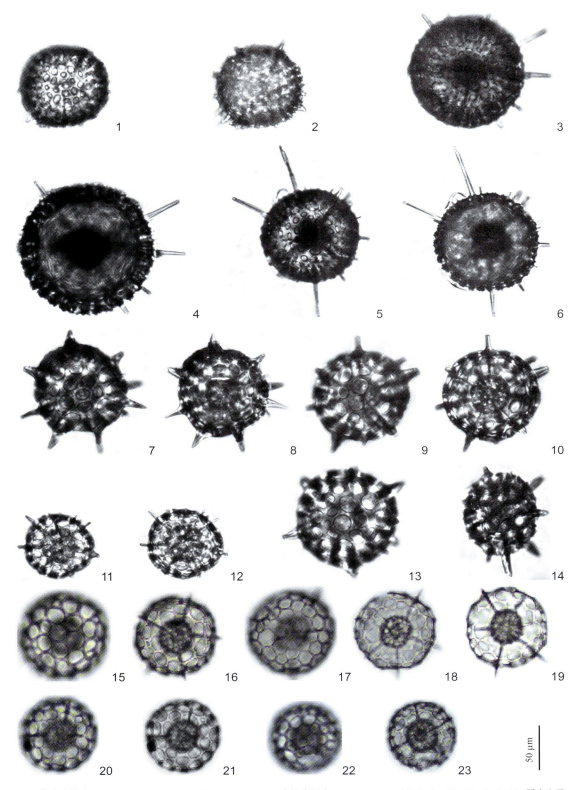

1, 2. 海女光眼虫 *Actinomma medusa* (Ehrenberg) group；3–6. 奇异光眼虫 *Actinomma mirabile* Goll et Bjørklund；7–14. 厚皮光眼虫 *Actinomma pachyderma* Haeckel；15–23. 透明光眼虫（新种）*Actinomma pellucidata* sp. nov.

图版 22

50 μm

1, 2. 宽光眼虫 *Actinomma plasticum* Goll et Bjørklund；3–8. 多角光眼虫（新种）*Actinomma polyceris* sp. nov.；9. 球蝟光眼虫 *Actinomma sphaerechinus* Haeckel；10, 11. 光眼虫（未定种 1）*Actinomma* sp. 1；12, 13. 光眼虫（未定种 2）*Actinomma* sp. 2；14–16. 光眼虫（未定种 3）*Actinomma* sp. 3；17, 18. 光眼虫（未定种 4）*Actinomma* sp. 4

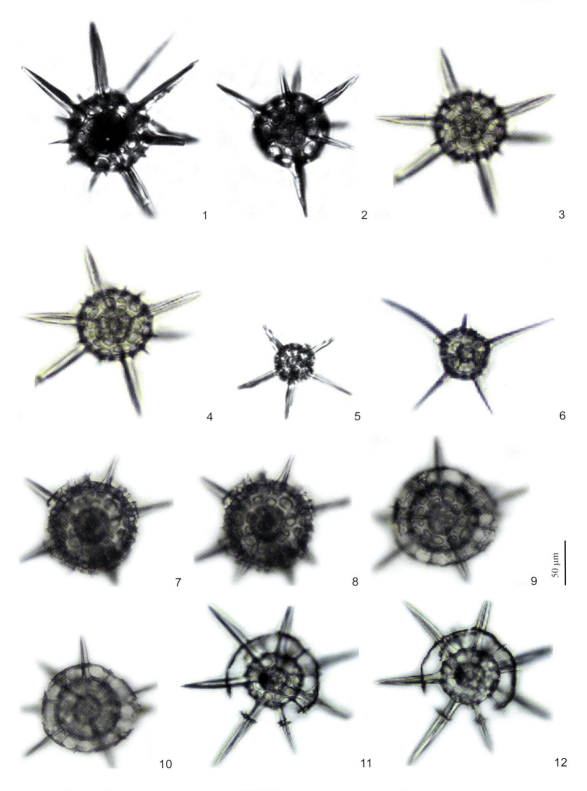

1−6. 光眼虫（未定种 5）*Actinomma* sp. 5；7−12. 围织葱眼虫 *Cromyomma circumtextum* Haeckel

图版 24

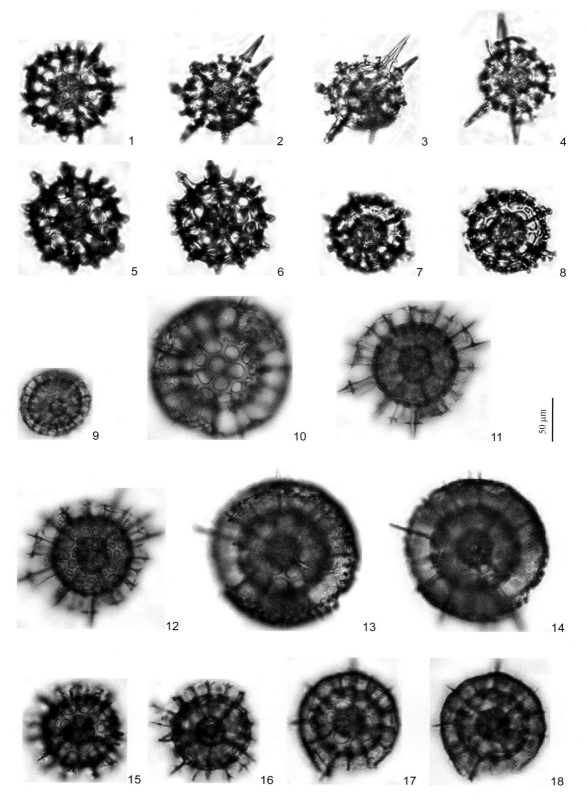

1–8. 围织葱眼虫 *Cromyomma circumtextum* Haeckel；9. 穿刺葱眼虫 *Cromyomma perspicuum* Haeckel；10–18. 南极葱海胆虫 *Cromyechinus antarctica* (Dreyer)

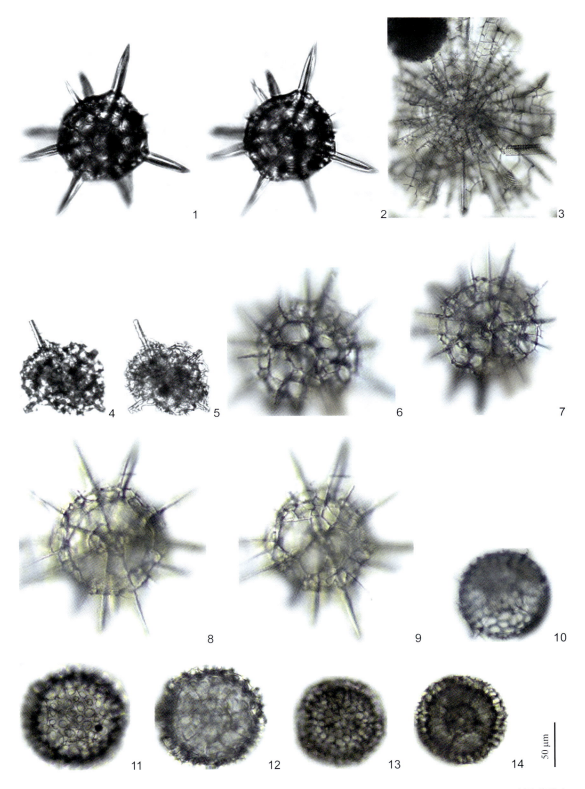

1，2. 十二棘葱海胆虫 *Cromyechinus dodecacanthus* Haeckel；3. 中方虫 *Centrocubus cladostylus* Haeckel；4，5. 棘海绵眼虫 *Spongiomma spinatum* Chen et Tan；6–9. 中方八枝虫 *Octodendron cubocentron* Haeckel；10–14. 顶枝根球虫 *Rhizosphaera acrocladon* Blueford

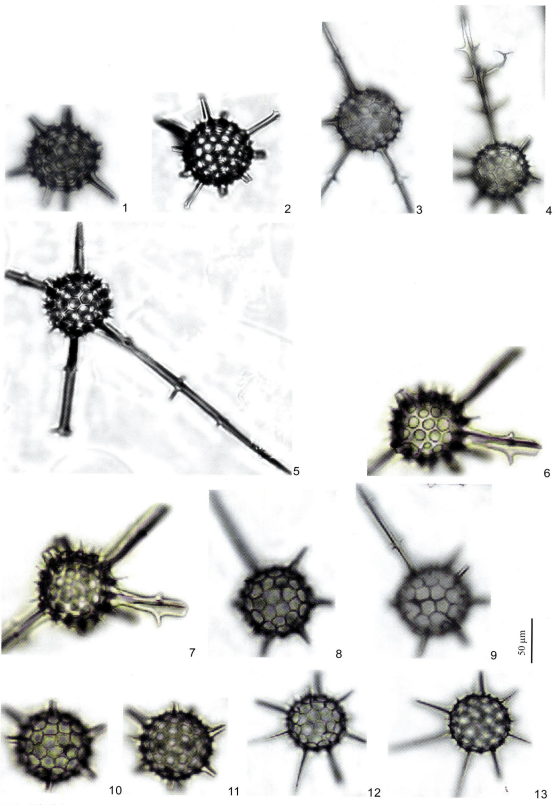

1–13. 王灯球虫 *Lychnosphaera regina* Haeckel

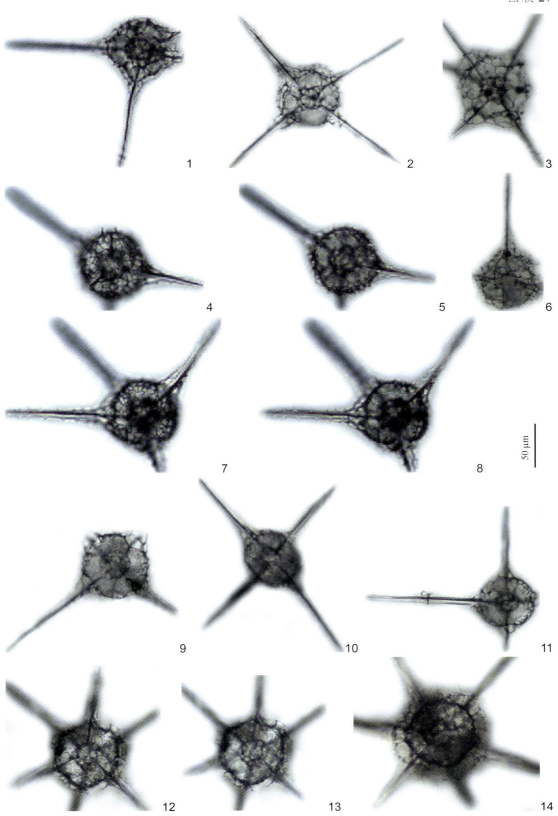

1–14. 北方根编虫 *Rhizoplegma boreale* (Cleve)

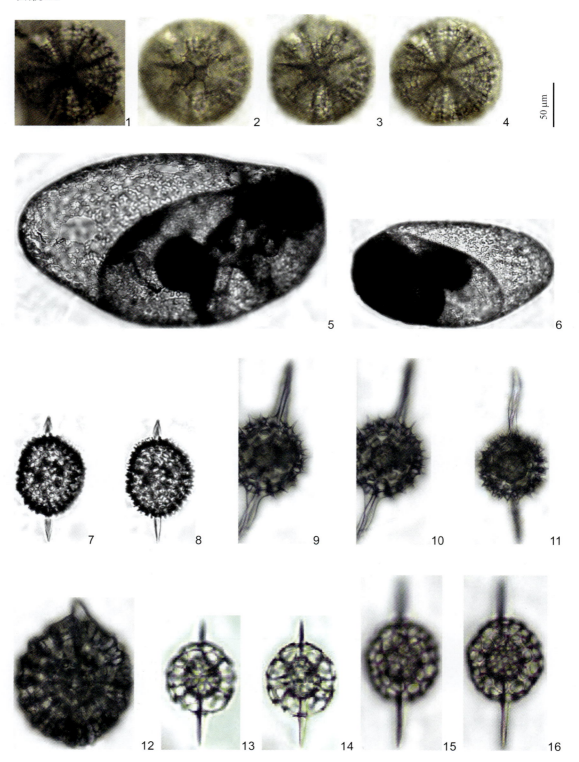

50 μm

1–4. 蜂巢中方虫（新种）*Centrocubus alveolus* sp. nov.；5, 6. 卵空椭球虫? *Cenellipsis elliptica* Lipman?；7, 8. 针球虫（未定种 1）*Stylosphaera* sp. 1；9–11. 壳橄榄虫 *Druppatractus ostracion* Haeckel；12. 变异橄榄虫 *Druppatractus variabilis* Dumitrica；13–16. 橄榄虫（未定种 1）*Druppatractus* sp. 1

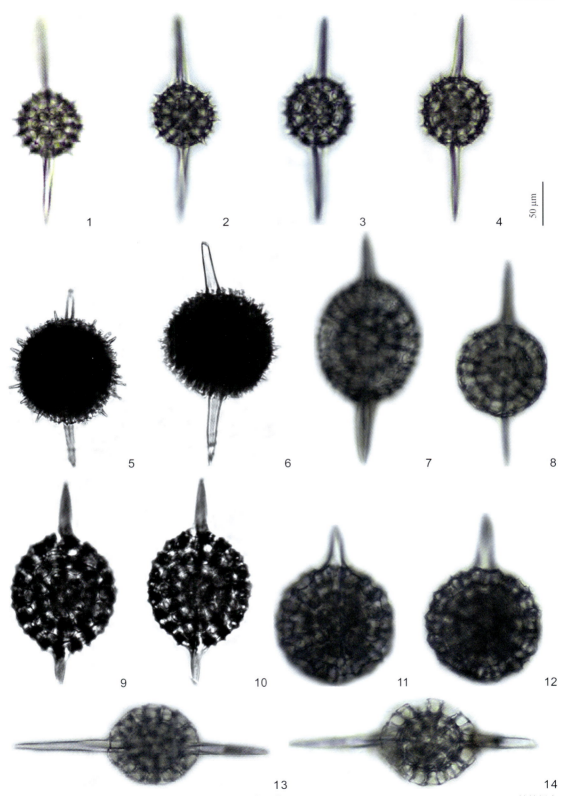

50 μm

1–4. 橄榄虫（未定种 2）*Druppatractus* sp. 2；5, 6. 圣针蜓虫 *Stylatractus angelinus* (Campbell et Clark)；7–10. 双针针蜓虫 *Stylatractus disetanius* Haeckel；11, 12. 双啄剑蜓虫早亚种 *Xiphatractus birostractus praecursor* (Gorbunov)；13, 14. 克罗剑蜓虫 *Xiphatractus cronos* (Haeckel)

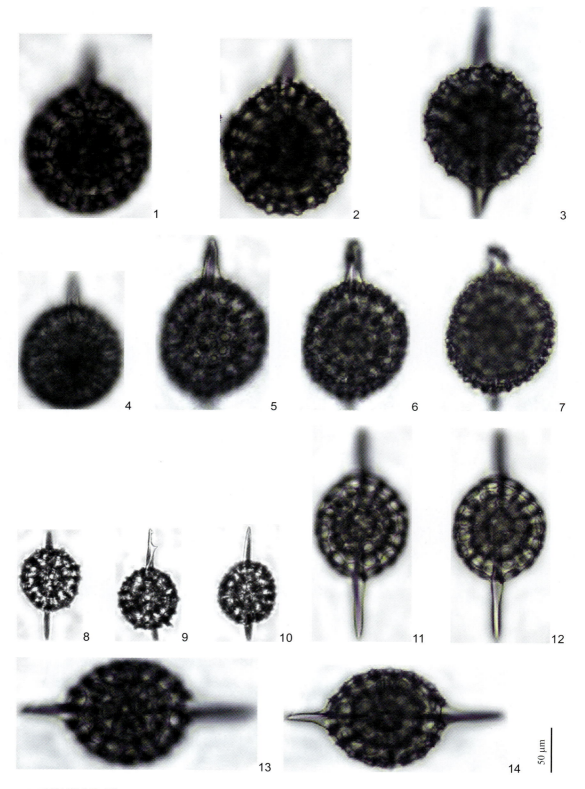

1–3. 双啄剑蜓虫早亚种 *Xiphatractus birostractus praecursor* (Gorbunov)；4–7. 糙皮剑蜓虫 *Xiphatractus trachyphloius* Chen et Tan；8–10. 剑蜓虫（未定种 1）*Xiphatractus* sp. 1；11–14. 剑蜓虫（未定种 2）*Xiphatractus* sp. 2

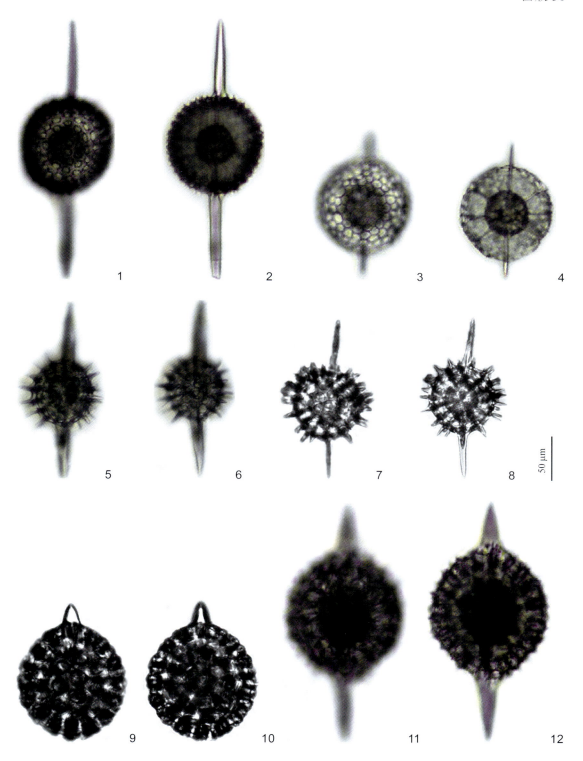

1, 2. 冠倍球虫 *Amphisphaera cristata* Carnevale；3、4. 裂蹼倍球虫 *Amphisphaera dixyphos* (Ehrenberg)；5–8. 薄壁倍球虫 *Amphisphaera* (*Amphisphaerella*) *gracilis* Campbell et Clark；9, 10. 辐射倍球虫 *Amphisphaera radiosa* (Ehrenberg)；11, 12. 双啄剑蜓虫早亚种 *Xiphatractus birostractus praecursor* (Gorbunov)

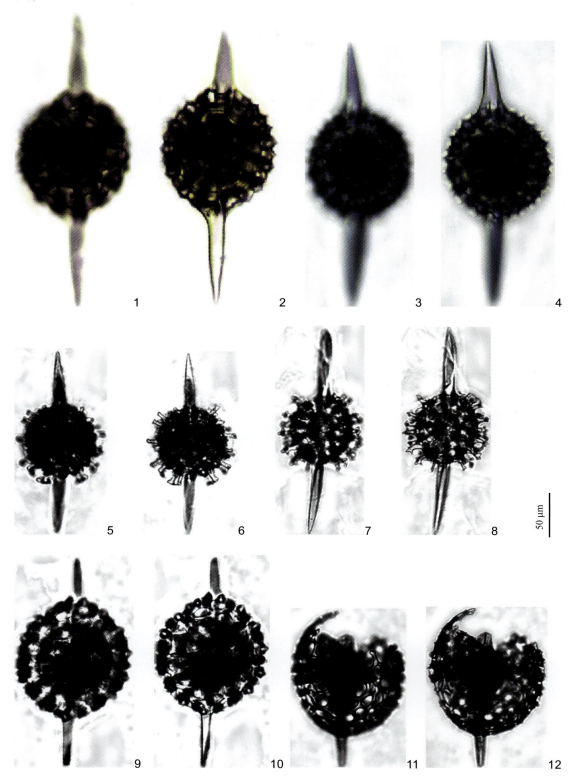

1-4. 桑塔倍球虫 *Amphisphaera santaennae* (Campbell et Clark)；5-8. 倍球虫（未定种 1）*Amphisphaera* sp. 1；9, 10. 倍球虫（未定种 2）*Amphisphaera* sp. 2；11, 12. 阿克针矛虫 *Stylacontarium acquilonium* (Hays)

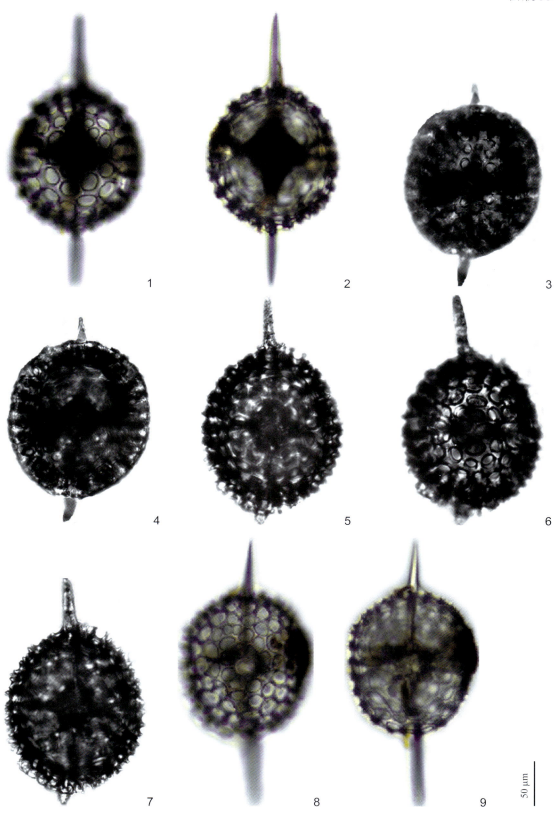

1–4. 阿克针矛虫 *Stylacontarium acquilonium* (Hays)；5–9. 双尖针矛虫 *Stylacontarium bispiculum* Popofsky

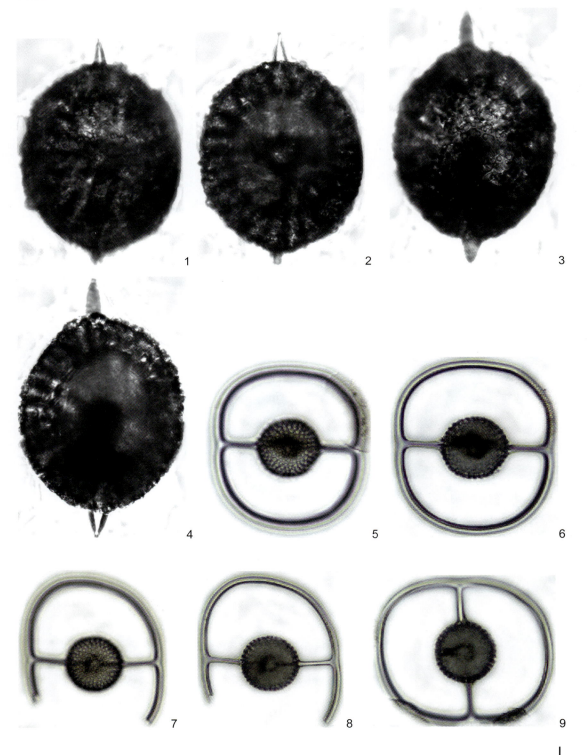

1–4. 厚壁针矛虫（新种）*Stylacontarium pachydermum* sp. nov.；5–9. 椭圆小环土星虫 *Saturnulus ellipticus* Haeckel

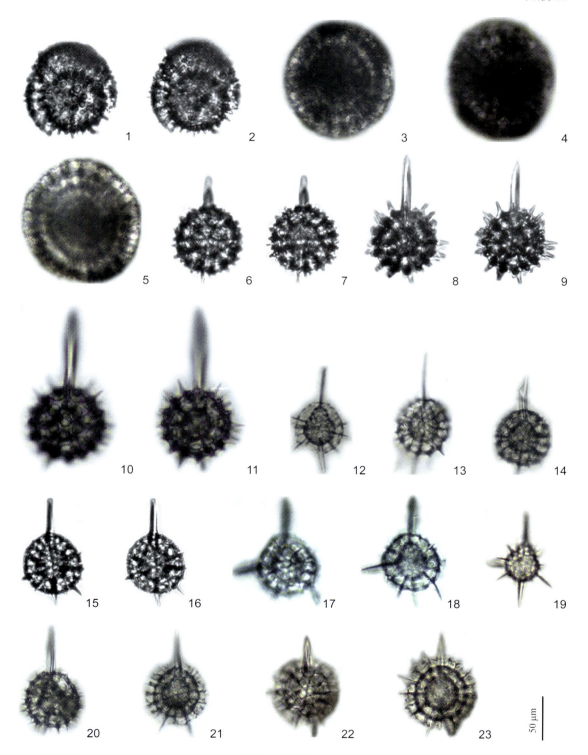

1, 2. 布谷梅虫 *Prunulum coccymelium* Haeckel；3–5. 葱皮虫（未定种 1）*Cromyocarpus* sp. 1；6, 7. 里奇葱核虫 *Cromydruppocarpus esterae* Campbell et Clark；8–11. 葱核虫（未定种）*Cromydruppocarpus* sp.；12–19. 本松矛核虫 *Dorydruppa bensoni* Takahashi；20–23. 矛核虫（未定种）*Dorydruppa* sp.

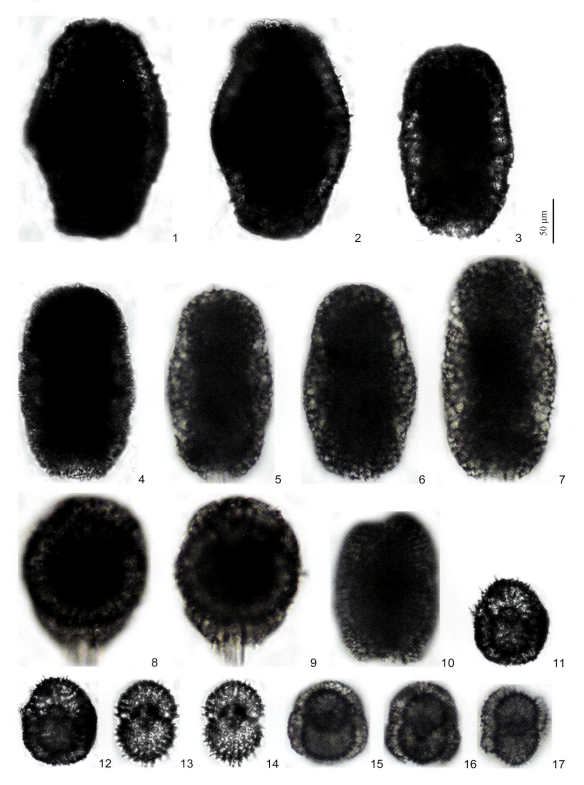

50 μm

1-7. 极口海绵虫 *Spongurus pylomaticus* Riedel；8, 9. 石果虫（未定种）*Lithocarpium* sp.；10. 巨人石果虫 *Lithocarpium titan* (Campbell et Clark)；11-17. 女腰带虫 *Cypassis puella* Haeckel

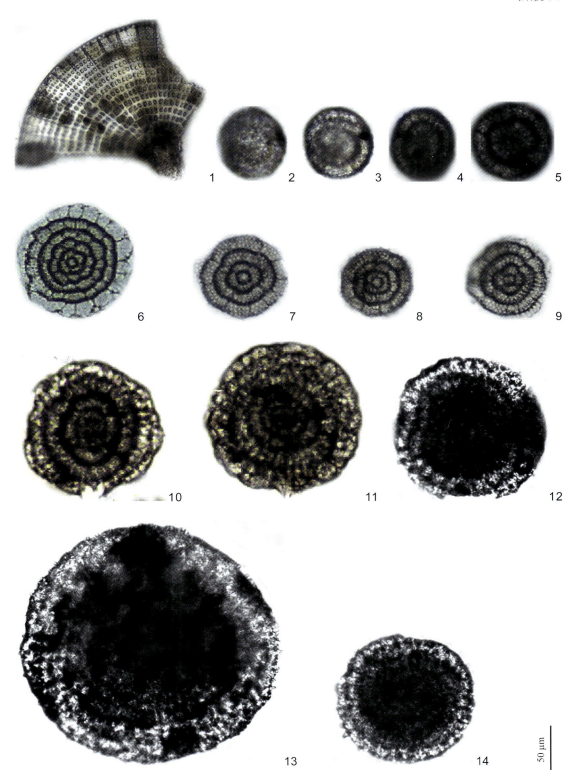

1. 圆石虫（未定种）*Lithocyclia* sp.；2–5. 始盘虫（未定种）*Archidiscus* sp.；6–9. 环孔盘虫 *Porodiscus circularis* Clark et Campbell；10, 11. 椭圆围盘虫 *Circodiscus ellipticus* (Stohr)；12–14. 编膜包虫 *Perichlamydium praetextum* (Ehrenberg)

图版 38

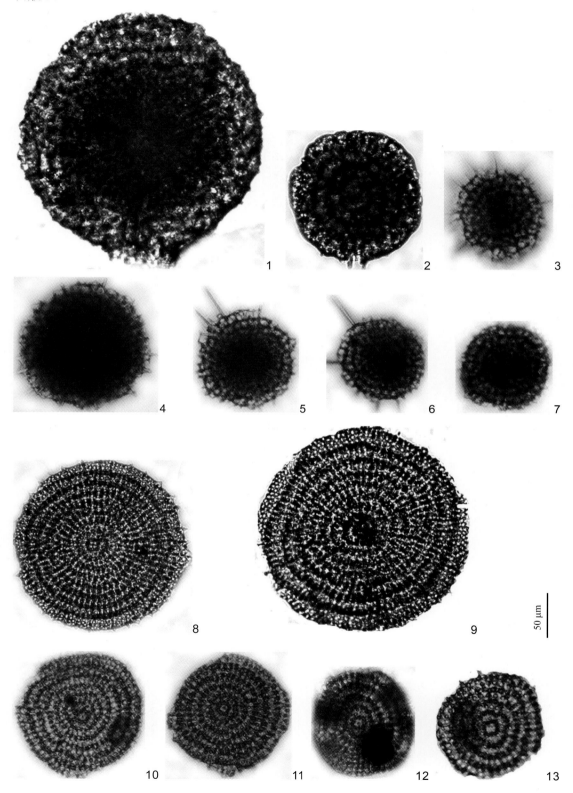

1, 2. 哈克眼盘虫? *Ommatodiscus haeckelii* Stöhr?；3. 毛刺针网虫 *Stylodictya lasiacantha* Tan et Tchang；4–6. 多针针网虫 *Stylodictya multispina* Haeckel；7. 多角针网虫 *Stylodictya polygonia* Popofsky；8–13. 强刺针网虫 *Stylodictya validispina* Jørgensen

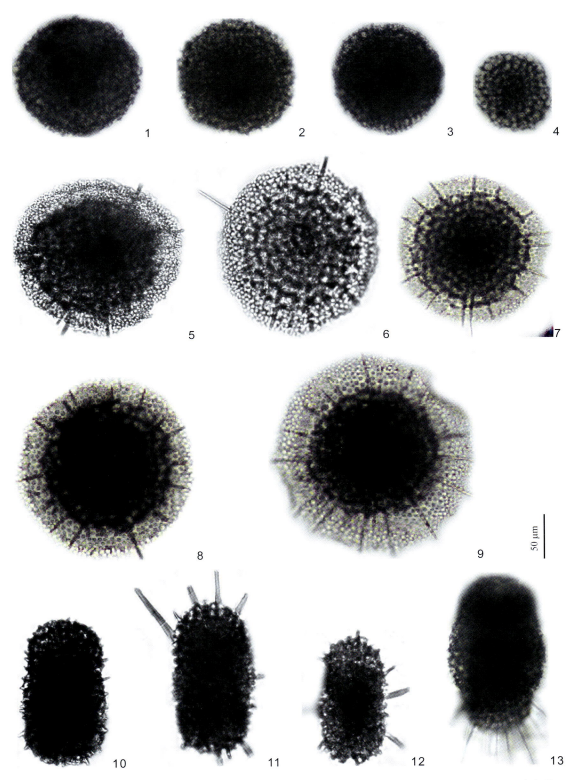

1–4. 针网虫（未定种）*Stylodictya* sp.；5–9. 雅针膜虫 *Stylochlamydium venustum* (Bailey)；10–13. 双腕虫（未定种）*Amphibrachium* sp.

图版 40

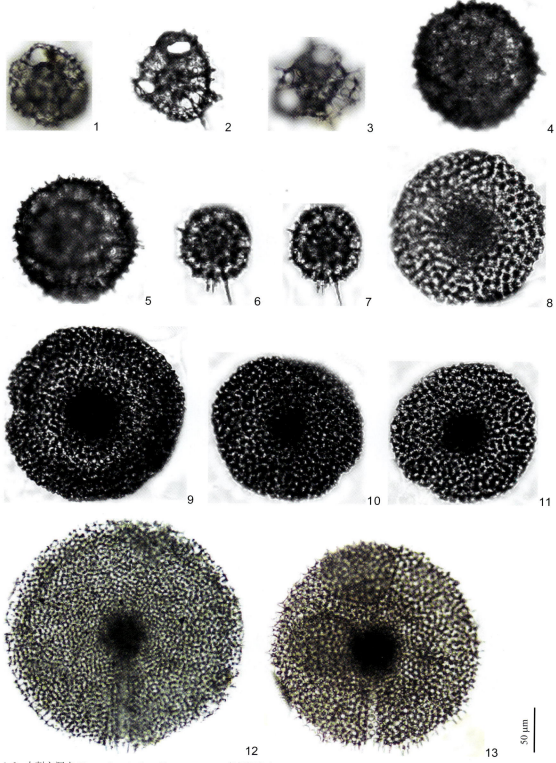

50 μm

1, 2. 小刺六洞虫 *Hexapyle spinulosa* Chen et Tan；3. 多刺门盘虫 *Pylodiscus echinatus* Tan et Su；4, 5. 吻盘孔虫 *Discopyle osculate*
Haeckel；6, 7. 盘孔虫（未定种）*Discopyle* sp.；8–11. 双凹海绵盘虫 *Spongodiscus biconcavus* Haeckel, emend. Chen *et al.*；
12, 13. 多刺海绵盘虫 *Spongodiscus setosus* (Dreyer)

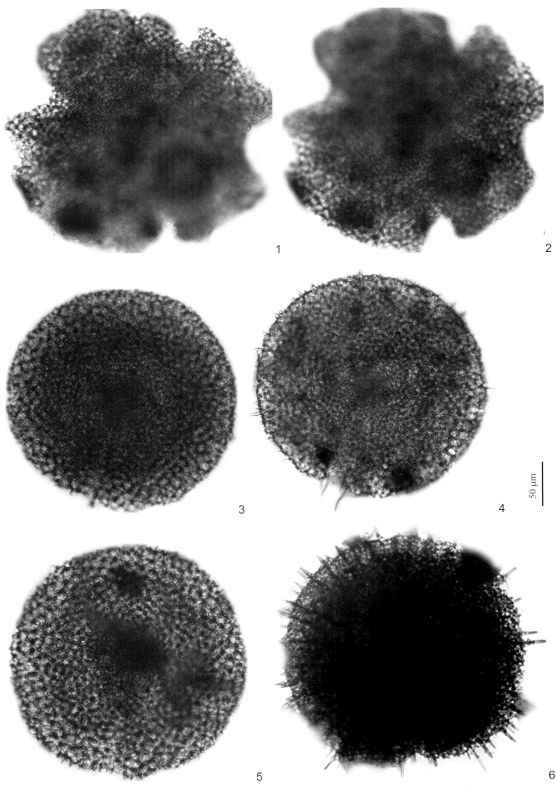

图版 41

1, 2. 海绵盘虫（未定种 1）*Spongodiscus* sp. 1；3–5. 海绵盘虫（未定种 2）*Spongodiscus* sp. 2；6. 冰海绵轮虫 *Spongotrochus glacialis* Popofsky

图版 42

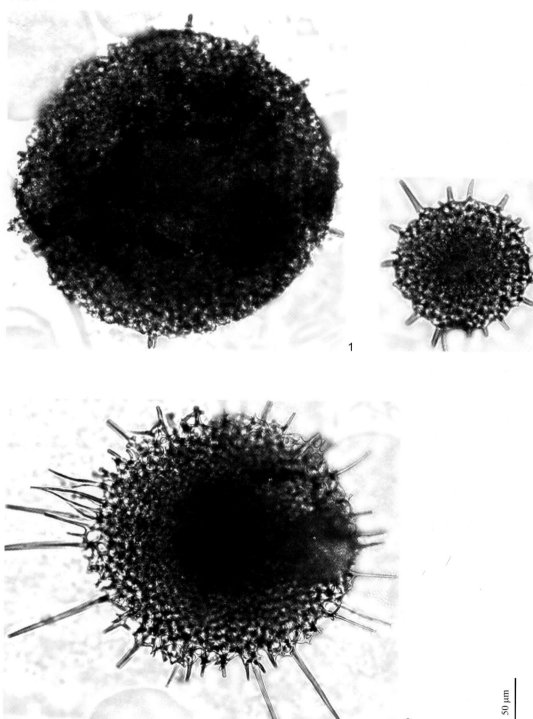

50 μm

1, 2. 冰海绵轮虫 *Spongotrochus glacialis* Popofsky；3. 异形海绵轮虫 *Spongotrochus vitabilis* Goll et Bjørklund

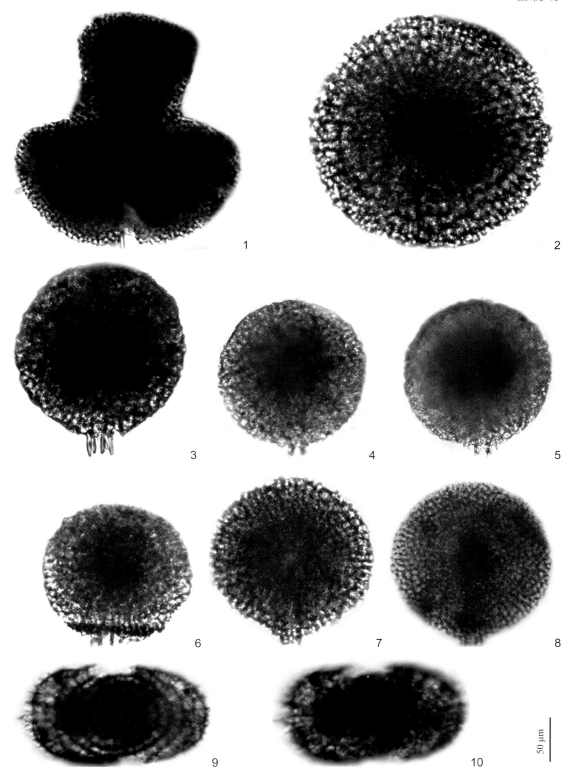

1. 胖棒网虫（新种）*Dictyocoryne inflata* sp. nov.；2–8. 吻海绵门孔虫 *Spongopyle osculosa* Dreyer；9, 10. 名炭篮虫 *Larcopyle augusti* Lazarus *et al.*

图版 44

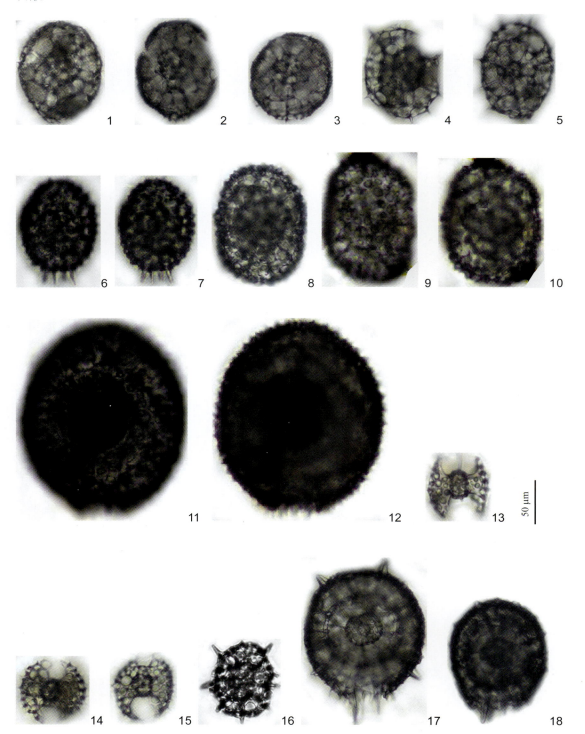

1–5. 炭篮虫 *Larcopyle butschlii* Dreyer；6–10. 外刺炭篮虫 *Larcopyle eccentricum* Lazarus *et al*.；11, 12. 奇异炭篮虫 *Larcopyle peregrinator* Lazarus *et al*.；13. 厚单环带虫 *Monozonium pachystylum* Popofsky；14, 15. 圆四门孔虫 *Tetrapyle circularis* Haeckel, emend. Tan et Chen；16. 八刺门带虫 *Pylozonium octacanthum* Haeckel；17, 18. 南极梅孔虫 *Prunopyle antarctica* Dreyer emend. Nishimura

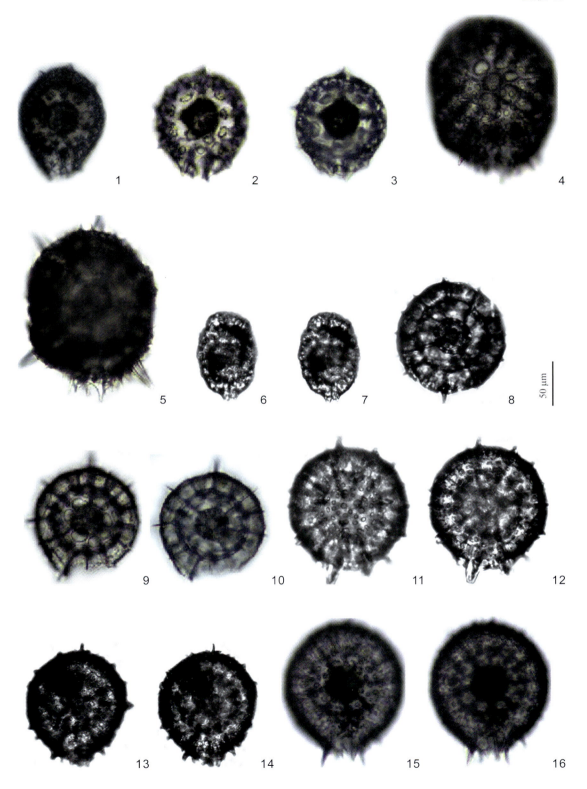

1–5. 南极梅孔虫 *Prunopyle antarctica* Dreyer, emend. Nishimura；6, 7. 梅孔虫（未定种）*Prunopyle* sp.；8–10. 朗球孔虫 *Sphaeropyle langii* Dreyer；11–16. 壮球孔虫 *Sphaeropyle robusta* Kling

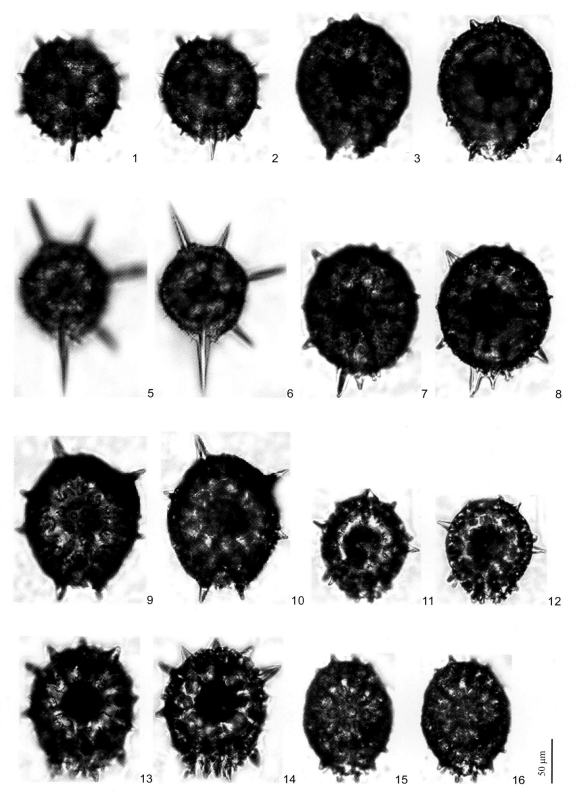

1–6. 球孔虫（未定种 1）*Sphaeropyle* sp. 1；7–10. 球孔虫（未定种 2）*Sphaeropyle* sp. 2；11–14. 球孔虫（未定种 3）*Sphaeropyle* sp. 3；15, 16. 球孔虫（未定种 4）*Sphaeropyle* sp. 4

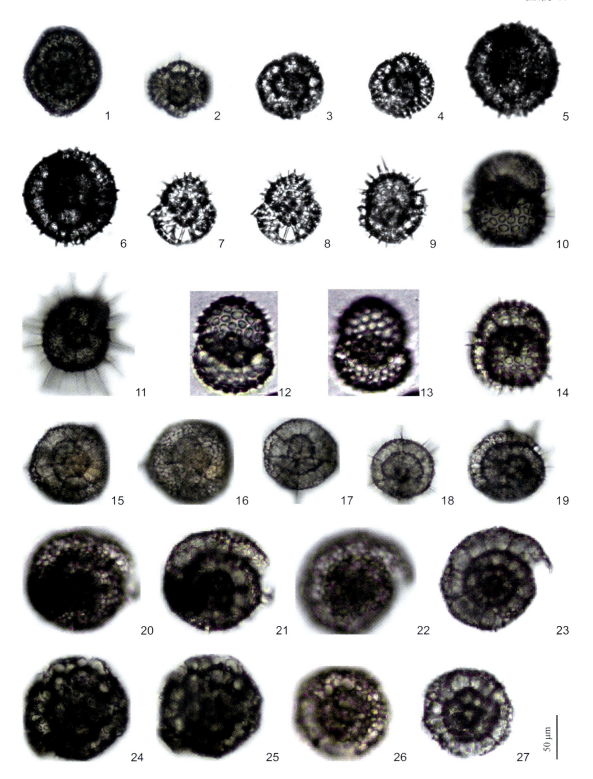

1, 2. 三体双顶虫 *Amphitholonium tricolonium* Haeckel；3, 4. 规则方顶虫 *Cubotholus regularis* Haeckel；5, 6. 似边顶虫 *Cubotholonium ellipsoides* Haeckel；7–14. 本松双口虫 *Dipylissa bensoni* Dumitrica；15–23. 苹果包卷虫 *Spirema melonia* Haeckel；24–27. 包卷虫（未定种）*Spirema* sp.

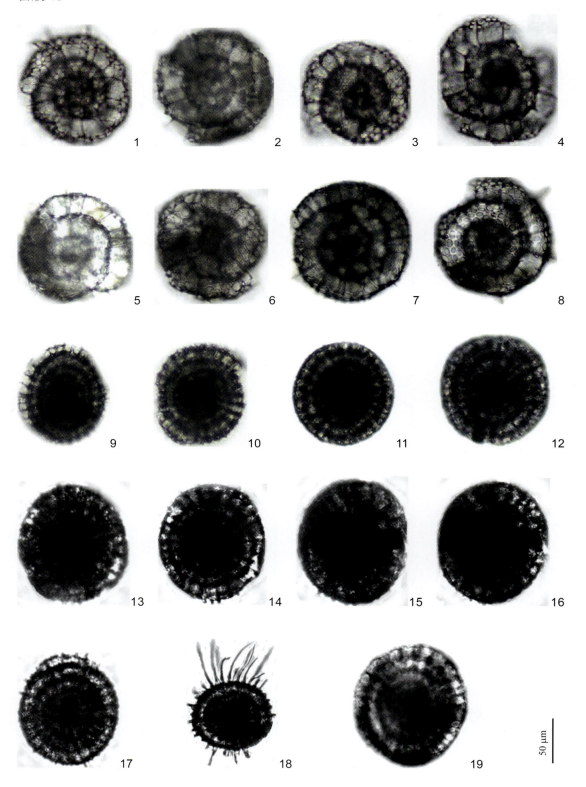

1–8. 蜂房石太阳虫 *Lithelius alveolina* Haeckel；9–19. 小石太阳虫 *Lithelius minor* Jørgensen

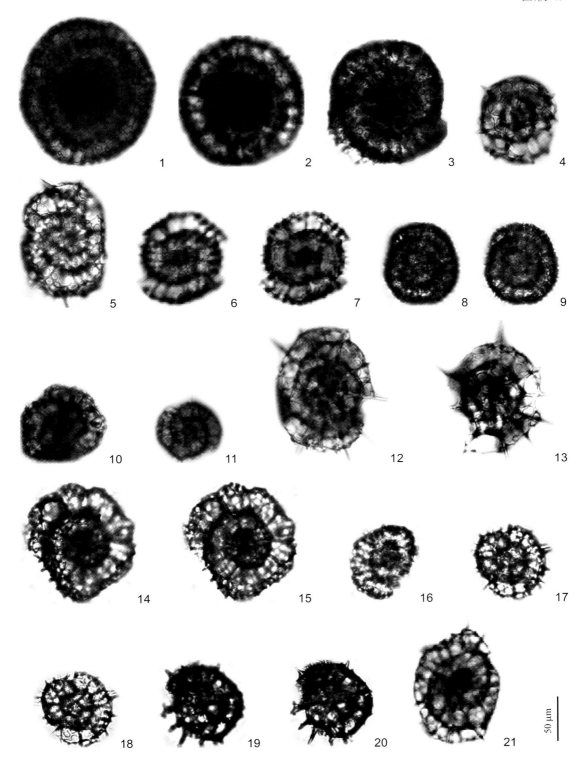

1–11. 水手石太阳虫 *Lithelius nautiloides* Popofsky；12、13. 蜗牛石太阳虫 *Lithelius nerites* Tan et Su；14–21. 幼形石太阳虫 *Lithelius primordialis* Hertwig

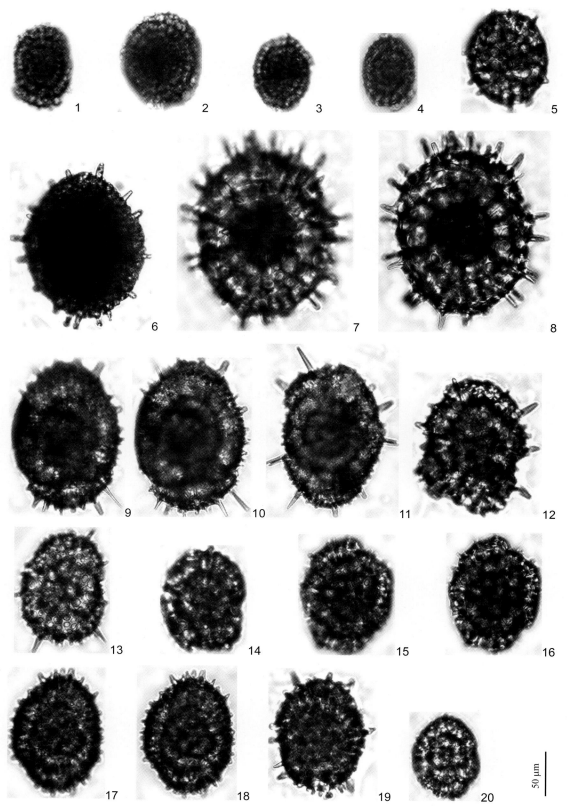

1–4. 螺石太阳虫 *Lithelius spiralis* Haeckel；5–8. 苍子石太阳虫 *Lithelius xanthiformis* Tan et Su；9–20. 石太阳虫（未定种）*Lithelius* sp.

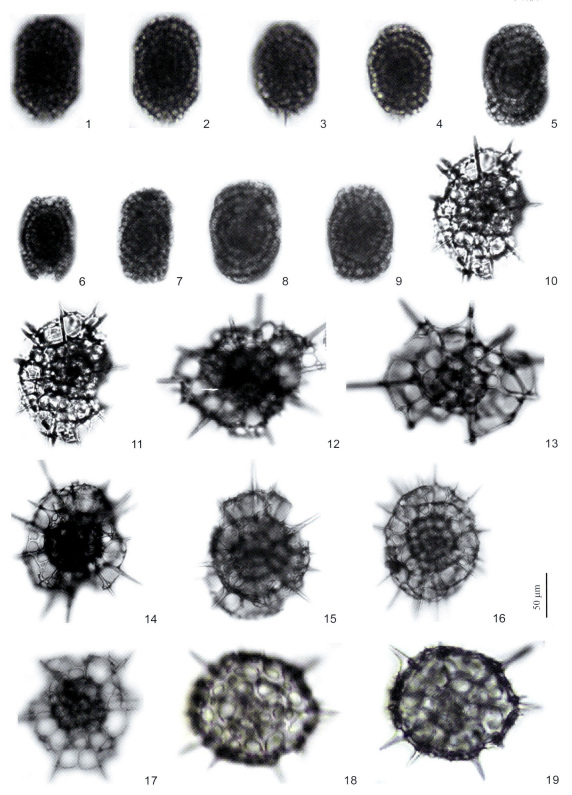

1–9. 多棘石果虫？ *Lithocarpium polyacantha* (Campbell et Clark) group?；10–17. 转棘旋壳虫 *Streblacantha circumyexta* (Jørgensen)；18, 19. 圆球棘旋壳虫（新种）*Streblacantha globolata* sp. nov.

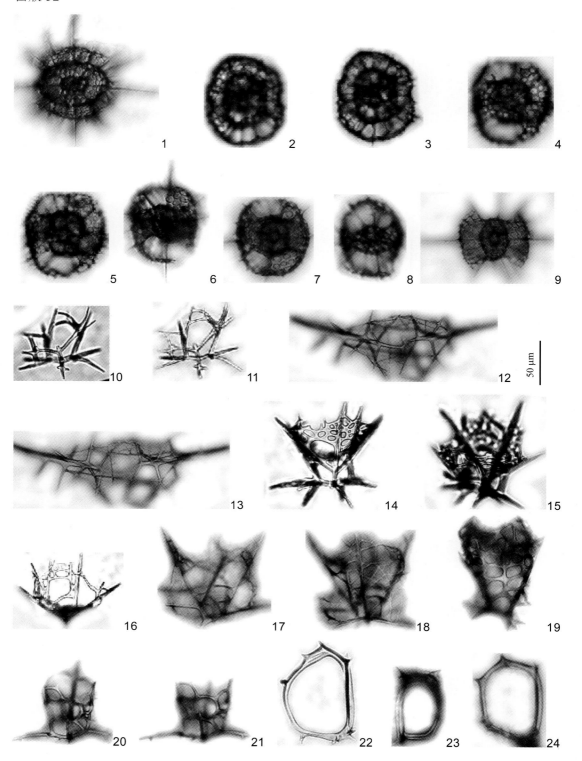

1–5. 多枝艇虫 *Phorticium polycladum* Tan et Tchang；6–9. 艇虫 *Phorticium pylonium* Haeckel；10, 11. 三棘编网虫 *Plectophora triacantha* Popofsky；12, 13. 帷異编虫 *Plectaniscus cortiniscus* Haeckel；14–16. 悬柳棘编虫 *Plectacantha cremastoplegma* Nigrini；17–21. 房棘编虫 *Plectacantha oikiskos* Jørgensen；22–24. 小棘轭环虫 *Zygocircus acanthophorus* Popofsky

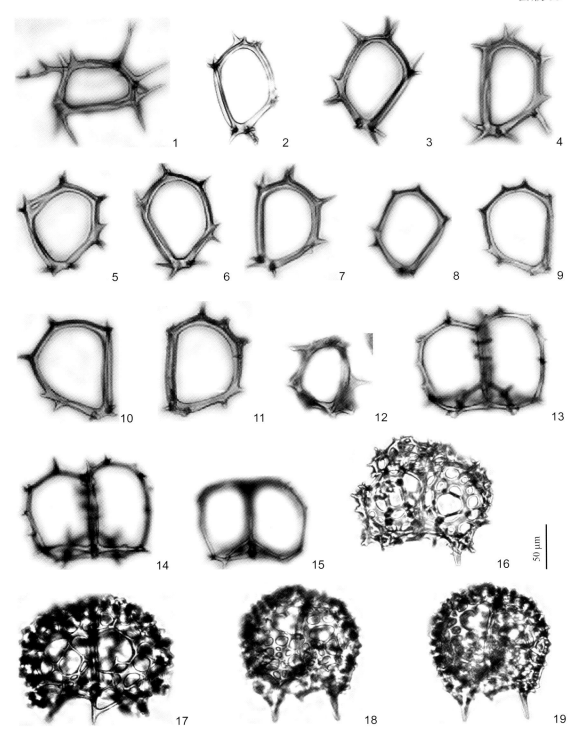

图版 53

1. 长棘轭环虫 *Zygocircus longispinus* Tan et Tchang；2–7. 鱼尾轭环虫 *Zygocircus piscicaudatus* Popofsky；8–11. 轭环虫 *Zygocircus productus* (Hertwig)；12. 三棱轭环虫 *Zygocircus triquetrus* Haeckel；13–15. 角鹿篮虫 *Giraffospyris angulate* (Haeckel)；16–19. 白令三柱篓虫（新种）*Tristylospyris beringensis* sp. nov.

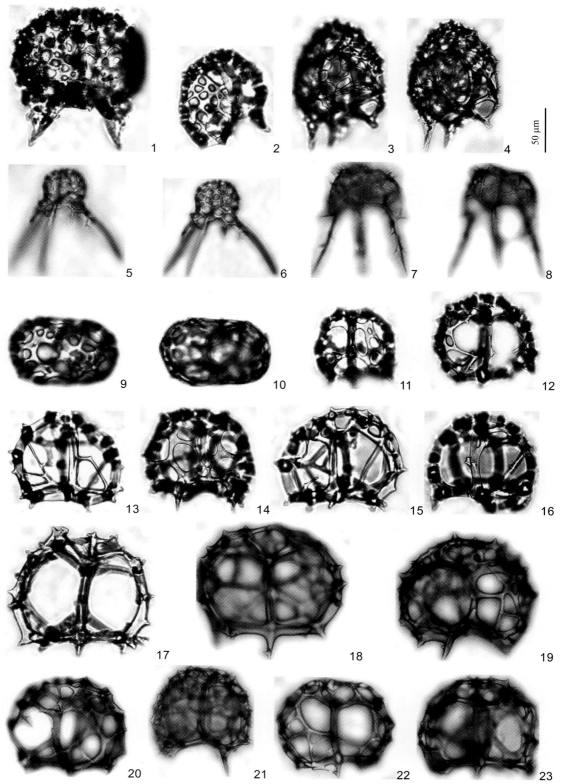

1–4. 白令三柱篓虫（新种）*Tristylospyris beringensis* sp. nov.；5, 6. 三柱篓虫 *Tristylospyris triceros* (Ehrenberg)；7, 8. 三柱篓虫（未定种）*Tristylospyris* sp.；9, 10. 脊篮虫（未定种）*Liriospyris* sp.；11–23. 北方角蜡虫 *Ceratospyris borealis* Bailey

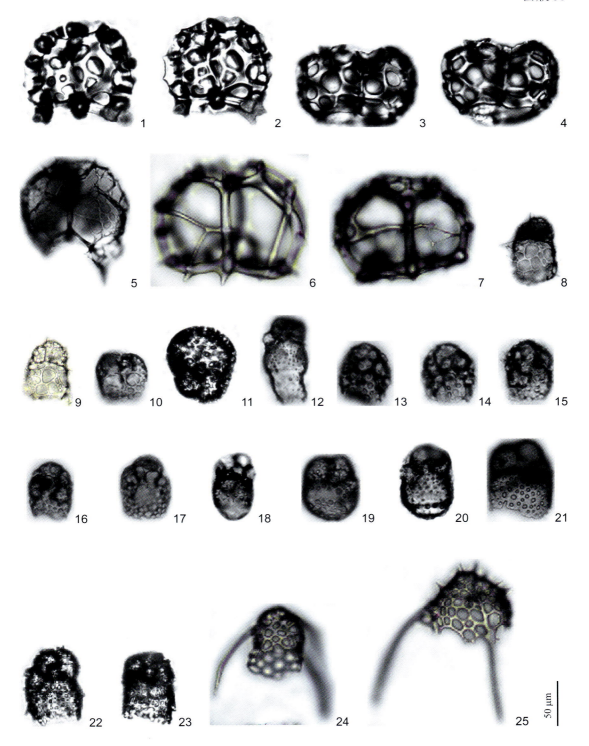

1, 2. 鬃盔篮虫榄亚种 *Corythospyris jubata sverdrupi* Goll et Bjørklund；3, 4. 盔篮虫（未定种）*Corythospyris* sp.；5–7. 鹅角篮虫 *Lophospyris cheni* Goll；8, 9. 疑蜂虫（未定种）*Amphimelissa* sp.；10. 双头虫（未定种）*Bisphaerocephalus* sp.；11. 五叶袋葡萄虫 *Botryopera quinqueloba* Haeckel；12. 石葡萄篮虫 *Botryocyrtis lithobotrys* Ehrenberg；13–17. 五葡萄篮虫 *Botryocyrtis quinaria* Ehrenberg；18–23. 棘葡萄门虫 *Botryopyle setosa* Cleve；24. 直翼原帽虫 *Archipilium orthopterum* Haeckel；25. 谭氏原帽虫（新种）*Archipilium tanorium* sp. nov.

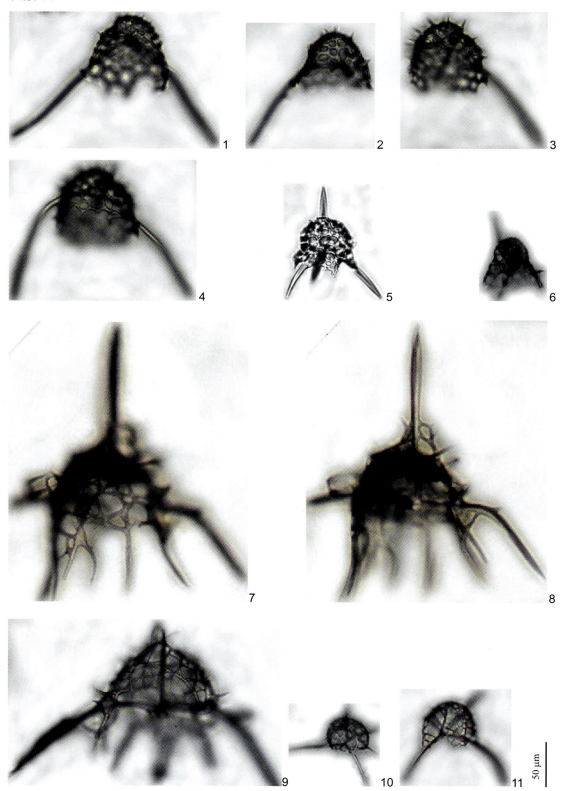

1–4. 谭氏原帽虫（新种）*Archipilium tanorium* sp. nov.；5. 三帽虫（未定种）*Tripilidium* sp.；6. 三脚虫?（未定种）*Tripodiscium* sp.?；7–9. 箭形美帐虫（新种）*Euscenium sagittarium* sp. nov.；10, 11. 三胸美帐虫 *Euscenium tricolpium* Haeckel

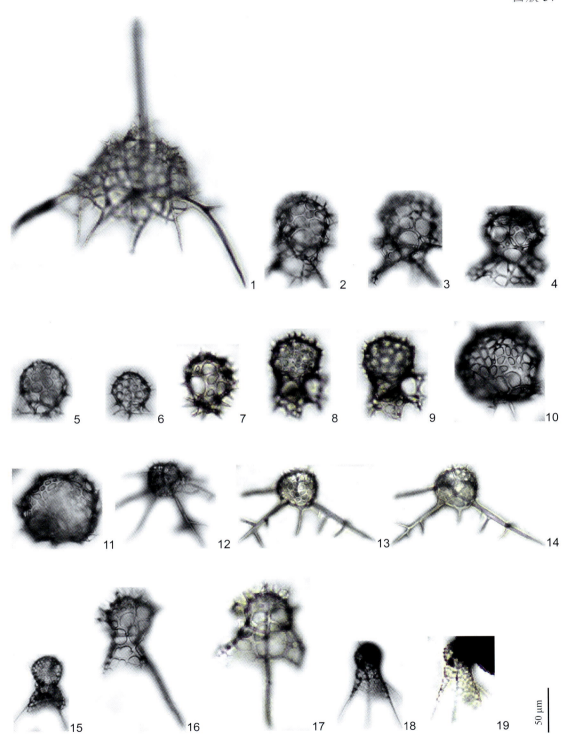

1. 箭形美帐虫（新种）*Euscenium sagittarium* sp. nov.；2–9. 长棘小袋虫 *Peridium longispinum* Jørgensen；10, 11. 小袋虫（未定种 1）*Peridium* sp. 1；12–14. 小袋虫（未定种 2）*Peridium* sp. 2；15. 小袋虫（未定种 3）*Peridium* sp. 3；16, 17. 小袋虫（未定种 4）*Peridium* sp. 4；18, 19. 小袋虫（未定种 5）*Peridium* sp. 5

图版 58

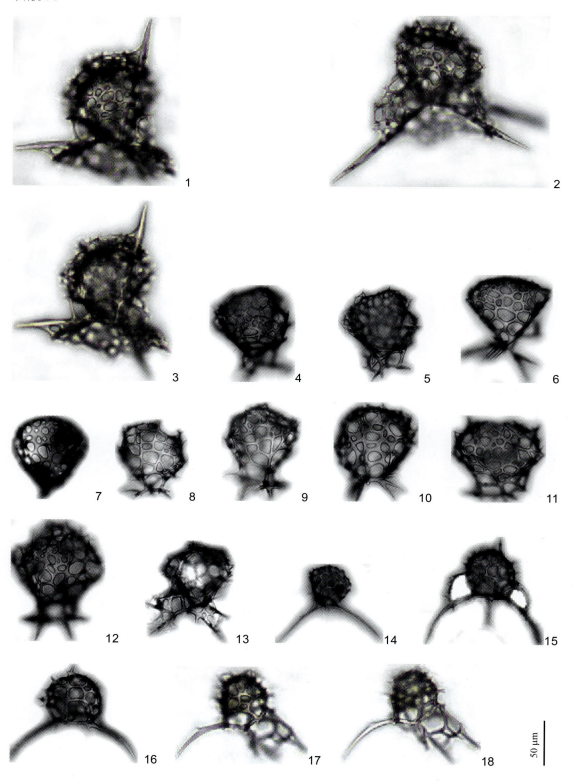

1–3. 小袋虫（未定种 6）*Peridium* sp. 6；4–13. 双肋袋虫 *Archipera dipleura* Tan et Tchang；14–18. 六角袋虫 *Archipera hexacantha* Popofsky

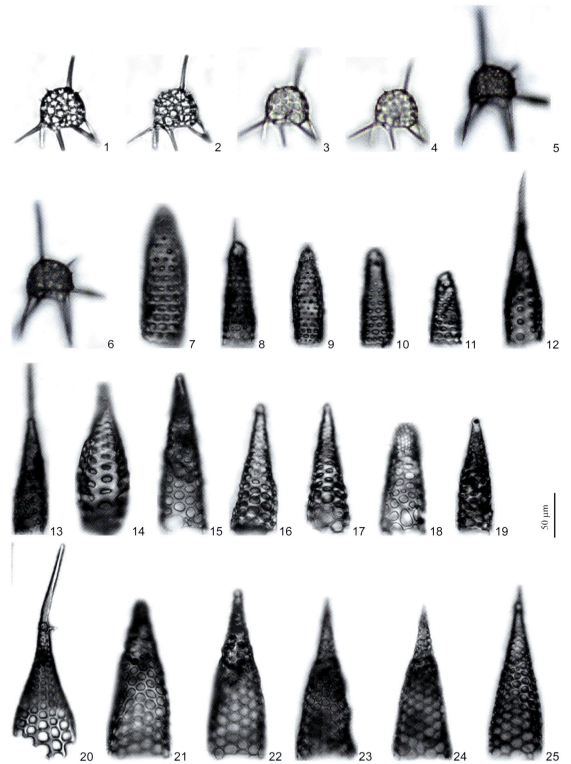

1–4. 五棒显甏虫（新种）*Calpophaena pentarrhabda* sp. nov.；5, 6. 显甏虫（未定种）*Calpophaena* sp.；7–11. 环小角虫 *Cornutella annulata* Bailey；12–14. 双缘小角虫 *Cornutella bimarginata* Haeckel；15–19. 棒小角虫 *Cornutella clava* Petrushevskaya et Kozlova；20. 六角小角虫 *Cornutella hexagona* Haeckel；21–25. 深小角虫 *Cornutella profunda* Ehrenberg

图版 60

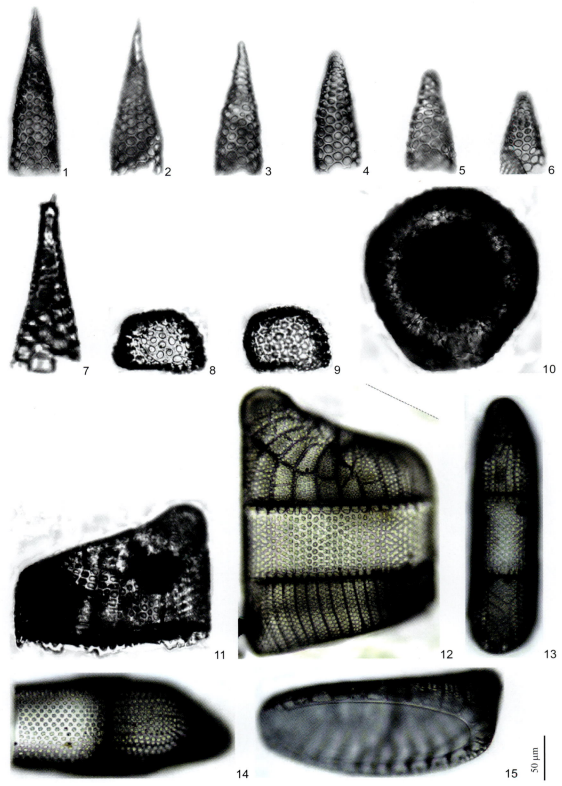

1–6. 深小角虫 *Cornutella profunda* Ehrenberg；7. 杖小角虫 *Cornutella stiligera* Ehrenberg；8, 9. 钝蓝壶虫 *Cyrtocalpis obtusai* Ruest；10. 蓝壶虫（未定种 1）*Cyrtocalpis* sp. 1；11–15. 蓝壶虫（未定种 2）*Cyrtocalpis* sp. 2

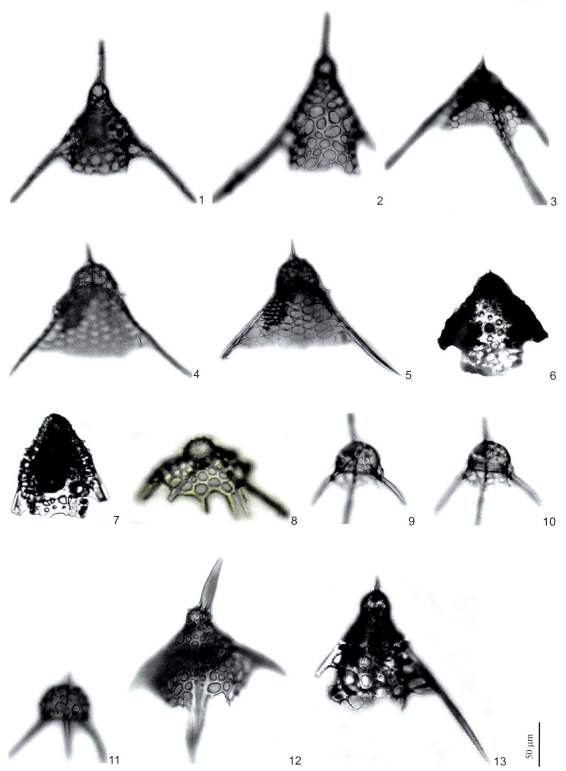

1, 2. 中肋网杯虫 *Dictyophimus archipilium* Petrushevskaya；3–5. 布朗网杯虫 *Dictyophimus brandtii* Haeckel；6, 7. 泡网杯虫 *Dictyophimus bullatus* Morley et Nigrini；8. 布斯里网杯虫 *Dictyophimus bütschlii* Haeckel；9–12. 可氏网杯虫 *Dictyophimus clevei* Jørgensen；13. 克莉丝网杯虫 *Dictyophimus crisiae* Ehrenberg

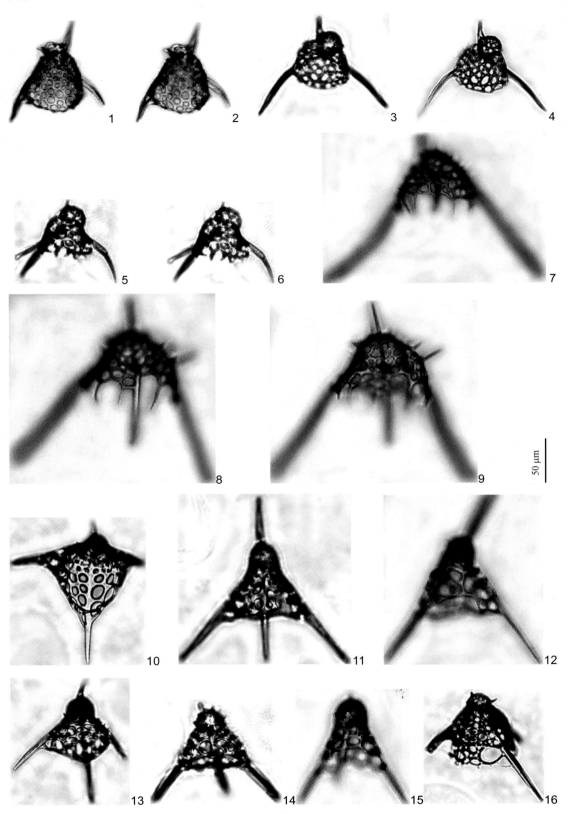

1–9. 细脂网杯虫 *Dictyophimus gracilipes* Bailey group；10–16. 燕网杯虫 *Dictyophimus hirundo* (Haeckel) group

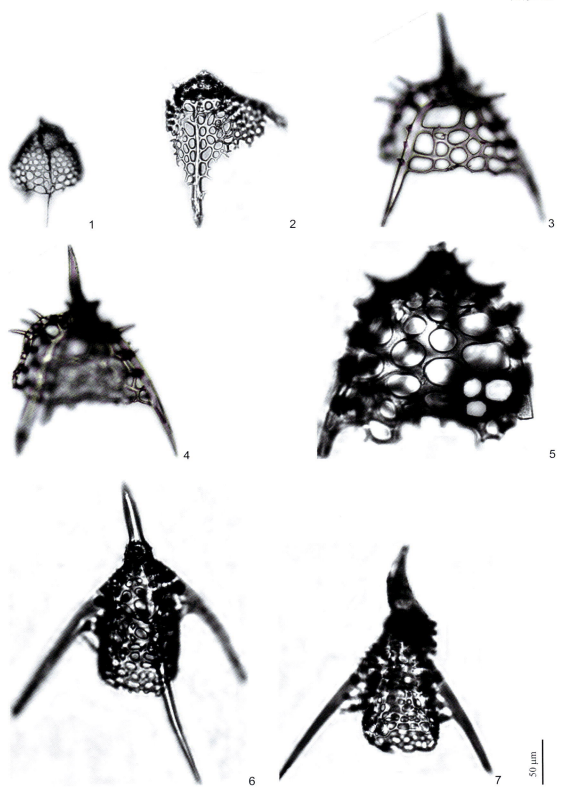

1. 伊斯网杯虫 *Dictyophimus histricosus* Jørgensen；2. 宽头网杯虫 *Dictyophimus platycephalus* Haeckel；3–5. 碗网杯虫 *Dictyophimus pocillum* Ehrenberg；6, 7. 稠脾网杯虫 *Dictyophimus splendens* (Campbell et Clark)

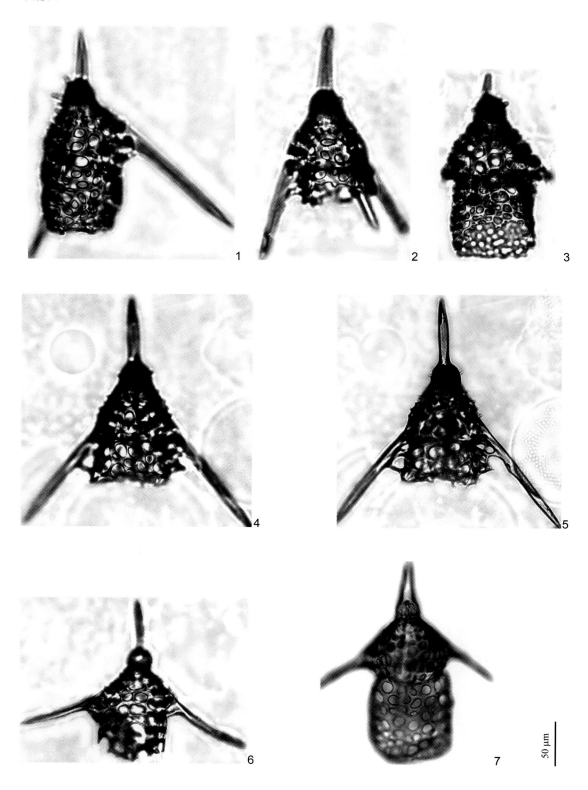

1–7. 稠脾网杯虫 *Dictyophimus splendens* (Campbell et Clark)

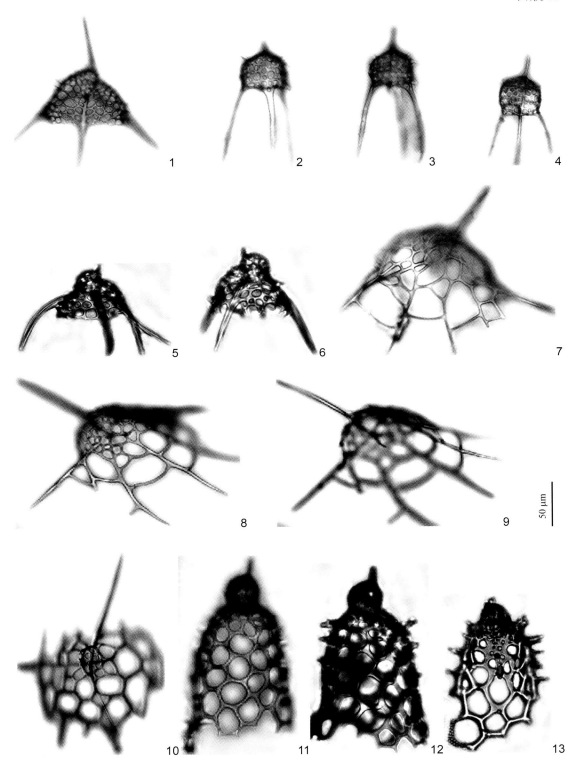

1. 四棘网杯虫 *Dictyophimus tetracanthus* Popofsky；2–4. 网杯虫（未定种 1）*Dictyophimus* sp. 1；5, 6. 网杯虫（未定种 2）*Dictyophimus* sp. 2；7–9. 明岸虫（未定种 1）*Lamprotripus* sp. 1；10. 明岸虫（未定种 2）*Lamprotripus* sp. 2；11–13. 钟石蜂虫 *Lithomelissa campanulaeformis* Campbell et Clark

图版 66

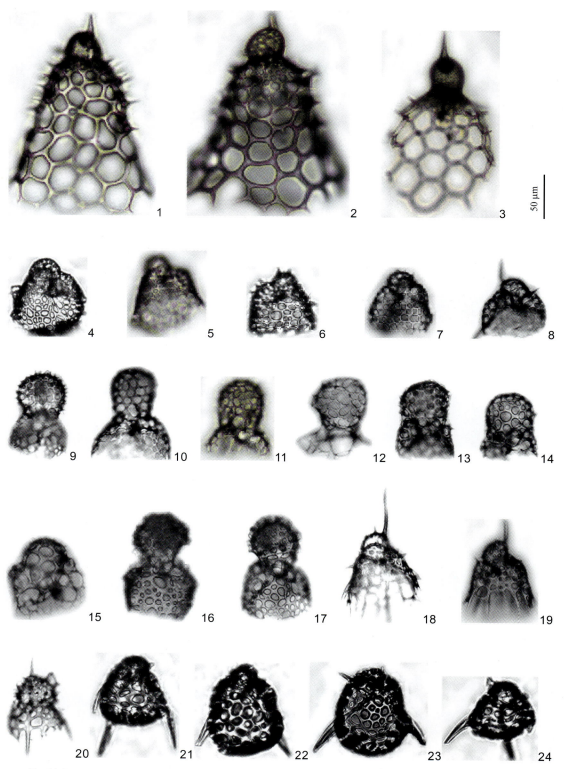

1–3. 钟石蜂虫 *Lithomelissa campanulaeformis* Campbell et Clark；4, 5. 豪猪石蜂虫 *Lithomelissa hystrix* Jørgensen；6–8. 棘刺石蜂虫 *Lithomelissa setosa* Jørgensen；9–14. 石蜂虫 *Lithomelissa thoracites* Haeckel；15. 石蜂虫（未定种 1）*Lithomelissa* sp. 1；16, 17. 石蜂虫（未定种 2）*Lithomelissa* sp. 2；18–20. 石蜂虫（未定种 3）*Lithomelissa* sp. 3；21–24. 小瓜海绵蜂虫 *Spongomelissa cucumella* Sanfilippo et Riedel

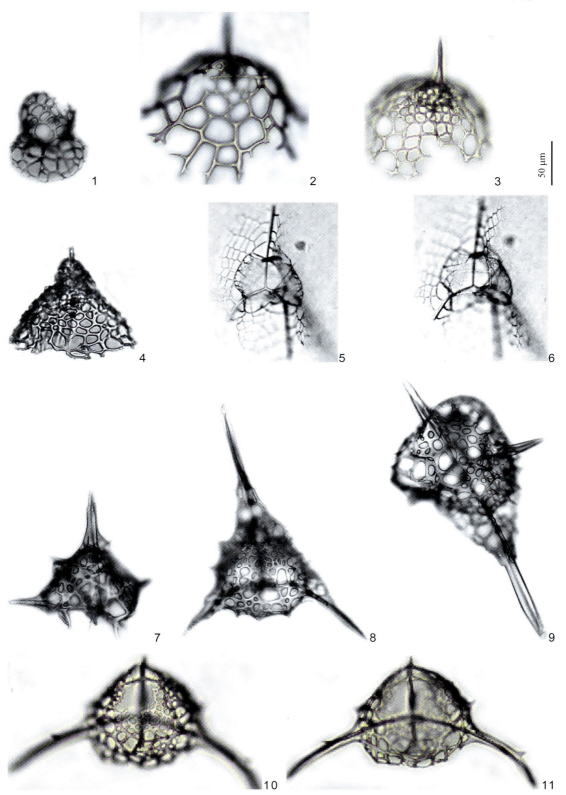

50 μm

1. 围织美帽虫 *Lampromitra circumtexta* Popofsky；2–4. 美帽虫（未定种）*Lampromitra* sp.；5, 6. 巾帽虫（未定种）*Callimitra* sp.；7–11. 翼筐格帽虫 *Clathromitra pterophormis* Haeckel

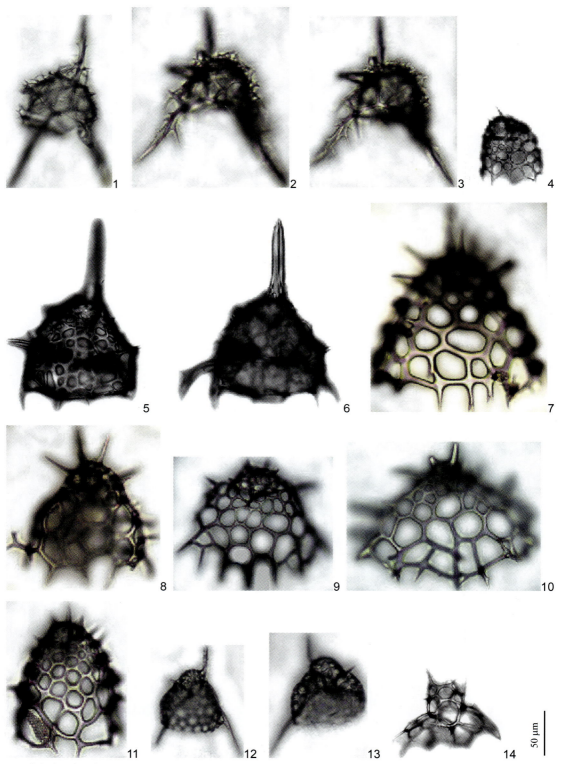

1–3. 格帽虫（未定种 1）*Clathromitra* sp. 1；5, 6. 格帽虫（未定种 2）*Clathromitra* sp. 2；4, 7–11. 笠虫 *Helotholus histricosa* Jørgensen；12, 13. 网灯虫 *Lychnodictyum challengeri* Haeckel；14. 顶口双孔编虫 *Amphiplecta acrostoma* Haeckel

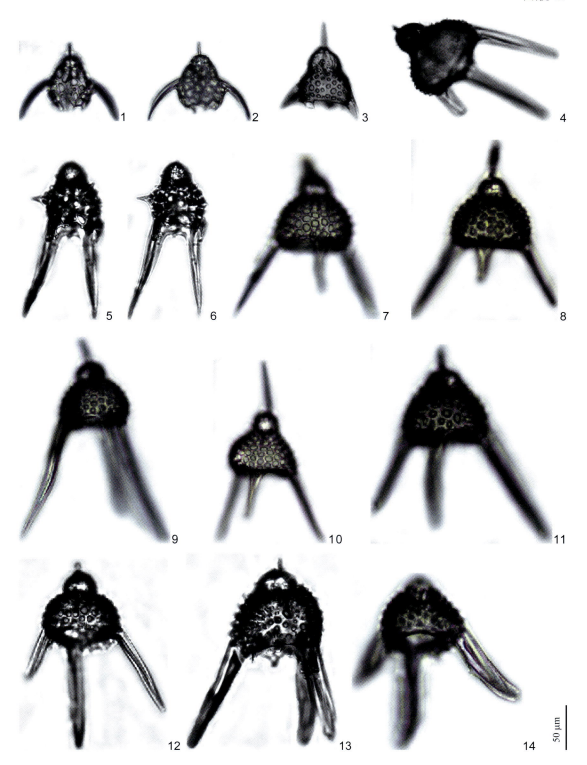

1, 2. 小鹰隐虫（新种）*Eucecryphalus penelopus* sp. nov.；3. 圆锥灯犬虫 *Lychnocanoma conica* (Clark et Campbell)；5, 6. 瘦小灯犬虫（新种）*Lychnocanoma gracilenta* sp. nov.；4, 7–11. 大灯犬虫 *Lychnocanoma grande* (Campbell et Clark) group；12–14. 日本灯犬虫萨恺亚种 *Lychnocanoma nipponica sakaii* Morley et Nigrini

图版 70

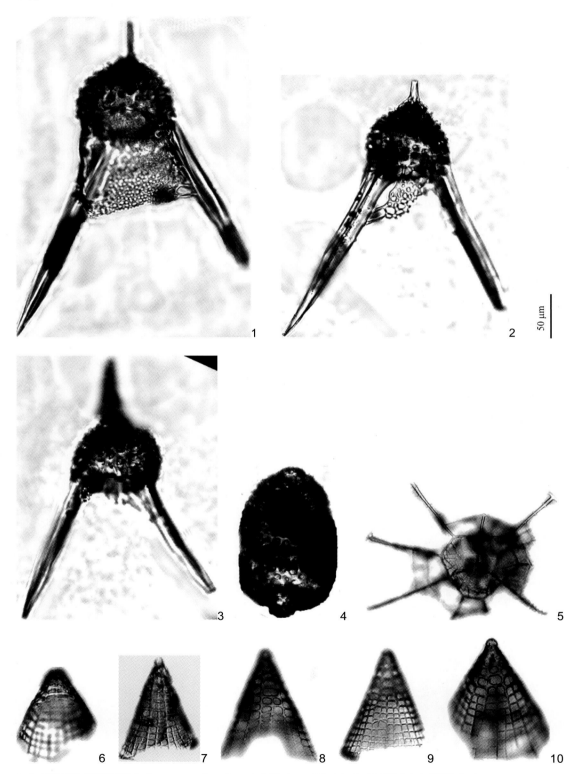

1, 2. 日本灯犬虫萨恺亚种 *Lychnocanoma nipponica sakaii* Morley et Nigrini；3. 日本灯犬虫大角亚种 *Lychnocanoma nipponica magnacornuta* Sakai；4. 新石囊虫 *Lithopera neotera* Sanfilippo et Riedel；5. 轮罩篮虫 *Sethophormis rotula* Haeckel；6–10. 多肋织锥虫 *Plectopyramis polypleura* Haeckel

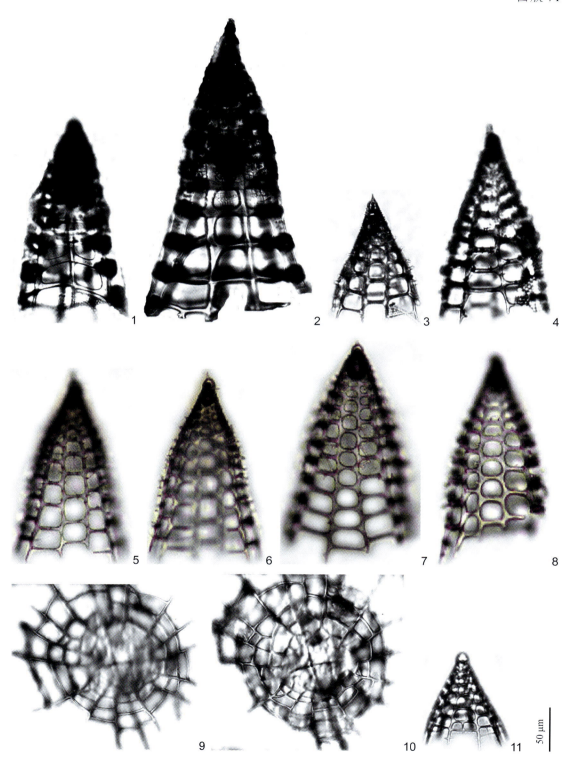

1. 方筛锥虫 *Sethopyramis quadrata* Haeckel；2. 十二眼织锥虫 *Plectopyramis dodecomma* Haeckel；3–8. 围裹锥虫 *Peripyramis circumtexta* Haeckel；9, 10. 间裂梯锥虫 *Bathropyramis interrupta* Haeckel；11. 伍德口梯锥虫 *Bathropyramis* (*Acropyramis*) *woodringi* Campbell et Clark

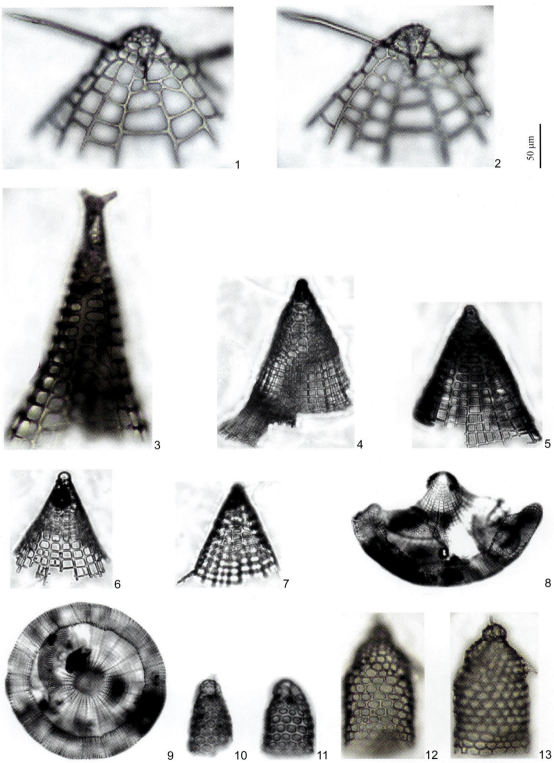

50 μm

1, 2. 梯锥虫（未定种） *Bathropyramis* sp.；3. 大格锥虫 *Cinclopyramis gigantea* Haecker；4–7. 格锥虫（未定种）*Cinclopyramis* sp.；8, 9. 帐篷石网虫? *Litharachnium tentorium* Haeckel?；10, 11. 佐贞筛圆锥虫 *Sethoconus joergenseni* (Petrushevskaya)；12, 13. 四孔筛圆锥虫 *Sethoconus quadriporus* (Bjorklund)

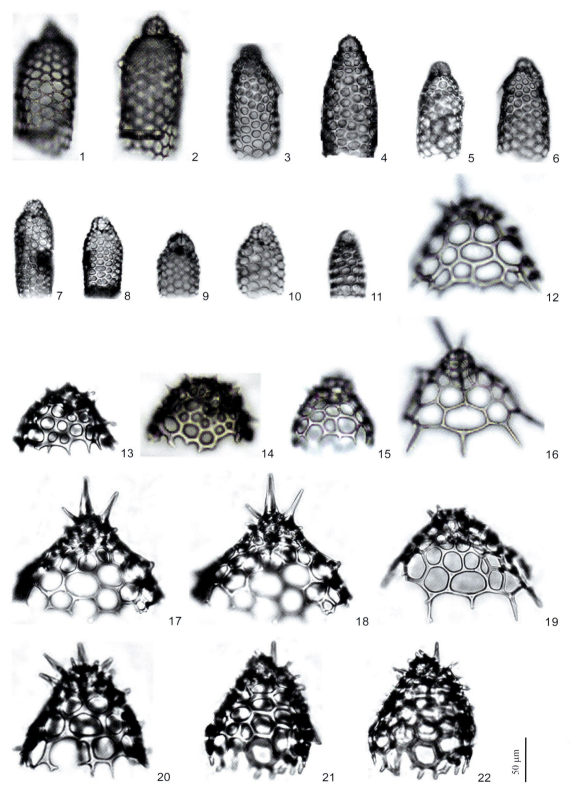

1–10. 板筛圆锥虫 *Sethoconus tabulata* (Ehrenberg)；11. 筛圆锥虫（未定种）*Sethoconus* sp.；12–15. 扩角笼虫 *Ceratocyrtis amplus* (Popofsky)；16–19. 盔角笼虫 *Ceratocyrtis galeus* (Cleve)；20–22. 强壮角笼虫 *Ceratocyrtis robustus* Bjorklund

1–6. 思都角笼虫 *Ceratocyrtis stoermeri* Goll et Bjørklund；7, 8. 角笼虫（未定种）*Ceratocyrtis* sp.；9–12. 黎明格头虫 *Dictyocephalus* (*Dictyoprora*) *eos* Clark et Campbell；13–22. 乳格头虫 *Dictyocephalus papillosus* (Ehrenberg)；23. 格头虫（未定种 1）*Dictyocephalus* sp. 1；24, 25. 格头虫（未定种 2）*Dictyocephalus* sp. 2；26. 格头虫（未定种 3）*Dictyocephalus* sp. 3；27, 28. 铃翼盔虫 *Pterocorys campanula* Haeckel；29. 神脚虫（未定种）*Theopodium* sp.

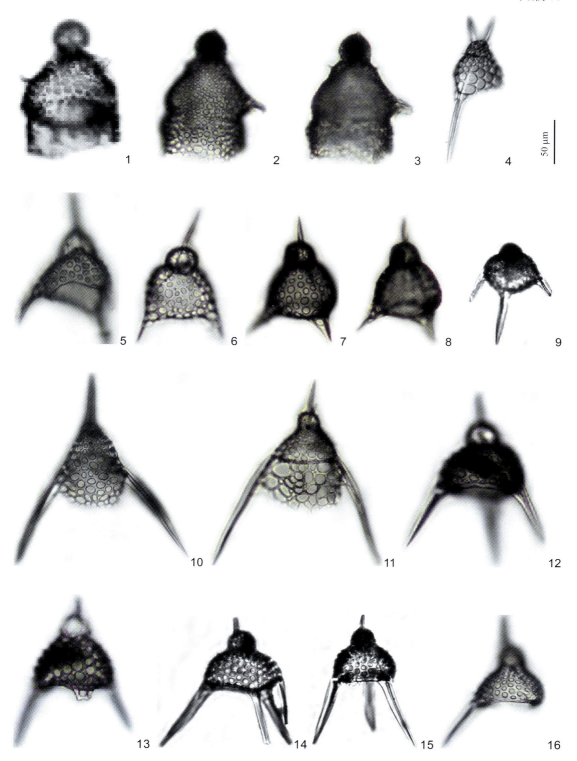

50 μm

1–3. 小角里曼虫 *Lipmanella dictyoceras* (Haeckel)；4. 双角翼篮虫 *Pterocanium bicorne* Haeckel；5–8. 短脚翼篮虫（新种）*Pterocanium brachypodium* sp. nov.；10, 11. 大孔翼篮虫 *Pterocanium grandiporus* Nigrini；9, 12–16. 寇咯翼篮虫 *Pterocanium korotnevi* (Dogiel)

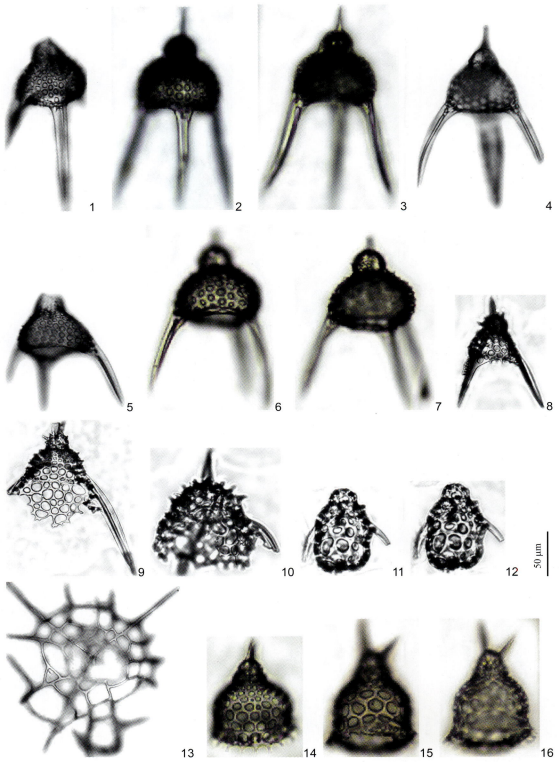

1–3. 长脚翼篮虫亚种 *Pterocanium praetextum praetextum* (Ehrenberg)；4–7. 三叶翼篮虫 *Pterocanium trilobum* (Haeckel)；8. 翼篮虫（未定种）*Pterocanium* sp.；9, 10. 洁假网杯虫 *Pseudodictyophimus amundseni* Goll et Bjørklund；11, 12. 假网杯虫?（未定种）*Pseudodictyophimus* sp.?；13. 美毛神编虫 *Theophormis callipilium* Haeckel；14–16. 双角圆蜂虫 *Cycladophora bicornis* (Hays)

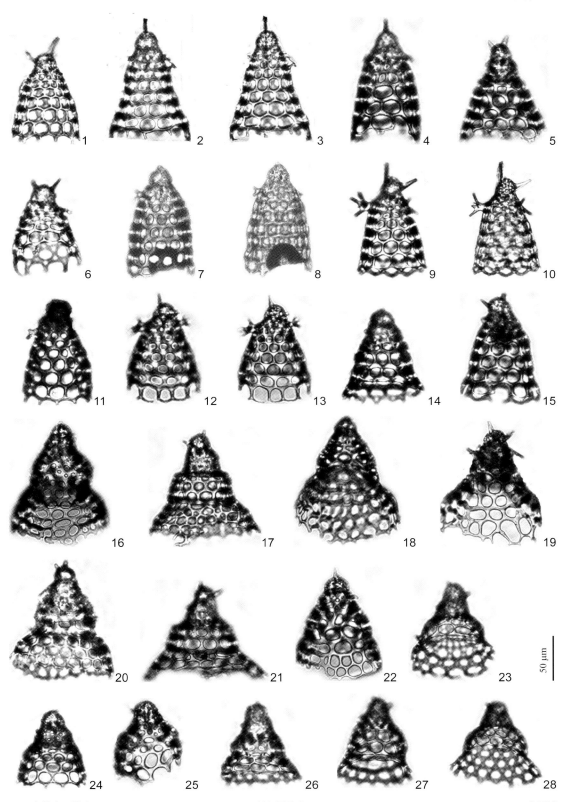

1–6. 乌塔角圆蜂虫 *Cycladophora cornuta* (Bailey)；7–13. 似角圆蜂虫 *Cycladophora cornutoides* (Petrushevskaya)；14, 15. 宙圆蜂虫宙亚种 *Cycladophora cosma cosma* Lombari et Lazarus；16–28. 戴维斯圆蜂虫 *Cycladophora davisiana* Ehrenberg group

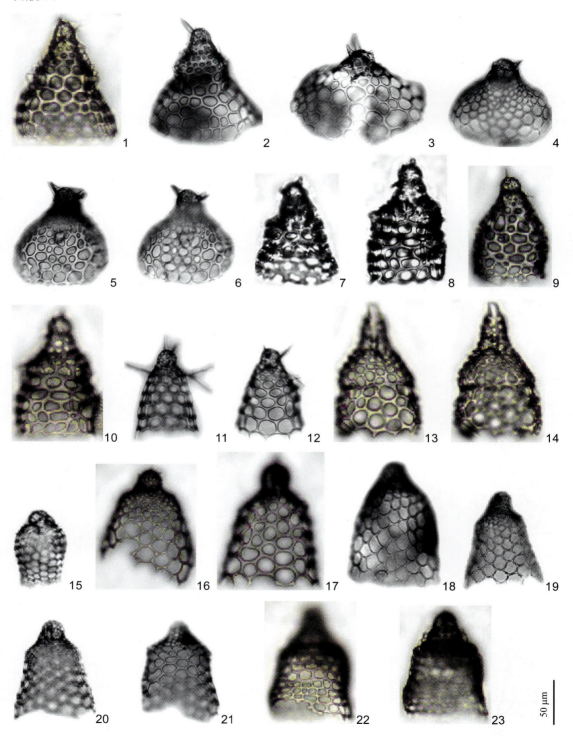

1, 2. 壮圆蜂虫 *Cycladophora robusta* Lombari et Lazarus；3–6. 缘窗袍虫 *Clathrocyclas craspedota* (Jørgensen)；7. 小窗袍虫 *Clathrocyclas lepta* Foreman；8–10. 单变窗袍虫筒亚种 *Clathrocyclas universa cylindrica* Clark et Campbell；11, 12. 贫瘤窗袍虫 *Clathrocycloma parcum* Foreman；13, 14. 棍爪丽篮虫 *Lamprocyrtis gamphonycha* (Jørgensen)；15. 盔冠虫（未定种）*Lophocorys* sp.；16–23. 多吉冈瓦纳虫 *Gondwanaria dogieli* (Petrushevskaya)

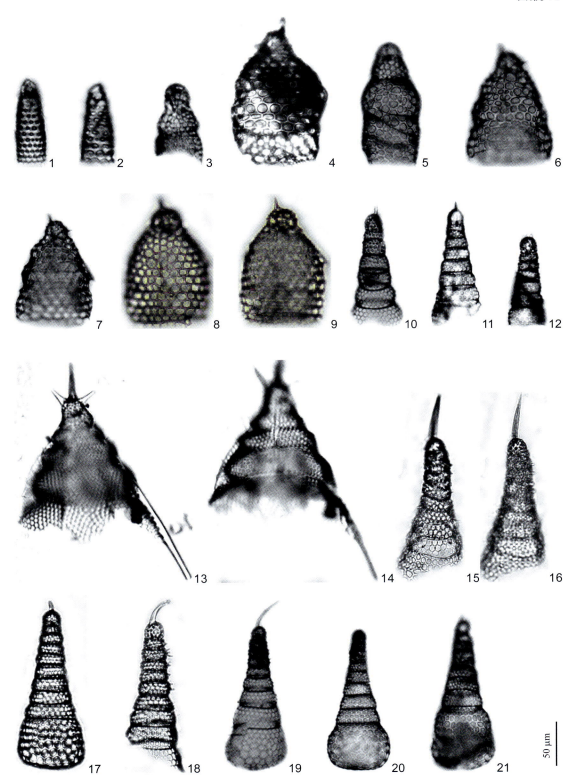

1, 2. 筒三居虫 *Tricolocampe cylindrica* Haeckel；3. 高节帽虫? *Stichopilium anocor* Renz?；4. 斜节帽虫 *Stichopilium obliqum* Tan et Su；5. 苍节帽虫 *Stichopilium phthinados* Tan et Chen；6, 7. 节帽虫（未定种 1）*Stichopilium* sp. 1；8, 9. 节帽虫（未定种 2）*Stichopilium* sp. 2；13, 14. 锯多节虫 *Stichocampe bironec* Renz；10–12, 15—21. 小壶篮袋虫 *Cyrtopera laguncula* Haeckel

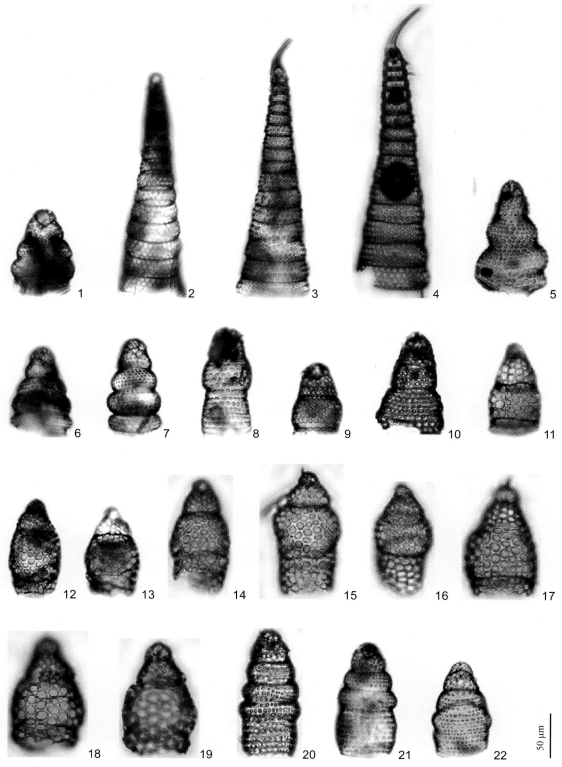

1. 串笼石螺旋虫 *lithostrobus botryocyrtis* Haeckel；2–4. 卡斯匹石螺旋虫 *Lithostrobus cuspidatus* (Bailey)；5–7. 串石螺旋虫 *Lithostrobus lithobotrys* Haeckel；8. 丽高网帽虫? *Dictyomitra caltanisettae* Dreyer?；9. 费民网帽虫 *Dictyomitra ferminensis* Campbell et Clark；10. 网帽虫（未定种）*Dictyomitra* sp.；11–19. 明山列盔虫 *Stichocorys delmontensis* Campbell et Clark；20–22. 排串列盔虫 *Stichocorys seriata* (Jørgensen)

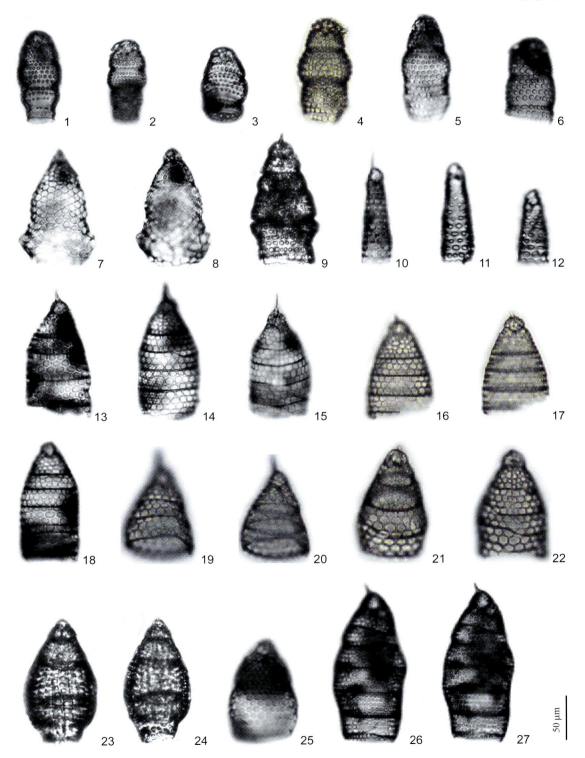

1–4. 列盔虫（未定种 1）*Stichocorys* sp. 1；5, 6. 列盔虫（未定种 2）*Stichocorys* sp. 2；7, 8. 列盔虫（未定种 3）*Stichocorys* sp. 3；9. 列盔虫（未定种 4）*Stichocorys* sp. 4；10–12. 环窄旋虫 *Artostrobus annulatus* (Bailey)；13–22. 环节细篮虫 *Eucyrtidium annulatum* (Popofsky)；23, 24. 丽转细篮虫 *Eucyrtidium calvertense* Martin；25. 克里特细篮虫 *Eucyrtidium creticum* Ehrenberg；26, 27. 六列细篮虫 *Eucyrtidium hexastichum* (Haeckel)

1–3. 北杵细篮虫 *Eucyrtidium hyperboreum* Bailey；4–9. 玛图雅细篮虫 *Eucyrtidium matuyamai* Hays；10. 托伊舍细篮虫 *Eucyrtidium teuscheri* Haeckel；11–13. 细篮虫（未定种）*Eucyrtidium* sp.；14–20. 线石帽虫 *Lithomitra lineata* (Ehrenberg)

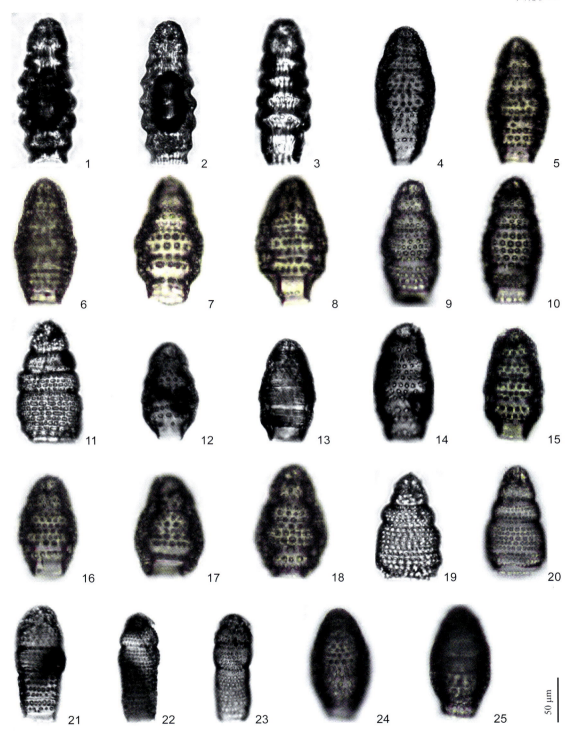

1–3. 蛛管毛虫 *Siphocampe arachnea* (Ehrenberg)；4–10. 烟囱管毛虫 *Siphocampe caminosa* Haeckel；11. 筐管毛虫 *Siphocampe corbula* (Harting)；12–18. 蠋管毛虫 *Siphocampe erucosa* Heackel；19, 20. 管毛虫（未定种）*Siphocampe* sp.；21–23. 莫德石毛虫长亚种？*Lithocampe (Lithocampium) modeloensis longa* Campbell et Clark?；24, 25. 八宿石毛虫 *Lithocampe octocola* Haeckel

图版 84

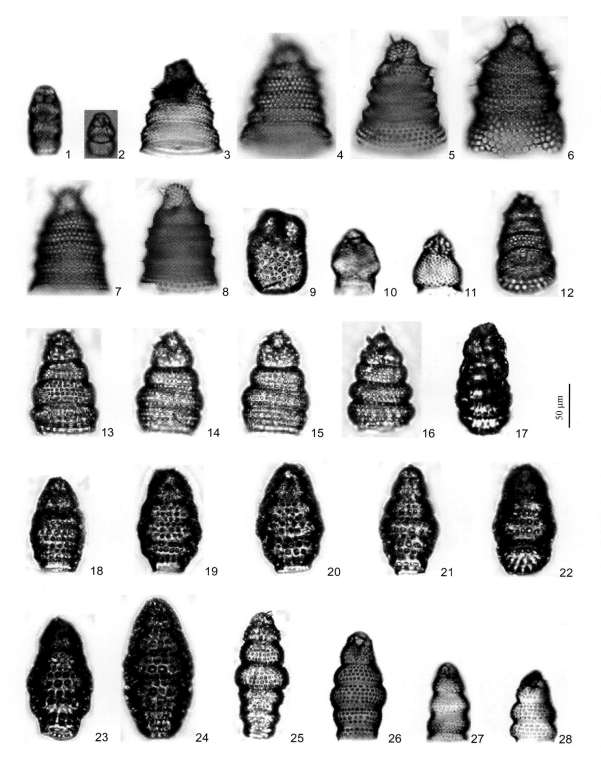

1, 2. 石毛虫（未定种）*Lithocampe* sp.；3–8. 梯盘旋篮虫 *Spirocyrtis scalaris* Haeckel；9. 南极囊篮虫 *Saccospyris antarctica* Haecker；10, 11. 北方吊葡萄虫 *Artobotrys borealis* (Cleve)；12–17. 耳陀螺虫 *Artostrobium auritum* (Ehrenberg) group；18–24. 阿吉旋葡萄虫 *Botryostrobus aquilonaris* (Bailey)；25–28. 布拉旋葡萄虫 *Botryostrobus bramlettei* (Campbell et Clark)

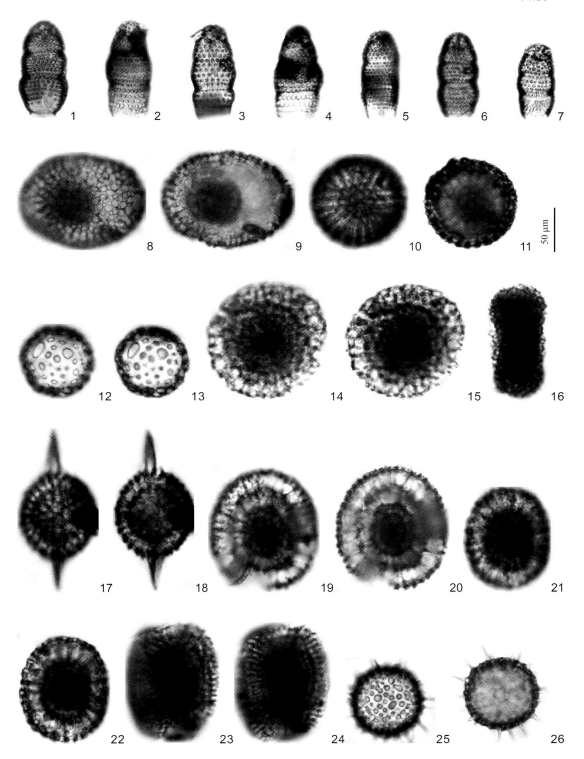

1–7. 匹形筐列虫 *Phormostichoartus pitomorphus* Caulet；8, 9. 空椭球虫（未定种，卵形）*Cenellipsis* sp.；10, 11. 日本荚球虫 *Thecosphaera japonica* Nakaseko；12, 13. 胶球虫（未定种 3，厚壁）*Collosphaera* sp. 3；14, 15. 编膜包虫 *Perichlamydium praetextum* (Ehrenberg)；16. 双腕虫（未定种）*Amphibrachium* sp.；17, 18. 针球虫（未定种 2，双皮壳，无髓壳）*Stylosphaera* sp. 2；19–22. 葱皮虫（未定种 2）*Cromyocarpus* sp. 2；23, 24. 巨人石果虫 *Lithocarpium titan* (Campbell et Clark)；25, 26. 空球虫（未定种）*Cenosphaera* sp.